普通高等教育“十一五”国家级规划教材

工　程　材　料

孙维连　魏凤兰　主编

中国农业大学出版社

图书在版编目(CIP)数据

工程材料/孙维连，魏凤兰主编．—北京：中国农业大学出版社，2006.1(2019.1 重印)
高等农林院校精品课程建设教材
ISBN 978-7-81066-930-6

Ⅰ．工…　Ⅱ．①孙…　②魏…　Ⅲ．工程材料-高等学校-教材　Ⅳ．TB3

中国版本图书馆 CIP 数据核字(2005)第 087474 号

书　　名　工程材料
主　　编　孙维连　魏凤兰

策划编辑　张秀环　　　**责任编辑**　阚　春　张苏明
封面设计　郑　川　　　**责任校对**　王晓凤　陈　莹
出版发行　中国农业大学出版社
社　　址　北京市海淀区圆明园西路 2 号　　　**邮政编码**　100193
电　　话　发行部 010-62818525，8625　　　读者服务部 010-62732336
　　　　　　编辑部 010-62732617，2618　　　出　版　部 010-62733440
网　　址　http://www.cau.edu.cn/caup　　　**E-mail**　caup@public.bta.net.cn
经　　销　新华书店
印　　刷　北京时代华都印刷有限公司
版　　次　2006 年 1 月第 1 版　　2019 年 1 月第 8 次印刷
规　　格　787×1 092　　16 开本　　15.5 印张　　382 千字
定　　价　36.00 元

主　　编　孙维连　魏凤兰

副 主 编　李云东　张建军　刘启定

编　　者　（按姓氏笔画为序）
么永强　刘启定　孙维连　李云东
张建军　何春霞　商　茹　董晓威
魏凤兰

主　　审　田振祥

前　　言

“工程材料及机械制造基础”系列教材由《机械制造工程实践》(孙维连主编)、《工程材料》(孙维连、魏凤兰主编)、《材料成形工艺基础》(申庆泰、聂信天主编)、《机械制造工艺基础》(刘存祥、康敏主编)等4册组成，是参考教育部工程材料及机械制造基础课程教学指导小组关于“重点高等工科院校《工程材料机械制造工艺基础》系列课程改革指南(征求意见稿)”的精神和有关院校编写的教材，结合作者多年来的教学经验编写的。

“工程材料及机械制造基础”是一门研究机器零件的常用材料和加工方法，从选择材料、制造毛坯直到加工出零件的综合技术基础课，该课程的特点是理论教学与工程实践相结合。本系列教材根据大多数院校现行的教学课时安排，在保证传统基础教学知识的基础上，部分章节增加了新材料、新技术、新工艺等内容。各章前注明本章要点，便于学习时明确重点，各章后附有复习思考题，可供选用。为便于了解英文专业词汇，在重要专业词汇后进行了标注。“工程材料及机械制造基础”系列教材可作为机械和非机类本科学生的教学参考书，也可供有关工程技术人员参考。

《工程材料》教材的主要内容包含金属学、热处理、金属材料、失效分析、合理选材以及非金属材料。本书以金属材料为主，兼顾非金属材料。书中材料牌号、名词术语和单位采用国家最新标准。适合40学时左右教学使用。

参加本书编写的有河北农业大学孙维连、么永强和云南农业大学商茹、黑龙江八一农垦大学董晓威(绪论、第6章、第8章、课堂讨论、实验指导书、附录)，沈阳农业大学魏凤兰(第2章、第3章、第4章)，河南农业大学李云东(第1章、第5章)，西南大学张建军(第7章)，湖南农业大学刘启定(第9章、第11章)，南京农业大学何春霞(第10章)。本书部分金相照片由河北农业大学王会强提供。

本书由田振祥教授主审。

限于编者水平和时间仓促，错误和不妥之处恳请读者批评指正。

编　者

2005年11月9日

目　录

绪　论

材料是人类生产和生活的物质基础，也是人类技术进步的标志。从远古的石器时代（公元前6000—前5000年）到青铜器时代（公元前2140年始）和铁器时代（公元前770—前221年），都直接反映出了人类社会发展的文明程度。我们亲身经历了从钢铁时代向硅芯片为代表的电子材料时代的过渡。当今材料被广泛地应用于常规和高精尖技术，在机械、运输、建筑、能源、医疗、通讯、计算机等行业发挥十分关键的作用。

材料科学既是一门古老的学科，又是一个不断焕发青春的学科。它既具有悠久的历史，又处于当今科学技术中的主导地位。在材料的生产和使用方面我们的祖先有过辉煌的成就。商周时代的青铜冶炼已达到相当大的规模，从河南安阳晚商遗址中出土的司母戊鼎重达875 kg，反映出精湛的铸造技术。到春秋战国时期已达到技术顶峰，在湖北江陵发掘的著名的越王勾践的两把宝剑，其制造水平令人惊讶，堪称青铜器的杰作。我国从春秋战国时期（公元前770—前221年）已开始使用大量铁器，从兴隆战国遗址中发掘的浇注农具的铁模，说明冶铸技术由泥沙造型水平进入铁模铸造的高级阶段。西汉《史记・天官书》记载有"水与火合为淬"，说出了钢铁加热水冷的淬火热处理的工艺要点。先炼铁后炼钢的两步炼钢技术我国要比其他国家早1 600年。钢铁技术的快速发展，对社会进步起了巨大的推动作用。

18世纪后物理、化学、力学等科学的发展，尤其是显微镜的发明及使用，使金属材料的生产和应用由感性经验阶段进入了理论指导阶段。20世纪X光技术、电子显微技术、同位素技术的成功使用，使材料科学进入了新时代。新中国成立后我国用碳素结构钢A3（即Q235）建造了武汉长江大桥，用强度较高的合金钢16Mn建造了南京长江大桥，用强度更高的合金结构钢16MnVN建成了九江大桥，原子弹、氢弹的研制成功，火箭、人造卫星的上天，都凝聚着材料研究的成果。现代科学技术的发展促进和支持了材料工业的迅速发展，新材料、新工艺不断涌现，而且伴随着金属材料的发展，一些非金属材料、陶瓷和复合材料也迅速发展起来，弥补了金属材料性能的某些不足。年产30万吨的乙烯工程的建成，就是高分子材料工业发展的见证，在机械制造业中这些新材料的份额逐渐增加。金属材料、非金属材料、复合材料构成了完整的工程材料体系。

在现代科学技术中，材料科学技术在工业发展方面起着重要作用。材料、能源和信息成为现代社会和现代技术三大支柱。材料按工业工程来分有机械工程材料（机床、农业机械、交通设备、电工设备、化工和纺织设备），土建材料（水泥），电工材料（铜、铝、硅钢片）；按物质结构分有金属材料（黑色金属和有色金属），无机非金属材料（陶瓷），有机高分子材料（塑料、橡胶、合成纤维），复合材料（玻璃钢，卫星壳体，宇宙飞行器外壳，飞机机身，螺旋桨，发动机叶轮，汽车车身，轻型船艇，耐酸、盐、碱、油的管道、容器）；按用途分有结构材料（以力学性能为主要使用性能并兼顾一定的物理化学性能），功能材料（特异物理化学性质的材料、超导材料、阻尼材料、激光材料、储氢材料、生物材料、半导体材料、形状记忆材料等）。

材料科学技术的发展和应用，促进了机械制造业的飞跃，现代设计与制造的机械已不是原来意义上的单纯机械了,已经发展到机电一体化阶段。我国是一个钢材生产和使用的大国,目前钢产量和使用量跃居世界首位。材料科学和工程技术发展迅速,我们需要掌握材料科学的基本理论和基本知识,研究和发明新材料新工艺,合理使用各种工程材料,充分发挥材料的潜力。

本教材主要涉及的是机械工程材料,并按物质结构及用途进行简明阐述。在机械工程材料中金属材料目前仍是最主要的材料,尤其是钢铁材料因具有优良的力学性能、工艺性能和低的成本,在机械工程中仍占首要地位。本书重点阐述钢铁材料内容,非金属材料尤其是高分子材料和复合材料发展迅速,在机械工程中地位不断上升,专设一章加以介绍。

本课程是机械类、近机械类专业学生必修的技术基础课 ,它是一门偏于叙述性质的课程,既介绍了高度浓缩的基础知识(材料的化学成分、加工工艺、组织结构与性能之间的关系),又具有实践性很强的应用知识。

这门课涉及的内容主要有两大部分,即金属材料和非金属材料。金属材料部分包括金属学、热处理学、金属材料。非金属材料部分由高分子材料、陶瓷材料和复合材料 3 部分组成。这门课概念、符号相对较多,颇有广度,但欠深度。它不像数学课有严谨的逻辑性和绝对性,很多地方存在着合理与不合理、先进与不先进、可行与不可行并存等状况,需要因时因地适当进行选择,而不是绝对的非此即彼。因此这门课除了使学生获得相关的知识外,还会促进学生的思维方法逐渐成熟,克服绝对性、片面性,认识到事物的复杂性和相对性。

学习本课程要求学生了解基本知识、基本原理、工艺和作用,掌握金属材料的成分、组织、性能及用途,了解新型材料的发展状况,了解非金属材料的组成、性能及应用等基本知识。本课程应放在金工实习后学习,它是某些后继课程和课程设计及毕业设计的基础。

本书内容是参照教育部对机械类专业本科的工程材料及机械制造基础课程教学基本要求编写的,适合本科生和从事工程材料方面工作的工程技术人员阅读。

1 工程材料的力学性能

本章要点：力学性能是指材料在外力作用时表现出来的性能。力学性能包括强度、塑性、硬度、韧性及疲劳强度等。硬度值可以间接地反映材料的强度、塑性和韧性以及材料在化学成分、金相组织和热处理工艺上的差异，因而硬度试验在工程上应用十分广泛。生产中常用的硬度试验是布氏硬度、洛氏硬度和维氏硬度。

在机械设备及工具的设计、制造中选用工程材料时，大多以力学性能（mechanics performance）为主要依据，因此熟悉和掌握工程材料的力学性能是非常重要的。所谓力学性能是指材料在外力作用时表现出来的性能。力学性能包括强度、塑性、硬度、韧性及疲劳强度等。

材料在加工及使用过程中所受的外力称为载荷。根据载荷作用性质的不同，分为静载荷、冲击载荷及疲劳载荷等 3 种：静载荷是指大小不变或变动很慢的载荷；冲击载荷是指突然增加的载荷；疲劳载荷是指所经受的周期性或非周期性的动载荷（也称循环载荷）。

可以根据载荷作用方式不同，分为拉伸载荷、压缩载荷、弯曲载荷、剪切载荷和扭转载荷等，如图 1-1 所示。

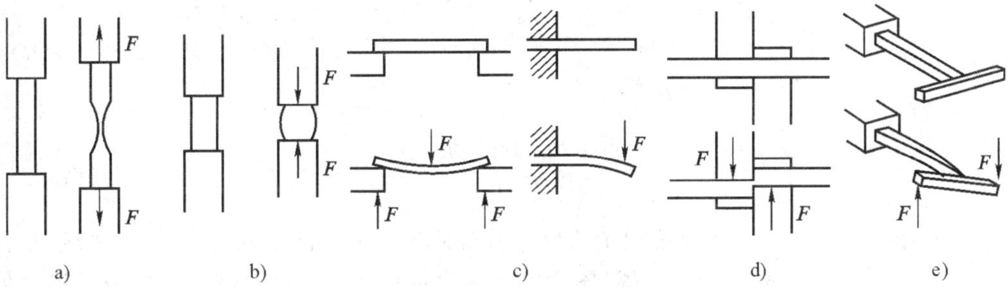

图 1-1　载荷的形式

a）拉伸载荷；b）压缩载荷；c）弯曲载荷；d）剪切载荷；e）扭转载荷

材料受不同载荷作用而发生的几何形状和尺寸的变化称为变形。变形一般分为弹性变形和塑性变形。

材料受外力作用后，为保持其不变形，在材料内部作用着与外力相对抗的力，称为内力。单位截面积上的内力称为应力。材料受拉伸载荷或压缩载荷作用时，其横截面积上的应力 σ 按下式计算：

$$\sigma=\frac{F}{S}$$

式中：F 为外力，N；S 为横截面积，m^2；σ 为应力。应力单位是 Pa，1 Pa＝1 N/m^2。当面积用 mm^2 时，则应力可以 MPa 为单位，1 MPa＝1 N/mm^2＝10^6 Pa。

1.1 静载荷条件下材料的力学性能

1.1.1 强度

材料抵抗塑性变形或断裂的能力称为强度(intensity),强度大小通常用应力来表示。根据载荷作用方式不同,强度可分为抗拉强度(σ_b)、抗压强度(σ_{bc})、抗弯强度(σ_{bb})、抗剪强度(τ_b)和抗扭强度(τ_t)等5种。一般情况下多以抗拉强度作为判别材料强度高低的指标。

抗拉强度是通过拉伸试验测定的。拉伸试验的方法是用静拉力对标准试样进行轴向拉伸,同时连续测量力和相应的伸长,直至断裂。根据测得的数据,即可求出有关的力学性能。

(1)拉伸试样　拉伸试样的形状一般有圆形和矩形两类。在国家标准(GB 397—86)中,对试样的形状、尺寸及加工要求均有明确的规定。图1-2所示为圆形拉伸试样。图中 d_0 为试样的直径;l_0 为标距长度。根据标距长度与直径之间的关系,试样可分为长试样($l_0=10\ d_0$)和短试样($l_0=5\ d_0$)。

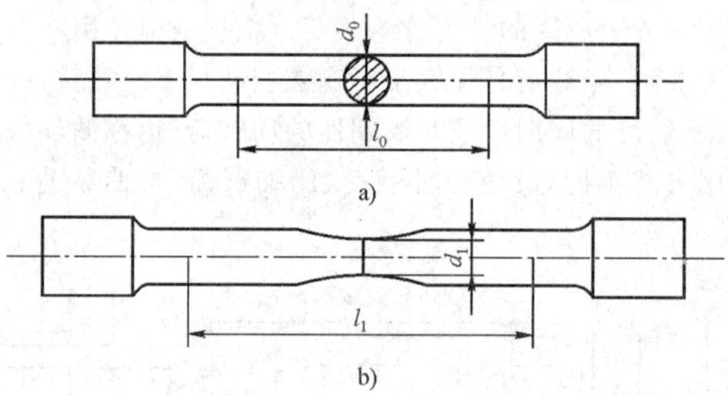

图 1-2　圆形拉伸试样

a)拉伸前;b)拉断后

(2)力-伸长曲线　拉伸试验中记录的拉伸力对伸长的关系曲线叫做力-伸长曲线,也称拉伸图。图1-3是低碳钢的力-伸长曲线,图中纵坐标表示力 F,单位为N;横坐标表示绝对伸长 Δl,单位为mm。图中明显地表现出下面几个变形阶段:

Oe——弹性变形阶段:试样变形完全是弹性的,卸载后试样即恢复原状。这种随载荷的作用而产生、随载荷的去除而消失的变形称为弹性变形。F_e 为能恢复原始形状和尺寸的最大拉伸力。

es——屈服阶段:当载荷超过 F_e 时,若卸载的话,试样的伸长只能部分地恢复,而保留一部分残余变形。这种不能随载荷的去除而消失的变形称为塑性变形。当载荷增加到 F_s 时,图上出现平台或锯齿状,这种在载荷不增加或略有减小的情况下,试样继续发生变形的现象叫做屈服。F_s 称为屈服载荷。屈服后,材料将残留较大的塑性变形。

sb——强化阶段:在屈服阶段以后,欲使试样继续伸长,必须不断加载。随着塑性变形增大,试样变形抗力也逐渐增加,这种现象称为形变强化(或称加工硬化)。F_b 为试样拉伸试验时的最大载荷。

bz——缩颈阶段(局部塑性变形阶段):当载荷达到最大值时,试样的直径发生局部收缩,

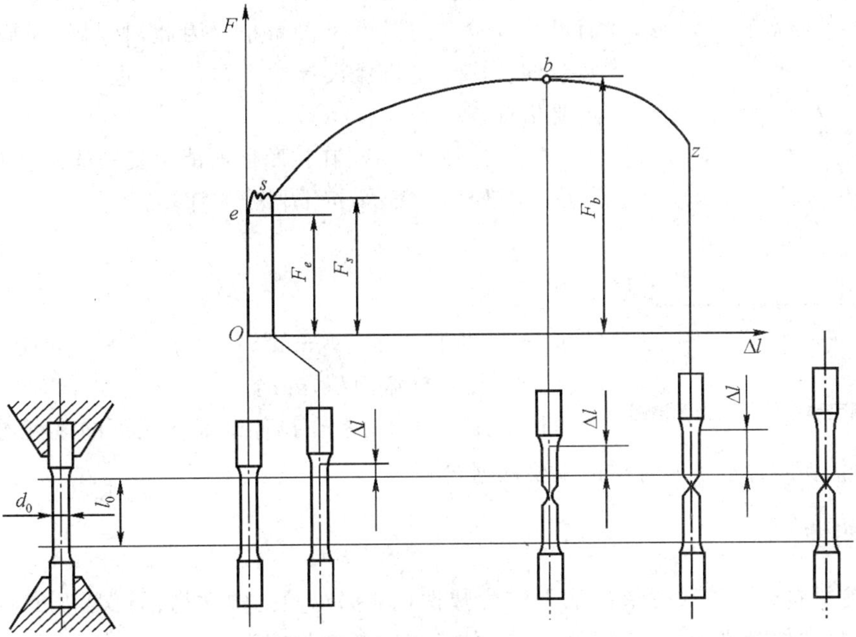

图 1-3　低碳钢的力-伸长曲线

称为“缩颈”。试样变形所需的载荷也随之降低，这时伸长主要集中于缩颈部位，直至断裂。

工程上使用的材料，多数没有明显的屈服现象。对于低塑性材料，不仅没有屈服现象，而且也不产生“缩颈”，如球墨铸铁等。图 1-4 为铸铁的力-伸长曲线。

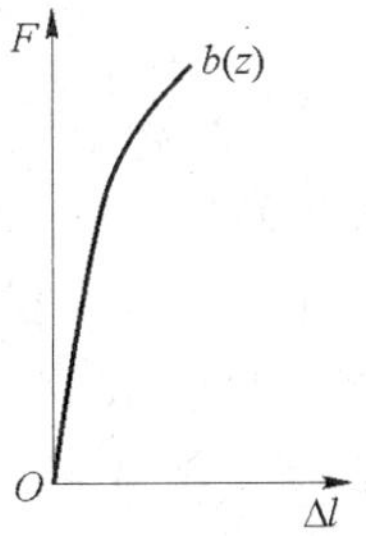

图 1-4　铸铁的力-伸长曲线

(3)强度指标

①屈服点：试样在试验过程中，力不增加(保持恒定)仍能继续伸长(变形)时的应力称为屈服点，用符号 σ_s 表示，计算公式如下：

$$\sigma_s=\frac{F_s}{S_0}$$

式中：σ_s 为屈服点，N/mm^2；F_s 为试样屈服时的载荷，N；S_0 为试样原始横截面积，mm^2。

对于无明显屈服现象的材料，多测定其规定残余伸长应力值。σ_r 表示试样卸除拉伸载荷后，其标距部分的残余伸长达到规定的原始标距百分比时的应力。例如 $\sigma_{r0.2}$ 表示规定残余伸长率达到 0.2%时的应力，按下列公式计算：

$$\sigma_{r0.2}=\frac{F_{r0.2}}{S_0}$$

式中：$F_{r0.2}$ 为残余伸长率达 0.2%时的载荷，N；S_0 为试样原始横截面积，mm^2；$\sigma_{r0.2}$ 为规定残余伸长应力，N/mm^2。

图 1-5 为规定残余伸长应力示意图。

机械零件在工作时如受力过大，则因过量的塑性变形而失效。当零件工作时所受的力低于材料的屈服点或规定残余伸长应力，则不会产生过量的塑性变形。材料的屈服点或规

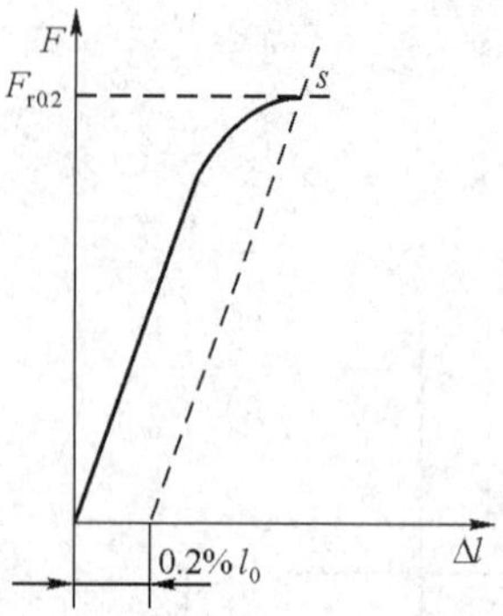

图 1-5 规定残余伸长应力示意图

定残余伸长应力越高，允许的工作应力也越高，则零件的截面尺寸及自身质量就可以减小。因此，材料的屈服点或规定残余伸长应力是机械设计的主要依据，也是评定材料优劣的重要指标。

②抗拉强度：材料在拉断前所能承受的最大应力称为抗拉强度，用符号 σ_b 表示，按下列公式计算：

$$\sigma_b=\frac{F_b}{S_0}$$

式中：σ_b 为抗拉强度，N/mm^2；F_b 为试样承受的最大载荷，N；S_0 为试样原始横截面积，mm^2。

抗拉强度表示材料在拉伸载荷作用下的最大均匀变形的抗力，也是机械零件设计和选材的主要依据之一。

1.1.2 塑性

断裂前材料产生永久变形的能力称为塑性(plasticity)。塑性指标也是由拉伸试验测得的，常用材料拉伸时最大的相对塑性变形(伸长率和断面收缩率)来表示。

(1)伸长率　试样拉断后，标距的伸长与原始标距的百分比称为伸长率，用符号 δ 表示，其计算方法如下：

$$\delta=\frac{l_1-l_0}{l_0}\times 100\%$$

式中：δ 为伸长率，%；l_1 为试样拉断后的标距，mm；l_0 为试样的原始标距，mm。

必须说明，同一材料的试样长短不同，测得的伸长率是不同的。长、短试样的伸长率分别用符号 δ_{10} 和 δ_5 表示。习惯上 δ_{10} 也常写成 δ。

(2)断面收缩率　试样拉断后，缩颈处截面积的最大缩减量与原始横截面积的百分比为断面收缩率，用符号 Ψ 表示，其计算方法如下：

$$\Psi=\frac{S_0-S_1}{S_0}\times 100\%$$

式中：Ψ 为断面收缩率，%；S_0 为试样的原始横截面积，mm^2；S_1 为试样拉断处的最小横截面积，mm^2。

材料的伸长率(δ)和断面收缩率(Ψ)数值越大，表示材料的塑性越好。塑性好的材料可以发生大量塑性变形而不破坏，便于通过塑性变形加工成复杂形状的零件。例如，工业纯铁的 δ 可达 50%，Ψ 可达 80%，可以拉成细丝，轧成薄板等。而铸铁的 δ 和 Ψ 几乎为零，所以不能进行塑性变形加工。塑性好的材料，在受力过大时，由于首先产生塑性变形而不致发生突然断裂，因此比较安全。

1.1.3 硬度

材料抵抗局部变形(特别是塑性变形)、压痕或划痕的能力称为硬度(hardness)。硬度是各种零件和工具必须具备的性能指标。机械制造业所用的刀具、量具、模具等，都应具备足够的硬度，才能保证使用性能和寿命。有些机械零件如齿轮等，也要求有一定的硬度，以保证足够的耐磨性和使用寿命。因此硬度是材料重要的力学性能之一。

与拉伸试验相比，硬度试验简便易行，硬度值又可以间接地反映材料的强度以及材料在化学成分、金相组织和热处理工艺上的差异，因而硬度试验应用十分广泛。硬度试验的方法很多，有压入硬度试验法（如布氏硬度、洛氏硬度、维氏硬度等）、划痕硬度试验法（如莫氏硬度）、回跳硬度试验法（如肖氏硬度）等，生产中常用的是压入硬度试验法。

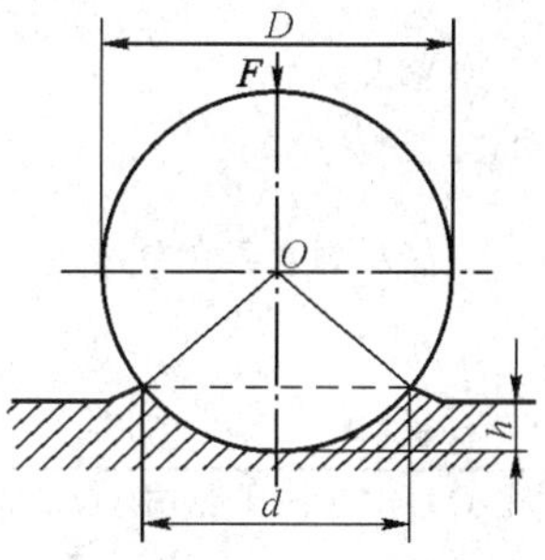

图 1-6 布氏硬度试验原理图

(1)布氏硬度

①布氏硬度(Brinell hardness)的测试原理：图 1-6 为布氏硬度的试验原理图。它是用一定直径的球体（钢球或硬质合金球），以相应的试验力压入试样表面，经规定保持时间后卸除试验力，用测量表面压痕直径来计算硬度的一种压痕硬度试验。

布氏硬度值用球面压痕单位表面积上所承受的平均压力来表示，用符号 $HBS(HBW)$ 来表示。布氏硬度值按下式计算：

$$HBS(HBW)=0.102\frac{2F}{\pi D(D-\sqrt{D^2-d^2})}$$

式中：$HBS(HBW)$ 为用钢球（或硬质合金球）试验时的布氏硬度值；F 为试验力，N；D 为球体直径，mm；d 为压痕平均直径，mm。

从上式中可以看出，当外载荷 F、压头球体直径 D 一定时，布氏硬度值仅与压痕直径 d 的大小有关。d 越小，布氏硬度值越大，也就是硬度越高。相反，d 越大，布氏硬度值越小，硬度也越低。在实际应用中，布氏硬度一般不用计算，而是用专用的刻度放大镜量出压痕直径 d，根据压痕直径的大小，再从专门的硬度表中查出相应的布氏硬度值。

②布氏硬度的符号及表示方法：当试验的压头为淬硬钢球时，其硬度符号用 HBS 表示。当试验压头为硬质合金球时，其硬度符号用 HBW 表示。

布氏硬度的表示方法规定为：符号 HBS 或 HBW 之前的数字为硬度值，符号后面按以下顺序用数字表示试验条件：球体直径/试验力/试验力保持的时间（10～15 s 不标注）。

例如 170 HBS 10/1000/30 表示用直径 10 mm 的钢球，在 9 807 N(1 000 kgf)的试验力作用下，保持 30 s 时测得的布氏硬度值为 170。530 HBW 5/750 表示用直径 5 mm 的硬质合金球，在 7 355 N(750 kgf)的试验力作用下，保持 10～15 s 时测得的布氏硬度值为 530。

③试验条件的选择：布氏硬度试验时，压头球体的直径 D，试验力 F 及试验力保持的时间 t，应根据被测材料的种类、硬度值的范围及材料的厚度进行选择。

常用的压头球体直径 D 有 1,2,2.5,5 和 10 mm 5 种。试验力 F 可从 9.807 N (1 kgf)～29.42 kN(3 000 kgf)范围内，二者之间的关系详见表 1-1。试验力保持时间，一般黑色材料为 10～15 s；有色材料为 30 s；布氏硬度值小于 35 时为 60 s。

表 1-1 根据材料和布氏硬度范围选择 F/D^2 值

材料	布氏硬度	F/D^2
钢及铸铁	<140	10
	≥140	30
铜及其合金	<35	5
	35～130	10
	>130	30
轻材料及其合金	<35	2.5(1.25)
	35～80	10(5 或 15)
	>80	10(15)
铅、锡		1.25(1)

注:(1)当试验条件允许时,应尽量选用直径为 10 mm 球。(2)当有关标准中没有明确规定时,应使用无括号的 F/D^2 值。

④应用范围及优缺点:布氏硬度适用于铸铁、有色金属及其合金、各种退火及调质的钢材,特别对于软材料,如铝、铅、锡等更为适宜。布氏硬度的优点是具有很高的测量精度,它采用的试验力大,球体直径也大,因而压痕直径也大,能较真实地反映出材料的平均性能。另外,由于布氏硬度与其他力学性能(例如抗拉强度)之间存在着一定的近似关系,因而在工程上得到广泛应用。缺点是操作时间较长,对不同材料需要更换压头和试验力,压痕测量也较费时间。在进行高硬度材料试验时,由于球体本身的变形会使测量结果不准确。因此,用钢球压头测量时,硬度值必须小于 450 HBS;用硬质合金球压头时,硬度值必须小于 650 HBW。又因压痕较大,不宜用于测量成品件及薄件。

(2)洛氏硬度

①洛氏硬度(Rockwell hardness)测试原理:在初始试验力 F_0 及总试验力 F_0+F_1 先后作用下,将压头(金刚石圆锥体或钢球)压入试样表面,经规定保持时间后卸除主试验力 F_1,用保持初始试验力的条件下测量的残余压痕深度增量来计算硬度。图 1-7 为用金刚石圆锥体压头进行洛氏硬度试验的示意图。从图中可看出,洛氏硬度值 HR 是用洛氏硬度相应标尺刻度满量程 100 与残余压痕深度增量 e 之差计算硬度值,计算公式如下:

$$HR=k-e$$

式中:HR 为洛氏硬度值;k 为常数,用金刚石圆锥体压头进行试验时 k 为 100,用钢球压头进行试验时 k 为 130;e 为残余压痕深度增量,单位为 0.002 mm。

②常用洛氏硬度标尺及其适用范围:为了用一台硬度计测定从软到硬不同材料的硬度,可采用不同的压头和总试验力,组成 15 种洛氏硬度标尺,每一种标尺用一个字母在洛氏硬度符号 HR 后面加以注明。常用的洛氏硬度标尺有 HRA,HRB,HRC 3 种,其中 HRC 应用最为广泛。3 种洛氏硬度标尺的试验条件和适用范围见表 1-2。

表 1-2 常用洛氏硬度标尺的试验条件和适用范围

硬度标尺	压头类型	总试验力/N	硬度值有效范围	应用举例
HRC	120°金刚石圆锥体	1 471.0	20～67 HRC	适用于调质钢、淬火钢件等
HRB	1.588 mm 钢球	980.7	25～100 HRB	适用于软钢、退火钢、铜合金等
HRA	120°金刚石圆锥体	588.4	60～85 HRA	适用于硬质合金、表面淬火钢等

各种不同标尺的洛氏硬度值不能直接进行比较,但可用实验测定的换算表相互比较。

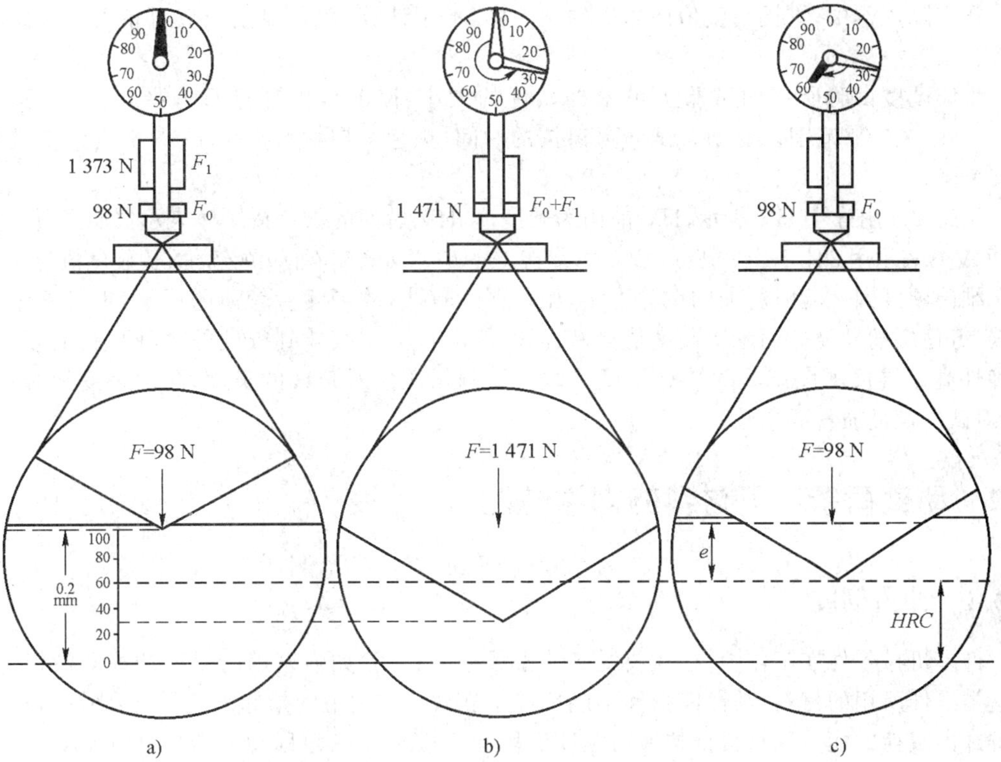

图 1-7 用金刚石圆锥体压头试验示意图

a)加初始试验力 F_0；b)加总试验力 F_0+F_1；c)卸除主试验力 F_1

③优缺点：洛氏硬度试验的优点是操作简单、迅速，能直接从刻度盘上读出硬度值；压痕较小，可以测定成品及薄的工件；测试的硬度值范围大，可测从很软到很硬的材料。其缺点是压痕较小，当材料的内部组织不均匀时，硬度数据波动较大，使测量值的代表性不足，通常需要在不同部位测试数次，取其平均值来代表材料的硬度。

(3) 维氏硬度 维氏硬度(Vickers hardness)试验原理基本上和布氏硬度试验相同，如图 1-8 所示。将相对面夹角为 136°的正四棱锥体金刚石压头，以选定的试验力压入试样表面，经规定保持时间后卸除试验力，用测量压痕对角线的长度来计算硬度。即用正四棱锥形压痕单位表面积上承受的平均压力代表维氏硬度值。计算公式如下：

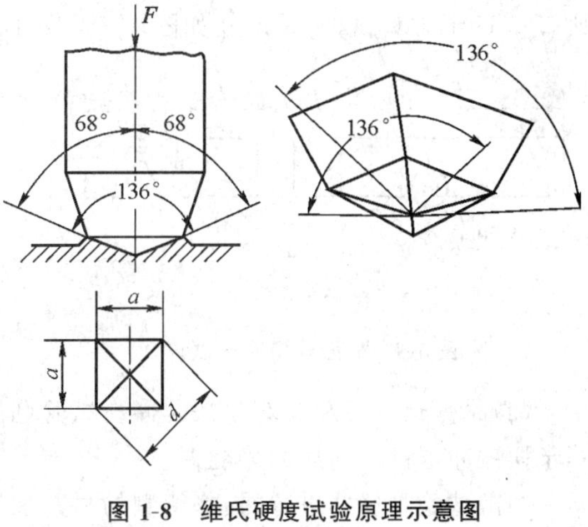

图 1-8 维氏硬度试验原理示意图

$$HV=0.189\,1\frac{F}{d^2}$$

式中：HV 为维氏硬度值；F 为试验力，N；d 为压痕两对角线长度的算术平均值，mm。

在实际工作中，维氏硬度值同布氏硬度一样，不用计算，而是根据压痕对角线长度从表中直接查出。

维氏硬度试验所用的试验力可根据试件的大小、厚薄等条件进行选择，常用试验力在49.03～980.7 N范围内变动。试验力保持的时间，黑色金属材料为10～15 s；有色金属材料为(30±2)s。

维氏硬度用符号 HV 表示，HV 前面为硬度值，HV 后面的数字按顺序表示试验条件。例如640 HV30 表示用294.2 N(30 kgf)试验力，保持10～15 s(可省略不标)测定的维氏硬度值为640。

维氏硬度因试验时所加的试验力小，压入深度较浅，故可测量较薄的材料，也可测量表面渗碳、氮化层的硬度。而维氏硬度值具有连续性，故可测定很软到很硬的各种材料的硬度，且准确性高。维氏硬度试验的缺点是试验时需要测量压痕对角线的长度，测试程度较繁；压痕小，对试件表面质量要求较高。

1.2 动载荷条件下材料的力学性能

1.2.1 冲击韧度

许多机械零件在工作中，往往要受到冲击载荷的作用，如活塞销、锤杆、冲模和锻模等，制造这类零件所用的材料，其性能指标不能单纯用静载荷作用下的指标来衡量，而必须考虑材料抵抗冲击载荷的能力。材料抵抗冲击载荷作用而不破坏的能力称为冲击韧度(impact toughness)。目前，常用一次摆锤冲击弯曲试验来测定材料的冲击韧度。

(1)*冲击试样*　为了使试验结果可以互相比较，试样必须采用标准试样。冲击试样的类型很多，需根据国家标准 GB 229—84 和 GB 2106—80 有关的要求来选择。常用的试样有 V 形缺口和 U 形缺口试样，其尺寸如图 1-9 及图 1-10 所示。

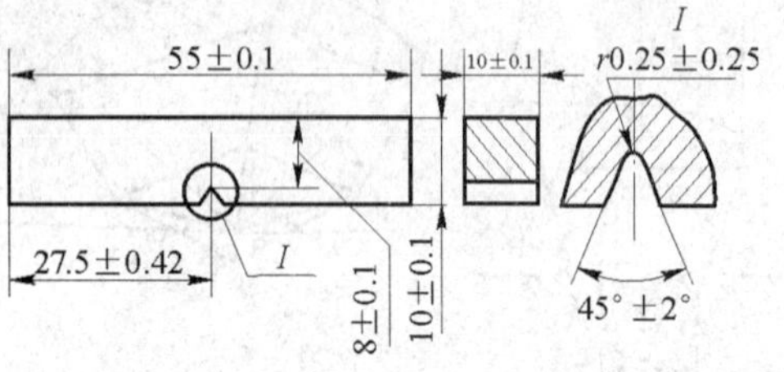

图 1-9　V 形缺口冲击试样

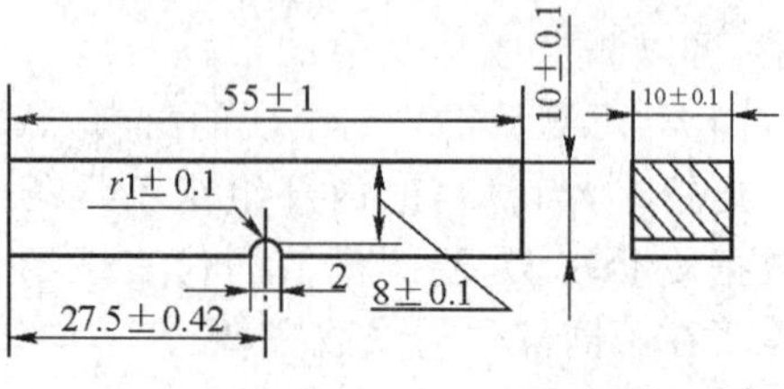

图 1-10　U 形缺口冲击试样

(2)*冲击试验的原理及方法*　冲击试验利用能量守恒原理：试样被冲断过程中吸收的能量等于摆锤冲击试样前后的势能差。

冲击试验是这样进行的：将待测的材料加工成标准试样，然后放在试验机的支座上，放置时，试样缺口应背向摆锤的冲击方向，如图 1-11a 所示。再将具有一定重力 G 的摆锤举至一定的高度 H_1(图 1-11b)，使其获得一定的势能(GH_1)，然后使摆锤自由落下，将试样冲断。摆锤的剩余势能为 GH_2。试样破断所吸收的能量即是摆锤冲击试样所做的功，称为冲击吸收功，用符号 A_k 表示，其计算公式为

$$A_k = GH_1 - GH_2 = G(H_1 - H_2)$$

式中：A_k 为冲击吸收功，J；G 为摆锤的重力，N；H_1 为摆锤举起的高度，m；H_2 为冲断试样后摆

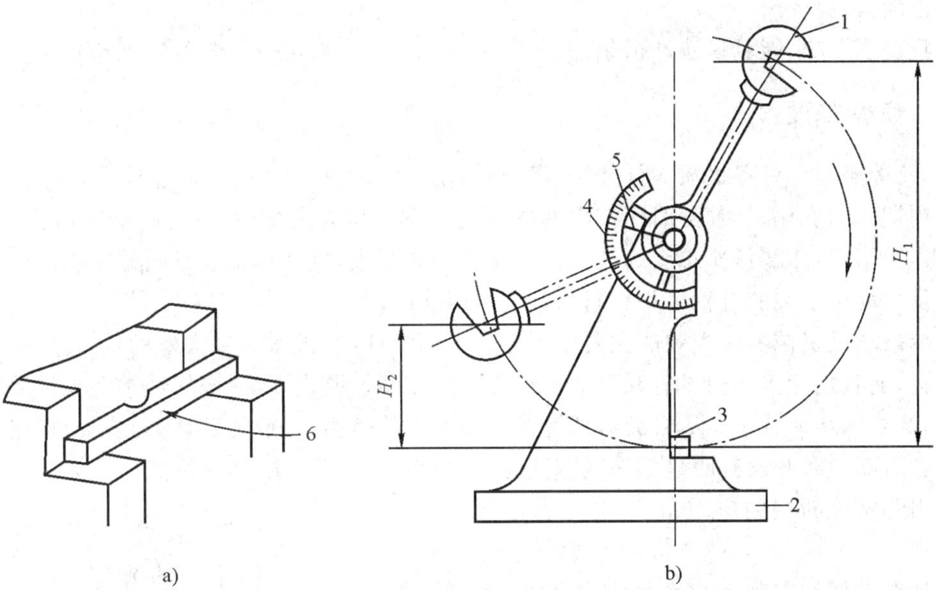

图 1-11　冲击试验示意图

1 摆锤;2 机架;3 试样;4 刻度盘;5 指针;6 冲击方向

锤回升的高度,m。

冲击吸收功 A_k 除以试样缺口处截面积 S_0,即可得到材料的冲击韧度,用符号 a_k 表示,其计算公式如下:

$$a_k = \frac{A_k}{S_0}$$

式中:a_k 为冲击韧度,J/cm^2;A_k 为冲击吸收功,J;S_0 为试样缺口处截面积,cm^2。

冲击韧度是冲击试样缺口处单位横截面积上的冲击吸收功,冲击韧度越大,表示材料的韧性越好。必须说明的是,使用不同类型的试样(U 形缺口或 V 形缺口)进行试验时,其冲击吸收功应分别标为 A_{kU} 或 A_{kV},冲击韧度则标为 a_{kU} 或 a_{kV}。

(3)小能量多次冲击试验　实践表明,承受冲击载荷的机械零件,很少因一次大能量冲击而遭破坏,绝大多数是在一次冲击不足以使零件破坏的小能量多次冲击作用下而破坏的,如凿岩机风镐上的活塞、冲模的冲头等。它们的破坏是由于多次冲击损伤的积累,导致裂纹的产生与扩展的结果,根本不同于一次冲击的破坏过程。对于这样的零件,用冲击韧度来设计显然是不符合实际的。

实践表明,一次冲击韧度高的材料,小能量多次冲击抗力不一定高,如大功率柴油机曲轴是用孕育铸铁制成的,它的冲击韧度接近于零,而在长期使用中未发生断裂。因此,需要采用小能量多次冲击试验来检验这类材料的抗冲击性能。

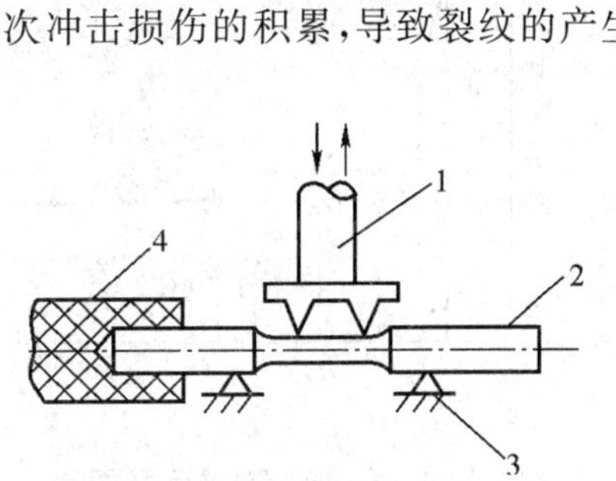

图 1-12　小能量多次冲击工作图

1 冲头;2 试样;3 支承座;4 橡皮传动轴

小能量多次冲击测试的原理如图 1-12 所示。试样在冲头多次冲击下断裂时经受的冲击次数 N,代表材料的抗冲击能力。

实践证明，在小能量多次冲击条件下，其冲击抗力主要取决于材料的强度和塑性。

1.2.2 疲劳强度

(1)*疲劳概念*　许多机械零件如轴、齿轮、轴承、叶片、弹簧等在工作过程中各点的应力随时间作周期性的变化，这种随时间作周期性变化的应力称为交变应力(也称循环应力)。在交变应力作用下，虽然零件所承受的应力低于材料的屈服点，但经过较长时间的工作而产生裂纹或突然发生完全断裂的过程称为材料的疲劳(fatigue)。

疲劳破坏是机械零件失效的主要原因之一。据统计，在机械零件失效中约80%以上属于疲劳破坏，而且疲劳破坏前没有明显的变形而突然破断。所以，疲劳破坏经常造成重大事故。

(2)*疲劳破坏的特征*　尽管疲劳载荷有各种不同的类型，但疲劳破坏有共同的特点；

①疲劳断裂时并没有明显的宏观塑性变形，断裂前没有预兆，而是突然地破坏；

②引起疲劳断裂的应力很低，常常低于材料的屈服点；

③疲劳破坏的宏观断口由 2 部分组成，即疲劳裂纹的策源地及扩展区(光滑部分)和最后断裂区(毛糙部分)，如图 1-13 所示。机械零件之所以产生疲劳断裂，是由于材料表面或内部有缺陷(夹杂、划痕、尖角等)。这些地方的局部应力大于屈服点，从而产生局部塑性变形而导致开裂。这些微裂缝随应力循环次数的增加而逐渐扩展，直至最后截面大大减小，以致不能承受所加载荷而突然断裂。

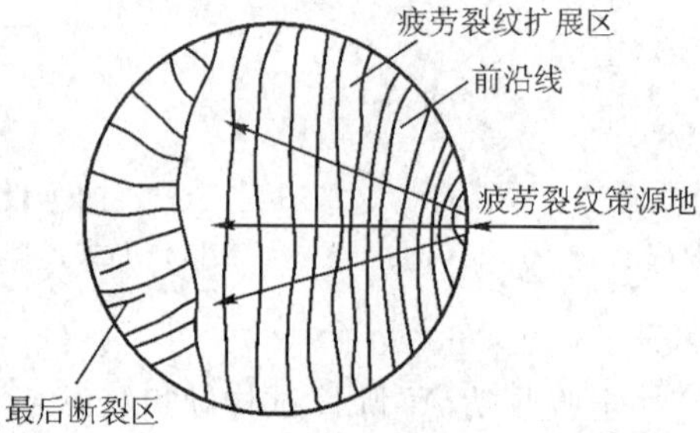

图 1-13　疲劳断裂宏观断口示意图

(3)*疲劳曲线和疲劳极限*　疲劳曲线是交变应力与循环次数的关系曲线，如图 1-14 所示。曲线表明，材料承受的最大交变应力越大，则断裂时应力循环次数 N 越少，反之则 N 越大。

从图 1-14 可以看出，当应力低于一定值时，试样可以经受无限周期循环而不破坏，此应力值称为材料的疲劳极限(fatigue strength)，用 σ_r 表示，r 表示应力循环对称系数。对于对称循环(图 1-15)$r=-1$，故疲劳极限用 σ_{-1} 表示。

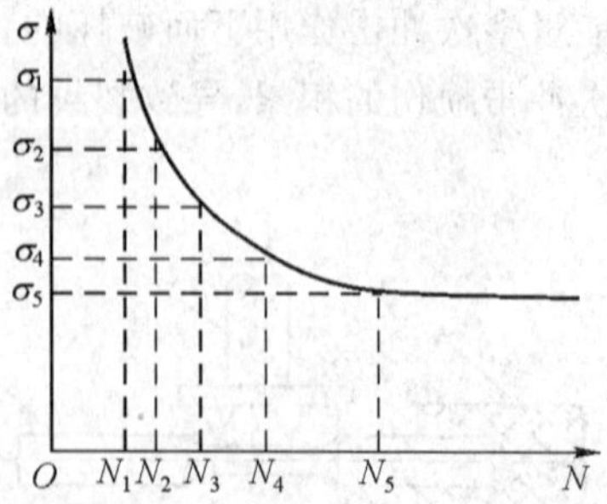

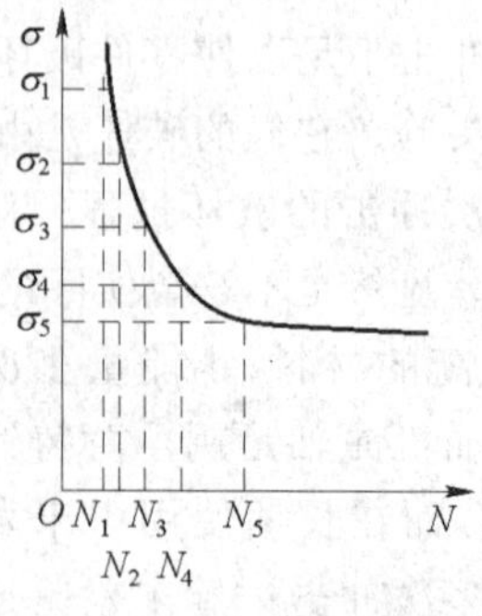

图 1-14　疲劳曲线示意图

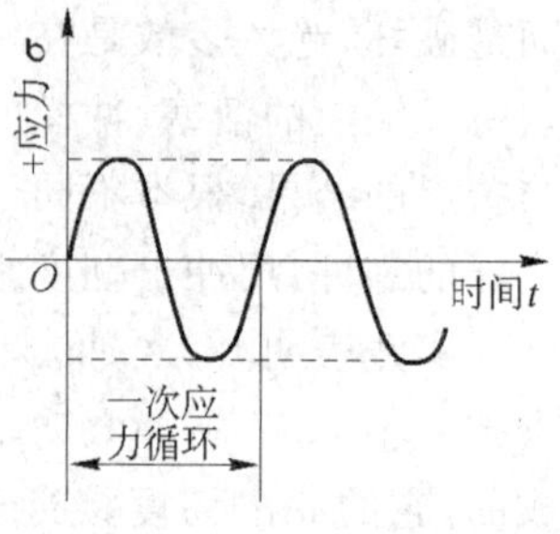

图 1-15　对称循环交变应力图

实际上，材料不可能做无限次交变载荷试验。对于黑色材料，一般规定应力循环 10^7 周次而不断裂的最大应力称为疲劳极限。有色材料、不锈钢等取 10^8 周次。

综上所述,常用的力学性能指标及其含义见表 1-3。

表 1-3 常用的力学性能指标及其含义

力学性能	性能指标			含义
	符号	名称	单位	
强度	σ_b	抗拉强度	MPa	试样拉断前承受的最大标称拉应力
	σ_s	屈服点		拉伸过程中,力不增加(保持恒定)仍能继续伸长(变形)时的应力
	$\sigma_{r0.2}$	规定残余伸长应力		规定残余伸长率达 0.2%时的应力
塑性	δ	伸长率	%	标距的伸长与原始标距的百分比
	Ψ	断面收缩率	%	缩颈处横截面积的最大缩减量与原始横截面积的百分比
硬度	HB	布氏硬度		球形压痕单位表面积上所承受的平均压力
	HRC	C 标洛氏硬度		$HRC=100-e$ 相应标尺刻度满量程与残余压痕深度增量 e 之差计算的硬度值
	HRB	B 标洛氏硬度		$HRB=130-e$ 相应标尺刻度满量程与残余压痕深度增量 e 之差计算的硬度值
	HRA	A 标洛氏硬度		$HRA=100-e$ 相应标尺刻度满量程与残余压痕深度增量 e 之差计算的硬度值
	HV	维氏硬度		正四棱锥形压痕单位表面积上所承受的平均压力
韧性	a_k	冲击韧度	J/cm^2	冲击试样缺口处单位横截面积上的冲击吸收功
抗疲劳性	σ_{-1}	疲劳极限	MPa	对称循环时,在指定循环基数(如 10^7)下的中值疲劳强度

1.3 断裂韧度

前面几节讨论的力学性能,都是假定材料是均质、连续、各向同性的。以这些假设为依据的设计方法称为常规设计方法。根据常规方法分析认为是安全的设计,有时会发生意外断裂事故。研究这种在高强度金属材料中发生的低应力脆性断裂,发现前述假设是不成立的。

实际上,材料的组织远非均匀、各向同性的,组织中有微裂纹,还会有夹杂、气孔等宏观缺陷,这些缺陷可看成是材料中的裂纹。当材料受外力作用时,这些裂纹的尖端附近便出现应力集中,形成一个裂纹尖端的应力场。根据断裂力学对裂纹尖端应力场的分析,裂纹前端附近应力场的强弱主要取决于一个力学参数,即应力强度因子 K_I,单位为 $MN \cdot m^{-3/2}$:

$$K_I = Y\sigma\sqrt{a}\,(MN \cdot m^{-3/2})$$

式中:Y 为与裂纹形状、加载方法及试样尺寸有关的量,是一个无量纲的系数;σ 为外加拉应力,MPa;a 为裂纹长度的一半,m。

对某一个有裂纹的试样(或机件),在拉伸外力作用下,Y 值是一定的。当外加拉力逐渐增大,或裂纹逐渐扩展时,裂纹尖端的应力强度因子 K_I 也随之增大;当 K_I 增大到某一临界值时,试样(或机件)中的裂纹会产生突然失稳扩展,导致断裂。这个应力强度因子的临界值称为材料的断裂韧度(fracture toughness),用 K_{IC} 表示。

断裂韧度是用来反映材料抵抗裂纹失稳扩展,即抵抗脆性断裂能力的性能指标。当 $K_I < K_{IC}$ 时,裂纹扩展很慢或不扩展;当 $K_I \geqslant K_{IC}$ 时,则材料发生失稳脆断。这是一项重要的判据,可用来分析和计算一些实际问题。例如,若已知材料的断裂韧度和裂纹尺寸,便可以计算裂纹扩展以致断裂的临界应力,即机件的承载能力;或者已知材料的断裂韧度和工作应力,就能确

定材料中允许存在的最大裂纹尺寸。

断裂韧度测定是把试验材料制成一定形状和尺寸的试样，在试样上预制出能反映材料实际情况的疲劳裂纹，然后施加载荷。试验中用仪器自动记录并绘出外力和裂纹扩展的关系曲线，经过计算和分析，确定断裂韧度。能够反映材料抵抗裂纹失稳扩展的性能指标及其试验测定方法有多种，具体试验测定方法及要求见 GB 4161—84《金属材料平面应变断裂韧度 K_{IC} 试验方法》、GB 2358—1994《金属材料裂纹尖端张开位移试验方法》(CTOD)、GB 2038—91《利用 J_R 阻力曲线确定金属材料延性断裂韧度的试验方法》(J_{IC})等。

断裂韧度是材料固有的力学性能指标，是强度和韧性的综合体现，它与裂纹的大小、形状、外加应力等无关，主要取决于材料的成分、内部组织和结构。

1.4 高温下材料的力学性能

高压蒸气锅炉、汽轮机、内燃机、航空航天发动机、炼油设备等机器设备中的一些构件是长期在较高温度下运行的，对这类构件仅考虑常温下的力学性能是不行的。一方面是因为温度对材料的力学性能指标影响较大，随着温度升高，强度、刚度、硬度要下降，塑性要增加。另一方面是在较高温度下，载荷的持续时间对力学性能也有影响，会产生明显的蠕变。

金属的蠕变是指在长时间的恒温、恒应力作用下即使应力小于该温度下的屈服点也会缓慢地产生塑性变形的现象。

因此，对材料在高温下的力学性能的评定还需要建立另外的一些力学性能指标，主要有蠕变极限和持久强度。

蠕变极限是指在高温下载荷长期作用时材料对蠕变的抵抗能力。蠕变极限通常有 2 种表示形式：一种是在给定的温度下使试样产生规定的蠕变速度的应力值，以符号 σ_{ε}^{T} (MN/m^2) 表示，其中 T 为试样所处的温度，℃；ε 为蠕变的速度，%/h。例如 $\sigma_{1\times10^{-5}}^{600}=60$ MPa 表示在温度为 600℃的条件下，最大蠕变速度为 1×10^{-5} %/h 的前提下，试样（材料）所能承受的最大应力为 60 MPa。另一种是在给定的温度 T(℃)下和规定的试验时间 t(h)内，使试样产生一定蠕变变形量 δ(%)的应力值。以符号 $\sigma_{\delta/t}^{T}$ (MN/m^2) 表示。例如 $\sigma_{1/2\times10^{-5}}^{500}=75$ MPa 表示在 500℃下在 2×10^5 h 内相对变形量不大于 1%的前提下，试样所能承受的最大应力为 75 MPa。

持久强度是指在高温下载荷长期作用时材料对断裂的抵抗能力。持久强度的表示形式是在给定温度 T(℃)下，在规定的时间 t(h)内，不发生断裂时材料所能承受的最大应力，以符号 σ_t^T 表示。例如 $\sigma_{1\times10^3}^{700}=300$ MPa，它表示在 700℃下，载荷持续了 1×10^3 h，材料（试样）不发生断裂所能承受的最大应力为 300 MPa。

对于在高温下运转，只考虑在给定载荷下使用寿命长短的构件来说，材料的持久强度这个力学性能指标是很重要的。

一般来说，对于金属材料只有当温度高于 0.3 倍材料熔点(T_m)时，蠕变现象才明显。如碳素钢工作温度高于 300℃，合金钢工作温度高于 400℃时必须考虑蠕变现象的影响。

某些有机高分子材料在室温下亦会发生明显的蠕变现象，这是使用高分子材料制作构件时要加以注意的。

复习思考题

1-1 材料有哪些物理和化学性能？试述它们各自的含义。

1-2 何谓材料的力学性能？常用力学性能指标有哪些？

1-3 根据作用性质的不同，载荷可分为哪几类？

1-4 何谓变形？变形有哪两类？

1-5 何谓应力？应力越大，表示材料抵抗变形能力越大，这种说法对吗？为什么？

1-6 何谓强度、塑性？衡量这两种性能的指标有哪些？它们各用什么符号表示？

1-7 说明低碳钢力-伸长曲线上的几个变形阶段。

1-8 解释塑性材料在拉伸试验过程中出现的屈服现象和缩颈现象。

1-9 某厂购进一批40钢材，按国家规定，它的力学性能指标应不低于下列数值：σ_s340 MPa，σ_b540 MPa，$\delta_5$19%，Ψ45%。验收时，将40钢制成 $d_0=1\times10^{-2}$ m的短试样做拉伸试验，测得 $F_s=28\ 260$ N，$F_b=45\ 530$ N，$l_0=6.05\times10^{-2}$ m，$d_1=7.3\times10^{-3}$ m。请列式计算，检验这批钢材是否合格。

1-10 题1-10图所示为3种不同材料的力-伸长曲线（试样尺寸相同），试比较这3种材料的抗拉强度、屈服点和塑性的大小。

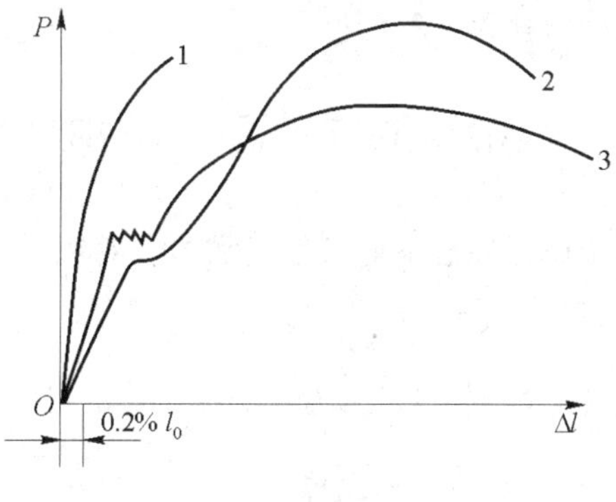

题1-10图

1-11 何谓硬度？试比较布氏、洛氏、维氏硬度的特点，指出各自最适用的范围。下列几种工件的硬度适宜用哪种硬度法表示：淬硬的钢件、灰铸铁毛坯件、硬质合金刀片、渗氮处理后的钢件表面渗氮层的硬度。

1-12 何谓冲击韧度？用什么符号表示？

1-13 何谓疲劳极限？

2 金属的晶体结构与结晶

本章要点:把金属的原子作为研究金属组织的最小单位,了解纯金属的晶体结构、结晶过程和晶体缺陷,进而加深对金属的晶体结构对性能影响的认识。

不同的金属与合金具有不同的性能,例如纯铝较软,而钢却很硬。产生这些性能差别的主要原因是材料内部具有不同的组织和结构。如果采用金相分析方法,在金相显微镜下就可以看到它们的组织。用这种方法显示出来的组织称为金属材料的显微组织,它是决定金属材料机械性能的重要内在因素。

金属的显微组织是由金属原子通过结晶排列而成的,我们在显微镜下所看到的一个个金属晶粒是由千千万万个金属原子排列而成的,因此这些原子的性质及其排列规律,是决定晶粒性质的内在原因。

2.1 纯金属的典型晶体结构

金属在固态下通常都是晶体。要想了解金属的性能,首先必须了解金属的晶体结构。因此,需要首先介绍一些有关晶体的概念。

2.1.1 晶体的基本知识

2.1.1.1 晶体与非晶体

一切物质都是由原子组成的。固态的物质按其原子的聚集状态可以分为晶体(crystal)和非晶体(non-crystal)两大类。晶体是指原子(更确切地说是离子)按一定几何形状作有规律重复排列的物体。在晶体中,原子按一定的几何规律作周期性地排列,称为有序排列。在非晶体中,原子无规则地堆集在一起,称为无序排列。在自然界中,除了少数一些物质(如普通玻璃、石蜡、松香、赛璐珞等)以外,包括金属在内的绝大多数固体都是晶体。晶体之所以具有这种规则的原子排列,主要是由于各原子之间相互吸引力和排斥力相平衡的结果。由于晶体内部原子排列的规律性,有时甚至可以见到某些物质的外形也具有规则的轮廓,如水晶、食盐、黄铁矿等,但金属晶体一般看不到这种规则的外形。

晶体与非晶体之间在性能上存在着明显的差异。晶体有固定的熔点(如铁为 1 538℃、铜为1 083℃、铝为 660℃),且在不同方向上具有不同的性能,即表现出晶体的各向异性。而非晶体没有固定的熔点,随温度升高,固态非晶体将逐渐变软,最终成为流动性的液体。液体冷却时将逐渐稠化,最终变为固体。此外,因非晶体物质在各个方向上的原子聚集密度大致相同,因此表现出各向同性(或称等向性)。

应当指出,晶体和非晶体在一定条件下可以相互转化。例如玻璃经高温长时间加热能变为晶态玻璃；而通常是晶态的金属，如从液态急冷（冷却速度＞10^7℃/s），也可获得非晶态金属。非晶态金属与晶态金属相比，具有高的强度与韧性等一系列突出性能，故近年来已为人们所重视。

2.1.1.2　晶格、晶胞和晶格常数

实际晶体中的各类质点（包括离子、电子等）虽然都是在不停地运动着，但通常在讨论晶体的一般结构时，为了便于对问题的分析，仍然都是从“静态”出发，并且通常把构成晶体的原子都看成是一个个固定的小球，而不再去把它们细分为离子与电子。就是说，晶体是由一个个原子的小球按一定的几何形状排列起来的。图 2-1a 所示为一最简单的晶体结构模型。

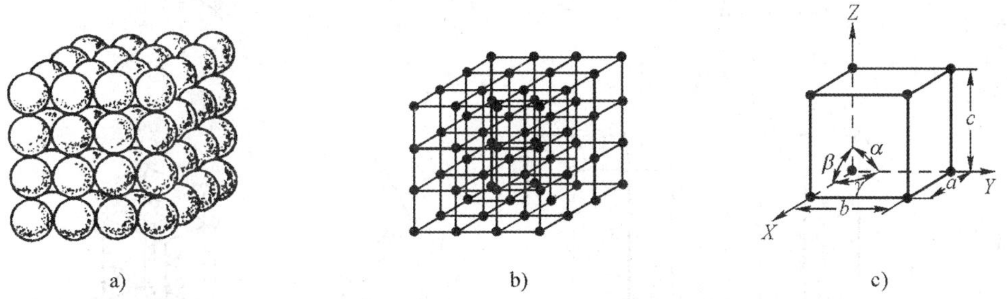

图 2-1　晶体、晶格和晶胞示意图

（1）晶格　从图 2-1a 中看到，实际晶体中各原子都是紧密地堆积在一起的。但在研究晶体结构时，为了便于分析各种晶体中原子排列规律和几何形状，通常把组成晶体的每一个原子视为一个几何结点，并用假想的几何直线把各结点中心连接起来，便形成一个三维空间格架，如图 2-1b 所示。这种抽象的用于描述原子在晶体中排列方式的三维空间格架，称为结晶格子，简称晶格（crystal lattice）。此外，还可以用另一种方法进行抽象，即把晶体中的原子、离子或分子视为质点，不用线条将质点连接。这种用于描述各种晶体结构的空间几何点的阵列，通常称之为空间点阵，简称点阵。晶格或点阵都是用于研究晶体结构的空间几何模型，但在金属学中通常用晶格的概念。

（2）晶胞　由于晶体中原子作周期性重复规则排列，因此可以在晶格中选取一个能够完全反映晶格特征的、最小的几何单元来表示原子排列规律，这个最小的几何单元称为晶胞（crystal cell），如图 2-1c 所示。

（3）晶格常数　在晶体学中，通常取晶胞角上某一结点作为原点，其 3 条棱边作为 3 个坐标轴 X，Y，Z，称为晶轴，而且规定在坐标原点的前、右、上方为轴的正方向，反之为负，并以棱边长度 a，b，c 和棱面间的夹角 α，β，γ 来表示晶胞的形状和大小（图 2-1c），其中棱边长度称为晶格常数（lattice constant），其大小常以 Å（埃）为计量单位（1 Å$=1\times10^{-8}$ cm）。图 2-1c 所示晶胞的晶格常数 $a=b=c$，而 $\alpha=\beta=\gamma=90°$，这种晶胞叫做简单立方晶胞。具有简单立方晶胞的晶格叫做简单立方晶格。简单立方晶格只见于非金属晶体中，在金属中则看不到。

各种晶体物质，或其晶格形式不同，或其晶格常数不同，主要与其原子构造、原子间的结合力（或称结合键）的性质有关。因晶格形式及晶格常数不同，于是不同晶体便表现出不同的物理、化学和力学性能。

（4）晶系　在自然界中，以晶体形式存在的物质极其繁多，晶体类型也各式各样，结构很复杂。为了便于分析研究，首先必须按照它们各自主要结构特点的不同，予以归纳分类。另外，

在空间点阵中任一结点与其各相邻结点的关系是完全相同的。基于这样的特征，有人曾用数学的方法求出空间点阵可能的基本类型共有 14 种，通常称为布拉菲点阵。这 14 种点阵晶胞的结构模型如图 2-2 所示，其结构名称见表 2-1。为进一步简化分析，在晶体学中对这 14 种点阵又可按其晶胞的棱边长度和夹角的不同而将它们归纳成七大晶系(即立方、菱方、正方、斜方、六方、单斜、三斜系)，有关参数见表 2-1。

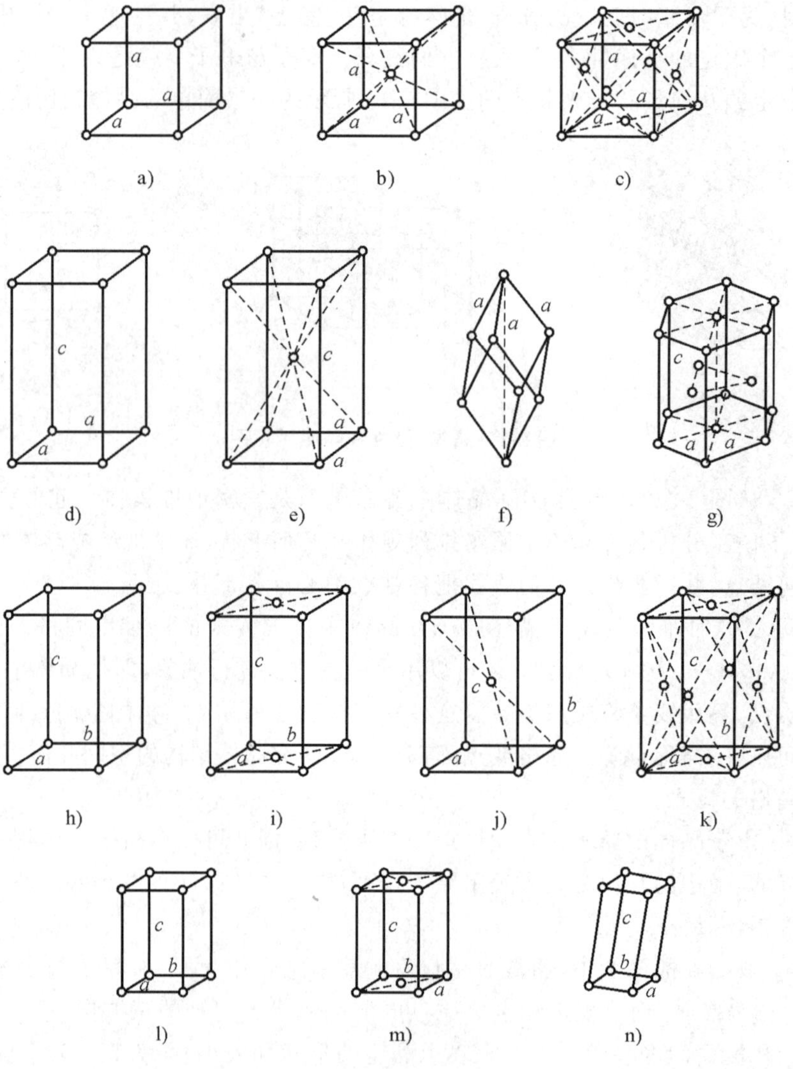

图 2-2　晶体及晶格结构示意图

a)简单立方；b)体心立方；c)面心立方；d)简单正方；e)体心正方；f)简单菱方；g)密排六方；h)简单正交；i)底心正交；j)体心正交；k)面心正交；l)简单单斜；m)底心单斜；n)简单三斜

对金属来说，由于金属原子之间的键力较弱，且无方向性，所以在金属中，原子总是具有趋于最紧密排列的倾向，这使晶格的排列组合形式大为减少，而且常常形成具有高度对称性的比较简单的几何形式。虽然金属材料种类繁多，但我们常用的金属材料中，能遇到的晶体结构形式最多只有立方、正方、斜方及六方 4 种。

表 2-1 结晶系及空间点阵

结晶系	空间点阵	棱边长度及夹角关系
立方晶系	简单立方点阵 体心立方点阵 面心立方点阵	$a=b=c, \alpha=\beta=\gamma=90°$
菱方(三方)晶系	简单菱方点阵	$a=b=c, \alpha=\beta=\gamma\neq 90°$
正方(四角)晶系	简单正方点阵 体心正方点阵	$a=b\neq c, \alpha=\beta=\gamma=90°$
斜方(正交)晶系	简单正交点阵 底心正交点阵 体心正交点阵 面心正交点阵	$a\neq b\neq c, \alpha=\beta=\gamma=90°$
立方(六角)晶系	简单六方点阵	$a_1=a_2=a_3\neq c, \alpha=\beta=90°, \gamma=120°$
单斜晶系	简单单斜点阵 底心单斜点阵	$a\neq b\neq c, \alpha=\gamma=90°\neq\beta$
三斜晶系	简单三斜点阵	$a\neq b\neq c, \alpha\neq\beta\neq\gamma\neq 90°$

2.1.2 金属的晶体结构

2.1.2.1 金属的特性和金属键

晶体分为金属晶体与非金属晶体，两者在内部结构和性能上除有着上述晶体所共有的特征外，金属晶体还具有它独特的性能，如具有金属光泽以及良好的导电性、导热性和塑性。但金属与非金属的根本区别是金属的电阻随温度的升高而增大，即金属具有正的电阻温度系数，而非金属的电阻却随温度的升高而减小，即具有负的电阻温度系数。

金属之所以具有上述特性，是由金属原子内部的结构及原子间的结合方式决定的。

金属原子构造的共同特点，是它的最外层电子（价电子）的数目少（一般仅有 1 或 2 个），而且它们与原子核的结合力弱，很容易摆脱原子核的束缚而变成自由电子。当大量的金属原子聚合在一起构成金属晶体时，绝大多数金属原子都将失去其价电子而变成正离子。正离子又按一定几何形式规则地排列起来，并在固定的位置上作高频率的热振动。而脱离了原子束缚的那些价电子都以自由电子的形式，在各离子间自由地运动，它们为整个金属所共有，形成所谓"电子气"。金属晶体就是依靠各正离子与公有的自由电子间的相互引力而结合起来的，而离子与离子间及电子与电子间的斥力则与这种引力相平衡，使金属处于稳定的晶体状态。金属原子的这种结合方式称为"金属键"。图 2-3 为金属键的示意图。除铋、锑、锗、镓等类金属为共价键结合外，其余的金属主要是金属键结合。

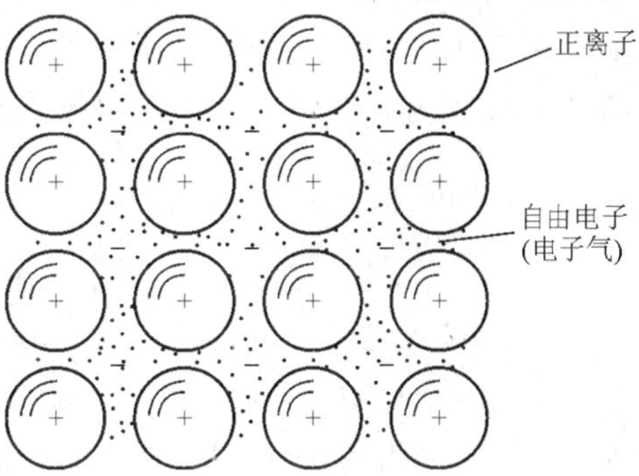

图 2-3 金属键示意图

由于金属晶体是金属键结合,因而使金属具有上述一系列的金属特性。例如:金属中的自由电子在电场作用下,会沿电场方向作定向运动,形成电流,从而显示出良好的导电性。而靠离子键或共价键结合的非金属晶体,由于没有自由电子存在,故无此特性。又如:因金属中正离子是以某一固定位置为中心作热振动的,对自由电子的流通就有阻碍作用,这就是金属具有电阻的原因。随着温度的升高,正离子振动的振幅要加大,对自由电子通过的阻碍作用也加大,因而金属的电阻是随温度的升高而增大的,即具有正的电阻温度系数。此外,由于自由电子的运动和正离子的振动可以传递热能,因而使金属具有较好的导热性。当金属发生塑性变形(即晶体中原子发生相对位移)后,正离子与自由电子间仍能保持金属键的结合,使金属具有不透明性。吸收能量后跳到较高能级的电子,当它重新跳回到原来低能级时,就把所吸收的可见光的能量,以电磁波的形式辐射出来,在宏观上就表现为金属的光泽。

2.1.2.2 常见金属晶体的结构

由于晶胞可以描述晶格和晶体结构,因此研究晶体结构就在于考查晶胞的基本特性。在14种基本类型晶格中,大多数金属晶格都属于体心立方、面心立方及密排六方3种晶格类型(图2-4)。

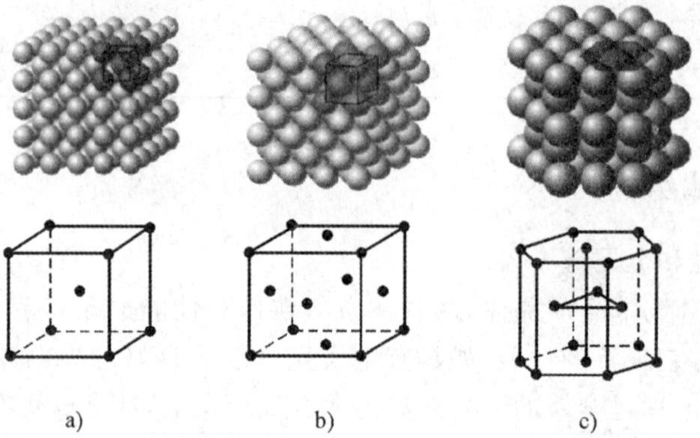

图2-4 常见金属晶体的晶胞

a)体心立方;b)面心立方;c)密排六方

(1)体心立方晶格(body-centered cubic lattice) 体心立方晶格的晶胞是一个正立方体,其晶格常数 $a=b=c$(故通常用一个常数 a 即可表示),三棱边相互夹角 $\alpha=\beta=\gamma=90°$,在立方体的几何中心和8个角上各分布有一个原子,如图2-4a所示。每个角上的原子均为相邻8个晶胞所共有,而中心原子为该晶胞所独有,所以体心立方晶胞的原子数为 $1+8\times1/8=2$ 个。由图可见,这种晶胞在其立方体对角线方向上的原子是彼此紧密相接触排列着的,故由该对角线长度 $\sqrt{3}a$ 上所分布的原子数目(共2个)可计算出其原子半径的尺寸为 $r=\frac{\sqrt{3}}{4}a$。属于这种晶格的金属有室温下的铁(912℃以下称为 α-Fe)、铬(Cr)、钼(Mo)、钨(W)、钒(V)等。

(2)面心立方晶格(face-centered cubic lattice) 面心立方晶格的晶胞也是一个正立方体,在立方体的8个角和6个面的几何中心各分布有1个原子,如图2-4b所示。每个角上的原子均为相邻8个晶胞所共有,每个面上的原子均为相邻2个晶胞所共有,所以面心立方晶胞的原子数为 $8\times1/8+6\times1/2=4$ 个。显然,在这种晶胞中,在每个面的对角线上各原子彼此相互接触,因而其原子半径的尺寸应为 $r=\frac{\sqrt{2}}{4}a$。属于这种晶格的金属有铝(Al)、铜(Cu)、镍(Ni)、铅

(Pb)等。

(3)密排六方晶格(hexagonal close packed lattice) 密排六方晶格的晶胞是一个正六方柱体，由6个呈长方形的侧面和2个正六边形的底面所组成，如图2-4c所示。柱体的上、下底面6个角及中心各分布有1个原子，在两底面之间3个均匀的间隙里还分布有3个原子。六方柱体的每个角上的原子为相邻6个晶胞所共有，上下底面中心的原子为相邻2个晶胞所共有，中心3个原子为该晶胞所独有，所以密排立方晶胞的原子数为12×1/6＋2×1/2＋3＝6个。密排六方晶格的晶胞通常需要2个晶格常数才能表示，一个是六方底面的边长a，另一个就是两个底面间的高度c。分析表明，对密排六方晶格来说只有当其轴比$c/a=1.633$时，其晶格内的原子才是真正密集地排列着的。但通常具有密排六方晶格的金属其轴比在1.57～1.64之间，只有极少是正好等于1.633的，个别的如锌、镉等则特别大，c/a值甚至大到1.89。属于这种晶格的金属有铍(Be)、镁(Mg)、锌(Zn)、镉(Cd)等。

除以上3种晶格以外，少数金属还具有其他类型的晶格，但一般很少遇到。

各种金属的晶体结构的不同，即在于它们的晶格类型和晶格常数不同。

2.1.2.3 3种典型晶格的致密度与配位数

(1)致密度(density) 金属晶格中原子排列的致密程度可以用晶胞的致密度来描述。金属晶胞中原子本身所占有的体积与晶胞的体积之比称为晶格的密排系数或晶格的致密度，即

$$致密度=\frac{晶胞中原子所占有的体积}{晶胞的体积}$$

对于体心立方晶格

$$致密度=\frac{2\times\frac{4\pi}{3}r^3}{a^3}=\frac{2\times\frac{4\pi}{3}\left(\frac{\sqrt{3}}{4}a\right)^3}{a^3}\approx0.68$$

对于面心立方晶格

$$致密度=\frac{4\times\frac{4\pi}{3}r^3}{a^3}=\frac{4\times\frac{4\pi}{3}\left(\frac{\sqrt{2}}{4}a\right)^3}{a^3}\approx0.74$$

对于密排六方晶格

$$致密度=\frac{6\times\frac{4\pi}{3}r^3}{6\times\frac{\sqrt{3}}{4}a\times a\times c}=\frac{6\times\frac{4\pi}{3}\left(\frac{1}{2}a\right)^3}{6\times\frac{\sqrt{3}}{4}\times1.633a^3}\approx0.74$$

体心立方晶胞中原子占据了68％的体积，面心立方晶胞和密排六方晶胞中原子占据了74％的体积，晶胞其余32％和26％的体积为空隙。

(2)配位数 金属晶格中原子排列的致密程度还可以用配位数来描述。晶格中与任一原子处于相等距离且距离最近的原子数，称为配位数。显然，配位数愈大，原子排列愈紧密。在体心立方晶格中，原子间的最近距离$d=\frac{\sqrt{3}}{4}a$，距任一原子距离为d的相邻原子数为8，因此体心立方晶格的配位数为8。与此类似，可求出面心立方晶格与密排六方晶格的配位数均为12。3种典型金属晶格的各种数据见表2-2。由表列数据可见，不论从致密度或配位数来看，面心立方晶格和密排六方晶格的原子排列都同样是最紧密的。

表 2-2 3 种典型晶格的数据

晶格类型	晶胞中的原子数	配位数	致密度
体心立方	2	8	0.68
面心立方	4	12	0.74
密排六方	6	12	0.74

2.1.2.4 金属晶体中晶面和晶向的表示方法

在晶体学中，通过晶体中原子中心的平面称为晶面（crystal plane）；通过原子中心的直线称为原子列，其所代表的方向称为晶向。在研究金属晶体结构的细节及其性能时，往往需要分析它们的各种晶面和晶向中原子分布的特点，因此有必要给各种晶面和晶向定出一定的符号，以表示出它们在晶体中的方位或方向，便于分析。

（1）*立方晶系的晶面表示方法*　在晶体学中，晶面采用晶面指数（indices of crystallographic plane）的方式来表示。对于立方晶系，确定晶面指数的步骤如下：

第一步，选定不在欲定晶面上的晶格中的任一结点为空间坐标系的原点 O，以晶格的三棱边为空间坐标轴 OX,OY,OZ；

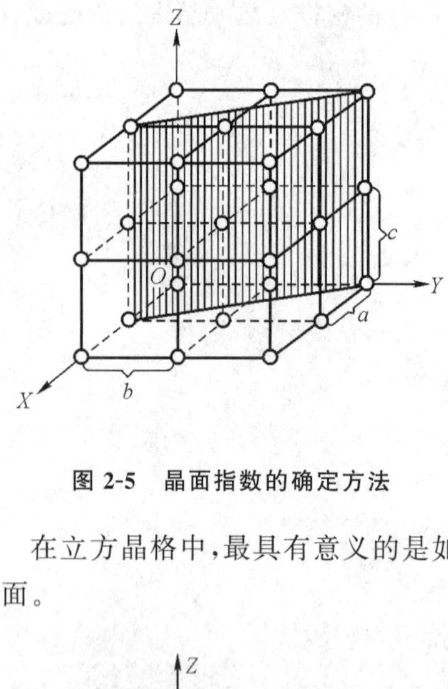

图 2-5 晶面指数的确定方法

第二步，以晶格常数 a,b,c 分别作为相应的 3 个坐标轴上的长度度量单位，求出欲定晶面在此 3 个坐标轴上的截距；

第三步，取欲定晶面的 3 个轴上截距的倒数，并将这 3 个倒数按比例化为最小整数；

第四步，把化好的 3 个整数写在圆括号内，整数之间不用标点分开，即为晶面指数。晶面指数的一般形式为(hkl)。

例如，图 2-5 中所示带影线的晶面，其晶面指数的确定步骤为：①取它与 OX,OY,OZ 3 个坐标轴的截距为 1，2，∞；②3 个截距的倒数是 1，1/2，0；③化为最小整数后的晶面指数为(210)。

在立方晶格中，最具有意义的是如图 2-6 中所示的 3 种晶面，即(100)，(110)和(111)3 种晶面。

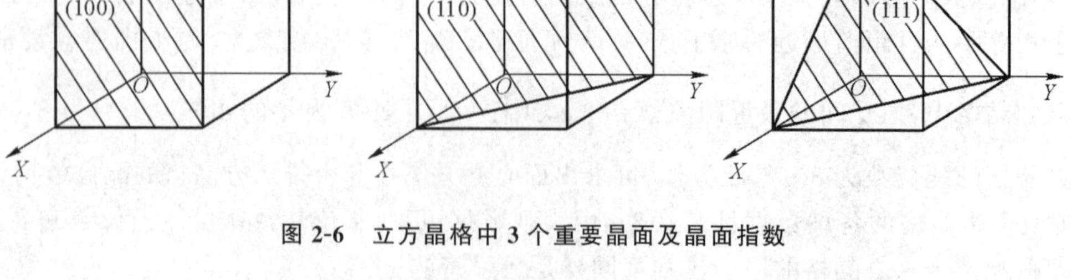

图 2-6 立方晶格中 3 个重要晶面及晶面指数

这里应注意的是，由于坐标原点选择的任意性，所谓晶面指数，并非仅指一晶格中的某一个晶面，而是泛指该晶格中所有那些与其相平行的位向相同的晶面。另外，在晶体中，特别是在立方晶系中，往往存在许多原子排列完全相同但不平行的对称晶面，例如体心立方晶格中的(100)，(010)及(001)等，这时若无必要予以区别，则可把这些晶面统一用{100}数来表示。在晶体学中，把原子排列完全相同但彼此互不平行的晶面总称为晶面族。换句话说，即(*hkl*)这类符号系指某一确定位向的晶面指数，而{*hkl*}则可指所有那些位向不同而原子排列相同的晶面指数。

(2)立方晶系的晶向表示方法　晶向用晶向指数(orientation index)来表示，即用几何学中用方向指数表示直线方向的方法来表示。确定晶向指数的步骤如下：

第一步，选定任一结点为空间坐标系的原点，以晶格的三棱边为空间坐标轴 *OX*，*OY*，*OZ*；

第二步，通过坐标原点引一直线，使其平行于所求的晶向；

第三步，求出该直线上任意一结点的 3 个坐标值，并将 3 个坐标值按比例化为最小整数；

第四步，将化好的整数记在方括号内，不用标点分开，即为所求的晶向指数，其一般形式为[*uvw*]。

例如欲求图 2-7 中 *AB* 的晶向指数，可通过与其平行的 *OP* 直线上任意一点的坐标化简而求出为[110]。图 2-7 中所示的[100]，[110]及[111]晶向为在立方晶格中最具有意义的 3 种晶向。与晶面指数的表示方法相类似，如[100]，[010]，[001]等具有相同原子排列的晶向，若无必要区分时，可笼统用〈100〉这种符号来表示，晶体学上称为晶向族。将图 2-7 与图 2-6 对比可以看出，在立方晶格中，凡指数相同的晶面与晶向是相互垂直的。

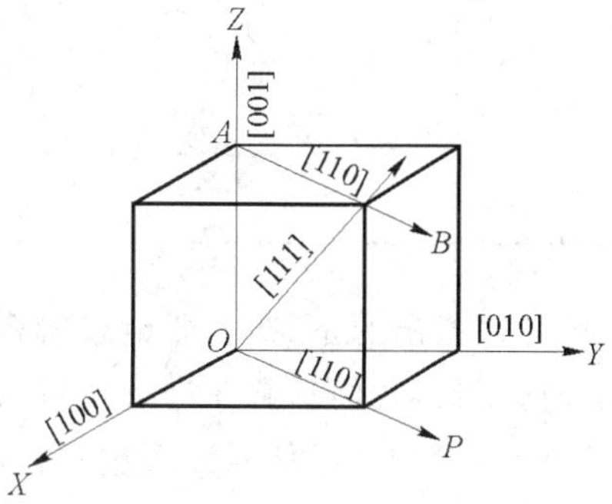

图 2-7　立方晶格的 3 个重要晶向

2.1.2.5　晶体的各向异性

金属晶体与无定型非晶体(玻璃、塑料等)最根本的差别之一，就是金属单晶体的性能具有明显的方向性，而非晶体没有。例如单晶体铁的弹性模量，在〈111〉方向上为 2.90×10^5 MN/m^2，而在〈100〉方向上为 1.35×10^5 MN/m^2。体心立方金属最易拉断或劈裂的晶面(即所谓解理面)就是{100}面；铁的单晶体在磁场中沿〈100〉方向磁化比沿〈111〉方向容易……。总之，金属晶体的力学、物理和化学方面的性能在不同晶面和晶向上是不同的。金属晶体沿不同晶面和晶向性能不同的现象，称为(单)晶体的各向异性。非晶体在各个方向上性能完全相同，为各向同性。

晶体各向异性的产生，与不同晶面和晶向上原子排列的方式和密度不同，因而它们之间的结合力的大小不同有密切关系。体心立方晶格的主要晶面、晶向上的原子排列方式示意图和密度的计算结果见表 2-3。

晶体的各向异性不论在物理、化学还是力学性能方面，即不论在弹性模量、破断抗力、屈服强度，或电阻率、磁导率、线胀系数，还是在酸中的溶解速度等许多方面都会表现出来，并在工业生产上得到了应用，指导生产，获得性能优异的产品。如制作变压器用的硅钢片，因它在不同晶向的磁化能力不同，我们可以通过特殊的轧制工艺，使其易磁化的〈100〉晶向平行于轧制方向，从而得到优异的磁导率，等等。

表 2-3　体心立方晶格中主要晶面和晶向的原子排列和密度

晶面指数	晶面示意图	晶面密度（原子数/面积）	晶向指数	晶向密度（原子数/长度）
{100}	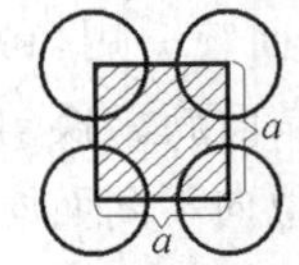	$\frac{\frac{1}{4}\times 4}{a^2}=\frac{1}{a^2}$	⟨100⟩	$\frac{\frac{1}{2}\times 2}{a}=\frac{1}{a}$
{110}	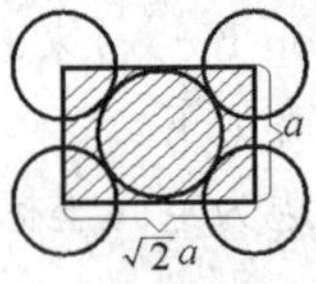	$\frac{\frac{1}{4}\times 4+1}{\sqrt{2}a^2}=\frac{1.4}{a^2}$	⟨110⟩	$\frac{\frac{1}{2}\times 2}{\sqrt{2}a}=\frac{0.7}{a}$
{111}	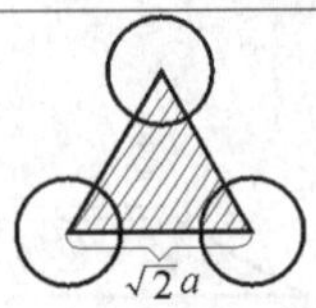	$\frac{\frac{1}{6}\times 3}{\frac{\sqrt{3}}{2}a^2}=\frac{0.58}{a^2}$	⟨111⟩	$\frac{\frac{1}{2}\times 2+1}{\sqrt{3}a}=\frac{1.16}{a}$

但必须指出的是，在工业金属材料中，通常却见不到它们具有这种各向异性的特征。例如铁的弹性模量，我们日常在进行材料试验时，不论从何种部位取样，所得数据均在 $E=2.10\times10^5$ MN/m² 左右，而从未发现过它在不同方向上的性能值不同。这是因为以上所述只是一些晶体结构的理想情况，与实际的金属晶体结构还相差很远，因此我们在下面还必须再进一步讨论实际的金属结构。

2.2　实际金属的结构

2.2.1　多晶体

内部晶格位向完全一致的晶体称为单晶体，前面所讨论的都是理想单晶体的构造情况。实际上像这样理想的几何单晶体，在自然界中几乎是不存在的。尤其对金属来讲，自然生成的金属单晶体到目前还没有发现，用近代科学方法人工制成的金属单晶体，不仅其尺寸有限，而且其内部也都存在着不少难以避免的结构缺陷。因此，实际上我们所应用的金属由于它们受结晶条件和许多其他因素的限制，其结构都是由许多尺寸很小的、各自结晶方位都不同的小单晶体组合在一起的多晶体构成。由于其中每个小晶体的外形多为不规则的颗粒状，故通常称为晶粒(grain)。晶粒与晶粒之间的交界称为晶粒间界，简称晶界(grain boundary)。由于晶界是两相邻晶粒在不同晶格方位上的过渡区，所以在晶界上原子排列总是不规则的。这种实际上由多晶粒组成的晶体结构称为多晶体(poly crystal)，如图 2-8 所示。对于纯金属，各个小晶体(晶粒)的晶格结构形式都是相同的，而各晶粒在空间彼此的结晶方位则是不相同的。

如上所述，工业纯铁的弹性模量等性能，之所以测不出它们像在单晶体中那样的各向异性，就是因为其中各晶粒的位向不同，结果只表现出它们的平均性能。

在钢铁材料中，晶粒的尺寸一般在 $10^{-3}\sim10^{-1}$ mm，必须在显微镜下才能看见。在显微镜

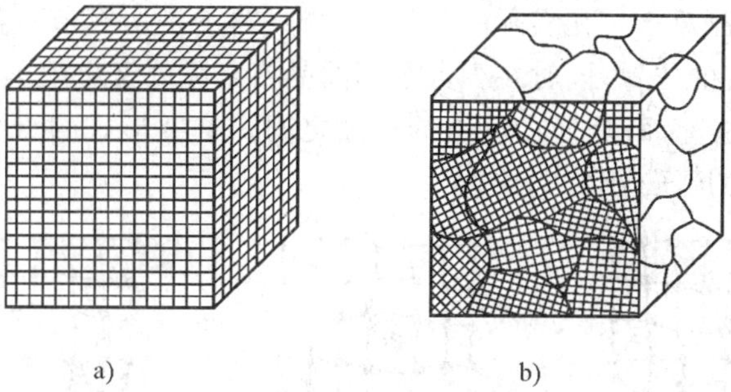

图 2-8 单晶体和多晶体的晶粒与晶界示意图

a)单晶体;b)多晶体

下所观察到的金属中的各种晶粒的大小、形态和分布称为显微组织(microscopic structure),如图 2-9 所示为纯铁的显微组织。有色金属,如铜、铝、锡、铅、锌等的晶粒度一般都比钢铁的大些,有时甚至不用显微镜就能直接看见,如镀锌钢板表面的锌晶粒,其尺寸通常达数毫米至十几毫米。在每个晶粒的内部,实际上也不是那么理想,即每个晶粒内部的晶格位向在不同区域上还有微小的差别,一般仅 10′～20′,最多达 1°～2°。这些在晶格位向上彼此有微小差别的晶内小区域称为亚晶或嵌镶块,如图 2-10 所示。因其尺寸较小,故常须在高倍显微镜或电子显微镜下才能观察得到。

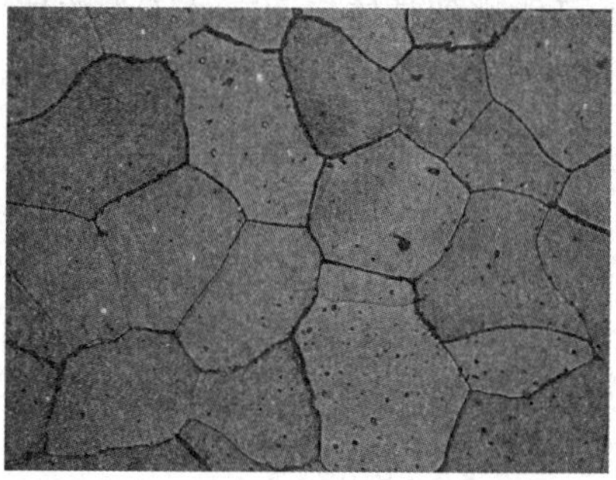

图 2-9 纯铁显微组织照片

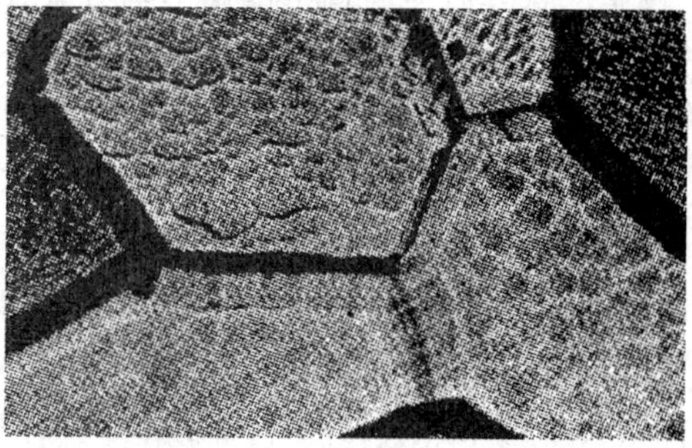

图 2-10 金属中的亚晶组织

2.2.2 晶格缺陷

上面所述,在一个晶粒内部结晶方位都是一致的,并在每个晶格“节点”上都为原子所填满,这仍然是一种理想晶体。实际上,金属由于结晶及其他加工等条件的影响而使得晶粒内部也存在着大量的缺陷,更不要说晶界了。这些缺陷的存在,对金属的性能(物理性能、化学性能特别是力学性能)都将发生显著的影响。

根据晶体缺陷(crystal defects)存在形式的几何特点,通常将它们分为点缺陷、线缺陷以及面缺陷三大类。

2.2.2.1 点缺陷

点缺陷(point defect)是指晶体空间中,在长、宽、高三维尺度上都很小的、不超过几个原子直径的缺陷。晶体的点缺陷包括 3 种主要形式:晶格空位及间隙原子、外来原子(或称置换原子)的溶入。

(1)晶格空位及间隙原子　在实际的晶体结构中,并不是所有节点都被原子占满,而是在某些节点处出现了空着的位置;同时在少数个别的晶格空隙处又出现了多余原子,此原子并未占有正常的晶格节点位置,而是处在晶格的空隙之间。这类形式的点缺陷,前者称晶格空位(图 2-11a),后者称间隙原子(图 2-11b)。

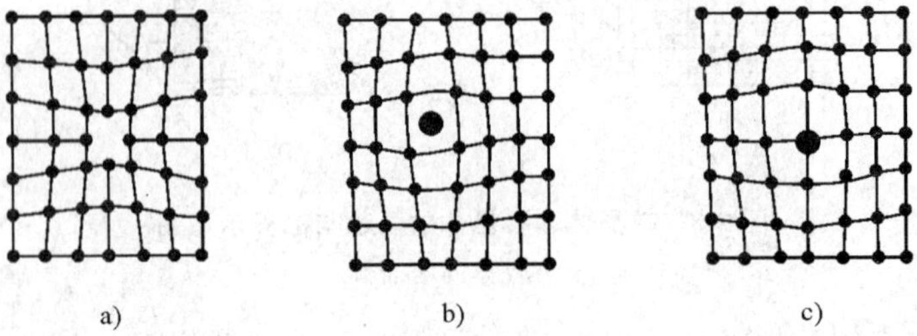

图 2-11　点缺陷示意图

a)晶格空位;b)间隙原子;c)置换原子

点缺陷的形成,主要是原子在各自平衡位置上作不停的热运动的结果。而且原子的这种热振动,随着温度的增高,其频率增高,能量增大,其振幅也增大。另一方面,不是所有的原子在任何时间里振动的能量都均等的,因此,在某一瞬间,当某一原子具有足够大的能量时其振幅增大,这就使它完全有可能克服周围原子对它的牵制作用,脱离其原来占据的平衡位置而"逃走",这样就使结构中出现了空节点,即空位。离位原子既可能逃到晶体表面上的正常位置(或其他空位上),还可能跳到点阵中的某些间隙位置上。可见,当形成空位的同时,也可能产生间隙原子。形成空位后,其周围的其他原子便会发生靠拢现象。这种缺陷的造成是由于原子热振动的结果。随温度增高,空位的数目也增加。

在晶体中,由于产生空位而出现的间隙原子,将使其周围晶格发生严重的局部畸变。因此,形成这种间隙原子的能量是相当大的,特别是在密排结构的金属中,仅靠热能量涨落产生这种间隙原子的机会还是比较小的。只有当金属承受大的冷变形加工或经受高能离子轰击,因有足够的附加能量时,才会产生大量的间隙原子。

综上所述,晶体内的这类点缺陷的浓度是直接依赖于温度的,即在一定温度下,晶体内存在一定平衡浓度的空位和间隙原子。因此,这类点缺陷通常又称为热缺陷。

(2)异类原子(外来原子)　异类原子是指杂质原子或合金元素的原子。当异类原子占据金属晶体的节点时,常称为置换原子(图 2-11c);但当异类原子的直径甚小时,它将不占据节点的位置,而存在于晶格的间隙中,也称为间隙原子。但必须明确,这与上面所讨论的间隙原子是两个不同的概念。前者是同类原子,性质相同,尺寸相当,它使间隙附近晶格发生严重畸变,一般情况下它的产生甚为困难,它的扩散也很困难;而后者则是异类原子,性质不同,尺寸相差悬殊,只要金属中含有这些小尺寸的原子,它即以间隙原子存在,并只使该晶格局部产生一定的畸变,在一定温度下也有足够的扩散能力(如钢中的碳)。置换原子实际上是杂质或合金元素的原子顶替了原来金属原子的位置。由于这种异类原子的大小与原来金属原子不可能相同,因此在这个置换原子的周围,也必将发生晶格的畸变。

此外还可能有其他类型的点缺陷,不过主要的就是上述两种形式。

由于晶格点缺陷的出现,可使周围原子产生凹进或撑开,从而造成晶格畸变。如图 2-11 所示。

2.2.2.2　线缺陷

线缺陷(line defect)是在晶体的某一平面上，沿着某一方向伸展开来呈线状分布的一种缺陷。这种缺陷的特征是，在一个方向上的尺寸很长，而另两个方向的尺寸则很短。这种缺陷的主要形式就是各种类型的位错(dislocation)。

位错若用一句通俗的话来说，就是在晶体中的某处有一列或若干列原子，发生了某种有规律的错排现象。若从微观的角度来看，也可说它是一个具有一定宽度的管道，由于在这里的晶格发生了畸变，所以这个管道地带便是一个应力集中区，如图 2-12 所示。

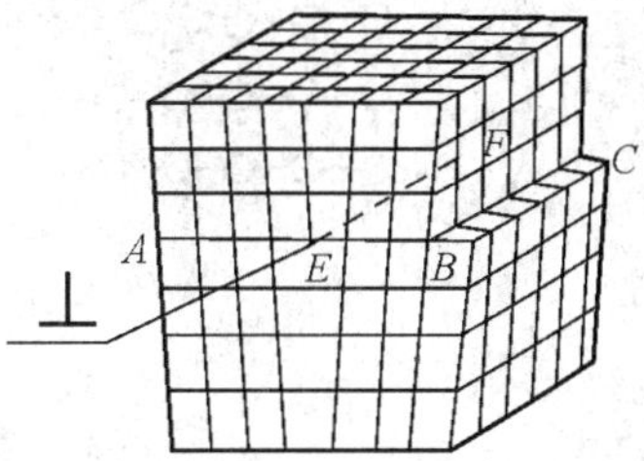

图 2-12　刃型位错示意图

位错的可能形式很多，这里只介绍 2 种简单形式的位错，以求建立初步概念，为深入讨论这一问题奠定基础。

(1)刃型位错(edge dislocation)　如图 2-12 所示，在一个完整晶体的某一个晶面(如图示 ABC 面)以上，于某处(E 处)沿 EF 线被垂直地插入了“多余的”半个原子面，由于这多余的半个原子面像刀刃一样的切入，便使晶体中位于 ABC 面上、下的两部分晶体间产生了错排现象。因此而得名叫刃型位错。其中产生位错的边缘 EF 线叫位错线。如果在图中垂直于图面顺着位错线看去，还可看到：于 E 处沿 EF 线下方周围好像形成了一个长条的“管道”。由于错排而使这管道周围区域的晶格发生了畸变，所以它是个应力集中区。不难理解，在 ABC 晶面上方位错线附近的原子在一定范围内，将受到垂直位错线两侧的应力；相反在 ABC 晶面下方位错线附近的原子在一定范围内则受到两侧的拉应力。为研究方便而将刃型位错又分为正、负两种，当多出的半个原子面位于晶体的上方时，称为正号刃型位错，于图中以符号“⊥”代表；反之，若多出的半个原子面处在晶体的下方，则称为负号刃型位错，以符号“⊤”代表。

在实际晶体中的许多区域里，这两种符号相反的位错又常常是同时存在的，因此当它们受力发生位移至相遇时，便可彼此抵消，所以在晶体中的位错数目(或密度)将随着许多外界条件(如受力、加工、高温、热处理等)的变化而经常发生变化。

还必须指出，位错不仅可以因外力的作用而移动，它还可以通过原子的扩散而发生移动。例如图 2-12 所表示的正刃型位错，如果有空位扩散到位错线处，就可以使此刃型位错向上移动。反之，如果有间隙原子扩散到位错线处，则使其向下移动。位错因原子扩散而发生的移动称为爬升或攀移。

(2)螺型位错　如图 2-13 所示，从图中可见：在 BG 右方的晶体(图 2-13a 中 cb 右方的晶体)，上、下两部分的原子排列发生了错动(图 2-13a 中 abe 晶面的上、下两部分发生错动)；AH 右方(图 2-13a 中 aed 右方的晶体)，上部相对于下部错动了一个原子间距。结果在 BG 面和 AH 面之间的晶体中，便造成了一个上、下原子排列不能相互吻合的过渡地带，此过渡地带即为螺型位错。由图可见：在螺型位错地带的晶格发生了严重的畸变，因此，这一地带及其附近也是应力集中区。但在螺型位错处的应力是与位错线平行的切应力，这是与刃型位错的不同点。

在实际晶体中经常有大量的位错存在，一般可用两种方法来衡量晶体中所存在的位错密度：一种是单位体积晶体中位错的总长度作为它的密度，在金属晶体中，其位错密度值一般是在 $10^6 \sim 10^{12}$ cm/cm^3 的范围内变化；另一种是以通过 1 cm^2 面积的位错数目来表示其密度。

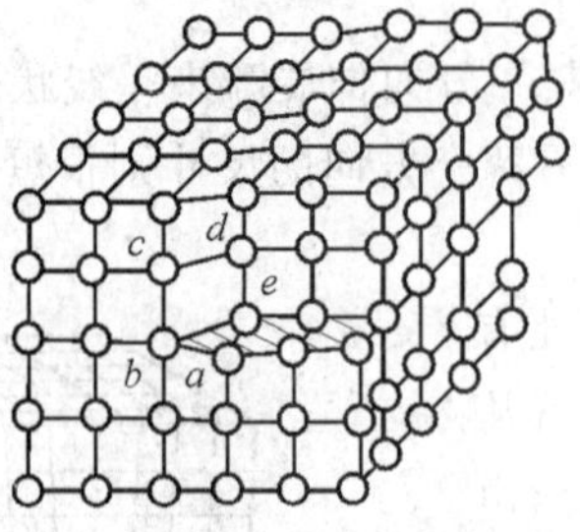

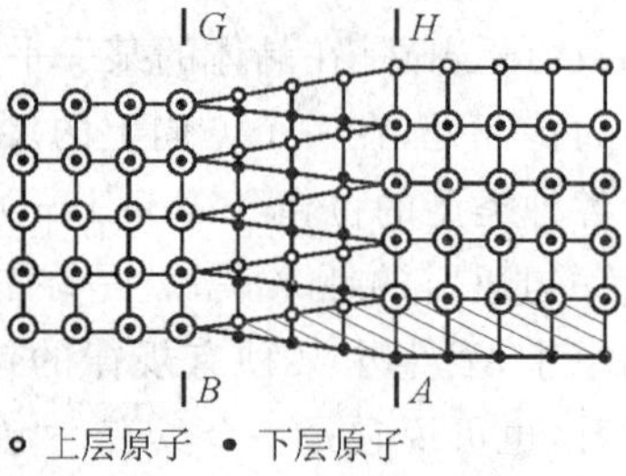

图 2-13 螺型位错示意图

a)螺型位错立体图；b)螺型位错平面图

实际表明：在经过谨慎地培植出来的晶体中，其位错密度为 $10^4 \sim 10^6$ 根/cm^2，而经冷加工后可达 10^{12} 根/cm^2。

上述 2 种位错，在相应的外部条件下，均可在晶体中进行不同形式的运动。位错在晶体中的存在及其密度的变化，对金属的性能如强度、塑性、疲劳、蠕变以及原子扩散、相变等许多结构转化都将起着重要的影响。

2.2.2.3 面缺陷

面缺陷(plane defect)是在两个方向的尺寸很大，而第三个方向的尺寸很小而呈面状分布的缺陷。面缺陷通常指金属晶体中的晶粒间界、亚晶界(镶嵌块晶界)和共格性的孪晶界等，但主要的是前两者，故本节只讨论前面两个问题。

(1)*晶界的构造及其特性* 工程实用金属材料，其组织均为多晶体，由于各晶粒间彼此位向各不相同，故在它们相互交接之处便形成有大量晶粒间界。晶界处的原子排列与晶内不同，它们因同时受到相邻两侧晶粒不同位向的综合影响，而做无规则排列，或近似的处于两者取向的折中位置上。因此，晶界是晶体中一种重要的面缺陷。

晶界是一个有一定厚度的、原子无规则排列的过渡带，其厚度主要是受相邻晶粒间位向差的大小及金属纯度的高低的影响。在金属晶体中，它们的厚度常在几个原子间距到几百个原子间距大小的范围内变动。实验表明：相邻晶粒的位向差越大或金属的纯度越低时，晶界就越厚，反之越薄。

为便于研究，根据相邻晶粒位向差的大小而把晶界分为 2 类：相邻晶粒位向差在 15°以下者，其晶界称为小角度晶界；而位向差在 15°以上者则称为大角度晶界。在金属晶体中，当晶粒的位向作无规则的分布时，则绝大多数的晶界都是大角度晶界，相邻晶粒的位向差平均都在 20°以上。

由于晶界处的特殊构造，而使它对金属的许多性能及其相变的影响更大于晶内的影响，所以，长久以来，对于晶界结构的研究就一直为人们所重视。但是，由于目前还难以直接观测到晶粒间界处的原子排列的实际状况，所以，现在关于晶界构造的模型，都是间接推测出来的。

目前有两类关于晶界结构的模型为人们所普遍采用。

一类是关于小角度晶界的位错结构模型，其中还包括有几种可能形式，这里只介绍其中最简单的一种，如图 2-14 所示。

小角度晶界是由一系列相隔一定距离的刃型位错所组成，位错间的距离将随相邻晶粒的位向差而改变。位向差越大，距离便越小，当位向差大于15°时，各位错中心就将几乎重合，实际晶界便失去了按照这种模型构造存在的可能性。所以，这种结构模型只适于表征小角度晶界，而角度越小便越符合实际。

另一类是如图2-15所示的大角度晶界的过渡结构模型。由此也可看到晶界是一个有一定厚度的过渡带（当然这种结构模型也并不是大角度晶界的惟一结构模型），所以，它是位能较高而不稳定的地带。可以相信，晶界的特殊构造及其高的晶界能是它具有一系列与晶内不同的特性的根源。这些特性主要有以下几点：

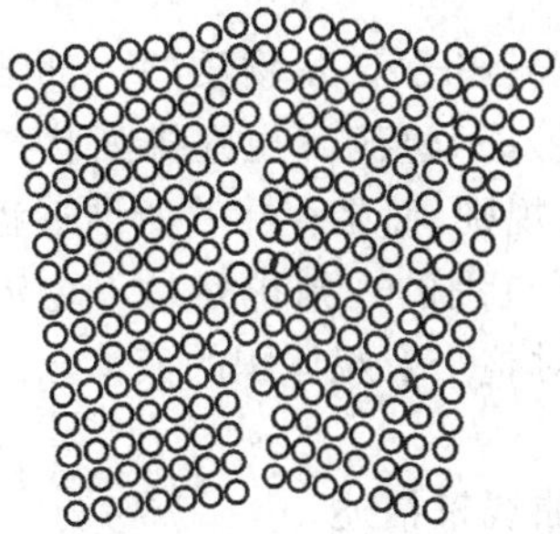

图2-14 小角度晶界的位错结构模型

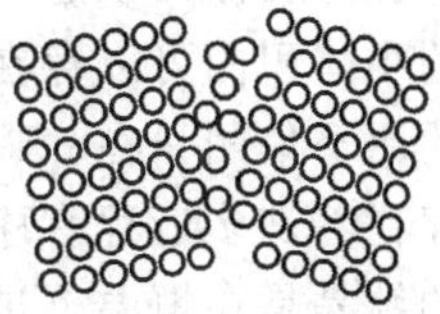

图2-15 大角度晶界的过渡结构模型

①当金属暴露在腐蚀环境里，晶界容易被腐蚀；

②晶界处的熔点较晶粒内低；

③当金属内部发生相变时，晶界处是优先成核的位置；

④原子在晶界上扩散比在晶粒内部快；

⑤由于晶界处对晶体的滑移（即位错移动）起阻碍作用；使这里不易产生塑性变形，故晶界处的硬度、强度均较晶内为高；

⑥晶界处的电阻率也较晶内为大。

因此纯铁的力学性能、物理性能与晶粒大小的关系，就可以在这里找到答案。

(2)嵌镶结构及亚晶界　在实际金属晶体的一个晶粒内部，其晶格位向也并不是像理想晶体一样完整无缺，当我们仔细分析实际晶粒时发现它又是由许多位向差很小（通常由几十分到1°～2°之间）的小晶块所组成的。如图2-10所示，这些小晶块通常称为嵌镶块，简称嵌镶结构或亚结构。这些嵌镶块之间自然也存在分界面，即嵌镶块界面，简称亚晶界。铸态金属中的嵌镶块较大，通常其边长尺寸约为10^{-2}cm。在经过变形及某些热处理后的金属，其嵌镶块则较细，通常其边长仅为10^{-6}～10^{-3} cm的范围。较大的亚结构可以直接由高倍的光学显微镜或电子显微镜观测到，但尺寸细小的亚结构，目前则主要用X射线法进行测定。

亚晶界实际上就是前面所讲的小角度晶界，因此用小角度晶界的位错结构模型来表征其结构就比较切合实际。正因为亚晶界处的原子排列也存在着畸变，因此，它也是一种面缺陷。自然这里也是高能区带。

亚结构的存在同样对金属的性能，特别是机械性能有很大的影响。

通过上述讨论可见，凡晶格缺陷处及其附近，均有明显的晶格畸变，因而会引起晶格能量的提高，并使金属的物理、化学和力学性能发生显著的变化，如晶界和亚晶界愈多，位错密度愈大，金属的强度便愈高，这些我们都会在后面详加讨论。而这里首先要解决的问题是，金属中的多晶结构和晶格缺陷是怎样形成的，为此应了解金属凝固时的结晶过程。

2.3 金属的结晶与同素异构转变

金属的组织与结晶过程有密切关系，因为金属一般都要经过熔炼、浇注成形或浇注成铸锭再经冷热加工成形，这样结晶形成的组织直接影响金属内部的组织与性能，所以了解金属的结晶规律是十分必要的。

2.3.1 纯金属的结晶

物质从液体状态转变为固态晶体的过程称为结晶(crystallize)。从物质的内部结构(指内部原子排列情况)来看，结晶就是从原子不规则排列状态(液态)过渡到规则排列状态(晶体状态)的过程。实际上，液体状态下原子的排列并非完全没有规则，而是存在着所谓近程有序，即在许多微观的小体积内可以存在着规则排列。但这些微观范围的规则排列是不稳定的，每一个规则排列的原子集团只在一瞬间产生，接着就消失。但对整个宏观体积的液体金属来说，在每一瞬间都存在着许多近程有序的原子集团。

纯金属的结晶是在恒温下进行的，结晶过程可用冷却曲线来描述。

2.3.1.1 冷却曲线与过冷度

对于每种金属，存在着一定的平衡结晶温度(用 T_0 表示)，当液态金属冷却到低于这一温度时即开始结晶。这种情况已是大家所熟悉的，就如水冷却到 0℃以下就要结冰一样。在平衡结晶温度下，液态金属与其晶体处于平衡状态，这时液体中的原子结晶到晶体上的速度与晶体上的原子熔入液体中的速度相等。从宏观的范围看，这时既不结晶也不熔化，晶体与液体处于平衡状态。只有冷却到低于平衡结晶温度才能有效地进行结晶。

金属的结晶温度可以用热分析法测定。热分析的大概过程如下：先将金属加热到熔点温度以上熔化呈液态，然后以非常缓慢的冷却速度冷却到室温，每隔一定的时间记录一次温度值，直到室温。于是就建立起温度一时间的关系曲线，即冷却曲线，如图 2-16 所示。当金属开始结晶时，由于放出结晶潜热，在冷却曲线上就出现一段水平线(温度不变)，这段水平线所对应的温度就是实际结晶温度(用 T_n 表示)。实际结晶温度总是低于平衡结晶温度，两者之差称为过冷度(degree of supercooling)，用 ΔT 表示，即 $\Delta T = T_0 - T_n$。

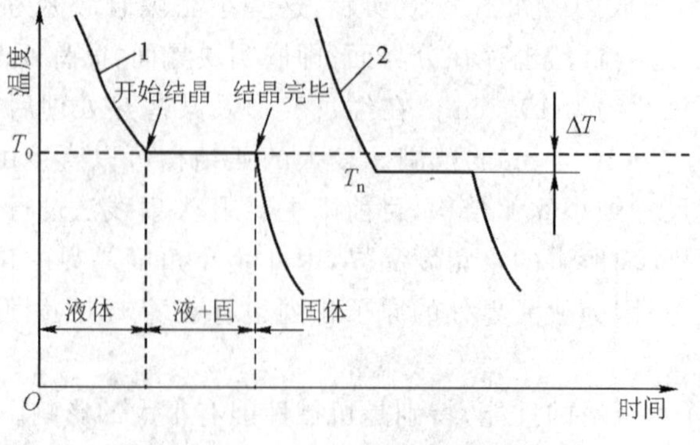

图 2-16 纯金属结晶时的冷却曲线

ΔT 与冷却速度、金属纯度等因素有关。冷却速度愈快，过冷度愈大。实际金属的结晶总是在过冷的条件下才能进行。

当散热速度无限慢时，实际结晶温度可以与平衡结晶温度趋于一致。即图中 T_0 与 T_n 之差几乎趋于零（曲线 1 所示）。当散热加快时，实际结晶温度下降，即过冷度增大（曲线 2 所示）。

2.3.1.2　结晶过程

纯金属结晶时，首先在液态金属中形成细小的小晶体，称为晶核（crystal nucleus），它不断吸附周围原子而长大。同时在液态金属中又会产生新的晶核，直到全部液态金属结晶完毕，最后形成许许多多不规则、尺寸大小不等的小晶体。因此，液态金属的结晶过程包括晶核的形成与长大这相互联系、相互重叠的两个过程，如图 2-17 所示。

图 2-17　金属结晶过程示意图

（1）晶核的形成

①晶核的自发形成：只依靠液态金属本身在一定过冷度条件下形成晶核叫做自发成核。晶核的形成过程也就是在一个微小的体积中原子由不规则排列转变为规则排列并且稳定下来的过程。前面已经讨论过，在液态金属中存在着所谓近程有序，在近程有序的微小体积中原子排列是有规则的，只不过在熔点温度以上它是不稳定的，只能在一瞬间存在。当温度降低到熔点温度以下时，金属液体中的某些原子规则排列的小体积就有可能稳定下来，成为晶核。

②晶核的非自发形成：在实际生产中，金属液体内总是存在着各种固态的杂质微粒，金属结晶时依附于这些杂质的表面形成晶核将比较容易。这种依附于固态杂质表面而形成晶核的过程称为非自发成核。

那些在晶体结构上与结晶金属相近的杂质可以成为非自发成核的中心，因为这种杂质与金属晶体之间的表面张力较小。此外，有些难熔杂质虽然其晶体结构与结晶金属的晶体结构相差很远，但在这些杂质表面上存在着一些细微的凹孔和裂缝，这些凹孔和裂缝也可能成为非自发成核的中心。

非自发成核可以利用于细化金属的结晶组织。在液态金属中有意加入一些变质剂，使其在液态金属中形成大量的能促进非自发成核的固态杂质质点，结果使晶核数目大量增加，因而得到细晶粒组织。例如，在液态铸铁中加入少量的硅铁或硅钙合金可以使石墨显著细化，得到高强度的孕育铸铁。此外，在钢中加 Al 及 V，在铝中加 Ti，在铜中加 Fe 都能细化结晶组织。这种在液态金属中有意制造人工晶核以细化组织的方法叫做变质处理或孕育处理。

（2）晶核的长大　晶核的长大是液态金属中的原子向晶核表面转移，被晶核不断吸附的过程。当过冷度非常小时，晶核在长大过程中可以保持规则的外形（当晶粒长大至互相接触时，规则外形才破坏）。这时晶核总是以那些原子排列最紧密的晶面与液体相接触，因这些晶面的表面张力最小，使晶核表面能降低。但是，过冷度稍大一些，晶核只在生长的初期可以具有规则外形，随即以树枝状方式长大。实际生产中金属结晶多以树枝状方式长大。一次晶轴长大的同时，在一次晶轴的边棱上由于偶然形成的晶体缺陷等原因又会形成与一次晶轴相垂直的二次晶轴，随后又可出现三次晶轴、四次晶轴等等。这种形状的晶体叫枝晶（dendrite）。图 2-

图 2-18 枝晶示意图

18示意地表示了枝晶的形状。每个枝晶都长成一个树枝状的骨架，直到与树枝状骨架相遇时，树枝骨架才停止扩展。另一方面，每个枝晶晶轴在不断变粗并长出新的更高次的晶轴以充满各枝晶晶轴之间的体积，直到把树枝状骨架变成一个完整的内部无空隙的晶粒。

如果在结晶过程中，由于金属结晶所造成的体积收缩没有充分的液体金属来补充，那么，枝晶晶轴之间的体积将不能被晶体所填满，而是留下了空隙，从而也保留了树枝状晶的形态，在铸锭和厚大铸件的缩孔中经常可以看到这种未完全填满的枝晶。图 2-19 是在钢锭缩孔中找到的巨大的枝晶，图 2-20 是金属锑表面的枝晶(锑结晶时体积不但不收缩，反而膨胀，其枝晶轴在铸锭表面造成凸起)。

图 2-19 钢锭缩孔中的枝晶

图 2-20 锑锭表面的枝晶

2.3.1.3 结晶的条件

为什么在一定的温度条件下(低于平衡结晶温度)，就会发生液态向固态的转化呢？(或与此相反，为什么在温度高于平衡结晶温度时会发生固体熔化的现象？)这个问题，也就是讨论一个变化过程(包括结晶过程)在什么条件下可以自发进行的问题。

所谓自发过程就是不需要外界对其做功就可自己进行的过程，而且在进行过程中可能还对外界做功。例如，热量从高温物体传至低温物体，重物自高处落向低处。而非自发过程则只有在外界对其做功的条件下才能实现。例如，把重物自低处移至高处，把热量从低温物体传递至高温物体(冷冻机就是完成这一工作)，都需要外界对其做功才能实现。但是，对于像液态金属结晶这样的过程，它涉及大量微观质点的运动状态的变化，对这种变化过程应该朝着哪一个方向进行是不能像前面的举例那样简单地看出来的。根据热力学(热力学专门研究各种变化过程在什么条件下有可能自发进行)第二定律可以证明，对于在等温、等容(体积不变)条件下进行的变化过程，当被研究的物质从一种状态变到另一种状态时，变化是否能够自发进行可以用自由能(符号 F)这个函数(F 是物质状态的函数，即是温度、压力、容积、能量等状态参数的函数)的变化来判断。关于自由能的数学表示方式就不在这里讨论了。从其物理意义来说，在等温、等容过程中物质的自由能的变化反映了在该变化过程中有可能用来对外界做功的那一部分能量，自由能的减少量等于在变化过程中所研究的物质可能对外界做功的能量。因此，如果变化的结果是使所研究的物质的自由能减少(即 $\Delta F \leqslant 0$)，则说明变化过程中不需要外界对其做功，而且可能对外界做功。这就表明，变化是一个自发过程。相反地，如果变化的结果使自由能增加($\Delta F > 0$)，则过程是不可能自发进行的。

金属结晶的过程，是一个等温、等容的过程（液态与固态的体积差别极小，可以认为是等容的），因此，结晶过程只有在这样的温度条件下才能进行：在该温度下固态金属的自由能必须小于液态金属的自由能。

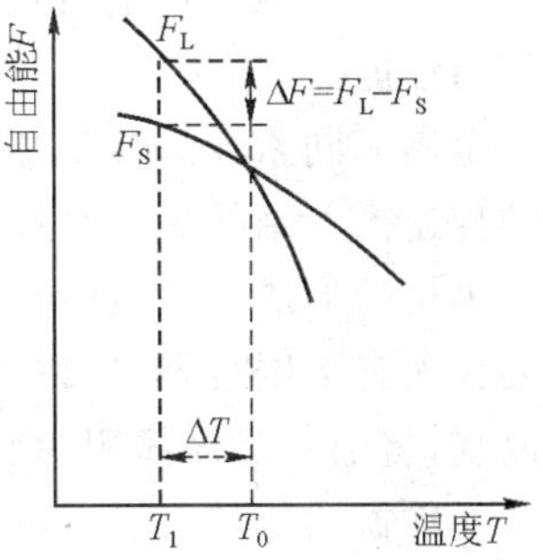

图 2-21 固相与液相的自由能-温度曲线

液态金属与固态金属的自由能-温度关系曲线表示于图 2-21（这两条曲线的基本形态，如具有负斜率、液态金属的曲线的斜度较陡等等都可以从自由能的数学表示方式推导出来）。可以看出，由于固态与液态的自由能-温度曲线的斜率不同，这两条曲线必定会在某一温度下相交，交点温度即图 2-21 中的 T_0。在 T_0 处固、液两相的自由能相等，T_0 就是平衡结晶温度。温度低于 T_0 时，即有一定的过冷度，固态的自由能低于液态，这时结晶过程可以自发进行。相反，当温度高于 T_0 时，即有一定的过热度，液态的自由能低于固态，这时熔化过程可以自发进行。

在图 2-21 中，高于平衡温度 T_0 愈远，固相与液相的自由能差愈大，液相愈稳定。与此相反，在远离 T_0 的低温则固态愈稳定。

用自由能变化来判断过程变化的方向这个原理，同时适用于判断金属及合金中其他的变化过程应该朝着哪一个方向进行。对金属及合金中的许多过程往往可以看出在转变过程中自由能的增减情况，从而判断其变化方向。例如，因种种原因而处于弹性应力状态的晶体，因增加了弹性能而使自由能增大，一有可能（原子有足够的活动能力）弹性应力就要自发地消除。又如，晶体表面的形成要增加表面能（因表面张力造成的能量）也属于自由能的一部分。只要有可能，晶体总是要缩小自己的表面积，这就是以后要讲到的晶粒细化现象的原因。

2.3.2 金属的同素异构转变

大多数金属结晶终了后，在继续冷却过程中，其晶体结构不再发生变化。但某些金属在固态下，因所处温度不同而具有不同的晶格形式。例如，铁有体心立方晶格的 α-Fe 和面心立方晶格的 γ-Fe；钴有密排六方晶格的 α-Co 和面心立方晶格的 β-Co。金属在固态下随温度变化，由一种晶格变为另一种晶格的现象，称为金属的同素异晶转变（allomorphism）。由同素异晶转变所得到的不同晶格的晶体，称为同素异晶体。在常温下的同素异晶体，一般用希腊字母 α 表示。较高温度下的同素异晶体依次用 β，γ，δ 等表示。

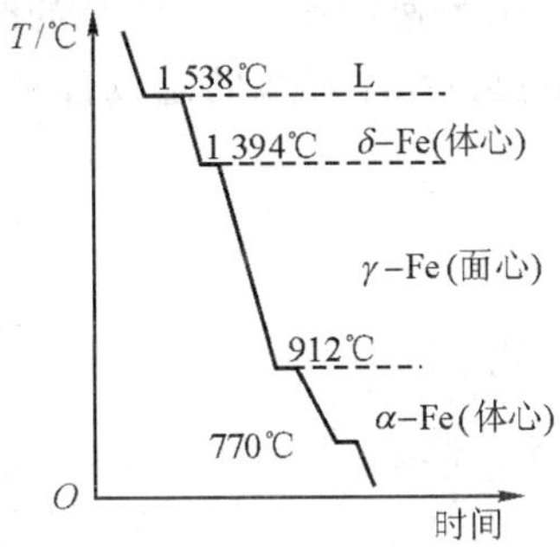

图 2-22 纯铁的冷却线

图 2-22 为纯铁的冷却曲线。由图可见，液态纯铁在 1 538℃时，结晶成具有体心立方晶格的 δ-Fe，继续冷却到 1 394℃时发生同素异晶转变，体心立方晶格的 δ-Fe 转变为面心立方晶格的 γ-Fe，再继续冷却到 912℃时，又发生同素异晶转变，面心立方晶格的 γ-Fe 转变为体心立方晶格的 α-Fe。如再继续冷却，晶格的类型不再发生变化。其变化关系为

$$\underset{\text{(体心立方)}}{\delta\text{-Fe}} \underset{}{\overset{1\,394℃}{\rightleftharpoons}} \underset{\text{(面心立方)}}{\gamma\text{-Fe}} \overset{912℃}{\rightleftharpoons} \underset{\text{(体心立方)}}{\alpha\text{-Fe}}$$

正是由于纯铁发生同素异晶转变，生产中才有可能对钢和铸铁进行各种热处理，以改变其组织与性能。

金属的同素异晶转变过程与液态金属的结晶过程相似，实质上，它是一个重结晶过程，因此同样遵循着结晶的一般规律：有一定的转变温度；转变时需要过冷；有潜热产生；转变过程也是由晶核的形成和晶核的长大来完成的。但由于同素异晶转变是在固态下发生的，其原子扩散要比液态下困难得多，致使同素异晶转变具有较大的过冷度。另外，由于转变时晶格的致密度改变，将引起晶体体积的变化，并产生较大的内应力。

在纯铁的冷却曲线上可以看到，在 770℃时，冷却曲线上还有一个平台，但该温度下纯铁的晶格没有发生变化，因此它不属于同素异晶转变。实验表明，在 770℃以上，纯铁将失去铁磁性，因此在 770℃时的转变称为磁性转变。由于磁性转变时晶格不发生改变，所以就没有形核和晶核长大的过程。

2.4 晶粒大小及其控制

2.4.1 晶粒度的概念

实际金属结晶之后，获得由大量晶粒组成的多晶体。对于纯金属，决定其性能的主要结构因素是晶粒的大小。在一般情况下，晶粒愈细，则金属的强度、硬度、塑性、韧性愈好（表 2-4）。所以晶粒细化是提高金属材料力学性能的最重要的途径之一。

表 2-4 晶粒大小不同时纯铁的力学性能

晶粒截面的直径/mm	强度 σ_b/(MN/m^2)	伸长率 δ/%
9.7	165	28.6
7.0	180	30.6
2.5	210	39.5

晶粒是由一个晶核长成的晶体，实际金属的晶粒在显微镜下呈颗粒状。晶粒大小即晶粒度，用单位面积上的晶粒数目或晶粒的平均线长度（或直径）表示。金属结晶时形成的晶粒度与生核速率 N（晶核形成数目/s·mm^3）和长大速度 G(mm/s)有关。生核速率愈大，则结晶后晶粒愈多，晶粒愈细小；相反，若生核速率不变，晶核的长大速度愈小，则结晶的时间愈长，生核的晶核愈多，因而单位体积中的晶粒数愈多。金属单位体积中晶粒的总数目 Z_V 与生核速率和长大速度之间存在以下关系：

$$Z_V=0.9\left(\frac{N}{G}\right)^{\frac{3}{4}}$$

而单位面积中的晶粒数目 Z_S 的关系式为

$$Z_S=1.1\left(\frac{N}{G}\right)^{\frac{1}{2}}$$

2.4.2 晶粒度的控制

根据结晶过程的基本概念，为了获得细晶粒的结构，原则上可以采用以下几种措施。

（1）提高金属的过冷度　图 2-23 是实际测得的金属结晶时的过冷度与形核率和长大速度之间的关系。由图可见，随着过冷度的增加，形核率和长大速度均增加，但过冷度较小时，形核率较长大速度增长得慢些。当过冷度较大时，形核率比长大速度增长得快，并当达到一定的过冷度时，各自达到一个最大值。曲线的后半部分以虚线表示，是因为在实际工业生产中金属的结晶一般达不到如此高的过冷度。

增大过冷度的主要办法是提高液体金属的冷却速度。在铸造生产中，为了提高铸件的冷却速度，可以用金属型代替砂型；增大金属型的厚度；降低金属型的预热温度；减小涂料层的厚度；等等。增大过冷度的另一办法是提高液体金属的过冷能力，为此，在浇注时可以提高金属的熔化温度，减少非自发核心。也可采用较低的浇注温度，减慢铸型温度升高的速度，以获得较大的过冷度。进行慢速浇注，一方面使铸型温度不致升高太快；另一方面由于凝固速度慢，晶核生成得多，或者新晶核被冲碎而增多，结果都能获得较细的晶粒。

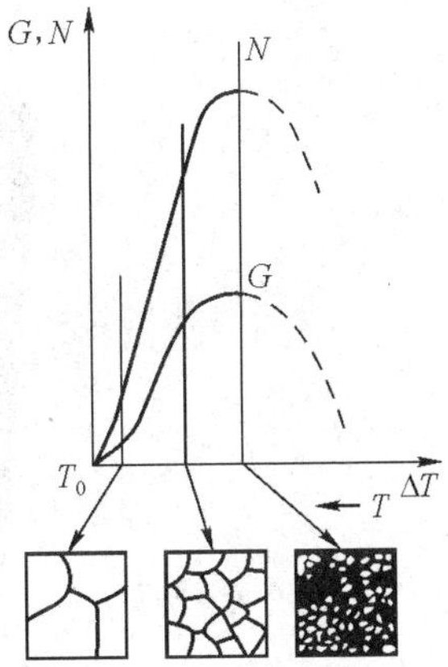

图 2-23 金属的晶粒大小与过冷度的关系

近 30 年来，由于超高速急冷技术的发展，已成功获得了超细化晶粒的金属。这类金属具有一系列优良的力学性能和特殊的物理化学性能，有着极大的发展前景。

(2)进行变质处理 金属的体积较大时，获得大的过冷度是很困难的。对于形状复杂的铸件，常常还不允许过多地提高冷却速度。生产上为了得到细晶粒铸件，多采用所谓变质处理。

变质处理就是在液体金属中加入孕育剂或变质剂，以细化晶粒和改善组织。变质剂的作用在于增加晶核的数量或阻碍晶核的长大。有一类物质，它们或它们生成的化合物，符合非自发晶核的条件，当其作为变质剂加入液体金属中时，可以大大增加晶核的数目。例如，在铝合金液体中加入钛、锆，钢水中加入钛、钒、铝等，都可使晶粒细化。在铁水中加入硅铁、硅钙合金时，能使组织中的石墨变细。还有一类物质，虽不能提供结晶核心，但能阻止晶粒长大，有的能附在晶体的结晶前缘，强烈地阻碍晶粒长大。例如在铝硅合金中加入钠盐，钠能富集在硅的表面，降低硅的长大速度，阻碍粗大的硅晶粒的形成，使合金的组织细化。

(3)采用振动方法 结晶时采用振动方法，使枝晶破碎，增加晶核的数量，从而细化晶粒。

2.5 铸锭的结构

在实际生产中，液体金属是在铸锭模或铸型中结晶的，虽然结晶时与前述的结晶规律相同，但由于铸造工艺条件不同，如浇注温度、浇注方法、浇注尺寸及模型种类等等，都会对结晶过程产生影响。因此，对铸锭组织的特点及其复杂性应加以研究。

2.5.1 铸锭结构的形成

金属铸件凝固时，由于表面和中心的结晶条件不同，铸件的结构是不均匀的。图 2-24 为钢锭剖面组织示意图，其组织是由如下 3 层不同外形的晶粒组成：

(1)表面细晶粒层 液体金属刚浇入锭模时，由于模壁温度不高，传热快，表层金属遭到剧烈的冷却，造成了较大的过冷度，生成大量晶核。同时，模壁也能起到人工晶核的作用，结果在金属的表层形成一层厚度不大、晶粒很细的细晶区。

(2)柱状晶粒层 细晶区形成的同时，锭模温度升高，液体金属的冷却速度降低，过冷度减

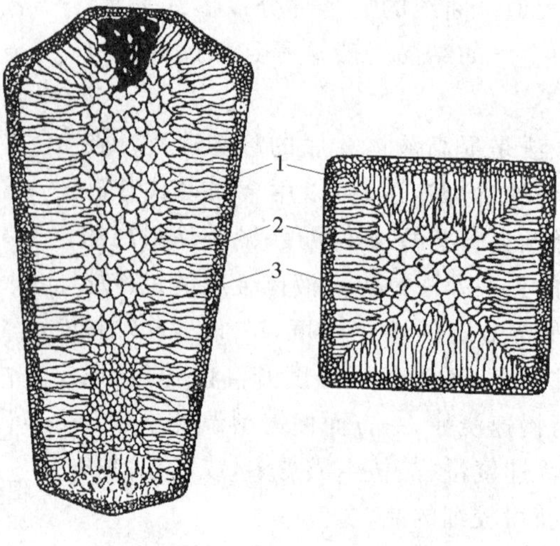

图 2-24　铸锭结构示意图

1 表层细晶粒层；2 柱状晶粒层；3 心部等轴晶粒区

小，生核速度降低，但此时长大速度受到的影响较小，各晶粒便可得到较快的成长。而此时凡枝轴垂直于模壁的晶粒，不仅因其沿着枝轴向模壁传热比较有利，而且它们的成长也不至因相互抵触而受限制，所以这些晶粒沿着垂直于模壁的方向向液体内部平行长大，形成柱状晶粒层。

(3)中心粗大等轴晶粒区　随着柱状晶粒发展到一定程度，通过已结晶的柱状晶层和模壁向外散热的速度愈来愈慢，剩余在锭模中部的液体温差也愈来愈小，散热方向性已不明显，而趋于均匀冷却的状态；同时由于种种原因如液体金属的流动可能将一些未熔杂质推至铸锭中心，或将柱状晶的枝晶分枝冲断，飘移到铸锭中心，它们都可成为剩余液体的晶核，这些晶核由于在不同方向上的成长速度相同，因而便形成较粗大的等轴晶粒区。

由上述可知，钢锭组织是不均匀的。从表层到心部依次由细小的等轴晶粒、柱状晶粒和粗大的等轴晶粒所组成。改变凝固条件可以改变这 3 层晶区的相对大小和晶粒的粗细，甚至获得只有 2 层或单独 1 个晶区所组成的铸锭。

2.5.2　铸锭结构的特性

钢锭一般不希望得到柱状晶组织，因为这种钢的塑性较差，而且柱状晶平行排列呈现各向异性，在锻造或轧制时容易发生开裂，尤其在柱状晶层的前沿及柱状晶彼此相遇处，当存在低熔点杂质而形成一个明显的脆弱界面时，更容易发生开裂。所以生产上经常采用振动浇注或变质处理等方法来抑制结晶时柱状晶粒层的扩展。但对于某些铸件如涡轮叶片，则常采用定向凝固法有意使整个叶片由同一方向、平行排列的柱状晶所构成。因为这种结构沿一定方向能承受较大的负荷而使涡轮叶片具有良好的使用性能。此外，对具有良好塑性的有色金属(如铜、铝等)也希望得到柱状晶组织。因为这种组织较致密，对机械性能有利，而在压力加工时，由于这些金属本身具有良好的塑性，并不至于发生开裂。

2.5.3 铸锭结构的缺陷

金属铸锭的结晶除了具有上述特点之外，往往还存在着各种铸造缺陷，主要的缺陷如下：

(1)缩孔和疏松　除了 Sb 和 Bi 外，所有的金属凝固时都发生体积收缩。铸锭结晶时，对于先凝固的部分，其体积收缩可由尚未凝固的液体来补充，而最后凝固的部分，其体积收缩得不到补充而且在它凝固之前还对铸锭其他部分起了补缩作用，因此，整个铸锭凝固时的体积收缩都集中在最后凝固的部位。一般在铸锭顶部加一个保温冒口，冒口部分散热慢，最后凝固，而把缩孔集中在冒口中，在压力加工时将其切除。除了集中的缩孔以外，铸锭中往往还存在着细小的空隙——疏松。疏松多发生于铸锭中心树状晶较发达的部位(也就是在粗大等晶轴区域)。当树状晶很发达时，树状晶轴间最后的微小体积往往与其他区域的液相隔绝，得不到补缩而形成疏松。在压力加工时，疏松一般可以焊合。

(2)气泡　溶解于液体金属中的气体，在金属凝固时，因气体在固态金属中溶解度较低而部分地析出，形成气泡，来不及上浮至液面就遗留在铸锭中(由于金属凝固时发生的某些化学反应也可形成气泡，如后面要讲到的沸腾钢就是如此)。铸锭内部的气泡在压力加工时一般可以焊合。但是，对于那些靠近铸锭表面的皮下气泡，在轧制时往往造成起皮和裂纹等缺陷。

除此以外，铸锭和铸件中往往还存在着各种类型的偏析(化学成分不均匀)，关于偏析的问题将在二元合金状态图中进行讨论。

复习思考题

2-1　金属具有哪些特性？请用金属键结合的特点予以说明。

2-2　已知 γ-Fe 的晶格常数($a=3.63$ Å)大于 α-Fe 的晶格常数($a=2.89$ Å)，为什么 γ-Fe 冷却到 912℃ 转变为 α-Fe 时，体积反而增大？

2-3　已知铁原子直径 $d=2.54$ Å，铜原子直径 $d=2.55$ Å，试求铁和铜的晶格常数。

2-4　标出题图中阴影所示晶面指数及 a，b，c 3 个晶向的晶向指数。

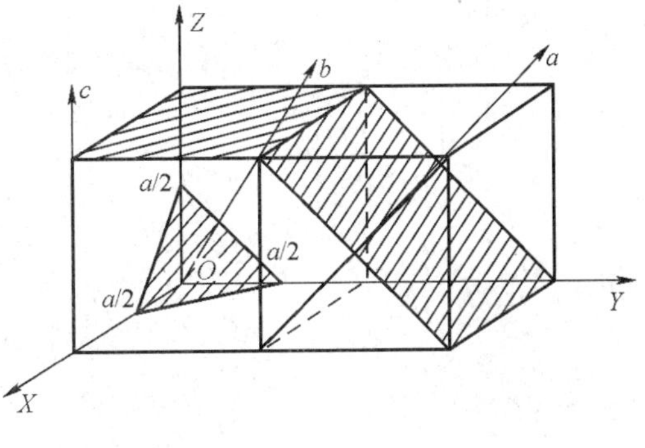

题 2-4 图

2-5　画出立方晶格中(110)晶面与(111)晶面。并画出在晶格中和(110)，(111)晶面上原子排列情况完全相同而空间位向不同的几个晶面。

2-6　简述实际金属晶体和理想晶体在结构与性能上的主要差异。

2-7　金属同素异晶转变与液态金属结晶有何异同点？

2-8　判断下列情况下是否有相变：

1)液态金属结晶；

2)晶粒粗细变化；

3)同素异晶转变；

4)磁性转变。

2-9 为什么铸件的加工余量过大，会使加工后的铸件强度降低？

3 二元合金与相图

本章要点:了解固态合金的相结构与相图,以及合金的性能与其组织、结构之间的关系。

通过熔炼、烧结或其他方法,将一种金属元素同一种或几种其他元素结合在一起所形成的具有金属特性的新物质称为合金(alloy)。例如钢就是铁与碳的合金;黄铜是铜与锌等元素的合金;硬铝是铝、铜、镁等元素的合金。组成合金独立的、最基本的单元,称为组元(constituent),简称元。组元可以是金属、非金属或稳定化合物。例如在铁碳合金中,纯铁和碳都是组元;上述合金中铜与锌及铝、铜与镁等元素也都是合金的组元。由 2 个组元组成的合金称为二元合金,由 3 个或 3 个以上的组元组成的合金称为多元合金。

众所周知,在人类生活及生产中纯金属的使用十分广泛。各种导电体、装饰品、工艺品、各种器皿等,大多是由纯铜、纯铝以及金、银、铂、锡等纯金属制成的。其应用主要是利用了这些纯金属所具有的优良的导电性、导热性、化学稳定性及美丽的金属光泽等性能。但是几乎各种纯金属的强度、硬度、耐磨性等力学性能都比较差,不宜制作对力学性能要求较高的各种机械零件和工具。其次,纯金属的种类有限(约为 79 种),且提炼困难,价格昂贵,因此单靠纯金属无法满足人们对金属材料的需求。

通过配制不同成分的合金,可以显著改善金属材料的结构、组织(structure)和性能。目前人们所配制的合金达数万种之多,合金所达到的性能不仅在强度、硬度等力学性能方面比纯金属高许多,而且某些合金还具有特殊的电、磁、耐热、耐蚀等物理化学性能。因此,合金材料的应用比纯金属要广泛得多。

3.1 固态合金相结构

目前在合金的生产中应用得最多的是熔炼法。应用这种方法制取合金时,首先将按照一定配比组合在一起的合金组元加热熔化,得到具有一定化学成分的均匀一致的合金溶液。待合金溶液温度稍低于其熔点温度时开始结晶。合金的结晶同纯金属一样,同样遵循生核与长大的结晶基本规律,所不同的是,由于在合金中含有 2 种或 2 种以上元素的原子,原子之间必然相互发生作用,因而使得合金结晶后生成的结晶产物是含有 2 种或多种元素的小晶体(晶粒),小晶体相互之间有界面(晶界)分开。在固态合金中,这些由多种元素构成的小晶体的化学成分和晶体结构可以是完全均匀一致或不一致。在金属或合金中,凡成分相同、结构相同并与其他部分有界面分开的均匀组成部分称为相(phase)。若合金是由成分和结构都相同的同一种晶粒构成,称合金含有一种相,为单相(图 3-1);若合金是由成分、结构互不相同的几种晶粒构成,称合金含有几种相,为多相(图 3-2)。在固态下,合金可以是单相的,也可以是多相的。

固态合金中的相,按其晶格结构的基本属性,可以分为固溶体和化合物两类。

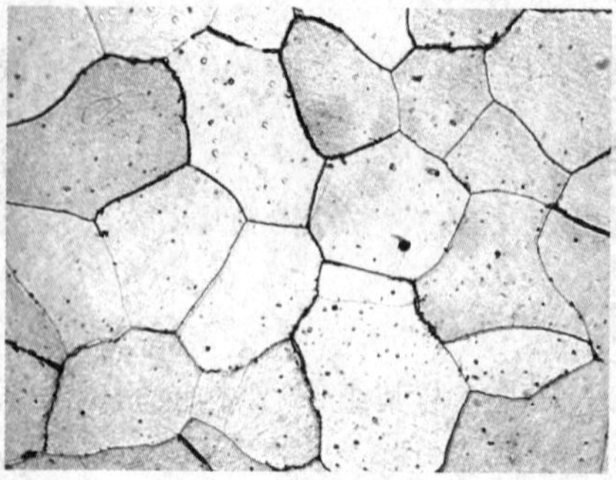

图 3-1 单相固态合金相照片(工业纯铁)

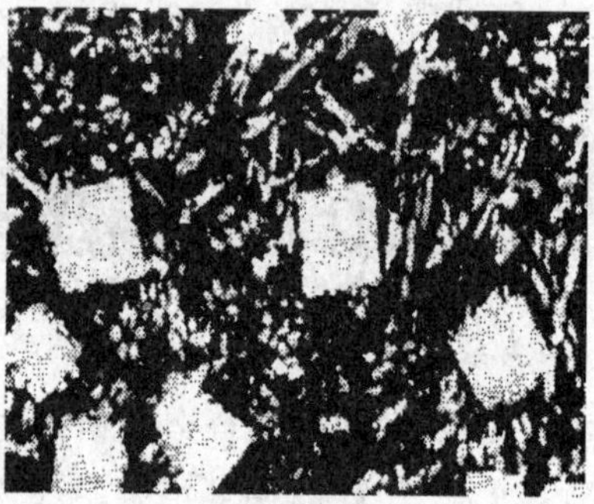

图 3-2 多相固态合金相照片(CuSnSb11-6)

3.1.1 固溶体

合金组元通过溶解形成的一种成分和性能均匀的,且结构与组元之一相同的固相,称为固溶体(solid solution)。与固溶体晶格相同的组元即结构被保留的组元,称为溶剂,一般在合金中含量较多;溶入溶剂的元素即结构被破坏的其余组元称为溶质,一般含量较少。在合金系统中,人们习惯上常按照某种顺序(例如按固溶体的浓度,或按固溶体稳定存在的温度范围等)用希腊字母 $\alpha,\beta,\gamma,\varepsilon,\delta,\cdots$ 来表示不同类型的固溶体,并称为 α 固溶体、β 固溶体等等。例如,三七黄铜组织中的 α 相,就是锌在铜中的固溶体;而钢中的铁素体是碳在 α-Fe 中的固溶体。

3.1.1.1 固溶体的分类

根据 X 射线晶体结构分析,我们按照溶质原子在溶剂原子晶格中所占有的位置,将固溶体分成置换固溶体与间隙固溶体两种类型。置换固溶体是指溶剂晶格的某些结点上的原子被溶质原子所代替(图 3-3);间隙固溶体是指溶质元素原子在溶剂晶格中并不占据晶格结点上原子的位置,而是嵌入晶格的间隙之中(图 3-4)。

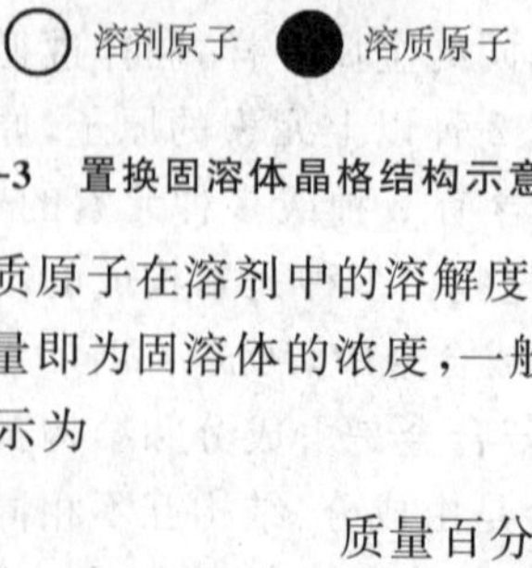

图 3-3 置换固溶体晶格结构示意图

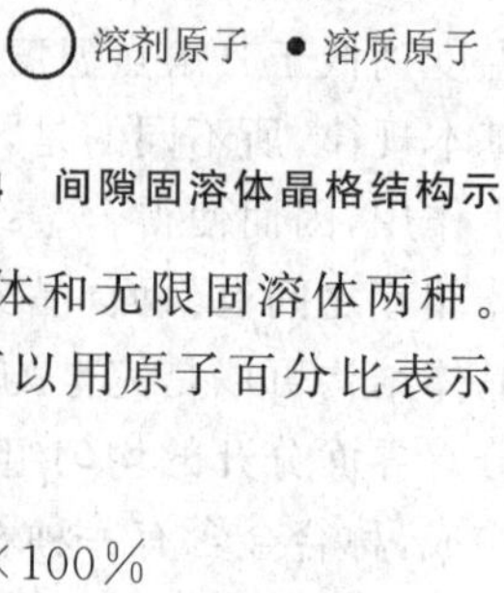

图 3-4 间隙固溶体晶格结构示意图

按溶质原子在溶剂中的溶解度,固溶体可分为有限固溶体和无限固溶体两种。固溶体中溶质的含量即为固溶体的浓度,一般用质量百分比表示,也可以用原子百分比表示,其具体数值以 C 表示为

$$质量百分比:C=\frac{溶质元素的质量}{固溶体的总质量}\times 100\%$$

$$原子百分比:C=\frac{溶质元素的原子数}{固溶体的总原子数}\times 100\%$$

在一定条件下，溶质在固溶体中的极限浓度即为溶质在固溶体中的溶解度。通常溶质元素在固溶体中所能达到的极限浓度不可能是100%，即其溶解度是有一定限制的，这种固溶体称为有限固溶体；但在某些元素之间可以形成任何成分比例的固溶体，即溶质的溶解度可以达到100%，这种固溶体称为无限固溶体。

按溶质原子在固溶体中分布是否有规律，固溶体可分为有序固溶体和无序固溶体两种。溶质原子无规则地分布在溶剂晶格中，称为无序固溶体；铜镍置换固溶体（其晶体结构见图3-5）就是这种无序固溶体。但在某些合金中，由于缓冷或在某一温度下长时间停留，溶质原子有规则地分布在固溶体中，称为有序固溶体。例如铜金合金在缓冷后，一组晶面上分布着铜原子，而另一组晶面上分布着金原子（图3-6），在每个晶胞中有2个铜原子、2个金原子且按层有序分布。在一定条件（如成分、温度等）下，一些合金的无序固溶体可转变为有序固溶体，这种转变称为有序化。

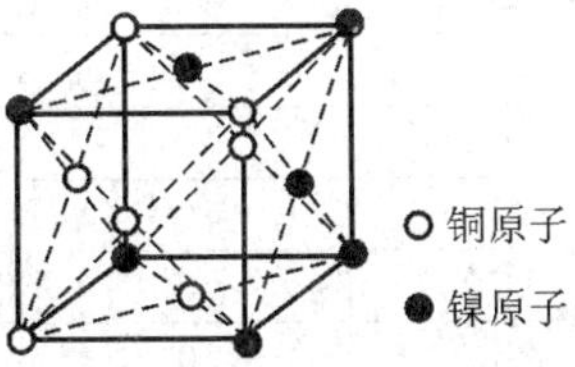

图3-5 铜镍合金无序固溶体晶胞

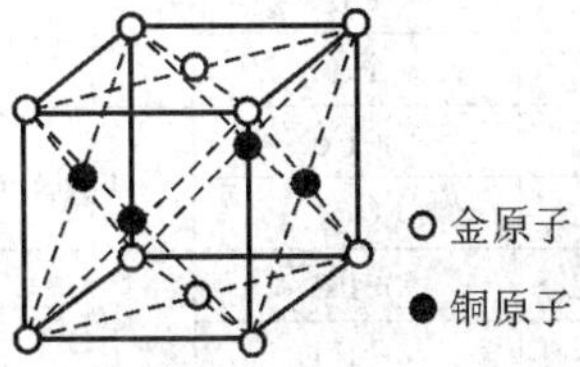

图3-6 铜金合金有序固溶体晶胞

只有当两种金属的原子数成一定的比例，如1∶1（CuAu）或3∶1（Cu_3Au）时，才有可能形成这种有序排列，有序固溶体实际上是无序固溶体与金属间化合物的过渡相，当固溶体从无序转变为有序排列时，合金的硬度、脆性将显著地增加。

根据组元相互之间的溶解能力，可形成无限固溶体，也可形成有限固溶体。只有当组元之间的原子能够无限地相互代替时才能形成无限固溶体。因此形成无限固溶体主要取决于下列条件：

①形成固溶体的各组元应具有相同类型的晶体结构。表3-1列出了能形成无限固溶体的金属。

②两组元应具有相近的原子结构，相差不超过一个价电子，并且在元素周期表中的位置相距很近。

③两组元的原子半径（或晶格常数）之差不超过15%；而铁基合金中，只有当它们的原子半径之差不超过8%时，才形成无限固溶体。

影响固溶体类型和溶解度的主要因素有组元的原子半径、电化学特性和晶格类型等。原子半径、电化学特性接近、晶格类型相同的组元，容易形成置换固溶体，并有可能形成无限固溶体。当组元原子半径相差较大时，容易形成间隙固溶体。间隙固溶体都是有限固溶体，并且一定是无序固溶体。无限固溶体和有序固溶体一定是置换固溶体。

表 3-1 形成无限固溶体的金属

固溶体组元	元素符号	晶格类型	晶格常数	原子序数	原子价	熔点/℃
第一组元	Au	面心立方	4.07	79	1	1 063
第二组元	Cu		3.69	29	1	1 083
第一组元	Au	面心立方	4.07	79	1	1 063
第二组元	Ni		3.52	28	0	1 450
第一组元	Bi	菱面体	6.56	83	5	271
第二组元	Sb		6.20	51	5	631
第一组元	Cu	面心立方	3.61	29	1	1 083
第二组元	Ni		3.52	28	0	1 450
第一组元	Co	面心立方	3.54	27	0	1 480
第二组元	Ni		3.52	28	0	1 450
第一组元	Cu	面心立方	3.61	29	1	1 083
第二组元	Pd		3.88	46	0	1 550
第一组元	γ-Fe	面心立方	3.56	26	0	1 539
第二组元	Co		3.54	27	0	1 480
第一组元	γ-Fe	面心立方	3.56	26	0	1 539
第二组元	Ni		3.52	28	0	1 450
第一组元	γ-Fe	面心立方	3.56	26	0	1 539
第二组元	Pd		3.88	46	0	1 550
第一组元	γ-Fe	面心立方	3.56	26	0	1 539
第二组元	Pt		3.92	78	0	1 750
第一组元	α-Fe	体心立方	2.86	26	0	1 539
第二组元	Cr		2.87	24	—	1 600
第一组元	α-Fe	体心立方	2.86	26	0	1 539
第二组元	V		3.03	23	—	1 700

3.1.1.2 固溶体的性能

固溶体中随着溶质原子的溶入，不论是置换固溶体还是间隙固溶体，都会产生一定程度的晶格畸变。对于置换固溶体，溶质原子较大时造成正畸变(图 3-7a)，较小时引起负畸变(图 3-7b)。形成间隙固溶体时，晶格总是产生正畸变。晶格畸变随溶质原子浓度的增加而增大。晶格畸变增大位错运动的阻力，使金属滑移变形变得更加困难，从而提高合金的强度和硬度。这种通过形成固溶体使金属强度、硬度提高的现象，称为固溶强化(solution strength)。固溶强化是金属强化的一种重要形式。在溶质含量适当时，可显著提高材料的强度和硬度，而塑性和韧性没有显著降低。例如纯铜的 σ_b 为 220 MN/m^2，硬度为 40 HBS，断面收缩率 Ψ 为 70%。当加入 1%镍形成单相固溶体后，强度升高到 390 MN/m^2，硬度升高到 70 HBS，而断面收缩率仍有 50%。我国普通低合金钢就是利用 Mn，Si 等元素强化铁素体而使钢材的力学性能提高。在工业上大量应用的耐腐蚀材料、高电阻的电工材料、高磁导率的软磁材料等都采用固溶体合金。固溶体的力学性能很好，常被用作结构合金的基本相。但单纯的固溶强化所达到的最高强度指标仍然有限，常常不能满足人们对于结构材料的要求，因而不得不在固溶强化的基础上再补充进行其他强化处理。

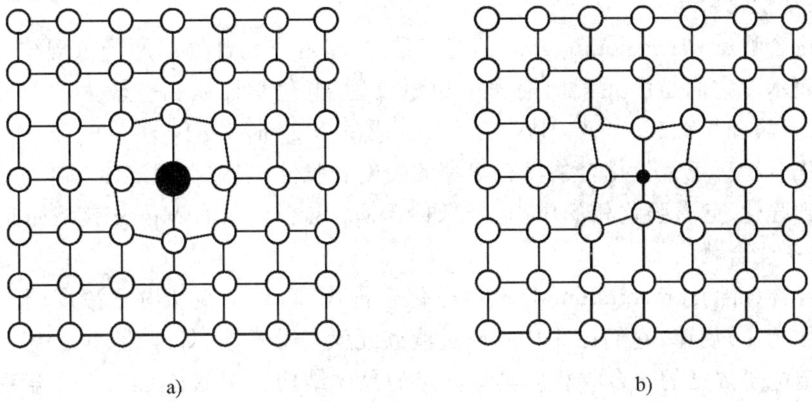

图 3-7　形成置换固溶体时的晶格畸变

a)正畸变；b)负畸变

3.1.2　金属化合物

合金组元相互作用形成的晶格结构和特性完全不同于任一组元的新相称为化合物(compound)，或称中间相。例如碳钢中的 Fe_3C，黄铜中的 β 相(CuZn)，以及各种钢中的 FeS，MnS 等等。在这些化合物中，Fe_3C 与 β 相具有相当程度的金属键及一定的金属性质，是一种金属物质，因而称为金属化合物；FeS 及 MnS 具有离子键，没有金属性质，属于一般化合物，因而称为非金属化合物。在合金中，金属化合物可以成为合金材料的基本组成相，而非金属化合物是合金原料或熔炼过程中带来的杂质，它们数量虽少，对合金性能影响却很坏，因而是不希望有的，一般称为非金属杂质，需要去除。此处介绍的是金属化合物。

在合金中常见的金属化合物如表 3-2 所示。

表 3-2　合金中常见的金属化合物

第一组元	晶格类型	第二组元	晶格类型	金属化合物	晶格类型
Mg	密排六方	Si	金刚石型	Mg_2Si	立方
Cu	面心立方	Al	面心立方	$CuAl_2$	正方
Mg	密排六方	Sn	正方	Mg_2Sn	立方
Mg	密排六方	Pb	面心立方	Mg_2Pb	立方
Fe	体心或面心立方	Si	金刚石型	FeSi	立方
Fe	体心或面心立方	Si	金刚石型	$FeSi_2$	正方
Fe	体心或面心立方	C	简单六方	Fe_3C	斜方
Fe	体心或面心立方	Zn	密排六方	$FeZn_7$	复杂结构
Fe	体心或面心立方	P	菱面体	Fe_3P	复杂结构

从表 3-2 可见金属化合物的晶体构造一般与组元的构造不同，而具有自己特殊的晶体构造。

金属化合物一般具有复杂的晶格结构，熔点高，硬而脆。合金中含有金属化合物时，合金强度、硬度和耐磨性提高，而塑性、韧性降低。金属化合物是各类合金钢、硬质合金和许多有色金属的重要组成相。

金属化合物种类很多，常见的金属化合物根据其形成条件及结构特点，主要有以下几类。

3.1.2.1 正常价化合物

正常价化合物(valence compound)的特点是:严格遵守化合物的原子价规律,成分固定并可用化学式表示。它们是由元素周期表中相距较远、电化学性质相差较大的两种元素组成。例如,大多数金属和ⅣA族、ⅤA、ⅥA族元素生成的 Mg_2Si,Mg_2Sn,Cu_2Se,ZnS 及 β-SiC 等,皆为正常价化合物。正常价化合物具有很高的硬度和脆性,当它在固溶体基体上合理分布时,将使合金得到强化,起着强化相的作用。例如 Al-Mg-Si 合金中的 Mg_2Si 就是如此。

3.1.2.2 电子化合物

电子化合物(electron compound)不遵守化合价规律,而是服从电子浓度(化合物中价电子数与原子数之比)规律,它们由ⅠB族或过渡族元素与ⅡB族、ⅢA族、ⅣA族、ⅤA族元素所组成。一定电子浓度的化合物相应具有确定的晶体结构。例如在 Cu-Al 合金系中当 Cu 与 Al 的原子比为 3∶1,电子浓度为 3/2 时,将形成具有体心立方晶格的 β 相,其分子式可写成 Cu_3Al。统计结果表明:许多合金的电子浓度为 3/2(或 21/14)时都能形成具有体心立方晶格的电子化合物——β 相;而在电子浓度达到 21/13 时,形成具有复杂立方晶格的第二种电子化合物——γ 相;当电子浓度达到 7/4(或 21/12)时,形成具有密排六方晶格的第三种电子化合物——ε 相。

可见这类化合物的主导因素是合金的电子浓度,故称为电子化合物。但是,应当指出,电子浓度并不是决定电子化合物结构的惟一因素,组成元素的原子大小及其电化学性质对其结构也有影响。例如电子浓度为 3/2 的电子化合物除可具有体心立方晶格外,当形成元素的原子尺寸差别很小时,还可呈密排六方结构等等。表 3-3 列出了电子化合物中各元素的每个原子所贡献的电子数,表 3-4 列出了几种合金中常见的电子化合物。

表 3-3 形成电子化合物时各种元素的每个原子所贡献的价电子数

元素名称	每个原子所贡献的价电子数	元素名称	每个原子所贡献的价电子数
Cu,Ag,Au	1	As,Sb,Bi,P	5
Be,Mg,Zn,Cd,Hg	2	Fe,Co,Ni,Ru,Rh Pd,Os,Ir,Pt,Ce La,Pr,Nd *	0
Al,In,Ga	3		
Sn,Si,Ge,Pb	4		

* 由于在过渡族元素中 nd 层的电子数未被填满,在形成合金相时它们既可以贡献电子,也可以吸收电子,因而近似地认为它们的原子价数为零。

表 3-4 常见的电子化合物及其结构类型

合金系	电子浓度 3/2(21/14) β 相	电子浓度 21/13 γ 相	电子浓度 7/4(21/12) ε 相
	晶体结构 体心立方晶格	晶体结构 面心立方晶格	晶体结构 密排六方晶格
Cu-Zn	CuZn	Cu_5Sn_8	$CuSn_3$
Cu-Sn	Cu_5Sn	$Cu_{31}Sn_8$	Cu_3Sn
Cu-Al	Cu_3Al	Cu_9Al_4	Cu_5Al_3
Cu-Si	Cu_5Si	$Cu_{31}Si_8$	Cu_3Si
Fe-Al	FeAl		
Ni-Al	NiAl		

电子化合物虽然可用化学式表示,但实际上是一个成分可以在一定范围内变动的相,可以

溶解一定的组元,形成以电子化合物为基的固溶体。因此,电子化合物的成分通常不是一个固定值,而是具有一个成分范围。例如在 Cu-Zn 合金中,β 相(CuZn)的含 Zn 量可以从 36.8%到 56.5%。

电子化合物的原子之间为金属键结合,具有明显的金属特性,它的熔点和硬度都很高,但塑性较低,不适合做合金的基体,但却是合金特别是有色金属中的重要组成相,与固溶体适当配合,可以使合金获得良好的力学性能。

3.1.2.3 间隙化合物

间隙化合物(interstitial compound)是过渡族金属元素与氢、氮、碳、硼等原子半径较小的元素形成的金属化合物。形成间隙化合物的尺寸条件是:形成间隙化合物的非金属原子半径与金属原子半径的比值应≤0.59。应当指出:间隙化合物与间隙固溶体是两个完全不同的概念,间隙化合物是一种化合物,它具有与其组元完全不同的晶体构造;而间隙固溶体却保持基体组元的晶体构造,两者决不可混为一谈。

间隙化合物通常都用下列分子式表示:Me_4X(Fe_4N,Nb_4C),Me_2X(Ta_2C,W_2C,Mo_2C),MeX(WC,TiC,TiN),MeX_2(TiH_2,ZrH_2)等。Me 表示金属原子,X 表示非金属原子。通常间隙化合物的分子式与其所具有的晶格类型之间有一定的对应关系,见表 3-5。

表 3-5 间隙相化学式与晶格类型的关系

化合物的一般化学式	钢中可能遇到的间隙相	晶格类型
Me_4X	Fe_4N,Nb_4C,Mn_4C	面心立方
Me_2X	Fe_2N,Cr_2N,W_2C,Mo_2C	密排六方
MeX	TaC,TiC,ZrC,VC	面心立方
	TiN,ZrN,VN	体心立方
	MoN,CrN,WC	简单六方
MeX_2	VC_2,CeC_2,ZrH_2,TiH_2,LaC_2	面心立方

间隙化合物 Me_2X(如 W_2C 等)内的金属原子大多形成密排六方结构;间隙化合物 MeX 中的金属原子形成面心立方结构(如 TiC),体心立方结构(如 TaH,NbH)或简单立方结构(WC,MoN);间隙化合物 MeX_2(如 ZrH_2)中的金属原子形成面心立方结构。具有简单晶格结构的间隙化合物又称间隙相,间隙化合物中的非金属元素的原子按一定规律分布在上述各种晶格的空隙中。例如 Ti 在室温下是密排六方晶格的结构,在间隙化合物 TiC 中的 Ti 却排成面心立方晶格,碳原子按图 3-8 所示的间隙化合物的化学式,表示在间隙化合物的金属晶格中所有的空隙都已被非金属原子所填满时的比值(图 3-8 中所示 TiC 间隙化合物,碳原子完全填满所有的空隙时才符合 MeX 化学式)。但在实际合金中,这些空隙没有被填满,因此大多数间隙化合物都是一个成分可变的相,它相当于以间隙化合物为基的缺位固溶体。例如 TiC,NbC,ZrC,VC 等都属于这类缺位固溶体(图 3-9)。

间隙相具有金属特性,有极高的熔点和硬度,非常稳定,它们的合理存在,可有效地提高合金的强度、热硬性和耐磨性,是高合金钢和硬质合金的重要组成相。钢中常见碳化物的硬度及熔点见表 3-6。

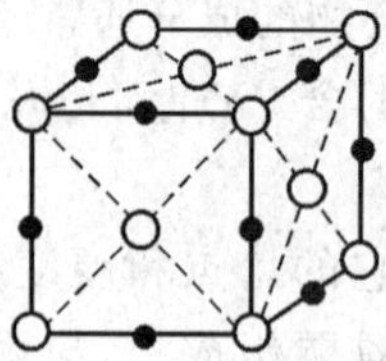

图 3-8 TiC 间隙化合物结构

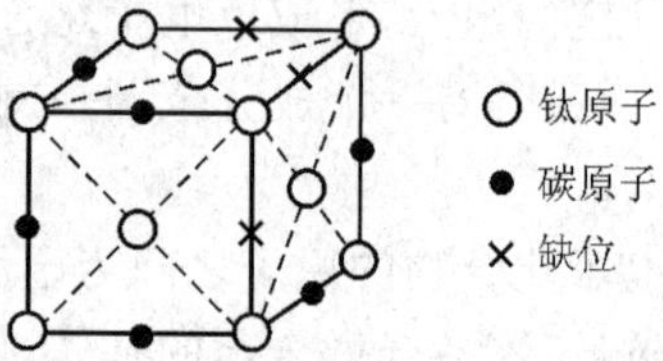

图 3-9 TiC 缺位固溶体示意图

表 3-6 钢中常见碳化物的硬度及熔点

类 型	间 隙 相							复杂结构间隙化合物	
成分	TiC	ZrC	VC	NbC	TaC	WC	MoC	$Cr_{23}C_6$	Fe_3C
硬度/HV	2 850	2 840	2 010	2 050	1 550	1 730	1 480	1 650	～800
熔点/℃	3 080	3 472±20	2 650	3 608±50	3 983	2 785±5	2 527	1 557	1 227

3.1.2.4 复杂晶格金属化合物(intermetallic compound)

许多常见的金属化合物如 Fe_3C，Mn_3C 等既不符合正常价化合物的化合条件，也不符合电子化合物或间隙化合物的形成规律，它们是结构比较复杂的金属化合物。

Fe_3C 是钢中最重要的一种具有复杂结构的间隙化合物，其碳原子直径与铁原子直径之比为 0.61。渗碳体具有复杂的斜方晶格，如图 3-10 所示。在渗碳体中 Fe 原子和 C 原子的比例为 3∶1，因而这种金属化合物用 Fe_3C 来表示。其中铁原子可以部分地被锰、铬、钼、钨等金属原子所置换，形成以渗碳体为基的固溶体，如 $(Fe,Mn)_3C$，$(Fe,Cr)_3C$ 等等，称为合金渗碳体。

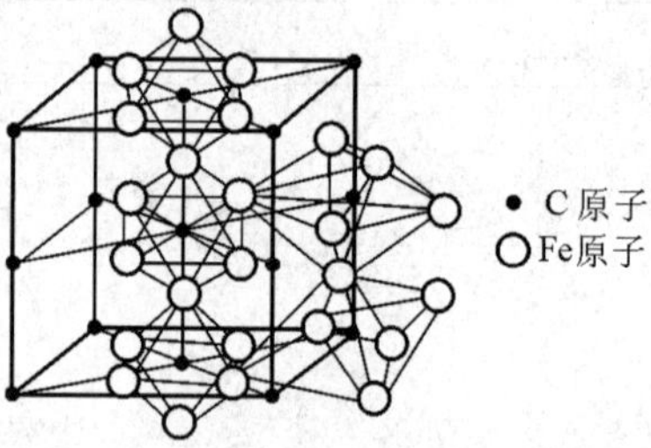

图 3-10 Fe_3C 的晶体结构示意图

复杂结构金属化合物主要是金属键结合，也具有很高的熔点和硬度，但比间隙相稍低些(表 3-6)，在钢中也起强化作用，是高合金工具钢的重要组成相。

3.2 二元合金相图的建立

前面介绍了合金的相结构，合金结晶以后既可以生成单相的固溶体，也可以生成化合物。但是绝大多数工业合金，其组织如果仅由一种固溶体组成，往往由于强度低而很少使用；如果仅由一种化合物构成，则会造成硬度太高，脆性太大而无法使用。实际上工业合金绝大多数是以固溶体为基体加上化合物(一种或多种)所构成的机械混合物。通过调整固溶体的溶解度和分布于其中的化合物的数量、大小和分布可以使合金的力学性能在一个相当大的范围内发生变化，从而满足不同的要求。

那么，某种成分的合金在某一温度下会形成何种相，相的数量、大小和分布情况如何，合金系随着成分的变化，它的组织和性能会发生什么样的变化；随着温度的变化，它的组织和性能又发生什么样的变化等等，了解了相图就可以回答这些问题，所以要研究合金必须研究相图。

3.2.1 相图概述

两组元按不同比例可配制成一系列成分的合金，这些合金的集合称为合金系，如铜镍合金、铁碳合金等。合金的组织要比纯金属复杂，为了研究合金的组织与性能的关系，必须探求合金中各种组织形成及变化的规律。合金相图正是研究这些规律的有效工具。

相图(phase diagram)是用图解的方法表示不同温度、压力及成分下的合金系中各相的平衡关系。利用相图可以知道不同成分的合金，在不同温度或压力下有哪些相，它们的相对含量、成分如何，以及温度或压力变化时可能发生的转变。掌握了这些组织转变的基本规律，就可知道合金的组织状态，并能预测合金的性能，也可按要求来研究新的合金。

相图也称为平衡图(equilibrium diagram)或状态图。所谓平衡是指在一定条件下合金系中参与相变过程的各相的成分和相对质量不再变化所达到的一种状态。此时合金系的状态稳定，不随时间而改变。合金在极其缓慢的冷却条件下的结晶过程，一般可以认为是平衡的结晶过程。在常压下，二元合金相图可用温度-成分坐标系的平面图来表示。图 3-11 为 Cu-Ni 二元合金相图，它是一种最简单的基本相图。图中每一点表示一定成分的合金在一定温度时的稳定相状态。例如，*A* 点表示含 30% Ni 的铜镍合金在 1 200℃时处于液相 L+α 固溶体的两相状态；*B* 点表示含 60%Ni 的铜镍合金在1 000℃时处于单一 α 固溶体状态。

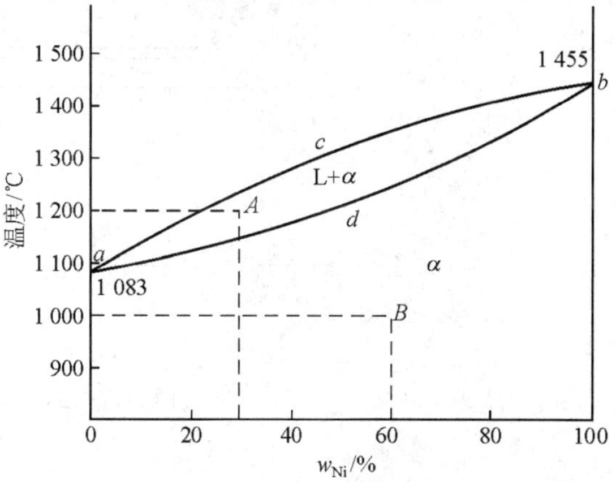

图 3-11 Cu-Ni 二元合金相图

3.2.2 二元合金相图的建立

到目前为止，几乎所有的合金相图都是通过试验方法测得的。建立相图最常用的是热分析法，有时辅之以金相法、膨胀法、X 射线分析法等等。

下面以 Cu-Ni 合金为例，简单介绍用热分析法建立二元合金相图的过程。

1)配制不同成分的合金(Cu-Ni)。

合金Ⅰ：纯 Cu

合金Ⅱ：80%Cu+20%Ni

合金Ⅲ：60%Cu+40%Ni

合金Ⅳ：40%Cu+60%Ni

合金Ⅴ：20%Cu+80%Ni

合金Ⅵ：纯 Ni

配制的合金数目越多，试验数据之间的间隔愈小，测出的合金相图就愈准确。

2)将 6 组合金分别加热到高温液态，测定各个合金在十分缓慢的冷却速度下的冷却曲线，并找出各临界点(转折点、停歇点、拐点)的温度值。

3)作一个以温度为纵坐标(单位为℃)，以合金成分为横坐标(单位为质量百分数或原子百分数)的直角坐标系统,并自横坐标上各成分点作垂直线——成分垂线,然后把每个合金冷却曲线上的临界点分别标在各合金的成分垂线上。

4)将各成分垂线上具有相同物理意义的点连接成线,标出数字和各区域内所存在的相,即得 Cu-Ni 合金相图。如图 3-12 所示。

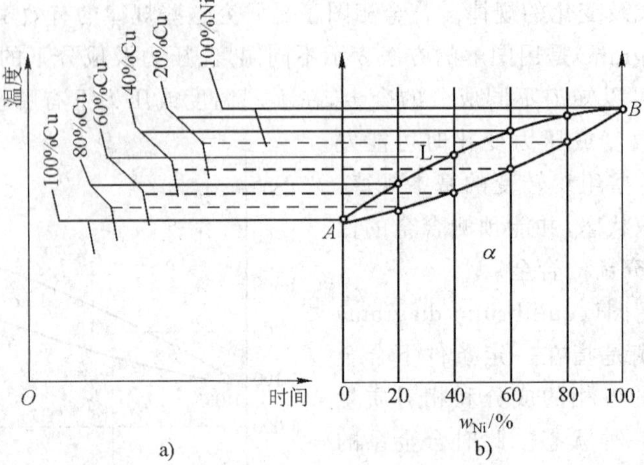

图 3-12 测定 Cu-Ni 合金相图

a)Cu-Ni 合金冷却曲线;b)Cu-Ni 合金相图

由上可知,状态图是由十分缓慢的冷却速度下的冷却曲线转化而来,因此相图又称平衡状态图。冷却曲线上的转折点,表示金属及合金在冷却到该温度时发生了状态的突然改变,因此转折点实际意义上是合金结晶时的状态变化点,由转折点连接而成的线实际意义上是相图中的状态(相)变化线。

铜镍合金相图是比较简单的相图,多数合金的相图很复杂,但是任何复杂的相图都是由几类最简单的基本相图组成的。下面介绍几种基本的二元合金相图。

3.2.3 二元合金基本相图

3.2.3.1 匀晶相图(uniform grain phase diagram)

两组元在液态时无限互溶,在固态时也无限互溶,且形成单相固溶体,所构成的相图称为二元匀晶相图。如 Cu-Ni,Cu-Au 等。

现以 Cu-Ni 合金相图为例,对匀晶相图及其合金的结晶过程进行分析。

(1)相图分析 Cu-Ni 合金相图(图 3-11)为典型的匀晶相图。这类相图很简单,a 点为 Cu 的熔点(1 083℃),b 点为 Ni 的熔点(1 455℃)。acb 为液相线,代表各种成分的 Cu-Ni 合金在冷却过程中开始结晶或在加热过程中熔化终了的温度;adb 为固相线,代表各种成分的 Cu-Ni 合金在冷却过程中结晶终了或在加热过程中开始熔化的温度。随着固相线及液相线的出现,相图便被分成了不同的区域,在液相线以上合金处于液体状态(L),称为液相区;在固相线以下合金处于固体状态(α),称为固相区;在液相线与固相线之间合金处于液、固两相(L+α)并存的状态,称为液、固两相并存区。固相线的 2 个端点 a 和 b 是合金系统的 2 个组元 Cu 和 Ni 的熔点。

(2)合金的结晶过程 以 b 点成分的 Cu-Ni 合金(Ni 的含量为 b%)为例分析结晶过程。

该合金的冷却曲线和结晶过程如图 3-13 所示，在 1 点温度以上，合金为液相 L。缓慢冷却至 1-2 温度之间时，合金发生匀晶反应，从液相中逐渐结晶出固溶体。2 点温度以下，合金全部结晶为 α 固溶体。其他成分合金的结晶过程完全与此类似。

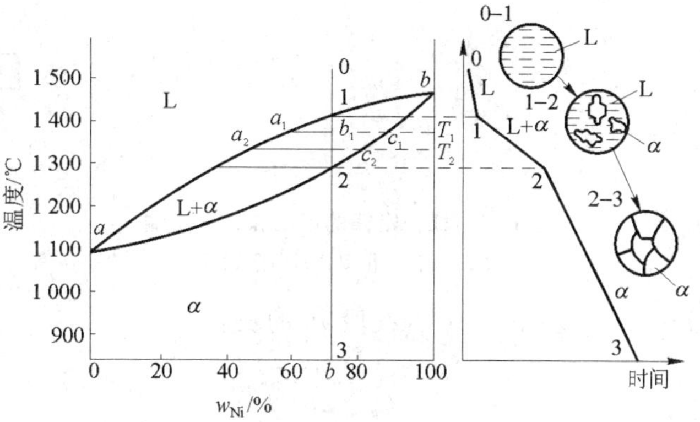

图 3-13　匀晶相图合金的结晶过程

匀晶结晶有下列特点：

①与纯金属一样，α 固溶体从液相中结晶出来的过程，也包括生核和长大两个过程，但固溶体更趋于呈树枝状长大。

②固溶体结晶是在一个温度区间内进行，即为一个变温结晶过程。

③在两相区内，温度一定时，两相的成分(即 Ni 的含量)是确定的。确定相成分的方法是：过指定温度 T_1 作水平线，分别交液相线和固相线于 a_1 点和 c_1 点，则 a_1 点和 c_1 点在成分线上的投影点即相应为该温度下 L 相和 α 相的成分。到温度 T_2 时，L 相和 α 相的成分分别为 a_2 点和 c_2 点在成分线上的投影。所以，在无限缓慢的冷却条件下，随着温度的下降，液相的成分沿着液相线变化，固相的成分沿着固相线变化。这是液、固两相线所具有的另一个物理意义。

④在两相区内，温度一定时，两相的质量比是一定的。如在 T_1 温度时，两相的质量比可用下式表达：

$$\frac{Q_L}{Q_\alpha}=\frac{b_1c_1}{a_1b_1}$$

式中：Q_L 为 L 相的质量；Q_α 为 α 相的质量；b_1c_1 和 a_1b_1 为线段长度，可用其在成分坐标上的数字来度量。

上式可写成 $Q_L\times a_1b_1=Q_\alpha\times b_1c_1$，称为杠杆定律(lever rule)，证明如下。

由图 3-14，设合金的总质量为 Q，成分为 w_b，即合金中 Ni 含量为 w_b。在 T_1 温度时，L 相中 Ni 含量为 w_a，α 相中 Ni 含量为 w_c。则合金中含 Ni 的总质量＝L 相中含 Ni 的质量＋α 相中含 Ni 的质量，即

$$Q\cdot w_b=Q_L\cdot w_a+Q_\alpha\cdot w_c$$

而

$$Q=Q_L+Q_\alpha$$

所以

$$(Q_L+Q_\alpha)\cdot w_b=Q_L\cdot w_a+Q_\alpha\cdot w_c$$

化简后得

$$\frac{Q_L}{Q_\alpha}=\frac{w_c-w_b}{w_b-w_a}$$

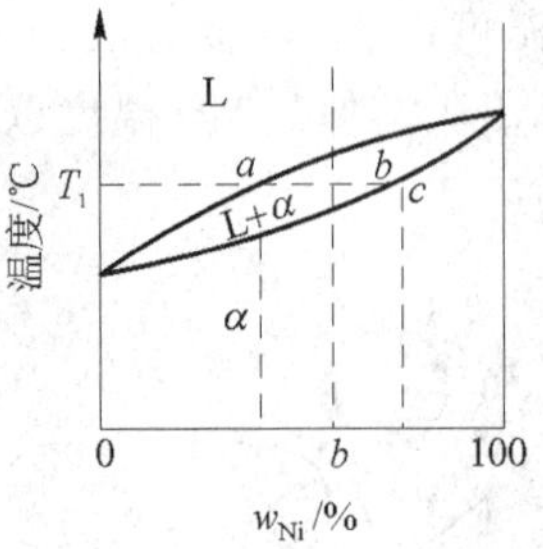

a)

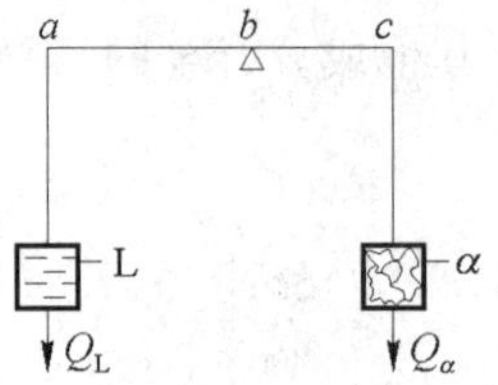

b)

图 3-14 杠杆定律的证明和力学比喻

a)Cu-Ni 合金相图；b)杠杆示意图

式中：$w_c - w_b$ 为线段 bc 的长度；$w_b - w_a$ 为线段 ab 的长度。

故得

$$\frac{Q_L}{Q_\alpha} = \frac{bc}{ab}$$

或

$$Q_L \cdot ab = Q_\alpha \cdot bc$$

这个式子与力学中的杠杆定律完全相似，因而亦被称作杠杆定律。由杠杆定律不难计算出 T_1 温度下合金中液相和固相的相对质量分别为

$$w_L = \frac{bc}{ac},\ w_\alpha = \frac{ab}{ac}$$

运用杠杆定律时要注意，它只适用于相图中的两相区，并且只能在平衡状态下使用，杠杆的两个端点为给定温度下两相的成分点，支点为合金的成分点，杠杆全长为两相成分点之间的距离。

⑤固溶体结晶时成分是变化的，缓慢冷却时由于原子的扩散能充分进行，形成的是成分均匀的固溶体。如果冷却较快，原子扩散不能充分进行，则形成成分不均匀的固溶体。先结晶的树枝晶轴含高熔点组元多，后结晶的树枝晶轴含低熔点组元多，结果造成在一个晶粒内化学成分不均。这种现象称为枝晶偏析，如图 3-15 所示。枝晶偏析对材料的力学性能、抗腐蚀性能、工艺性能都不利。生产上为了消除其影响，常把合金加热到高温(低于固相线 100℃左右)，并进行长时间保温，使原子充分扩散，获得成分均匀的固溶体。这种处理称为扩散退火。

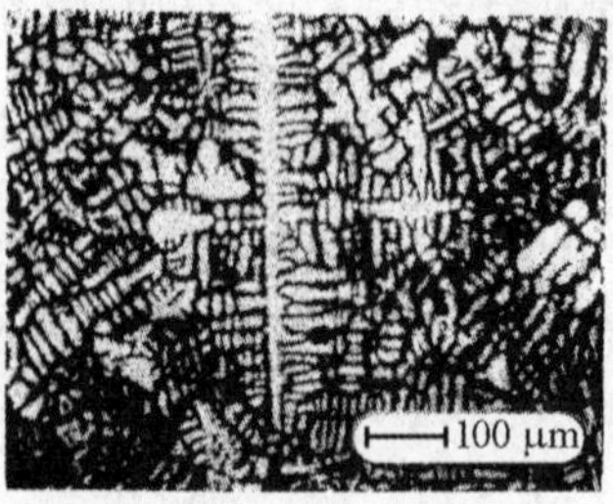

a)

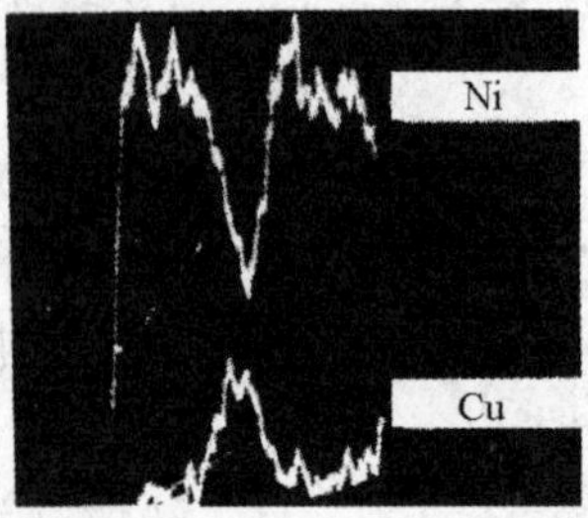

b)

图 3-15 Cu-Ni 合金的枝晶偏析

a)Cu-Ni 合金的铸造组织；b)电子探针测量 Cu-Ni 合金枝晶偏析中两枝晶间的 Cu 及 Ni 成分变化衍射强度

3.2.3.2 共晶相图(eutectic phase diagram)

当两组元在液态时无限互溶,在固态时有限互溶,而且发生共晶反应,所构成的相图称为二元共晶相图。具有这类相图的合金系主要有 Pb-Sn,Pb-Sb,Cu-Ag,Pb-Bi,Cd-Zn,Sn-Cd,Zn-Sn 等;某些金属元素与金属化合物之间如 $Cu-Cu_2Mg$,$Al-CuAl_2$ 等也构成这类相图。

(1)相图分析 图 3-16 表示 Pb-Sn 合金相图及成分线。下面就以此合金相图为例进行分析。

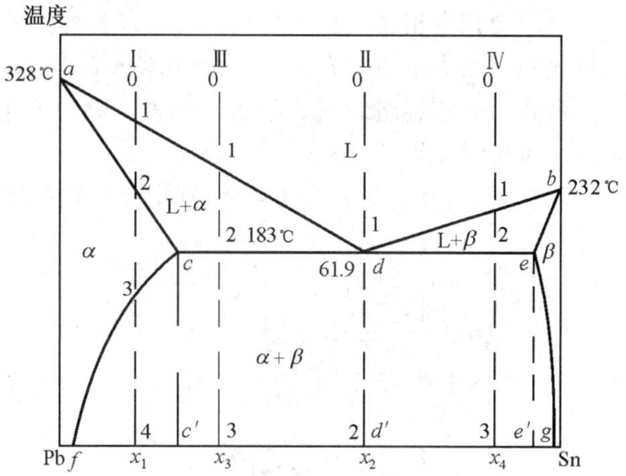

图 3-16 Pb-Sn 合金相图及成分线

在此相图中,*adb* 为液相线,*acdeb* 为固相线,*a* 点为 Pb 的熔点(327.5℃),*b* 点为 Sn 的熔点(231.9℃)。合金系中有 3 种相:Pb 与 Sn 形成的液体 L 相;以 Pb 为溶剂,以 Sn 为溶质形成的有限固溶体 α,其溶解度曲线为 *cf*;以 Sn 为溶剂,以 Pb 为溶质形成的有限固溶体 β,其溶解度曲线为 *eg*。相图中有 3 个单相区(L,α,β 相区),3 个两相区(L+α,L+β,α+β),一条 L+α+β 的三相共存水平线 *cde*。

d 点为共晶点(eutectic point),表示此点成分(共晶成分)的合金冷却到此点所对应温度(共晶温度)时,共同结晶出成分为 *c* 的 α 固溶体和成分为 *e* 的 β 固溶体:

$$L_d \xleftrightarrow{\text{恒温}} \alpha_c + \beta_e$$

这种由一种成分固定的液相在恒温下同时结晶出两种成分和结构都不相同的新的固相的过程,称为共晶反应(eutectic reaction)。所生成的两相混合物称为共晶体(eutectic)。发生共晶反应时有三相共存,它们各自的成分是确定的,反应在恒温下平衡地进行。水平线 *cde* 为共晶反应线,表示成分在 *c*,*e* 之间的合金达到共晶反应的温度和浓度(成分)条件时都会发生共晶反应。

cf 线为 Sn 在 Pb 中的溶解度曲线(或 α 相的固溶线)。温度降低,固溶体溶解度降低,Sn 含量大于 *f* 点的合金从高温冷却室温时,从 α 相中析出 β 相以降低其 Sn 含量。从固态 α 相中析出的 β 相称为二次 β,常写作 β_{II}。这种二次结晶可表达为 $\alpha \rightarrow \beta_{\text{II}}$。

eg 线为 Pb 在 Sn 中的溶解度曲线(或 β 相的固溶线)。Sn 含量小于 *g* 点的合金冷却过程同样发生二次结晶,析出二次 α:$\beta \rightarrow \alpha_{\text{II}}$。

(2)典型合金的结晶过程

①合金Ⅰ:合金Ⅰ的平衡结晶过程如图 3-17 所示。

液态合金冷却到 1 点温度以后,发生匀晶结晶过程,至 2 点合金完全结晶成 α 固溶体,随后的冷却(2-3 点间温度),α 相不变。继续缓冷至 3 点以下时,由于固溶体 α 的溶解度沿 *cf* 线降低,从 α 相中析出 β_{II},到室温时 α 中含 Sn 量逐渐变为 *f* 点。最后得到的合金组织为 $\alpha+\beta_{\text{II}}$。其组成相是 *f* 点成分的 α 相和 *g* 点成分的 β 相。在室温时,它们的相对质量为(图 3-16)

$$w_{\alpha}=\frac{x_1g}{fg}\times 100\%,\ w_{\beta_{Ⅱ}}=\frac{fx_1}{fg}\times 100\%$$

合金的室温组织为$\alpha+\beta_{Ⅱ}$。α和$\beta_{Ⅱ}$即为组织组成物。

通常把在金相显微镜下观察到的具有某种形貌或形态特征的组成部分，总称为组织。组织组成物可以由单相组成，也可以由几种相的混合物组成。

合金Ⅰ的室温组织组成物为α和$\beta_{Ⅱ}$，皆为单相，所以它的组织组成物的相对质量与组成相的相对质量相等。

②合金Ⅱ：合金Ⅱ为共晶合金，其结晶过程如图3-18所示。

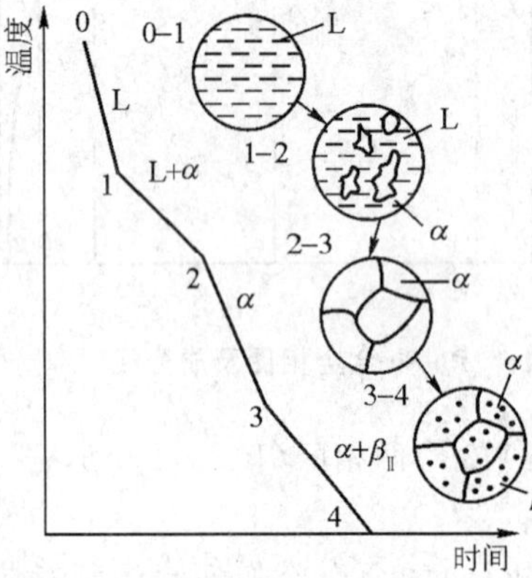

图3-17　合金Ⅰ的结晶过程示意图

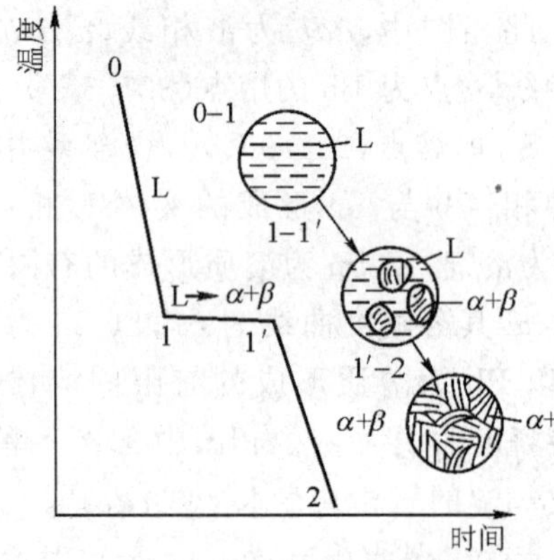

图3-18　合金Ⅱ的结晶过程示意图

合金Ⅱ从液态冷却到1点温度后，发生共晶反应：$L_d \xrightarrow{恒温} \alpha_c+\beta_e$，经一定时间到1′时反应结束，全部转变为共晶体($\alpha_c+\beta_e$)。从共晶温度冷却到室温时，共晶体中的$\alpha_c$和$\beta_e$均发生二次结晶，从$\alpha$中析出$\beta_{Ⅱ}$，从$\beta$中析出$\alpha_{Ⅱ}$。$\alpha$的成分由$c$点变为$f$点，$\beta$的成分由$e$点变为$g$点；由于析出的$\alpha_{Ⅱ}$和$\beta_{Ⅱ}$都相应地同$\alpha$和$\beta$连在一起，共晶体的形态和成分不发生变化，合金的室温组织全部为共晶体，即共晶体含量为100%，其组成相为两相α和β。

依据杠杆定律，可计算出共晶反应刚结束时α_c和β_e的相对量分别为(图3-16)

$$w_{\alpha_c}=\frac{de}{ce}\times 100\%,\ w_{\beta_e}=\frac{cd}{ce}\times 100\%$$

各种共晶合金组织的形态见图3-19。

③合金Ⅲ：合金Ⅲ是亚共晶合金，成分位于共晶线上的c点和d点之间。其结晶过程如图3-20所示。

合金冷却到1点温度后，首先析出α固溶体，称为初生α固溶体。从1点到2点的冷却过程中，随着温度缓慢下降，初生α的成分沿ac线变化，液相成分沿ad线变化；初生相α的数量逐渐增多，液相数量不断减少。当温度降低至2点温度时，合金由c点成分的初生相α和d点成分的液相组成。这时剩余的液相正好达到了进行共晶反应的温度和浓度条件，因而在此温度进行共晶反应，直到剩余的合金溶液完全变成共晶体时为止，但初生相α不变化。显然，在冷却曲线上必定出现一个代表共晶反应的水平台阶2-2′，共晶反应刚结束时，合金的固态组织

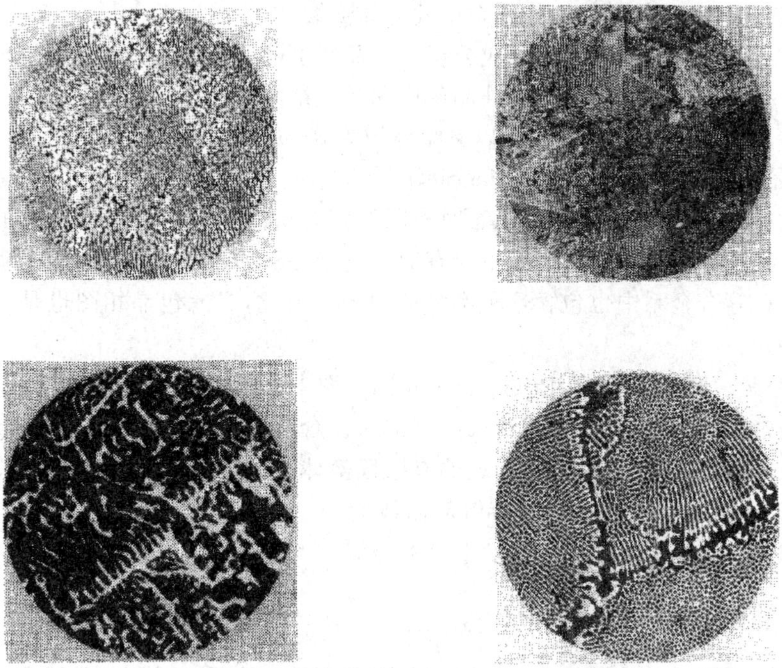

图 3-19　各种共晶合金组织的形态

a)Pb-Sn 合金系；b)Zn-Mg 合金系；c)Pb-Bi 合金系；d)Fe-C 合金系

为先期析出的 α 固溶体和通过共晶反应得到的$(\alpha+\beta)$共晶体。液相消失之后合金继续冷却，α 和 β 固溶体的溶解度分别沿着 cf 和 eg 线变化，分别从 α 和 β 中析出 β_{II} 和 α_{II} 两种次生相，其成分分别由 c 点变为 f 点和由 e 点变为 g 点。此时共晶体如前所述，形态、成分和总量保持不变，合金的室温组织为初生 $\alpha+\beta_{\text{II}}+(\alpha+\beta)$。合金的组成相为 α 和 β，依据杠杆定律，在室温下的相对质量为(图 3-16)

$$w_\beta=\frac{fx_3}{fg}\times100\%$$

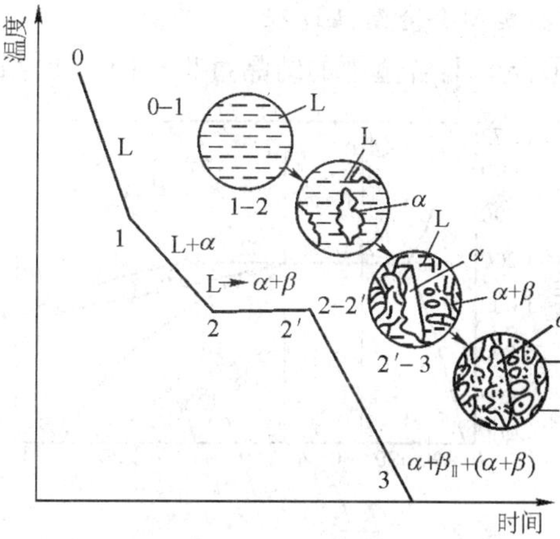

图 3-20　合金Ⅲ的结晶过程示意图

合金的组织组成物为初生 α，β_{II} 和共晶体$(\alpha+\beta)$。它们的相对质量可两次应用杠杆定律求得，结果为

$$w_\alpha=\frac{cg}{fg}\times\frac{2d}{cd}\times100\%$$

$$w_{\beta_{\text{II}}}=\frac{fc}{fg}\times\frac{2d}{cd}\times100\%$$

$$w_{(\alpha+\beta)}=\frac{c2}{cd}\times100\%$$

成分在 cd 之间的所有亚共晶合金的结晶过程均与合金Ⅲ相同，仅组织组成物和组成相的

相对质量不同。成分愈靠近共晶点，合金中共晶体愈多。

④合金Ⅳ：合金Ⅳ是过共晶合金，成分位于共晶线上的 e 点和 d 点之间。它们的结晶过程与亚共晶合金相似，也包括匀晶转变、共晶反应和二次结晶等 3 个转变阶段；不同之处是，初生相为 β 固溶体，二次结晶为 $\beta \rightarrow \alpha_{II}$。所以室温组织为 $\beta+\alpha_{II}+(\alpha+\beta)$。

3.2.3.3 包晶相图(peritectic phase diagram)

当两组元在液态时无限互溶，在固态时有限互溶，且发生包晶反应，所构成的相图称为二元包晶相图。具有这种相图的合金系主要有 Pt-Ag，Ag-Sn，Al-Pt，Cd-Hg 等，应用最多的 Cu-Zn，Cu-Sn，Fe-C 等合金系中也包含这种类型的相图。因此，二元包晶相图也是二元合金相图的一种基本形式。

(1)相图分析　图 3-21 表示 Pt-Ag 合金相图。图中，adb 为液相线，$aceb$ 为固相线，a 点为 Pt 的熔点(1 772℃)，b 点为 Ag 的熔点(961.93℃)。合金系中有 3 种相：Pt 与 Ag 形成的液溶体 L 相；以 Pt 为溶剂，以 Ag 为溶质形成的有限固溶体 α，其溶解度曲线为 cf；以 Ag 为溶剂，以 Pt 为溶质形成的有限固溶体 β，其溶解度曲线为 eg。e 点是包晶点(peritectic point)。e 点成分合金冷却到 e 点所对应的温度时发生以下反应：

$$\alpha_c + L_d \xrightarrow{\text{恒温}} \beta_e$$

这种由一种液相与一种固相在恒温下相互作用而转变为另一种固相的过程称为包晶反应(peritectic reaction)。发生包晶反应时有三相共存，它们的成分确定，反应在恒温下进行。水平线 ced 为包晶反应线，代表在这个合金系统中发生包晶反应的温度和成分范围。

(2)典型合金结晶过程

①合金Ⅰ：合金Ⅰ的结晶过程如图 3-22 所示。

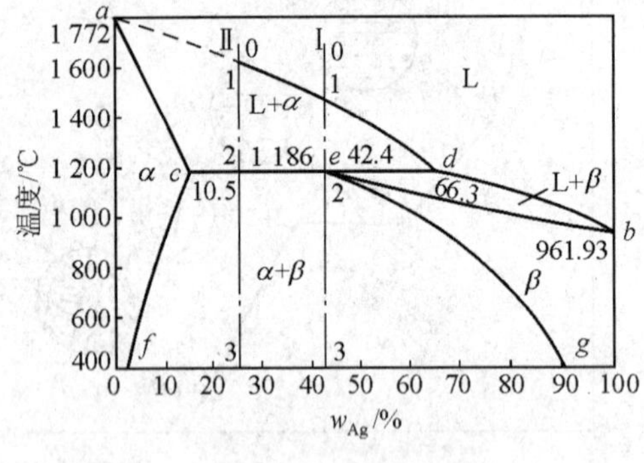

图 3-21　Pt-Ag 合金相图及结晶过程分析

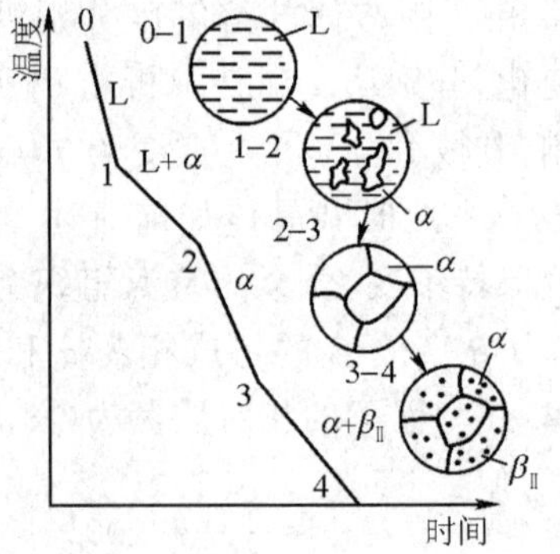

图 3-22　合金Ⅰ的结晶过程示意图

合金在 0→1 为液相，冷却到 1 点温度以下时结晶出 α 固溶体，L 相成分沿 ad 线变化，α 相成分沿 ac 线变化。合金刚冷到 2 点温度而尚未发生包晶反应时，由 d 点成分的 L 相和 c 点成分的 α 相组成，两相的相对量为

$$w_{\alpha_c}=\frac{ed}{cd}\times 100\%,\ w_{L_d}=\frac{ce}{cd}\times 100\%$$

此时两相在 e 点温度发生包晶反应，即由已经结晶出来的成分为 c 的 α 固溶体和包围它的尚未结晶的成分为 d 的合金溶液相互作用而变成成分为 e 的 β 固溶体。

包晶反应也是一个恒温反应，因此在合金的冷却曲线上出现代表包晶反应的水平台阶。

具有 d 点成分的合金，其 α_c 和 L_d 两相相对质量之比（$=ed/ce$）正好能在包晶反应后两相全都消耗完，形成 e 点成分的 β 固溶体（图 3-23）。温度继续下降时，从中 β 析出 α_{II}。最后室温组织为 $\beta+\alpha_{\mathrm{II}}$。

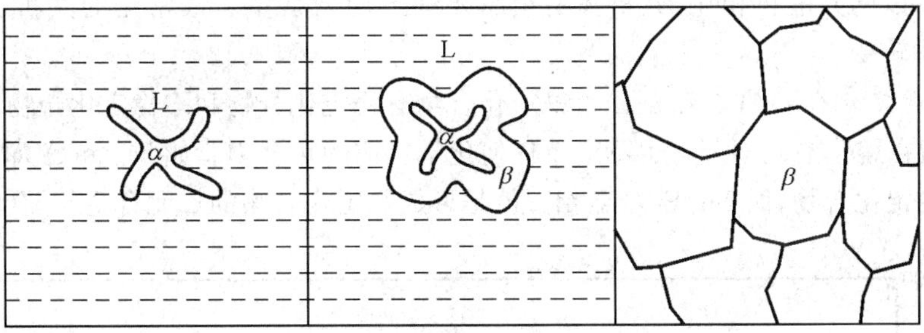

图 3-23 包晶转变过程示意图

其组成相和组织组成物的成分和相对质量可根据杠杆定律来确定。

在合金结晶过程中，如果冷速较快，包晶反应时原子扩散不能充分进行，则生成的 β 固溶体中会发生较大的偏析，这种现象称为包晶偏析。包晶偏析可通过扩散退火来消除。

②合金Ⅱ：合金Ⅱ的结晶过程如图 3-24 所示。

液态合金冷却到 1 点温度以下时，结晶出 α 相，刚至 2 点温度时合金由 d 点成分的液相和 c 点成分的 α 相组成。两相在 2 点温度发生包晶反应，生成 β 固溶体。与合金Ⅰ不同的是，合金Ⅱ在包晶反应结束之后，仍剩余有部分 α 固溶体。在随后的冷却过程中，β 和 α 中将分别析出 α_{II} 和 β_{II}。所以最终组织为 $\alpha+\beta+\alpha_{\mathrm{II}}+\beta_{\mathrm{II}}$。

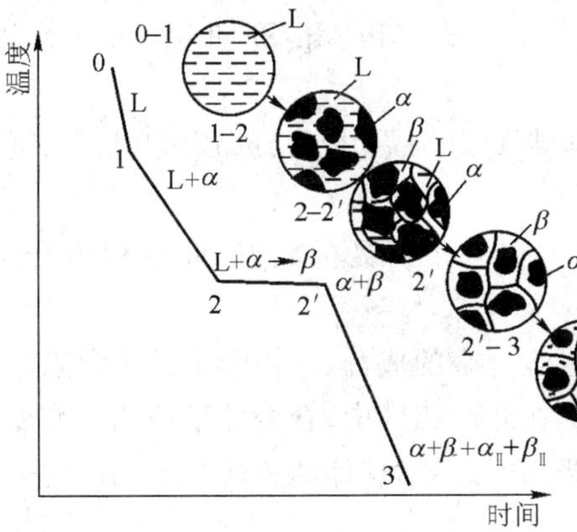

图 3-24 合金Ⅱ的结晶过程示意图

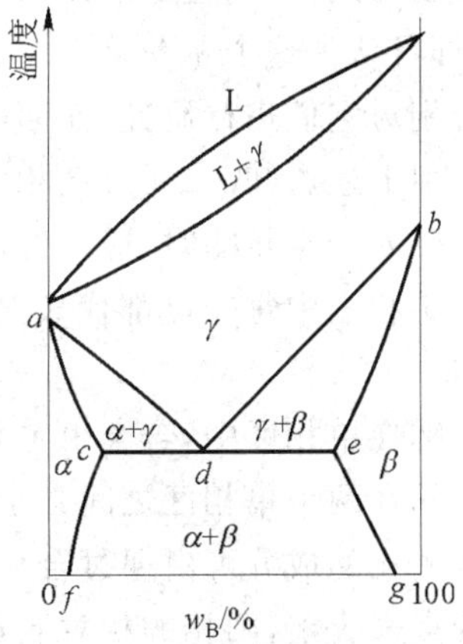

图 3-25 具有共析反应的二元合金相图

3.2.3.4 其他相图

（1）共析相图（eutectoid phase diagram） 图 3-25 为共析相图，其形状和共晶相图类似。d 点成分的合金从液相经过匀晶反应生成 γ 相后，继续冷却到 d 点温度时，发生恒温反应，同时析出 c 点成分的 α 相和 e 点成分的 β 相。这种自某种均匀一致的固相中同时析出两种化学成分和晶格结构完全不同的新固相的转变过程称为共析反应（eutectoid reaction）。同共晶反应相似,共析反应也是一个恒温转变过程,也有与共晶点及共晶线相似的共析点(eutectoid point)和共析线。d 点为共析点,cde 线为共析线。共析反应的产物称为共析体(eutectoid)。

由于共析反应是在固态合金中进行的,转变温度较低,原子扩散困难,因而易于达到较大的过冷度。所以同共晶体相比,共析体的组织要细致均匀得多。最常见的共析反应是铁碳合金中的珠光体转变。

(2)形成稳定化合物的二元合金相图　化合物有稳定化合物和不稳定化合物两类。所谓稳定化合物是指在熔化前既不分解也不产生任何化学反应的化合物。如 Mg 和 Si 即可形成分子式为 Mg_2Si 的稳定化合物,而 Mg-Si 合金相图就是形成稳定化合物的二元合金相图(图 3-26)。

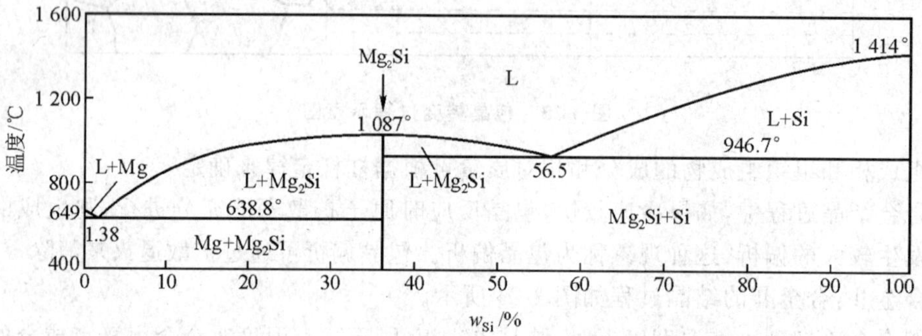

图 3-26　Mg-Si 合金相图

这类相图的主要特点是在相图中有一个代表稳定化合物的垂直线,以垂直线的垂足代表化合物的成分,垂直线的顶点代表它的熔点。十分明显,若把稳定化合物 Mg_2Si 视为一个组元,即可认为这个相图是由左、右两个简单共晶相图所组成($Mg-Mg_2Si$ 和 Mg_2Si-Si),因此可以分别对它们进行研究,使问题大大简化。

由上述可知,二元合金相图的类型很多,其基本类型为匀晶、共晶、包晶和共析等几类。在分析二元合金相图时,应掌握以下要点:

①相图中每一点都代表某一成分的合金在某一温度下所处的状态,此点称为合金的表象点。

②在单相区中,合金由单相组成,相的成分即等于合金的成分,它由合金的表象点来决定。

③在两个单相区之间必定存在着一个两相区。在此两相区中,合金处于两相平衡状态,两个平衡相的成分可由通过合金表象点的水平线与两相区边界线(即两相区与单相区的分界线)的交点来决定,两相的相对质量运用杠杆定律计算。

④在二元合金相图中,三相平衡共存表现为一条水平线——三相平衡线。所有水平线都代表合金在结晶过程中存在有恒温反应。

3.2.4　二元合金相图读图法

实际二元合金相图,有的图形比较复杂,往往不是单由一种反应而是由若干种反应互相组合而成的。不过,如果对这些复杂的二元相图加以分析就可发现,它们的基本组成单元大部分是匀晶、共晶、包晶、共析等基本图形。因此只要熟练掌握上述基本图形的特点,同时掌握由基本反应构成复杂相图的规律,就能正确地读懂二元相图。

现将二元相图读图法简单归纳如下。

3.2.4.1　相区分析的规律

（1）单相区的确定

①液相线以上的区域为液相区。

②靠着纯组元的封闭区域是以该组元为基的单相固溶体区。

③相图中除代表两组元的垂直线以外，若出现另一条垂直线，该线即代表形成一定成分的化合物。如果该化合物具有固定熔点，就是稳定化合物。分析相图时，可将其视为纯组元。以它把相图分为几个单独部分来分析。

④当图中出现水平线时，一条水平线必然连着3个单相区，这3个单相区分别处于水平线的两端或中间。

（2）两相区的确定

①两个单相区之间，必夹有一个两相区，根据杠杆定律，该两相区必定由相邻相区的两个相所组成。

②两相区中如遇到固溶线倾斜的情况，会发生二次相的析出。

（3）三相水平线分析　在二元相图中，水平线是三相平衡线。弄懂这些水平线的性质，是分析复杂相图中各类反应的关键。二元相图中的三相水平线可归纳为3种反应（表3-7）。

表 3-7　二元相图各类图形的特征

序号	反应名称	图　形　特　征	反应式	说　　明
1	共晶	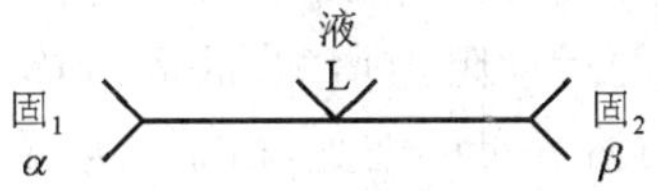	$L\rightarrow\alpha+\beta$	从液相中同时结晶出2种不同成分固相
2	共析	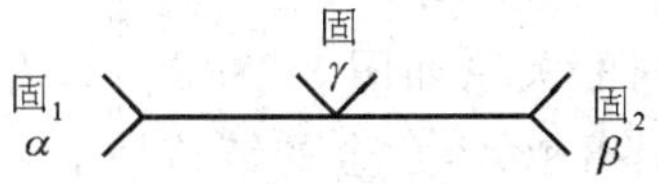	$\gamma\rightarrow\alpha+\beta$	从一个固相中同时析出2个不同成分固相
3	包晶	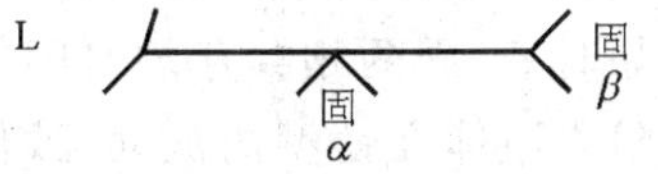	$L+\beta\rightarrow\alpha$	一个液相包围一个固相形成另一个固相

由表3-7可见，图中的每一条水平线的两端及中间的一点伸出6条曲线。每一对曲线所包围的区域是一个单相区（用L，α，β，γ表示）。如果单相区为一固定成分的化合物或纯金属，则2条并为1条。

根据单相区在水平线段的上、下、左、右各方的分布状况与相的性质便可确定该反应的类型。

3.2.4.2　相区接触法则

根据大量二元状态图分析，可得出如下规律：在二元合金状态图中，相邻相区的相数相差为1（点接触的情况除外）。这个规律在金属学中称为相区接触法则，可用来检验二元图中相区标注是否正确。

3.2.4.3　合金结晶过程的分析方法

首先自状态图的横坐标（成分轴）上选定所要分析的合金成分，再由此点引直线垂直于横坐标，称为合金线，然后沿合金线由高温到低温分析其结晶过程。

1)合金在单相区内时，合金由一个相组成，相的成分与合金成分相同，该相的质量就是合金的质量。

2)当合金处于两相区时，合金由两相构成，根据杠杆定律，各相的成分均沿其相界线变化，各相的相对质量比，可由杠杆定律求出。

3)当合金处于三相平衡线时，说明正在进行某种反应(共晶、共析、包晶或包析反应)，此时3个相的成分是固定的，但其数量在不断地变化。由于处于三相区，不能应用杠杆定律来计算各相的相对数量。只有当反应完成，合金进入新的单相区或两相区时，才能计算其数量。

依据上列各点便能正确地判断合金在不同温度下的状态，并求出在该状态下各相的浓度和相对数量。

3.3 合金的性能与相图之间的关系

合金的性能决定于合金的化学成分与组织，而合金的化学成分与组织间关系体现在合金相图上，因此合金相图与合金性能间必然存在着一定的联系。掌握了相图与性能的联系规律，就可以大致判断不同成分合金的性能特点，并可作为选用和配制合金的依据。

3.3.1 单相固溶体合金

匀晶相图是形成单相固溶体合金的相图。已知溶质溶入溶剂后，要发生晶格畸变，从而引起合金的固溶强化，并使合金中自由电子的运动阻力增加，故固溶体合金的强度、硬度和电阻都高于作为溶剂的纯金属。而且随着溶质溶入量的增加，由于晶格畸变增大，致使固溶体合金的强度、硬度和电阻与合金成分间呈曲线关系，如图3-27a所示。

固溶体合金的铸造性能与合金成分间的关系如图3-28a所示。由图可见，合金相图中的液相线与固相线之间的垂直距离与水平距离越大，合金的铸造性能越差。这是因为液相线与固相线的水平距离越大，则结晶出的固相与剩余液相的成分差别越大，产生的偏析越严重；液相线与固相线之间的垂直距离越大，则结晶时液、固两相共存的时间越长，形成树枝状晶体的倾向就越大，这种细长易断的树枝状晶体阻碍液体在铸型内流动，致使合金的流动性变差；当流动性越差时，由于枝晶相互交错所形成的许多封闭微区越不易得到外界液体的补充，故易于产生分散缩孔，使铸件组织疏松，性能变坏。

3.3.2 两相混合物合金

共晶相图中，结晶后形成两相组织的合金称为两相混合物合金。由图3-27b可见，形成两相混合物合金的力学性能与物理性能是处在两相性能之间，并与合金成分呈直线关系。应当指出，合金性能还与两相的细密程度有关，尤其是对组织敏感的合金性能(如强度、硬度等)，其影响更为明显。例如，共晶合金由于形成了细密共晶体，故其力学性能将偏离直线关系而出现峰值，如图3-27b所示。

两相混合物合金的铸造性能与合金成分间的关系，如图3-28b所示。由图可见，合金的铸造性能也决定于合金结晶区间的大小，因此，就铸造性能来说，共晶合金最好，因为它在恒温下进行结晶，同时熔点又最低，具有较好的流动性，在结晶时易形成集中缩孔，铸件的致密性好。

故在其他条件许可的情况下，铸造用金属材料尽可能选用共晶成分附近的合金。

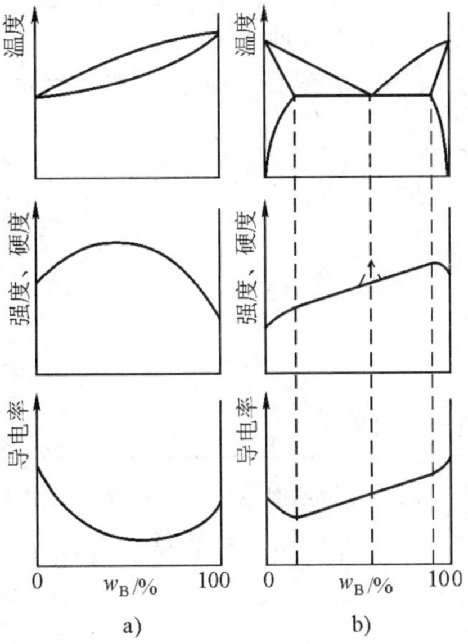

图 3-27 合金的强度、硬度和导电率与相图间的关系

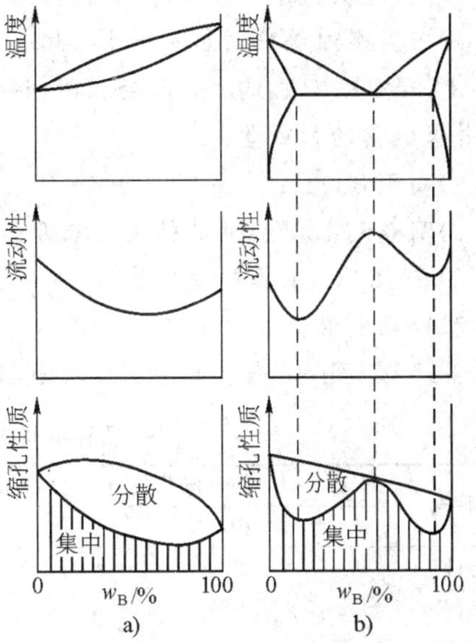

图 3-28 合金的铸造性能与相图间的关系

复习思考题

3-1 金属化合物在结构和性能方面与固溶体有何不同？常见的金属化合物有几种类型，它们对合金的性能有何影响？

3-2 试述固溶强化、加工硬化、弥散强化的强化原理，并说明三者的区别。

3-3 何谓共晶反应、包晶反应和共析反应？试比较这 3 种反应的异同点。

3-4 有形状和尺寸相同的两个 Cu-Ni 铸件，一个含 90％的 Ni，另一个含 50％的 Ni，铸件自然冷却后，哪个铸件的偏析严重？为什么？

3-5 为什么铸造合金常选用接近共晶成分的合金？为什么进行压力加工的合金选用单相固溶体成分的合金？

3-6 A-B 二元合金形成的相图如图所示，问：

1）K 合金的结晶过程中，由于固相成分随固相线变化，所以已结晶出来的固溶体 B 含量总是高于原液相中的 B 含量，为什么？

2）固溶体合金结晶过程中成分是变化的，那么，在平衡状态下固溶体的成分是否均匀？为什么？

3）总结固溶体结晶的一般规律。

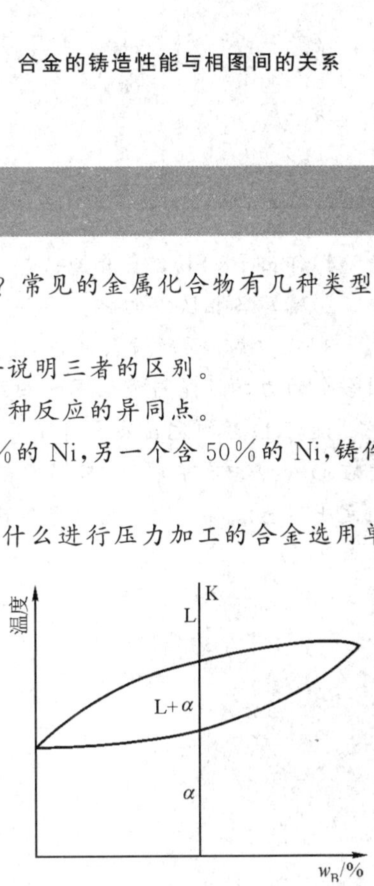

题 3-6 图

3-7 某 A-B 二元合金的共晶反应如下：L(75％B)→α(15％B)＋β(95％B)。

1)求含50%B的合金结晶后:①α相与β相的质量百分数;②初晶α与共晶体(α+β)的质量百分数;③共晶体中α相与β相的质量百分数。

2)若显微组织中初晶α与共晶体(α+β)各占50%,试求合金的成分。

3-8 根据二元Pb-Sn合金相图,说明含28%的Pb-Sn合金在下列温度时组织中有哪些相,并求出相的相对量:

1)高于300℃;

2)刚冷到183℃,共晶转变尚未开始;

3)在183℃,共晶转变完毕;

4)冷至室温。

3-9 有Pb-Sb合金热分析实验数据如下:

几种不同成分的Pb-Sb合金和相变点

序号	合金成分的质量分数 w/%		结晶开始温度/℃	结晶终了温度/℃
	Pb	Sb		
1	100	0	327.5	327.5
2	95	5	296	253
3	90	10	260	253
4	88	12	253	253
5	80	20	180	253
6	50	50	485	253
7	20	80	570	253
8	0	100	630	630

1)作出Pb-Sb合金相图;

2)填写各相区中的相。

3-10 按下面所设条件,示意地绘出合金的相图,并填出各区域的相组分和组织组分,画出合金的力学性能与该相图的曲线关系。

设C,D两组元在液态时能互相溶解;在固态时能形成共晶,共晶成分为$w_D=30\%$;C组元在D组元中有限固溶,溶解度在共晶温度时为$w_C=15\%$,室温时为$w_C=10\%$;D组元在C组元中不能溶解。D组元的硬度比C组元高。

4 铁碳合金相图

本章要点:掌握铁碳合金的基本组织,学懂铁碳相图的特征点、线及其意义,熟悉典型铁碳合金的冷却过程及组织的转变过程,了解铁碳相图的应用及碳素钢的种类及其应用。

铁碳合金(iron-carbon)主要是由铁和碳两种元素组成的合金,它是现代工业中应用最广泛的金属材料。钢、铁(生铁、铸铁)均属铁碳合金范畴。不同成分的铁碳合金在不同的温度下具有不同的组织,因而表现出不同的性能。为了了解铁碳合金的成分、组织和性能之间的关系,必须研究铁碳合金相图(iron-carbon diagram)。

4.1 纯铁、铁碳合金中的相与基本组织

4.1.1 工业纯铁

一般来说纯铁中总含有少量的杂质,这种纯铁称为工业纯铁(ingot iron)。纯铁的熔点或凝固点为 1 538℃。铁是具有同素异构(allotropy)的金属,在 1 394～1 538℃时,铁呈体心立方晶格(δ-Fe),912～1 394℃时,呈面心立方晶格(γ-Fe),在 912℃以下时呈体心立方晶格(α-Fe)。

工业纯铁的显微组织如图 4-1 所示。工业纯铁的力学性能与组织中晶粒大小有密切关系,在其他条件不变时,晶粒越细,强度越高。工业纯铁的力学性能大致为:σ_b=180～230 MPa;$\sigma_{0.2}$=100～170 MPa;δ=30%～50%;Ψ=70%～80%;A_k=128～160 J;HBS=50～80。

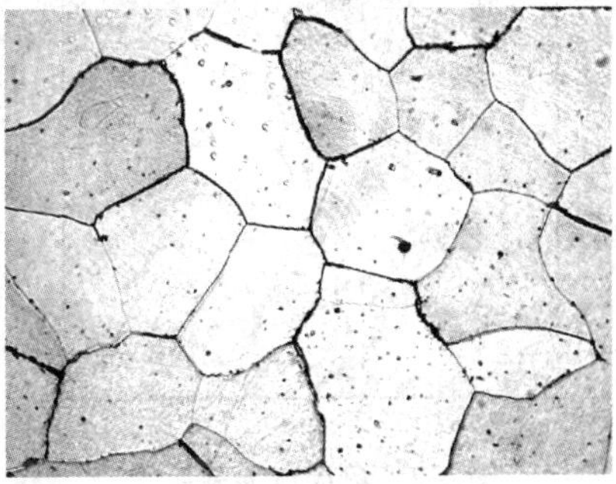

图 4-1 工业纯铁的显微组织(铁素体)

工业纯铁具有良好的塑性,但强度较低,很少用来制造机械零件。为了提高纯铁的强度和硬度,常在纯铁中加入少量的碳元素,形成铁碳合金。表 4-1 列出了工业纯铁和含碳量分别为 0.45%,0.77%,1.20%的铁碳合金的硬度值及金相组织(室温平衡状态)。

表 4-1 工业纯铁和几种铁碳合金的成分、组织及硬度

材料名称	工业纯铁	含 0.45%C 的铁碳合金	含 0.77%C 的铁碳合金	含 1.20%C 的铁碳合金
组织及相对量	≈100%铁素体	44%铁素体+56%珠光体	≈100%珠光体	93%珠光体+7%渗碳体
硬度(HBS)	80	140	180	260

4.1.2 铁碳合金中的相与组织

4.1.2.1 铁素体

碳溶于 α-Fe 中形成的间隙固溶体称为铁素体(ferrite),用符号 F 表示。铁素体仍保持 α-Fe 的体心立方晶格,晶格间隙的直径很小,所以其溶碳能力极差,在室温下,w_C 约为 0.000 8%。随着温度的升高,晶体缺陷增多,碳的溶解度稍增,当温度为 600℃时,w_C 约为 0.005 7%。温度为 727℃时溶碳量最大,w_C 约为 0.021 8%,因此,其性能与纯铁相似,强度和硬度较低,塑性和韧性好(σ_b=180~280 MPa,σ_s=100~170 MPa,δ=30%~50%,a_{kU}=160~200 J/cm^2,HBS=50~80)。

在显微镜下,铁素体为明亮的多边形晶粒,如图 4-1 所示。有时由于各种晶粒位向不同,受腐蚀程度略有差异,因此,稍显明暗不同。

铁素体在 770℃以下具有铁磁性,在 770℃以上则失去铁磁性。

4.1.2.2 奥氏体

碳溶于 γ-Fe 中形成的间隙固溶体称为奥氏体(austenite),以符号 A 表示。由于 γ-Fe 是面心立方晶格,它的致密度虽然高于体心立方晶格的 α-Fe,但由于其晶格间隙的直径要比 α-Fe 大,故溶碳能力也较大。在 727℃时溶碳量为 w_C=0.77%,随着温度升高溶碳量逐渐增多,在 1 148℃时溶碳量最大,w_C=2.11%。

图 4-2 奥氏体显微组织

奥氏体具有很好的塑性和韧性,硬度为 160~220 HBS,伸长率 δ 为 40%~50%,易于锻压成型。

奥氏体存在于 727℃以上的高温范围内,高温下奥氏体的显微组织如图 4-2 所示,其晶粒也呈多边形,但晶界较平直。奥氏体为非铁磁性相。

4.1.2.3 渗碳体

渗碳体(cementite)是铁和碳形成的一种具有复杂晶格的间隙化合物,用化学式 Fe_3C 表示。晶体结构见图 3-10。

渗碳体中碳的含量(含碳量)为 6.69%,熔点为 1 227℃,不发生同素异构转变,但有磁性转变,它在 230℃以下具有弱铁磁性,硬度很高(800 HB),而塑性和韧性几乎为零,脆性极大。

渗碳体中碳原子可被氮等小尺寸原子置换,而铁原子则可被其他金属原子(如 Cr,Mn 等)置换。这种以渗碳体为溶剂的固溶体称为合金渗碳体,如$(Fe,Mn)_3C$。

渗碳体在钢和铸铁中与其他相共存时呈片层状、球状、网状或条状等(图 4-3)。渗碳体是钢铁材料中主要的强化相,它的形态与分布对钢铁材料的性能有很大影响。同时,在一定条件下会发生分解,形成石墨状的自由碳,这在铸铁中有重要意义。

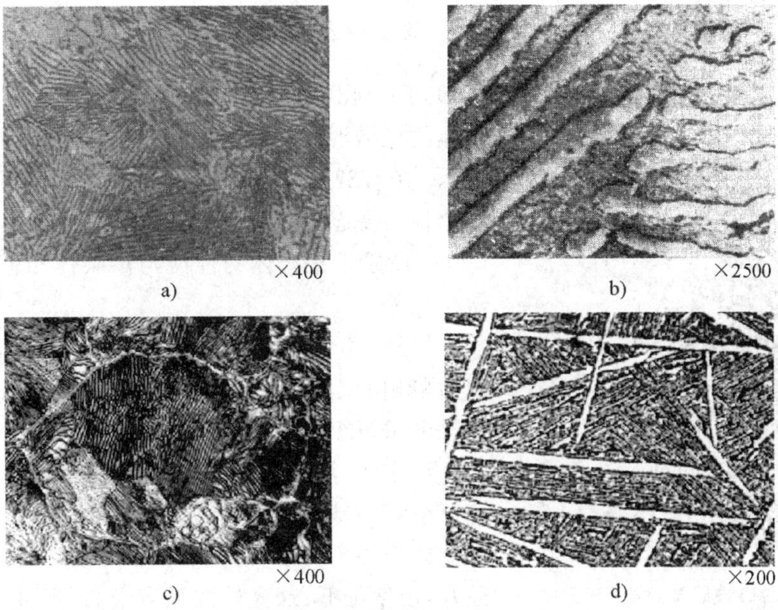

图 4-3 部分渗碳体显微形态

a),b)共析钢显微组织(珠光体中渗碳体为片层状);c)过共析钢显微组织(二次渗碳体为网状);d)过共晶白口铁显微组织(一次渗碳体为条状)

4.1.2.4 石墨

石墨(graphite)是 Fe_3C 合金中游离存在的碳,以符号 G 表示。它以简单六方晶格结构存在,强度、塑性、硬度都很低,在钢中通常不允许它存在,否则会降低钢的力学性能。但是在铸铁材料中为了增加铸铁的切削加工性和降低铸铁的脆性并能保证一定的强度和韧性,常采用一些工艺措施使大多数化合状态的碳转变成游离碳的石墨,使铸铁由白口变为灰口,成为有用的工程材料(详见铸铁部分)。

除了上述的相外,铁碳合金还有 2 个相,一个是在 1 394℃以上的 δ 铁素体相,另一个是液相。δ 铁素体相是碳固溶到 δ-Fe 中形成的一种间隙固溶体高温相,在 1 495℃时有最大的溶解度($w_C=0.09\%$)。但是,在我们所讨论的范围内一般用不到这个相。此外,铁碳合金在液态时称为液相,用符号 L 表示。

上述这些相,在 Fe-Fe_3C 合金的显微组织均被称为相组成物。

在室温下,铁碳合金中最主要的相是铁素体和渗碳体。它们在钢铁材料中既可以独立存在,也能以机械混合物形式组成一些基本组织。

4.1.3 铁碳合金中的基本组织

4.1.3.1 珠光体

珠光体(pearlite)是由铁素体和渗碳体组成的机械混合物,用符号 P 表示,其中碳的含量为 0.77%,是一个双相组织,性能介于铁素体和渗碳体之间,即具有一定的强度、塑性和硬度($\sigma_b=770$ MPa,$\delta=25\%\sim35\%$,$a_{kU}=30\sim40$ J/cm^2,180 HBS)。

珠光体的显微组织如图 4-3a、图 4-3b 所示。当显微镜放大倍数较高时,能清楚地看到铁素体和渗碳体呈片层状交替排列的情况,见图 4-3b。图中黑色边缘围着的白色条状为渗碳体，白色基体为铁素体。

4.1.3.2 莱氏体

碳的含量为4.3%的液态铁碳合金冷却到1 148℃时，由液态中同时结晶出的奥氏体和渗碳体的机械混合物称为莱氏体(ledeburite)，用符号L_d表示。在727℃以下由珠光体和渗碳体组成的机械混合物称为变态莱氏体，用符号L_d'表示，其显微组织如图4-4所示。莱氏体的性能与渗碳体相似，硬度很高，塑性很差。

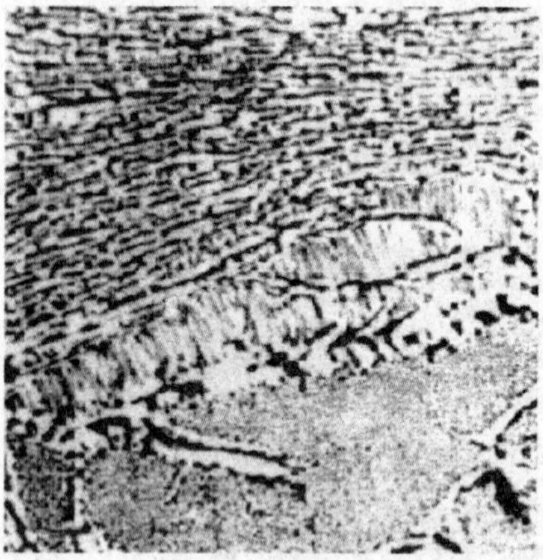

图4-4 共晶白口铁显微组织(莱氏体)(×200)

另外，各个相若是独立存在于铁碳合金中，也都可视为单相的基本组织。这些基本组织均被称为铁碳合金显微组织组成物。

铁素体、渗碳体和珠光体是室温平衡状态下铁碳合金组织中基本的组成物，在室温平衡状态下，其机械性能如表4-2所示。由表可见，铁素体的塑性和韧性最好，硬度最低；珠光体的强度最高，塑性、韧性和硬度介于渗碳体和铁素体之间。

表4-2 室温平衡状态下铁碳合金组织中基本组成物的力学性能

名称	符号	结合类型	σ_b/MPa	硬度/HB	δ/%	A_k/J
铁素体	F	碳在α-Fe中的固溶体(体心立方晶格)	230	～80	50	160
渗碳体	Fe_3C	铁和碳的化合物(复杂晶格)	30	～800	≈0	≈0
珠光体	P	铁素体和渗碳体的层片状机械混合物	750	～180	20～25	24～32

4.2 铁碳合金相图

铁碳合金相图是研究铁碳合金的基础。在铁碳合金中，铁可与碳形成Fe_3C，Fe_2C，FeC等一系列化合物。而稳定的化合物可以视为一个独立的组元，因此整个铁碳合金相图可视为由Fe-Fe_3C，Fe-Fe_2C，Fe-FeC等一系列二元相图构成。但在铁碳合金中，由于碳的质量分数高于6.69%的铁碳合金脆性极大，没有使用价值，因而对铁碳合金相图只研究Fe-Fe_3C部分。Fe-Fe_3C相图如图4-5所示。

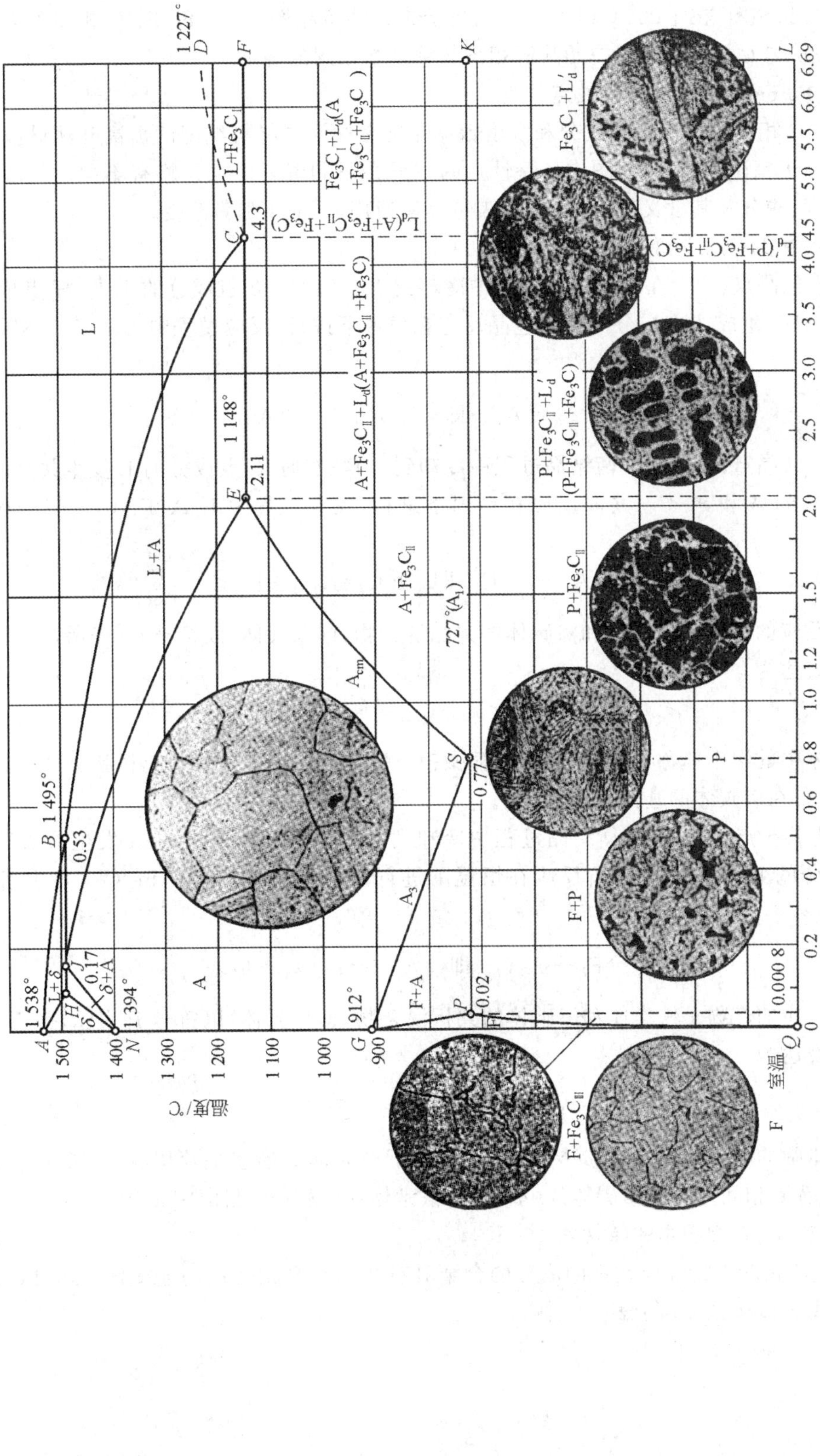

图 4-5 $Fe-Fe_3C$ 相图

4.2.1 $Fe\text{-}Fe_3C$ 相图分析

$Fe\text{-}Fe_3C$ 相图在 1 200℃以上高温部分相当于二元包晶相图，在 1 000℃以上高温部分相当于二元共晶相图，在 1 000℃以下部分相当于二元共析相图，因此 $Fe\text{-}Fe_3C$ 相图可以看成二元包晶相图、二元共晶相图和二元共析相图 3 种基本相图的叠加。

4.2.1.1 $Fe\text{-}Fe_3C$ 相图中的特性点

$Fe\text{-}Fe_3C$ 相图中特性点的成分和温度数据是随着被测试材料纯度的提高和测试技术的进步而不断趋于精确。所以，相图中各特性点的位置在不同资料中往往略有不同。相图中各特性点的温度、成分及其含义见表 4-3。代表符号属通用，一般不随意改变。

图 4-3 中 J，C，S 为 3 个最重要的点。

J 点为包晶点，合金在平衡结晶过程中冷却到 1 495℃时，B 点成分的 L 与 H 点成分的 δ 发生包晶反应，生成 J 点成分的 A。包晶反应在恒温下进行，反应过程中 L，δ，A 三相共存，反应式为

$$L_B+\delta_H \rightleftharpoons A_J \quad 即 \quad L_{0.53}+\delta_{0.09} \rightleftharpoons A_{0.17}$$

C 点为共晶点，合金在平衡结晶过程中冷却到 1 148℃时，C 点成分的 L 发生共晶反应，生成 E 点成分的 A 和 Fe_3C。共晶反应在恒温下进行，反应过程中 L，A，Fe_3C 三相共存，反应式为

$$L_C \rightleftharpoons A_E+Fe_3C \quad 即 \quad L_{4.3} \rightleftharpoons A_{2.11}+Fe_3C$$

共晶反应的产物是奥氏体和渗碳体的共晶混合物，即莱氏体，以符号 L_d 表示，因而共晶反应式亦可表达为

$$L_{4.3} \rightleftharpoons L_d(A_{2.11}+Fe_3C)$$

莱氏体中的渗碳体称共晶渗碳体，在显微镜下莱氏体的形态是块状或粒状 A(室温转变为珠光体)分布在渗碳体的基体上(图 4-4)。

S 点为共析点，合金在平衡结晶过程中冷却到 727℃时，S 点成分的 A 发生共析反应，生成 P 点成分的 F 和 Fe_3C。共析反应在恒温下进行，反应过程中 A，F，Fe_3C 三相共存，反应式为

$$A_S \rightleftharpoons F_P+Fe_3C \quad 即 \quad A_{0.77} \rightleftharpoons F_{0.0218}+Fe_3C$$

共析反应的产物是铁素体和渗碳体的共析混合物，即珠光体，以符号 P 表示，因而共析反应式亦可表达为

$$A_{0.77} \rightarrow P_{0.77}(F_{0.0218}+Fe_3C)$$

珠光体中的渗碳体称共析渗碳体，在显微镜下珠光体的形态呈片层状，在放大倍数很高时，可清楚看到相间分布的渗碳体片(窄条)与铁素体片(宽条)，见图 4-3a、图 4-3b。

4.2.1.2 $Fe\text{-}Fe_3C$ 相图中的特性线

$Fe\text{-}Fe_3C$ 相图中特性线是不同成分的合金具有相同意义相变点的连接线。$Fe\text{-}Fe_3C$ 相图中各特性线名称和含义列于表 4-3 中。

表 4-3 $Fe\text{-}Fe_3C$ 相图中的特性点、线

特征点	温度/℃	w_C/%	含 义	特征线	名 称	含 义
A	1 538	0	纯铁的熔点	*ABCD*	液相线	液态合金开始结晶
B	1 495	0.53	包晶反应时液态合金的碳浓度	*CD*	液相脱溶线	液相开始脱溶出 Fe_3C
C	1 148	4.3	共晶点	*AHJECF*	固相线	液态合金结晶终了
D	～1 227	6.69	渗碳体的熔点	*GS*	A_3 线	奥氏体开始转变为铁素体
E	1 148	2.11	碳在奥氏体中的最大溶解度	*GP*	A→F 终了线	奥氏体向铁素体转变完成
F	1 148	6.69	渗碳体的成分	*ES*	脱溶线	奥氏体脱溶出 $Fe_3C_{Ⅱ}$，即 A_{cm} 线
G	912	0	$\alpha\text{-Fe}\rightleftharpoons\gamma\text{-Fe}$ 转变点	*PQ*	脱溶线	铁素体开始脱溶出 $Fe_3C_{Ⅲ}$
H	1 495	0.09	碳在 δ-Fe 中的最大溶解度	*ECF*	共晶转变线	$L_C\rightleftharpoons A_E+Fe_3C$
J	1 495	0.17	包晶点，$L_B+\delta_H\rightleftharpoons A_J$	*PSK*	共析转变线	$A_S\rightleftharpoons F_P+Fe_3C$，即 A_1 线
K	727	6.69	渗碳体的成分			
P	727	0.021 8	碳在铁素体中的最大溶解度			
S	727	0.77	共析点			
Q	室温	0.000 8	碳在铁素体中的溶解度			

3 条平行线（*HJB*，*ECF*，*PSK*）表示 3 个恒温反应：

水平线 *HJB* 为包晶反应线。碳含量为 0.09%～0.53%的铁碳合金，在平衡结晶过程中均发生包晶反应。

水平线 *ECF* 为共晶反应线。碳含量为 2.11%～6.69%的铁碳合金，在平衡结晶过程中均发生共晶反应。

水平线 *PSK* 为共析反应线。碳含量为 0.0218%～6.69%的铁碳合金，在平衡结晶过程中均发生共析反应。*PSK* 线亦称 A_1 线。

相图中的 *GS* 线是合金冷却时自 A 中开始析出 F 的临界温度线，通常称 A_3 线。

ES 线是碳在 A 中溶解度曲线，通常称为 A_{cm} 线。由于在 1 148℃时 A 中溶碳量最大可达 2.11%，而在 727℃时仅为 0.77%，因此碳含量大于 0.77%的铁碳合金自 1 148℃冷却到 727℃的过程中，将从 A 中析出 Fe_3C，称为二次渗碳体（$Fe_3C_{Ⅱ}$）。A_{cm} 线亦为从 A 中开始析出 $Fe_3C_{Ⅱ}$ 的临界温度线。

PQ 线是碳在 *F* 中的溶解度曲线。在 727℃时 F 的溶碳量最大为 0.021 8%，室温时仅为 0.000 8%，因此碳含量大于 0.000 8%的铁碳合金自 727℃冷却到室温的过程中，将从 F 中析出 Fe_3C。析出的渗碳体称为三次渗碳体（$Fe_3C_{Ⅲ}$）。*PQ* 线亦为从 F 中开始析出 $Fe_3C_{Ⅲ}$ 的临界温度线。$Fe_3C_{Ⅲ}$ 数量极少，因此一般予以忽略。

所谓一次、二次、三次渗碳体仅在其来源、分布、形态以及对铁碳合金性能的作用方面有所不同，性质并无本质区别，其含碳量、晶体结构和本身的性质均相同。

图 4-5 所示 $Fe\text{-}Fe_3C$ 相图十分复杂，在工业生产中使用的是简化了的 $Fe\text{-}Fe_3C$ 相图，如图 4-6所示。

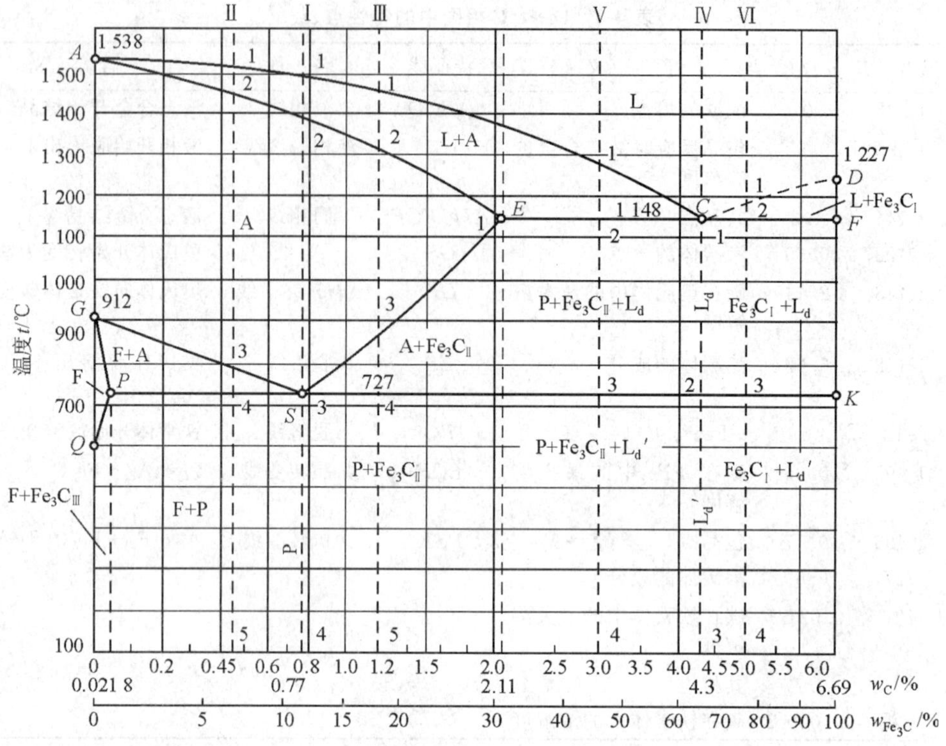

图 4-6　简化后的 $Fe\text{-}Fe_3C$ 相图

4.2.2　典型铁碳合金的平衡结晶过程分析

4.2.2.1　铁碳合金的分类

按照 $Fe\text{-}Fe_3C$ 相图上碳的含量和室温组织的不同，可将铁碳合金分为 3 类：工业纯铁、钢和白口铁。

(1)工业纯铁　工业纯铁的 $w_C \leqslant 0.021\,8\%$，其显微组织见图 4-1。

(2)钢　钢的碳含量 $0.021\,8\% < w_C \leqslant 2.11\%$。按室温组织不同，又可分为 3 种：①亚共析钢，$0.021\,8\% < w_C < 0.77\%$；②共析钢，$w_C = 0.77\%$；③过共析钢，$w_C > 0.77\%$。

(3)白口铁　白口铁的碳含量 $2.11\% < w_C < 6.69\%$。按白口铁室温组织的不同，又可分为 3 种：①亚共晶白口铁，$2.11\% < w_C < 4.3\%$；②共晶白口铁，$w_C = 4.3\%$；③过共晶白口铁，$4.3\% < w_C < 6.69\%$。

4.2.2.2　典型铁碳合金结晶过程

(1)共析钢(eutectoid steel)　图 4-6 中合金Ⅰ为共析钢(0.77%C)，它在 1 点以上的温度为液相 L，缓冷至稍低于点 1 的温度开始从 L 中结晶出奥氏体 A。缓冷至点 2 温度以下，L 全部凝固为 A。继续缓冷至 3 点(727℃)时，A 按共析反应转变成珠光体 P。图 4-7 是共析钢的结晶过程示意图，其显微组织如图 4-3a、图 4-3b 所示。

共析钢的室温组织组成物为全部的珠光体 P，由 F 和 Fe_3C 两种相所构成，它们的相对质量为

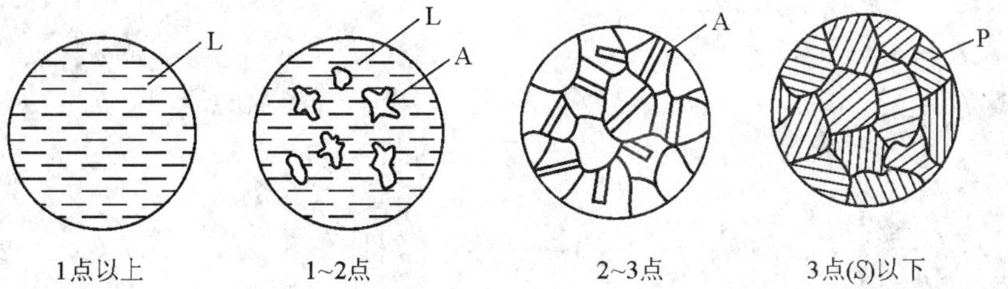

图 4-7 共析钢结晶过程示意图

$$w_F=\frac{6.69-0.77}{6.69}\times100\%=88.5\%,\ w_{Fe_3C}=1-88.5\%=11.5\%$$

(2)亚共析钢(hypoeutectoid steel) 图 4-6 中合金Ⅱ为亚共析钢,它在 1 点以上的温度为液相 L,缓冷至稍低于点 1 的温度开始从 L 中结晶出奥氏体 A。缓冷至点 2 温度以下,L 全部凝固为 A。继续缓冷至 *GS* 线 3 点(3 点温度)时,开始发生 A→F 的转变,同时引起母相 A 中碳浓度的变化。随着温度降低,A 的含碳量沿 *GS* 线逐渐增加而趋近于 *S* 点,即合金冷至 727℃时,A 的含碳量增为 0.77%,故当合金再冷至稍低于 727℃时,其组织中剩余的 A 便按共析反应而转变成珠光体,最终的显微组织为 F+P。图 4-8 是亚共析钢的结晶过程示意图。

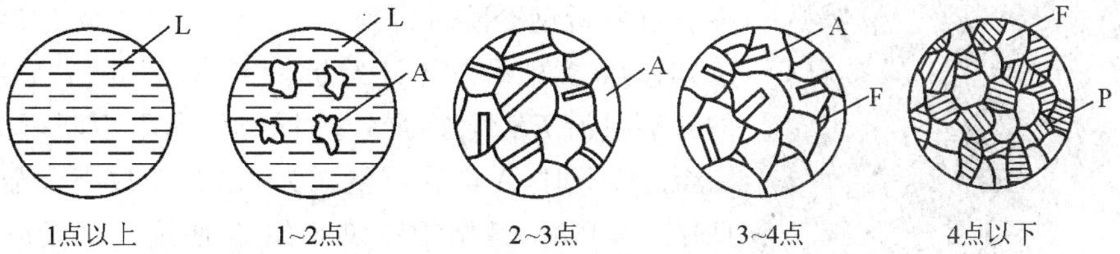

图 4-8 亚共析钢结晶过程示意图

所有的亚共析钢在缓冷后,最终的显微组织都是 F+P。各种亚共析钢组织的主要差别在于其中的 F 与 P 的相对量不同。碳含量距 *S* 点愈近的亚共析钢,其组织中含 P 量愈多而 F 量则愈少。

图 4-9 为含 0.10%C 和 0.30%C 的亚共析钢的显微组织。图中白色颗粒为 F 晶粒;黑色颗粒为珠光体团,因放大倍数过低,珠光体中层片无法分辨。可以看出,含碳量较高的 0.30%C 亚共析钢的显微组织中,P 所占面积较大。

对于含碳量为 0.4%的亚共析钢来说,其组织组成物为 F 和 P。它们的相对质量按杠杆定律计算为

$$w_P=\frac{0.4-0.02}{0.77-0.02}\times100\%=51\%,\ w_F=1-51\%=49\%$$

此种钢的组成相为 F 和 Fe_3C,它们的相对质量为

$$w_F=\frac{6.69-0.4}{6.69}\times100\%=94\%,\ w_{Fe_3C}=1-94\%=6\%$$

亚共析钢的碳含量可由其室温平衡组织来估算。若将 F 中的碳含量忽略不计,则钢中的

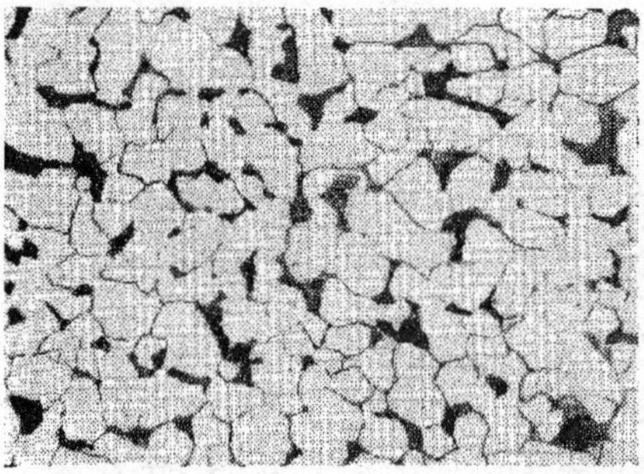

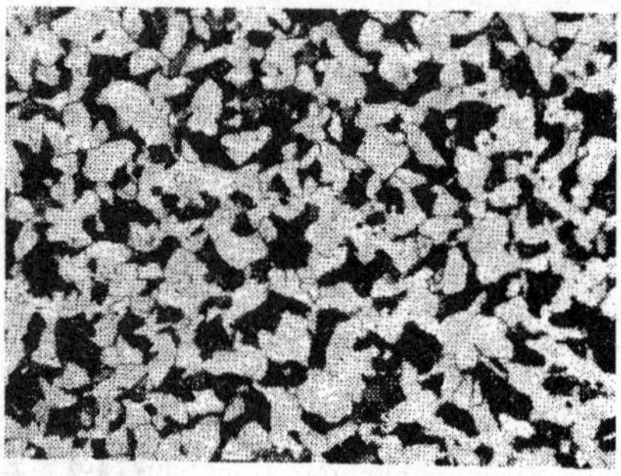

图 4-9 亚共析钢的室温显微组织(×200)

a)0.10%C;b)0.30%C

碳含量全部在 P 中,因此由钢中 P 的含量可求出钢的含碳量:

$$w_C = w_P \times 0.77\%$$

式中:w_C 为钢的碳含量;w_P 为钢中 P 的含量。由于 P 和 F 的比重相近,钢中 P 和 F 的含量(质量百分数)可以近似用 P 和 F 的面积来估算。

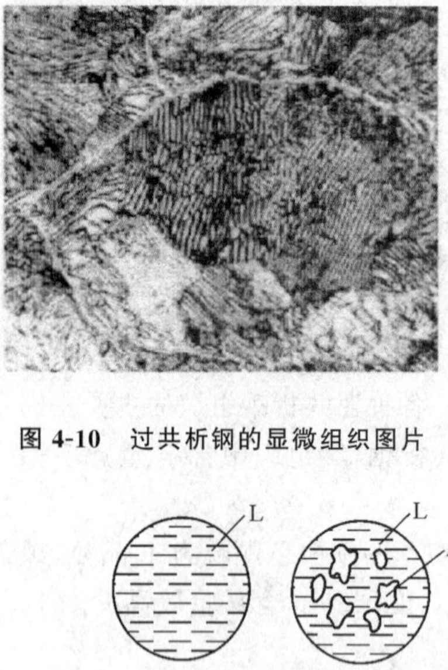

图 4-10 过共析钢的显微组织图片

(3)过共析钢(hypereutectoid steel) 合金Ⅲ为过共析钢。过共析钢冷凝后得到 A 组织,继续冷至 *ES* 线(3 点温度)时,从 A 中沿晶界开始析出 Fe_3C_{II}。随着温度降低,A 的含碳量沿 *ES* 线逐渐减少,同时沿晶界不断析出 Fe_3C_{II}。冷至 727℃时,A 的含碳量减为 0.77%,故当合金再冷至稍低于 727℃时,其组织中剩余的 A 便按共析反应而转变成珠光体,最终的显微组织为 P 和网状的 Fe_3C_{II}。

图 4-10 是过共析钢的显微组织图片。由图中可见,Fe_3C_{II} 呈网状分布在片层状 P 周围。

图 4-11 是过共析钢的结晶过程示意图。

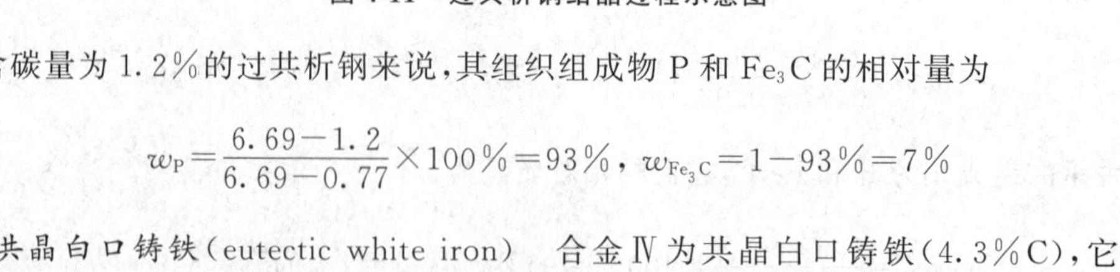

图 4-11 过共析钢结晶过程示意图

对含碳量为 1.2%的过共析钢来说,其组织组成物 P 和 Fe_3C 的相对量为

$$w_P = \frac{6.69-1.2}{6.69-0.77} \times 100\% = 93\%, \quad w_{Fe_3C} = 1-93\% = 7\%$$

(4)共晶白口铸铁(eutectic white iron) 合金Ⅳ为共晶白口铸铁(4.3%C),它首先在 1 148℃时发生恒温共晶反应形成莱氏体 L_d,莱氏体在继续冷却过程中,由于其中 A 的含碳量沿 *ES* 逐渐减少,还会不断析出 Fe_3C_{II}。冷至 727℃时,A 的含碳量减为 0.77%,故当合金再

冷至稍低于 727℃时，其组织中剩余的 A 便按共析反应而转变成为珠光体，最终的莱氏体组织为 $L_d'(P+Fe_3C_{II}+Fe_3C)$，称为变态莱氏体或低温莱氏体。

图 4-12 是共晶白口铸铁的结晶过程示意图。共晶白口铸铁的显微组织见图 4-15b。

共晶白口铸铁的组织组成物全部为 L_d'。组成相仍为 F 和 Fe_3C，它们的相对质量可依据杠杆定律进行计算。

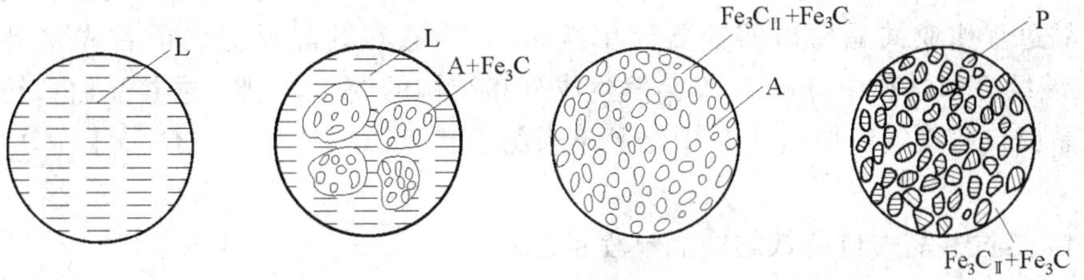

图 4-12　共晶白口铸铁结晶过程示意图

(5)**亚共晶白口铸铁**(hypoeutectic white iron)　合金Ⅴ为亚共晶白口铸铁。合金自 1 点起，从 L 中结晶出初生的 A，至 2 点(1 148℃)时 A 的成分变为 2.11%C；L 的成分变为 4.3%C，发生共晶反应转变为 L_d，而 A 不参与反应。共晶反应结束后继续冷却时，初生 A 在其周围或晶界上不断析出 Fe_3C_{II}，同时 L_d 中的 A 也析出 Fe_3C_{II}。至 3 点(727℃)时，所有 A 的成分均变为 0.77%C，发生共析反应转变成为 P。高温莱氏体 L_d 也转变成为低温莱氏体 L_d'。共析反应结束后温度继续下降直至室温，此时冷却不再引起组织变化，最终组织为 $P+Fe_3C_{II}+L_d'(P+Fe_3C_{II}+Fe_3C)$。

图 4-13 是亚共晶白口铸铁的结晶过程示意图。

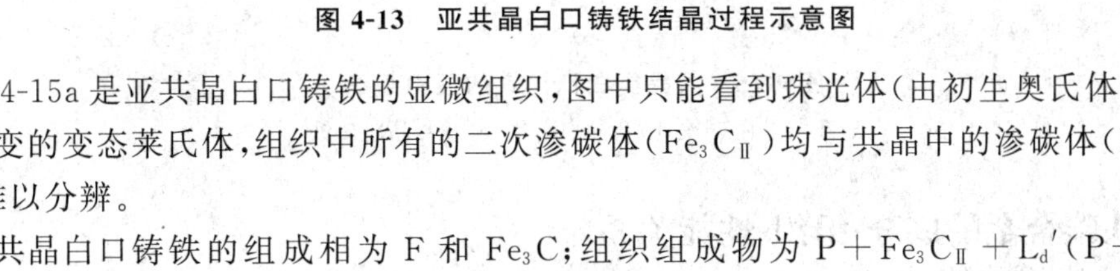

图 4-13　亚共晶白口铸铁结晶过程示意图

图 4-15a 是亚共晶白口铸铁的显微组织，图中只能看到珠光体(由初生奥氏体转变而成)和已转变的变态莱氏体，组织中所有的二次渗碳体(Fe_3C_{II})均与共晶中的渗碳体(Fe_3C)连在一起，难以分辨。

亚共晶白口铸铁的组成相为 F 和 Fe_3C；组织组成物为 $P+Fe_3C_{II}+L_d'(P+Fe_3C_{II}+Fe_3C)$，它们的相对质量可通过两次利用杠杆定律求出。

以含碳量 3%的铁碳合金为例，先求出合金钢冷到 2 点温度(1 148℃)时 A 和 L 的相对质量：

$$w_{A_{2.11}}=\frac{4.3-3}{4.3-2.11}\times100\%=59\%,\ w_{L_{4.3}}=1-59\%=41\%$$

$L_{4.3}$ 通过共晶反应全部转变为 L_d，并在随后的冷却过程中转变为低温莱氏体 L_d'，所以

$$w_{L_d'}=w_{L_d}=w_{L_{4.3}}=41\%$$

再求 3 点温度时(共析转变前)由初生 $A_{2.11}$ 析出的 $Fe_3C_{Ⅱ}$ 及共析成分 $A_{0.77}$ 的相对质量:

$$w_{Fe_3C_{Ⅱ}}=\frac{2.11-0.77}{6.69-0.77}\times 59\%=13\%,\ w_{A_{0.77}}=\frac{6.69-2.11}{6.69-0.77}\times 59\%=46\%$$

由于共析反应转变为 P,所以 P 的相对质量就是 46%。

(6)过共晶白口铸铁(hypereutectic white iron)　合金Ⅵ为过共晶白口铸铁。过共晶白口铸铁的结晶过程比亚共晶白口铸铁要简单得多,因为它在共晶反应之前首先结晶的是条状 $Fe_3C_Ⅰ$,在继续冷却过程中,$Fe_3C_Ⅰ$ 不会发生成分和结构的变化,因此,过共晶白口铸铁的最终组织为共晶白口铸铁组织加上从 L 中结晶出来的条状 $Fe_3C_Ⅰ$,即为 $Fe_3C_Ⅰ+L_d'(P+Fe_3C_Ⅱ+Fe_3C)$。

图 4-14 是过共晶白口铸铁的结晶过程示意图。

图 4-15c 是过共晶白口铸铁的显微组织。

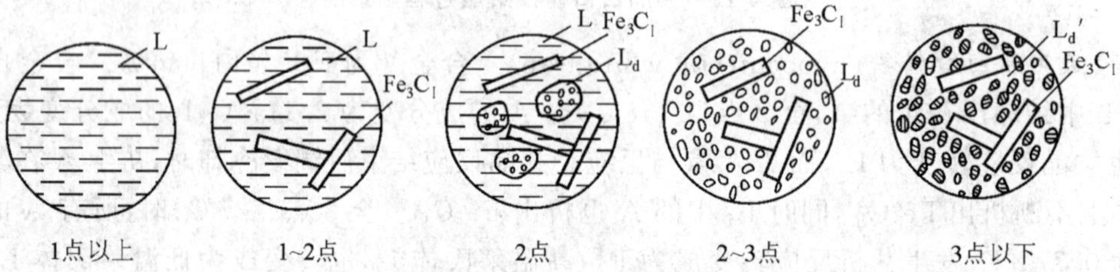

图 4-14　过共晶白口铸铁结晶过程示意图

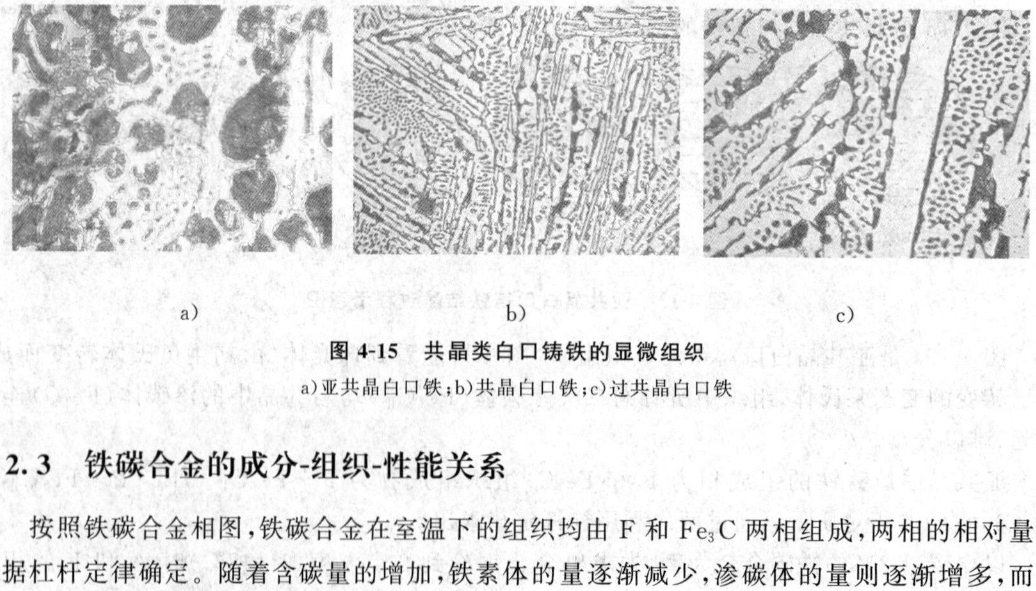

图 4-15　共晶类白口铸铁的显微组织

a)亚共晶白口铁;b)共晶白口铁;c)过共晶白口铁

4.2.3　铁碳合金的成分-组织-性能关系

按照铁碳合金相图,铁碳合金在室温下的组织均由 F 和 Fe_3C 两相组成,两相的相对量可依据杠杆定律确定。随着含碳量的增加,铁素体的量逐渐减少,渗碳体的量则逐渐增多,而且渗碳体的形态和分布情况也有变化。

由对典型铁碳合金的结晶过程的分析可知,在室温下,含碳量不同时,不仅 F 和 Fe_3C 的相对质量发生变化,而且两相相互组合的形态即合金的组织也在发生变化。随着含碳量的增加,组织按下列顺序变化:

$$F\rightarrow F+P\rightarrow P\rightarrow P+Fe_3C_Ⅱ\rightarrow P+Fe_3C_Ⅱ+L_d'\rightarrow L_d'\rightarrow Fe_3C_Ⅰ+L_d'$$

各个区间的组织组成物的相对质量用杠杆定律求出，其数量关系如表 4-4 所示。碳质量分数小于 0.021 8%的合金组织全部为 F；0.77%C 时全部为 P，4.3%C 时全部为 L_d'，6.69%C 时全部为 Fe_3C。在上述碳含量之间，则为相应组织组成物的混合物。

表 4-4 铁碳合金的组织、性能随成分的变化规律

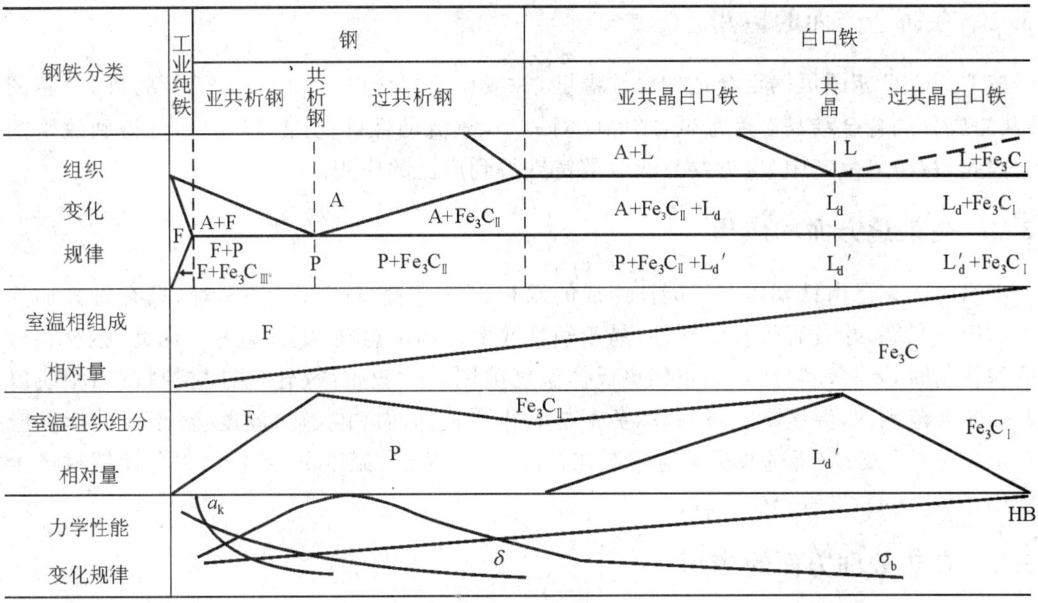

铁碳合金的性能与成分的关系如表 4-4 所示。

硬度主要决定于组织中组成相或组织组成物的硬度和相对质量，受它们的形态的影响相对较小。随着含碳量的增加，由于硬度高的 Fe_3C 增多，硬度低的 F 减少，所以合金的硬度呈直线关系增大，由全部为 F 的硬度约为 80 HBS 增大到全部为 Fe_3C 时的约 800 HB。

强度是一个对组织形态很敏感的性能指标。随着含碳量的增加，亚共析钢中 P 增多而 F 减少。P 的强度比较高，其大小与组织的细密程度有关。组织愈细密，强度愈高。F 的强度极低。所以亚共析钢的强度随含碳量的增大而增大。但当含碳量超过共析成分后，由于强度很低的 $Fe_3C_{Ⅱ}$ 沿晶界析出，合金的强度增大变慢，到约 0.9%C 时，$Fe_3C_{Ⅱ}$ 沿晶界形成完整的网，强度迅速降低。到 2.11%C 后，合金中由于出现 L_d'，强度降低到很低的值。

铁碳合金中的 Fe_3C 是极脆的相，没有塑性。合金的塑性全部由 F 提供。所以随着含碳量的增加，F 量不断减少时，合金的塑性连续下降，到合金成为白口铸铁时，塑性就降到近于零值了。

4.3 铁碳合金相图的应用

4.3.1 在选材方面的应用

Fe-Fe_3C 相图指出了组织随成分变化的规律。根据组织就可以大致判断出力学性能，从而可以合理地选材。例如，要求塑性高、韧性好的各种型材和建筑结构，应选用碳的含量小于

0.25%的钢制作；对于工作中承受冲击载荷，以及要求较高强度、塑性和韧性的机器零件，应选用碳的含量为0.25%～0.55%的钢；对于要求耐磨性好、硬度高的各种工模具，应选用碳的含量大于0.55%的钢；对于形状复杂、不受冲击、要求耐磨的铸件（如冷轧辊、拔丝模、犁铧等）应选用白口铸铁。

4.3.2 在铸造方面的应用

按 Fe-Fe_3C 相图可确定合适的浇注温度，一般在液相线以上50～100℃。另外，由相图可知，共晶成分的合金结晶温度最低，结晶区间最小，故流动性好，分散缩孔少，可得到致密的铸件。因此，在铸造生产中，接近共晶成分的铸铁得到广泛的应用。

4.3.3 在锻造方面的应用

室温时碳钢是由铁素体和渗碳体组成的双相组织，塑性较差，变形困难，只有将其加热到单相奥氏体状态，才具有较好的塑性，易于塑性变形。温度愈高，塑性愈好。因此，钢材在进行锻造和轧制时，要将坯料加热到单相奥氏体温度范围。一般始锻（轧）温度控制在固相线以下100～200℃范围内，温度不宜过高，以免钢材氧化严重。而终锻（轧）温度，对于亚共析钢应控制在稍高于 *GS* 线；对于过共析钢应控制在稍高于 *PSK* 线，温度不能过低，以免使钢材产生加工硬化，塑性变差，导致产生裂纹。

4.3.4 在热处理方面的应用

由 Fe-Fe_3C 相图可知，铁碳合金在固态加热或冷却过程中均有相的变化，故钢和铸铁可以进行退火、正火、淬火和回火等热处理。另外，碳和其他合金元素可以溶解于奥氏体中，溶解度随着温度的升高而增加，这就是钢可以进行渗碳处理和其他化学热处理的原因。Fe-Fe_3C 相图在热处理方面的应用，将在后面的内容中详细介绍。

应指出，Fe-Fe_3C 相图反映的是在极其缓慢冷却条件下铁碳合金的相状态，它没有反映出时间的作用。而在实际生产中，由于冷却速度较快，因此，不能用此相图来分析实际问题。Fe-Fe_3C 相图只反映铁碳二元合金系中相的平衡关系，而实际生产中使用的钢和铸铁，除了铁、碳两元素外，往往还含有或有意加入其他元素，当其他元素含量较高时，相图中的平衡关系将发生变化。在这种情况下，此相图将不完全适用。Fe-Fe_3C 相图只能提供平衡条件下相、相的成分和各相的相对质量，不能给出相的形状、大小和分布，即不能给出组织的概念。

4.4 碳素钢

目前工业上使用的钢铁材料中，碳素钢（carbon steel）占很重要的位置。碳素钢不仅价格低廉，同时在许多场合碳素钢的性能已可以满足工业及使用上的要求。在建筑、交通运输及机械制造工业中的大部分设备或零件都是用碳素钢制造的。只有一些受力较大、要求较高的零件，碳素钢不能满足要求时，才选用合金钢。

碳素钢就是前面讨论的含碳量少于2.11%的铁碳合金。碳是碳素钢中重要的元素。碳对碳素钢的组织与性能的影响上节已作讨论，这里不再重复。

碳素钢中除碳之外，还含有少量的锰、硅、硫、磷、氧、氮等元素。这些元素往往并非为了改变钢材性能有意加入的，而是由于矿石及冶炼等原因进入钢中的，统称为杂质，它们对钢的性能也有一定影响。因此在讨论碳素钢的分类及用途之前，有必要来研究这些杂质对钢性能的影响。

4.4.1 常存杂质对碳素钢性能的影响

碳素钢中的常存杂质有锰、硅、硫、磷、氧、氮、氢等。下面分别进行讨论。

4.4.1.1 锰的影响

锰是炼钢时用锰铁脱氧而残留在钢中的元素。锰具有很好的脱氧能力，因此能够清除钢中的 FeO，大大改善钢的品质，特别是降低钢的脆性。锰可以和硫形成 MnS，以消除硫的有害作用，改善钢的热加工性能。因此碳钢中必须保证一定的含锰量。锰在铁中有一定的固溶度，因此能够溶于铁，形成含锰铁素体，对钢有一定的强化作用，也能部分溶于渗碳体。但是锰的含量过高会使相图中共析点向左下方移动，使钢的过热敏感性增加，易使晶粒粗大。

总的来说，锰对钢是有益的。在一般碳素钢中把锰控制在 0.25%～0.8%范围内。某些碳素钢为提高其性能将杂质锰的含量控制在 0.7%～1.2%，称为锰的含量较高的碳素钢。

4.4.1.2 硅的影响

硅也是作为脱氧剂加入钢中的，硅的脱氧作用比锰还要强，能消除 FeO 夹杂对钢的品质的不良影响。

硅大部分溶于铁素体中，它能提高钢的强度、硬度，降低钢的塑性和韧性。

硅能使 Fe_3C 稳定性下降，促进 Fe_3C 分解产生石墨。若钢中出现石墨，会使钢的韧性严重下降，产生所谓的"黑脆"现象。所以，杂质硅在碳素钢中一般控制在 0.17%～0.37%范围内，特殊需要时可降到 0.03%。

4.4.1.3 硫的影响

硫是在炼钢时由矿石与燃料带到钢中来的杂质。硫在铁中几乎不能溶解，而与铁形成夹杂物 FeS(图 4-16)。FeS 与 Fe 能形成低熔点的共晶体(熔点为 989℃)，它低于钢材热加工的开始温度(1 000～1 200℃)。在热加工时，由于分布于晶界的共晶体已经熔化而导致加工时开裂，这种现象叫热脆性，除特殊需要(如提高切削工艺性能)外，钢中硫的含量不大于 0.05%。

为了消除硫的有害影响，应增加钢中锰的含量，因为锰和硫具有更大的亲和力，锰可以夺走硫而形成硫化锰。硫化锰的熔点(1 620℃)比钢材热加工温度高，因而可以消除热脆性。硫化锰在铸态呈点状分布于晶内或晶界，它具有一定塑性，在热轧时易被拉成条状，如图 4-17 所示。

呈带状分布的夹杂物，在热轧钢材冷却过程中成为铁素体析出的中心，而使钢中的组织也呈带状分布。图中可见，在条状硫化物附近是一个较宽的铁素体带，在铁素体两侧是呈带状分布的珠光体。这种组织使钢的纵向与横向的性能不同，具有这种组织的零件在热处理时易产生变形与开裂。因此，钢中的硫含量愈少，钢的品种愈好。硫的含量常被用作衡量钢材质量等级的指标。

但是事物都是一分为二的。硫除了它有害的一面外，还有改善钢材切削加工性能的有利作用。在易切削钢中特意提高钢中的含硫量(0.15%～0.3%)，同时加入 0.6%～1.55%锰，在钢中形成大量的 MnS 夹杂。MnS 在轧钢时沿轧制方向伸长，在切削时这些夹杂起断屑作

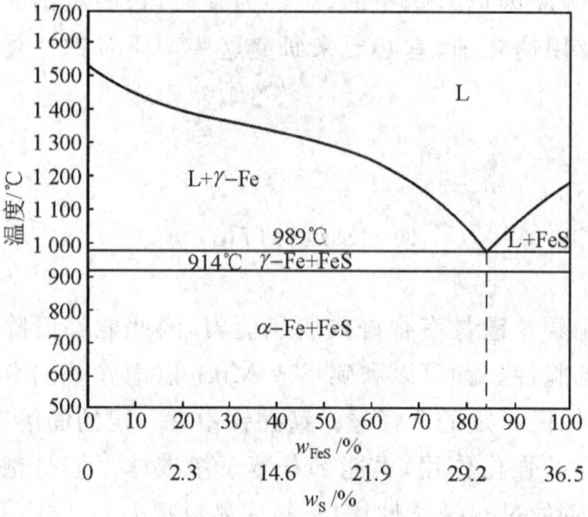

图 4-16 Fe-FeS 相图

图 4-17 钢材热轧后形成的带状组织

用,从而大大提高了钢的切削性能。

4.4.1.4 磷的影响

磷是由矿石带到钢中来的。在室温下,磷在 α-Fe 中最大的溶解度约为 1.2%。但当钢中有碳存在时,磷在 α-Fe 中的溶解度急剧下降,即使只有千分之几的磷存在,也会在组织中析出脆性很大的化合物 Fe_3P,而使钢在室温下强度提高,脆性增加。这种脆化现象在低温时更为严重,故称为冷脆(cold brittleness)。磷在钢的结晶过程中容易偏析使局部区域含磷量偏高,导致冷脆转变温度升高,从而发生冷脆。冷脆对高寒地带和其他低温条件下工作的结构件具有严重的危害性。此外,磷的偏析还使钢材在热轧后形成带状组织。磷在 γ-Fe 及 α-Fe 中的扩散速度都很小,因此很难用热处理方法消除磷的偏析现象。另外,磷也降低钢的可焊性。

因此,通常情况下,磷也是有害杂质,在钢中也要严格控制磷的含量,若无特殊需要,钢中磷的含量最多不超过 0.045%。磷也有有益之处,它能增加钢的耐大气腐蚀的能力,也具有断屑性,因此在易切削钢中,含磷量可达 0.08%~0.15%。再有,当钢中磷含量较多时,由于脆性较大,对制造炮弹用钢是有利的。

4.4.1.5 氧的影响

炼钢有个氧化过程,因此钢中含有氧。为了减少钢中的含氧量,在炼钢末期加锰铁、硅铁、铝进行脱氧,但不可能去尽。

氧在钢中部分溶于铁素体(500℃时溶解度<0.001%),另一部分以 Fe_3O_4,FeO,MnO,Mn_3O_4,SiO_2,Al_2O_3 等夹杂形式存在于钢中,如图 4-18 所示。

钢中的氧对钢的力学性能有不利的影响。含氧量增加会使钢的强度、塑性降低。钢中的氧化物夹杂对钢的力学性能尤其是疲劳强度有严重的影响。氧化铝等夹杂具有高硬度,因此对钢的切削加工不利。钢中的 FeO 与其他夹杂物形成低熔点的复合化合物而聚集在晶界上时,会造成钢材的热脆性。有人认为,固溶在铁素体中过饱和的氧,在时效时会以 FeO 形式沉淀析出,造成钢的冷脆性。

总之,钢中的氧是有害的元素。

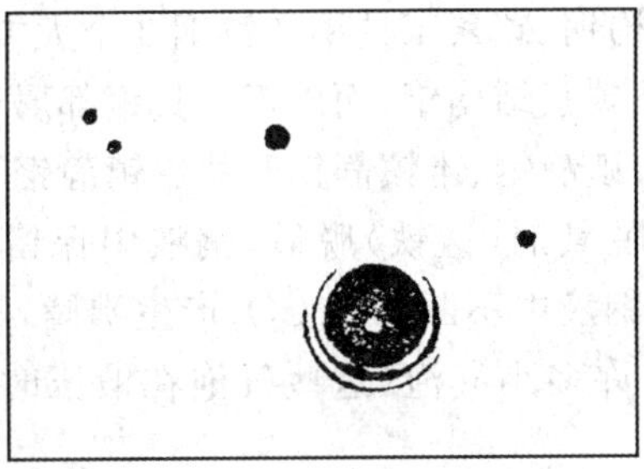

a)

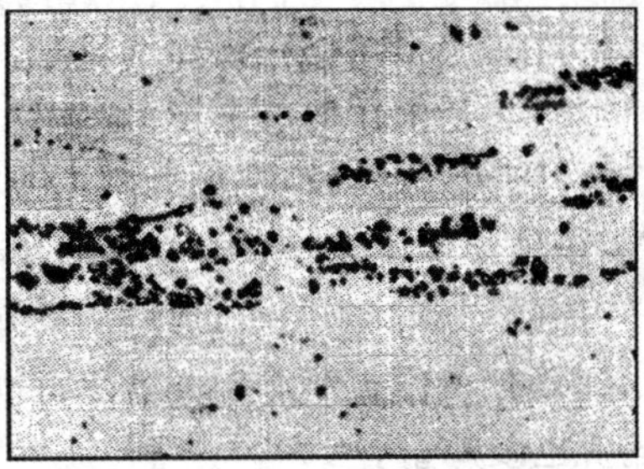

b)

图 4-18 氧化物夹杂的显微照片

a)钢中的 SiO_2 夹杂；b)钢中的 Al_2O_3 夹杂

4.4.1.6 氮的影响

铁素体溶氮能力很低，在 590℃时溶解度为 0.10%，到室温时降至 10^{-5}%左右。当钢件快速冷却时，过剩的氮便过饱和地溶解在铁素体中，如果随后在 200～250℃加热就会发生氮化物的析出(时效现象)，使钢的硬度、强度提高，塑性下降。

钢液加 Al，Ti 进行脱氮处理，使氮固定在 AlN 及 TiN 中，就可以消除钢的时效倾向。

4.4.1.7 氢的影响

钢中溶氢，会引起钢的氢脆、白点等缺陷。这种现象在合金钢中尤为严重。有关氢的影响在合金钢中将详细讨论。

由以上分析我们可以了解，影响钢材性能与质量的因素很多。除了含碳量的影响之外，还有杂质含量，夹杂物的形状、大小、分布、数量，各种成分的偏析，组织的不均匀性(如带状组织等)以及在浇注过程中造成的气泡、疏松、裂纹等缺陷。因此在冶金厂材料出厂以前应按标准严格控制出厂钢材的质量。钢材的用户在购入钢材时也应按照标准规定进行验收。只有这样严格控制钢材质量，才能保证正确合理地使用钢材，保证产品的质量。

4.4.2 碳素钢的分类、钢号及主要用途

为了满足使用的需要，碳素钢有许多品种，因此必须对碳素钢进行分类并确定钢的牌号。

4.4.2.1 碳素钢的分类

钢材的分类方法很多，常见的方法有以下几种：

(1)按钢中碳的含量分　碳钢按碳的含量的多少可分为低碳钢(w_C<0.25%)、中碳钢(w_C=0.25%～0.60%)、高碳钢(w_C>0.60%)。

(2)按钢的质量(品质)分　按质量等级可分为普通钢、优质钢、高级优质钢。划分质量等级的根据是钢中有害杂质硫和磷的含量，普通钢中 w_P≤0.045%。w_S≤0.05%；优质钢中 w_P≤0.035%，w_S≤0.035%；高级优质钢中 w_P≤0.03%，w_S≤0.02%。

普通钢一般是用转炉和大型平炉冶炼的，产量大，成本较低。普通钢产量中的绝大部分是低碳钢，主要用作各类工程用钢(也称建筑用钢)，用于各种金属结构、桥梁、车辆、船舶等。

优质钢一般用电炉或平炉冶炼，杂质较少。主要用于各种机器零件及工具。优质钢一般均在热处理以后使用。

高级优质钢主要是电炉钢，质量最好，成本亦最高。这种钢主要用于工具及少数要求很高的机器零件。

(3)按钢的用途分　碳钢按用途可分碳素结构钢、碳素工具钢和铸钢3个大类。根据质量等级碳素结构钢又可分为普通碳素结构钢和优质碳素结构钢，而碳素工具钢都属于优质钢。

(4)按冶炼方法分　按冶炼方法分为沸腾钢、镇静钢、半镇静钢和特殊镇静钢。

所谓沸腾钢，是在钢熔炼末期，钢液仅用弱脱氧剂(锰铁)脱氧，钢液中保留相当数量的FeO，在浇注与凝固时，由于碳和FeO发生反应，钢液中不断析出CO，产生沸腾，故称沸腾钢，用代号F表示。这种钢成材率高，但锭内分布有许多小气泡(这些气泡在锻压时可焊合)，同时沸腾钢的偏析也较严重。

所谓镇静钢，是在钢液浇注之前经过完全脱氧，凝固时不沸腾，故称镇静钢，用代号Z表示。这种钢的钢锭成材率较低，但是气泡、疏松较少，质量较高。

半镇静钢介于上述二者之间，用代号b表示。

特殊镇静钢是进行特殊脱氧的钢，代号为TZ。

4.4.2.2　碳素钢的钢号命名方法和主要用途

(1)普通碳素结构钢　碳含量$w_C=0.06\%\sim0.38\%$，用于建筑及其他工程结构的铁碳合金称普通碳素结构钢，又叫碳素结构钢(constructional carbon steel)。其牌号是由代表钢材屈服点的字母、屈服值、质量等级代号、脱氧方法代号4个部分按顺序组成。其中质量等级共有4级，分别以A($w_S\leqslant0.050\%$、$w_P\leqslant0.045\%$)、B($w_S\leqslant0.045\%$、$w_p\leqslant0.045\%$)、C($w_S\leqslant0.040\%$、$w_P\leqslant0.040\%$)、D($w_S\leqslant0.035\%$、$w_P\leqslant0.035\%$)表示。脱氧方法符号分别用“F”表示沸腾钢“沸”字汉语拼音字首；“b”表示半镇静钢“半”字汉语拼音字首；“Z”表示镇静钢“镇”字汉语拼音字首；“TZ”表示特殊镇静钢“特镇”两字汉语拼音字首，通常钢号中“Z”和“TZ”符号可以省略。

例如碳素结构钢牌号Q235-A·F中，“Q”代表钢材屈服点“屈”字汉语拼音字首，“235”表示屈服点$\sigma_s\geqslant235$ MPa，“A”表示质量等级为A级，“F”表示冶炼时脱氧不完全(即沸腾钢)。

碳素结构钢的牌号、化学成分和力学性能见表4-5。

碳素结构钢应用范围是：

Q195，Q215：用于制造钉子、铆钉、垫块、地脚螺钉、烟筒以及轻负荷的焊接结构件。

Q235，Q255：用于制造钢筋、钢板；制作小轴、拉杆、螺栓、螺母、法兰等不重要的农业机械零件；Q235C，Q235D用于质量要求高的重要焊接件。

Q275：用于重要的建筑、桥梁等工程的焊接件；制作拉杆、连杆、转轴、心轴、齿轮和键等。

(2)优质碳素结构钢　优质碳素结构钢(quality carbon constructional steel)是碳含量$w_C=0.05\%\sim0.90\%$、锰含量$w_{Mn}=0.25\%\sim1.2\%$的铁碳合金。这类钢中有害杂质磷、硫的含量较低，常用来制作各种较重要的机械零件。

优质碳素结构钢的牌号用2位数字表示，这2位数字表示钢中平均碳的质量分数的万倍值。例如45钢，表示钢中平均碳的质量分数为0.45%。若钢中锰的含量较高，在2位数字后面加化学元素锰的符号。例如65Mn钢，表示钢中平均碳的质量分数为0.65%，并含有较多的锰($w_{Mn}=0.9\%\sim1.20\%$)。若为沸腾钢，在两位数字后面加符号“F”，例如08F钢。

表 4-5 普通碳素结构钢(摘自 GB700—88)

牌号	等级	各化学成分的质量分数 w/% C	Mn	Si(不大于)	S(不大于)	P(不大于)	脱碳方法	拉伸试验 屈服点 σ_s/MPa 钢材厚度(直径)$\delta(d)$/mm ≤16(不小于)	>16~40	>40~60	>60~100	>100~150	>150	抗拉强度 σ_b/MPa	伸长率 δ_5/% 钢材厚度(直径)$\delta(d)$/mm ≤16(不小于)	>16~40	>40~60	>60~100	>100~150	>150	冲击试验 温度 t/℃	V型冲击吸收功(纵向) A_{kV}/J 不小于
Q195		0.06~0.12	0.25~0.50	0.30	0.050	0.045	F,b,Z	(195)	(185)					315~390	33	32						
Q215	A	0.09~0.15	0.25~0.55	0.30	0.045~0.050	0.045	F,b,Z	215	205	195	185	175	165	335~410	31	30	29	28	27,26			
Q215	B	0.09~0.15	0.25~0.55	0.30		0.045	F,b,Z	215	205	195	185	175	165	335~410	31	30	29	28	27,26		20	27
Q235	A	0.11~0.22	0.30~0.65*	0.30	0.050	0.045	F,b,Z	235	225	215	205	195	185	375~460	26	25	24	23	22	21		
Q235	B	0.12~0.20	0.30~0.70*	0.30	0.045	0.045	F,b,Z	235	225	215	205	195	185	375~460	26	25	24	23	22	21	20	27
Q235	C	≤0.18	0.35~0.80	0.30	0.040	0.040	Z	235	225	215	205	195	185	375~460	26	25	24	23	22	21	0	27
Q235	D	≤0.17	0.35~0.80	0.30	0.035	0.035	TZ	235	225	215	205	195	185	375~460	26	25	24	23	22	21	−20	27
Q255	A	0.18~0.28	0.40~0.70	0.30	0.050	0.045	Z	255	245	235	225	215	205	410~510	24	23	22	21	20	19		
Q255	B	0.18~0.28	0.40~0.70	0.30	0.045	0.045	Z	255	245	235	225	215	205	410~510	24	23	22	21	20	19	20	27
Q275		0.28~0.38	0.50~0.80	0.35	0.050	0.045	Z	275	265	255	245	235	225	490~610	20	19	18	17	16	15		

注:(1)带“*”号处 Q235-A、B 级沸腾钢锰的质量分数上限为 0.60%。

(2)本类钢通常不进行热处理而直接使用,因此只考虑其力学性能和有害杂质含量,不考虑碳含量。

优质碳素结构钢的主要牌号、成分、性能见表 4-6。

表 4-6 优质碳素结构钢的牌号、化学成分和力学性能(GB 699—88)

牌号	各化学成分的质量分数 w/%				
	C	Si	Mn	P	S
08F	0.05～0.11	≤0.03	0.25～0.50	≤0.035	≤0.035
10F	0.07～0.14	≤0.07	0.25～0.50	≤0.035	≤0.035
15F	0.12～0.19	≤0.07	0.25～0.50	≤0.035	≤0.035
08	0.05～0.12	0.17～0.37	0.35～0.65	≤0.035	≤0.035
10	0.07～0.14	0.17～0.37	0.35～0.65	≤0.035	≤0.035
15	0.12～0.19	0.17～0.37	0.35～0.65	≤0.035	≤0.035
20	0.17～0.24	0.17～0.37	0.35～0.65	≤0.035	≤0.035
25	0.22～0.30	0.17～0.37	0.50～0.80	≤0.035	≤0.035
30	0.27～0.35	0.17～0.37	0.50～0.80	≤0.035	≤0.035
35	0.32～0.40	0.17～0.37	0.50～0.80	≤0.035	≤0.035
40	0.37～0.45	0.17～0.37	0.50～0.80	≤0.035	≤0.035
45	0.42～0.50	0.17～0.37	0.50～0.80	≤0.035	≤0.035
50	0.47～0.55	0.17～0.37	0.50～0.80	≤0.035	≤0.035
55	0.52～0.60	0.17～0.37	0.50～0.80	≤0.035	≤0.035
60	0.57～0.65	0.17～0.37	0.50～0.80	≤0.035	≤0.035
65	0.62～0.70	0.17～0.37	0.50～0.80	≤0.035	≤0.035
70	0.67～0.75	0.17～0.37	0.50～0.80	≤0.035	≤0.035
75	0.72～0.80	0.17～0.37	0.50～0.80	≤0.035	≤0.035
80	0.77～0.85	0.17～0.37	0.50～0.80	≤0.035	≤0.035
85	0.82～0.90	0.17～0.37	0.50～0.80	≤0.035	≤0.035
15Mn	0.12～0.19	0.17～0.37	0.70～1.00	≤0.035	≤0.035
20Mn	0.17～0.24	0.17～0.37	0.70～1.00	≤0.035	≤0.035
25Mn	0.22～0.30	0.17～0.37	0.70～1.00	≤0.035	≤0.035
30Mn	0.27～0.35	0.17～0.37	0.70～1.00	≤0.035	≤0.035
35Mn	0.32～0.40	0.17～0.37	0.70～1.00	≤0.035	≤0.035
40Mn	0.37～0.45	0.17～0.37	0.70～1.00	≤0.035	≤0.035
45Mn	0.42～0.50	0.17～0.37	0.70～1.00	≤0.035	≤0.035
50Mn	0.48～0.56	0.17～0.37	0.70～1.00	≤0.035	≤0.035
60Mn	0.57～0.65	0.17～0.37	0.70～1.00	≤0.035	≤0.035
65Mn	0.62～0.70	0.17～0.37	0.90～1.20	≤0.035	≤0.035
70Mn	0.67～0.75	0.17～0.37	0.90～1.20	≤0.035	≤0.035

续表 4-6

牌号	力学性能						
	正火状态					HBS	
	σ_b/MPa	σ_s/MPa	δ_5/%	Ψ/%	A_{kU}/J	热轧	退火
08F	≥295	≥175	≥35	≥60		≤131	
10F	≥315	≥185	≥33	≥55		≤137	
15F	≥355	≥205	≥29	≥55		≤143	
08	≥325	≥195	≥33	≥60		≤131	
10	≥335	≥205	≥31	≥55		≤137	
15	≥375	≥225	≥27	≥55		≤143	
20	≥410	≥245	≥25	≥55		≤156	
25	≥450	≥275	≥23	≥50	≥71	≤170	
30	≥490	≥295	≥21	≥50	≥63	≤179	
35	≥530	≥315	≥20	≥45	≥55	≤197	
40	≥570	≥335	≥19	≥45	≥47	≤217	≤187
45	≥600	≥355	≥16	≥40	≥39	≤229	≤197
50	≥630	≥375	≥14	≥40	≥31	≤241	≤207
55	≥645	≥380	≥13	≥35		≤255	≤217
60	≥675	≥400	≥12	≥35		≤255	≤229
65	≥695	≥410	≥10	≥30		≤255	≤229
70	≥715	≥420	≥9	≥30		≤269	≤229
75	≥1 080	≥880	≥7	≥30		≤285	≤241
80	≥1 080	≥930	≥6	≥30		≤285	≤241
85	≥1 130	≥980	≥6	≥30		≤302	≤255
15Mn	≥410	≥245	≥26	≥55		≤163	
20Mn	≥450	≥275	≥24	≥50		≤197	
25Mn	≥490	≥295	≥22	≥50	≥71	≤207	
30Mn	≥540	≥315	≥20	≥45	≥63	≤217	≤187
35Mn	≥560	≥335	≥18	≥45	≥55	≤229	≤197
40Mn	≥590	≥355	≥17	≥45	≥47	≤229	≤207
45Mn	≥620	≥375	≥15	≥40	≥39	≤241	≤217
50Mn	≥645	≥390	≥13	≥40	≥31	≤255	≤217
60Mn	≥695	≥410	≥11	≥35		≤269	≤229
65Mn	≥735	≥430	≥9	≥30		≤285	≤229
70Mn	≥785	≥450	≥8	≥30		≤285	≤229

注:(1)摘自 GB 699—88《优质碳素结构钢技术条件》。

(2)本类钢往往要进行各种热处理后才能使用,因此必须考虑其碳含量。

优质碳素结构钢共有31个钢号，有低碳钢、中碳钢和高碳钢。随着钢中的碳的质量分数的不同，具有不同的力学性能，可用来制作各种机械零件。例如：

08F钢的碳质量分数低、塑性好，强度较低，可用于各种冷变形加工成型件。

10～25等低碳钢焊接性和冷冲压工艺性很好，可用来制造各种标准件、轴承、容器等；也可以通过适当热处理（渗碳、淬火、回火）制成表面高硬度、心部有较高韧性和强度的耐磨损耐冲击的零件。如齿轮、凸轮、销轴、摩擦片、水泥钉等。

45钢等中碳钢通过热处理（调质、表面淬火等）可获得综合力学性能良好的机件及表面耐磨、心部韧性好的零件。如传动轴、发动机连杆、机床齿轮等。

高碳碳素结构钢也叫碳素弹簧钢（carbon spring steel），经适当热处理后可获得很高的 σ_e 和屈强比，以及足够的韧性和耐磨性。可制造小线径的弹簧、重钢轨、轧辊、铁锹、钢丝绳等。

（3）碳素工具钢　碳素工具钢碳（carbon tool steel）含量为 $w_C=0.65\%\sim1.35\%$，是用于制造工具的碳素钢。碳素工具钢的性能特点是：硬度、耐磨性高；切削工艺性好；淬透性低，易变形；价格便宜。碳素工具钢中的S，P含量较少，根据钢中有害杂质硫、磷含量，碳素工具钢分优质（$w_S\leqslant0.030\%$、$w_P\leqslant0.035\%$）和高级优质（$w_S\leqslant0.020\%$、$w_P\leqslant0.030\%$）两类。优质碳素工具钢的牌号冠以“碳”的汉语拼音字首“T”，其后标以数字，表示钢中平均碳的质量分数的千倍值。例如牌号T8表示平均碳的质量分数为0.8%、质量为优质的碳素工具钢。高级优质碳素工具钢在牌号末尾加“A”。例如牌号T8A表示平均碳的质量分数为0.8%、质量为高级优质的碳素工具钢。

碳素工具钢的预先热处理为球化退火，最终热处理为淬火、低温回火。碳素工具钢的常用钢种见表4-7。

表4-7　碳素工具钢的牌号、主要成分、用途（GB 1298—86）

钢号	各主要成分的质量分数 w/%			最终热处理		用途
	C	Mn	Si	淬火温度/℃ 冷却剂	硬度/HRC	
T7 T7A	0.65～0.74	≤0.4	≤0.35	800～820 水	56～62	凿子、冲头、木工工具、钳工工具等
T8 T8Mn T8A	0.75～0.8	≤0.4	≤0.4	780～880 水	—	木工用铣刀、钻头、圆锯片，钳工工具，铆钉冲模等
T9 T9A	0.85～0.94	≤0.4～0.6	≤0.4～0.6	760～780 水	56～62	切削软金属的刀具，一定硬度、韧性的冲模、冲头等
T10 T10A	0.95～1.04	≤0.4	≤0.4	730～780 水	56～64	刨刀、拉丝模、冷锻模等
T11 T11A	1.05～1.24	≤0.4	≤0.4	760～780 水	56～64	丝锥、刮刀、尺寸不大而截面急剧变化的冲模、木工工具等
T12 T12A	1.15～1.24	≤0.4	≤0.4	760～780 水	56～64	丝锥、刮刀、板牙、钻头、绞刀、锯条、冷冲模、量规等
T13 T13A	1.25～1.35	≤0.4	≤0.4	760～780 水	62～64	锉刀、刻刀、剃刀、拉丝模、加工坚硬岩石用的刀具

（4）铸钢　用钢水直接浇注成零件毛坯的钢称为铸钢（carbon casting steel），一般用于制

造形状复杂或大型的、难以锻造而又要求具有较高的强度和塑性,并承受冲击载荷的零件。

铸造碳钢的牌号用字母“ZG”和两组数字表示,第一组数字代表最低的屈服点的值,第二组数字代表最低抗拉强度值。

铸钢的牌号和应用见表 4-8。

表 4-8 碳素铸钢的成分、力学性能及应用(GB 11352—89)

牌号	原牌号	各主要成分的质量分数 w/%			力学性能					应用举例
		碳	锰	硅	σ_s /MPa	σ_b /MPa	δ_5 /%	Ψ /%	A_{kU}(a_{kU}) /J(J/cm^2)	
ZG200－400	ZG15	0.12～0.22	0.35～0.65	0.20～0.45	200	400	25	40	30(60)	机座、变速箱壳
ZG230－450	ZG25	0.22～0.32	0.50～0.80	0.20～0.45	240	450	20	32	25(45)	机座、锤轮、箱体
ZG270－500	ZG35	0.32～0.42	0.50～0.80	0.20～0.45	280	500	16	25	22(35)	飞轮、机架、蒸汽锤、水压机工作缸、横梁
ZG310－570	ZG45	0.42～0.52	0.50～0.80	0.20～0.45	320	580	12	20	15(30)	联轴器、气缸、齿轮、齿轮圈
ZG340－640	ZG55	0.52～0.62	0.50～0.80	0.20～0.45	350	650	10	18	10(20)	起重运输机中齿轮、联轴器及重要的机件

复习思考题

4-1 解释术语:

相组成物、组织组成物、固溶体、铁素体、渗碳体、珠光体、奥氏体、莱氏体

4-2 对应简化的 $Fe\text{-}Fe_3C$ 相图,绘出碳的含量分别为 0.5%、0.77%、1.2% 3 种钢的冷却曲线、组织示意图,并指出组织与性能的关系。

4-3 说明铁素体、奥氏体、渗碳体、珠光体和莱氏体等基本组织的显微组织特征及其性能。分析一次渗碳体、二次渗碳体、三次渗碳体、共晶渗碳体,共析渗碳体的异同之处。

4-4 计算珠光体(727℃)中铁素体和渗碳体的相对量。

4-5 分析 $Fe\text{-}Fe_3C$ 相图,说明有哪些应用,有哪些局限性。

4-6 分析 $Fe\text{-}Fe_3C$ 相图,解释下列现象:

1)在室温下 $w_C=0.8\%$的碳钢比 $w_C=0.4\%$碳钢硬度高,比 $w_C=1.2\%$的碳钢强度高;

2)钢钉一般由低碳钢制造;

3)绑扎物件一般用铁丝(镀锌低碳钢丝),而起重机吊重物时都用钢丝绳(用 65 钢等制成);

4)在 1 100℃时,$w_C=0.4\%$的钢能进行锻造,$w_C=4.0\%$的铸铁不能进行锻造;

5)钳工锯割 T8,T10,T12 等退火钢料比锯割 10 钢、20 钢费力且锯条易磨钝;

6)钢适宜压力加工成型,而铸铁适宜铸造成型。

4-7 现有 2 种铁碳合金,其中一种合金的显微组织中珠光体占 75%,铁素体占 25%;另

一种合金显微组织中珠光体占92%,二次渗碳体占8%,求出两类合金中碳的含量。

4-8　碳钢有哪些分类方法?试指出20钢、45钢、60钢、Q235-A钢、Q235-B钢、T8钢、T10钢各属于哪种钢,说明数字含义,并为每个钢号举出1～2个用途实例。

4-9　试以钢的显微组织说明20钢、45钢和T8钢的力学性能有何不同。

4-10　随着钢中含碳量的增加,钢的力学性能有何变化?为什么?

5 金属的塑性变形和再结晶

本章要点：了解金属材料塑性变形的过程，熟悉冷、热加工塑性变形对金属结构、组织和性能的影响，掌握消除塑性变形对金属组织和性能的影响的方法。

在工业生产中，经冶炼而得到的金属锭，如钢锭、铝合金或铜合金锭等，大多要经过轧制、挤压、冷拔、锻造、冲压等压力加工方法（图 5-1），使金属产生塑性变形而获得成品或半成品，以供用户使用。通过塑性变形不仅可以把金属材料加工成各种形状和尺寸的制品，而且还可以改变金属的组织和性能。因此，研究金属的塑性变形，对于选择金属材料的加工工艺、提高生产率、改善产品质量、合理使用材料等方面都有重要的意义。

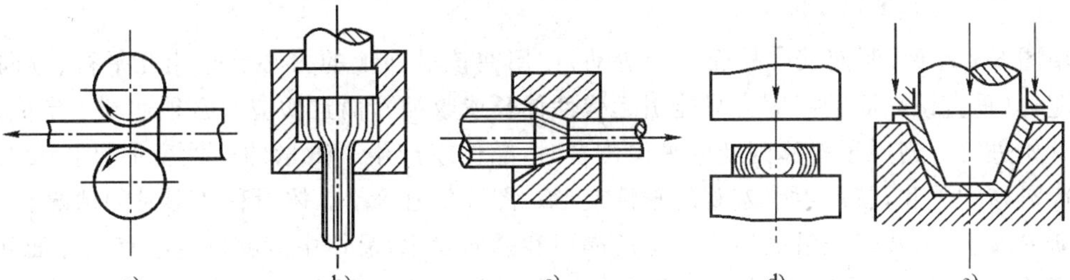

a)　　b)　　c)　　d)　　e)

图 5-1　压力加工方法示意图

a)轧制；b)挤压；c)冷拔；d)锻造；e)冷冲压

5.1　金属塑性变形的实质

金属受力时，其原子的相对位置发生改变，宏观上表现为形状、尺寸的变化，称为变形。金属变形按其性质分为弹性变形和塑性变形。

(1)弹性变形(elastic deformation)　当外力消除后，金属能恢复原来形状的变形，称为弹性变形。弹性变形的本质是外力克服了原子间的作用力，使原子间距发生改变。但当外力去除后，原子间的作用力又使它们恢复到原来的平衡位置，使金属恢复到原来的形状。

金属发生弹性变形时，只是原子间距发生微小的变化，即原子暂时偏离各自的位置，因而对金属的显微组织和性能没有什么影响。工程技术上广泛地运用着金属弹性变形这一属性，例如弹簧、钢轨、连杆、刀具等都是在弹性变形情况下工作的。

(2)塑性变形(plastic deformation)　金属因受外力而发生变形，卸载后仍不能消失的那部分变形称为塑性变形，或称永久变形。材料塑性变形是一种不可逆的变形。塑性变形量比弹性变形量大得多。

塑性变形是一个远较弹性变形复杂的过程，它是怎样进行的呢？下面先从单晶体塑性变形谈起。

5.1.1 单晶体的塑性变形

单晶体(single crystal)的塑性变形,主要是以滑移(slip)的方式进行的,即晶体的一部分沿着一定的晶面和晶向相对于另一部分发生滑动,滑动后原子处于新的稳定位置,不再回到原来位置。图 5-2 表示晶体在切应力的作用下发生滑移产生变形的过程。

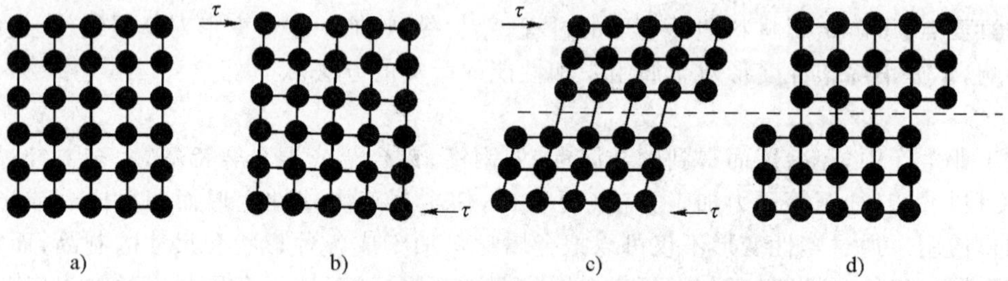

图 5-2 晶体在切应力作用下的变形

a)未变形;b)弹性变形;c)弹塑性变形;d)塑性变形

由图 5-2 可见,要使某一晶面开始滑动,作用在该晶面上的力必然是相互平行、方向相反的切应力(垂直该晶面的正应力只能引起弹性伸长或收缩),而且切应力必须达到一定值,滑移才能开始进行。当原子滑移到新的平衡位置时,晶体就产生了微量的塑性变形(图 5-2d)。许多晶面滑移的总和,就产生了宏观的塑性变形。图 5-3 为锌单晶体滑移变形时的情况。

研究表明,滑移优先沿晶体中一定的晶面和晶向发生,晶体中能够发生滑移的晶面和晶向称为滑移面和滑移方向。不同晶格类型的金属,其滑移面和滑移方向的数目是不同的,一般来说,滑移面和滑移方向越多,金属的塑性越好。

近代理论及实验证明,晶体滑移时,并不是整个滑移面上的全部原子一起移动的,因为那么多原子同时移动,需要克服的滑移阻力十分巨大(据计算比实际大千倍)。实际上滑移是借助位错的移动来实现的,如图 5-4 所示。

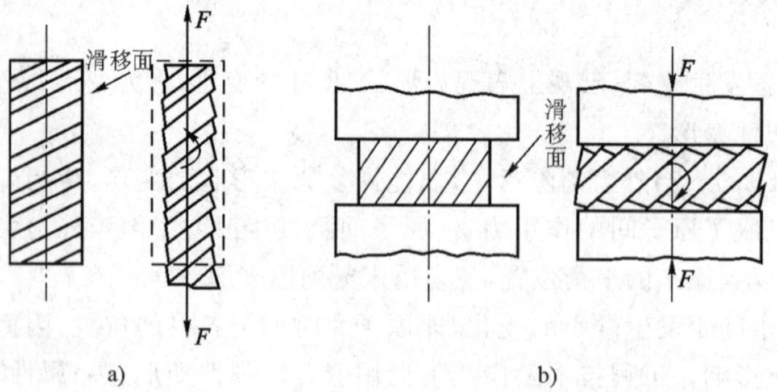

图 5-3 锌单晶体滑移变形示意图

a)拉伸;b)压缩

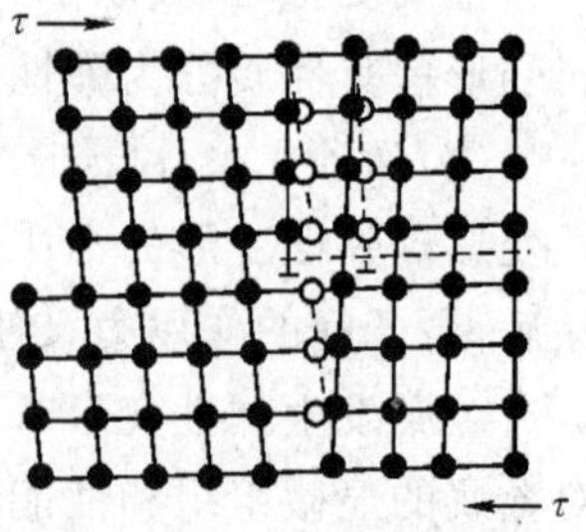

图 5-4 位错的运动

位错的半原子面受到前后两边原子的排斥,处于不稳定的平衡位置。只需加上很小的力就能打破力的平衡,使位错的半原子面移动很小的距离(小于一个原子间距),到达虚线位置,使位错前进了一个原子间距。在切应力作用下，位错继续移动到晶体图 5-4 位错的运动表面，就形成了一个原子间距的滑移量，如图 5-5 所示。大量位错移出晶体表面，就产生了宏观的塑性变形。按上述理论求得位错的滑移阻力，与实验值基本相符，证实了位错理论的正确性。

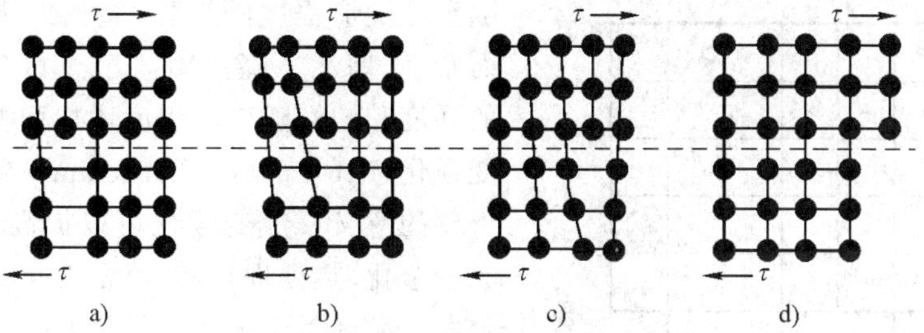

图 5-5 通过位错运动产生滑移的示意图

5.1.2 多晶体的塑性变形

常用金属材料都是多晶体(polycrystalline crystal)。多晶体中各相邻晶粒的位向不同，并且各晶粒之间有一晶界相连接，因此，多晶体的塑性变形具有下列一些特点：

(1)晶粒位向的影响　由于多晶体中各个晶粒的位向不同，在外力作用下，有的晶粒处于有利于滑移的位置，有的晶粒处于不利位置。当有利于滑移的晶粒要进行滑移时，必然受到周围位向不同的其他晶粒的约束，使滑移的阻力增加，从而提高了塑性变形的抗力。

同时，多晶体各晶粒在塑性变形时，由于受到周围位向不同的晶粒与晶界的影响，多晶体的塑性变形是逐步扩展和不均匀的，其结果之一便是产生内应力。

(2)晶界的作用　晶界对塑性变形有较大的阻碍作用。图 5-6 所示的是一个只包含两个晶粒的试样经受拉伸时的变形情况。由图可见，试样在晶界附近不易发生变形，出现了所谓“竹节”现象。这是因为晶界处原子排列比较紊乱，阻碍位错的移动，因而阻碍了滑移的缘故。很显然，晶界越多，多晶体的塑性变形抗力越大。

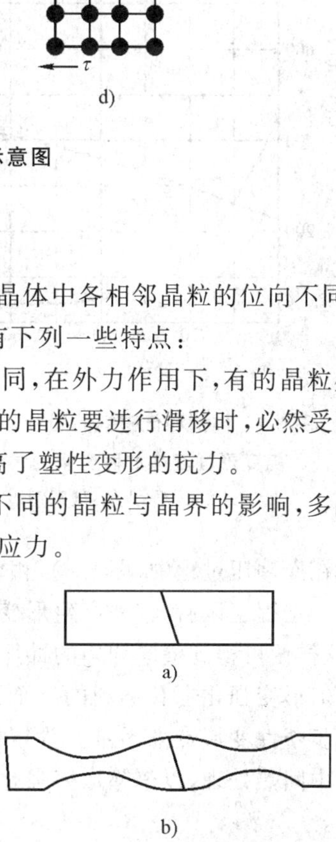

图 5-6 两个晶粒试样在拉伸时的变形

a)变形前；b)变形后

(3)晶粒大小的影响　在一定体积的晶体内晶粒数目越多，晶粒越细，晶界越多，并且不同位向的晶粒也越多，因而塑性变形抗力也就越大。细晶粒的多晶体不仅强度较高，而且塑性和韧性也较好。因为晶粒越细，在同样变形条件下，变形量可分散在更多的晶粒内进行，使各晶粒的变形比较均匀，而不致过分集中于少数晶粒，使其变形严重。又因晶粒越细，晶界就越多，越曲折，故不利于裂纹的传播，从而在其断裂前能承受较大的塑性变形，吸收较多的功，表现出较好的塑性和韧性。由于细晶粒金属具有较好的强度、塑性与韧性，故生产中都尽一切努力细化晶粒。

5.2 塑性变形对金属性能与组织的影响

塑性变形不仅改变了金属的外形，而且还使其内部组织与性能产生一系列的变化。

5.2.1 塑性变形对金属性能的影响

塑性变形对金属性能的主要影响是造成形变强化(也称加工硬化,work hardening)。即随塑性变形程度的增加,金属的强度、硬度提高,而塑性、韧性下降。图 5-7 表示了纯铜和低碳钢的强度和塑性随变形程度增加而变化的情况。形变强化(deformation hardening)在生产中具有很重要的意义。形变强化可以提高金属的强度,它和合金化、热处理一样,也是强化金属的重要工艺手段。尤其对于那些不能热处理强化的金属材料显得更为重要,例如 18-8 型奥氏体不锈钢,变形前强度不高($\sigma_{r0.2}=196\ N/mm^2$),但经 40%轧制变形后,屈服强度提高了 3～4 倍($\sigma_{r0.2}=784\sim980\ N/mm^2$),抗拉强度也提高了一倍。

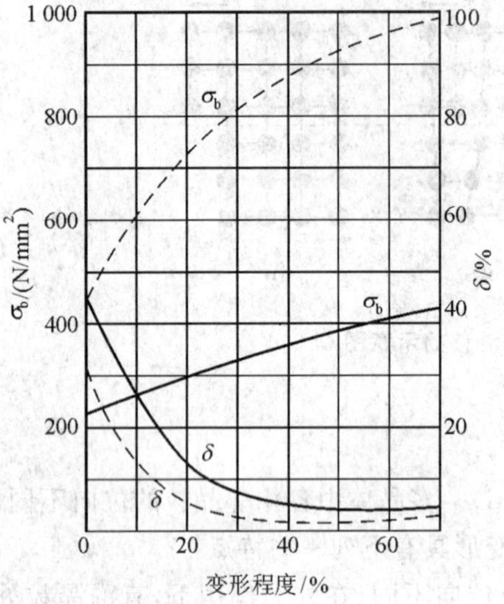

图 5-7 纯铜和低碳钢的强度和塑性随变形程度增加而变化的情况

实线:纯铜;虚线:低碳钢

此外,形变强化可以使金属具有一定的抗偶然超载的能力,一定程度上提高了构件在使用中的安全性。

形变强化也是工件能用塑性变形方法成形的必要条件。例如金属材料在冷冲压过程中(图 5-8),由于 r 处变形最大,当金属在 r 处变形到一定程度以后,首先产生形变强化,随后的变形即转移到其他部分,这样便可得到壁厚均匀的冲压件。

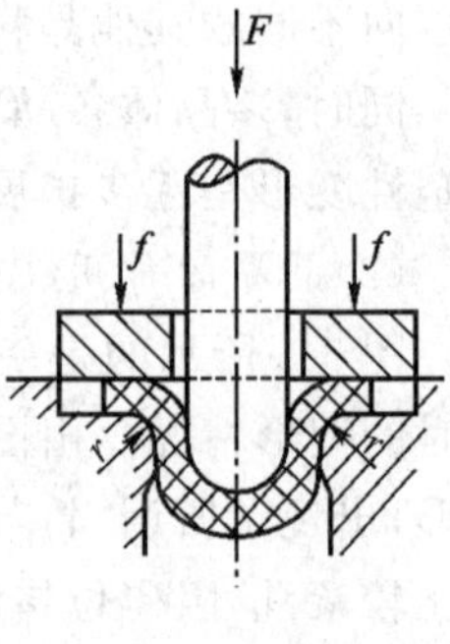

图 5-8 冲压示意图

但形变强化也有不利的一面。由于材料塑性降低,给金属材料进一步塑性变形带来困难。为了使金属材料能继续变形加工,必须进行中间热处理,以消除形变强化。这就增加了生产成本,降低了生产率。

塑性变形除了影响力学性能以外,也会使金属某些物理、化学性能发生变化,如电阻增加,化学活性增大,而耐蚀性降低等。

以上这些引起金属性能变化的原因,都与塑性变形过程中金属的组织结构变化及相应的内应力形成有关。

5.2.2 塑性变形对金属组织结构的影响

金属塑性变形时,在外形变化的同时,晶粒内部的形状也发生了变化。通常是晶粒沿变形方向被压扁或拉长,如图 5-9 所示。当变形程度很大时,晶粒形状变化也很大,晶粒被拉成细条状,金属中的夹杂物也被拉长,形成纤维组织,使金属的力学性能具有明显的方向性。

塑性变形除了使晶粒外形变化外,还会使晶体内部嵌镶块尺寸细碎化,位错密度增加,晶格畸变较严重,因而增加了滑移阻力,这就是形变强化产生的原因。

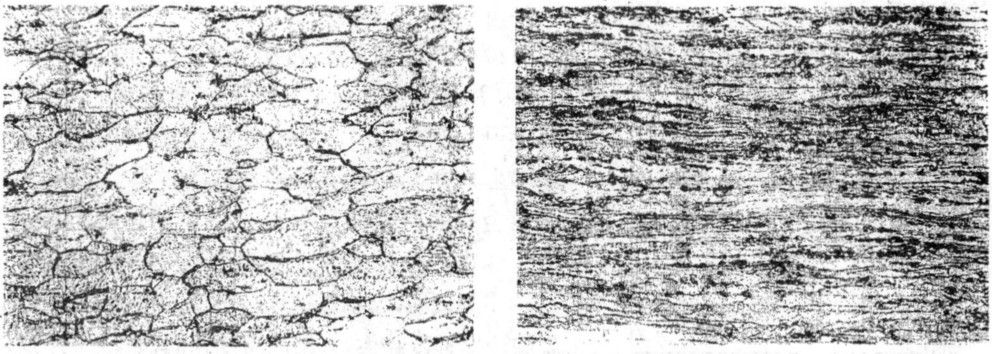

a)　　　　b)

图 5-9　冷塑性变形后的组织

a)变形程度较小；b)变形程度大

5.3　塑性变形金属在加热时组织和性能的变化

经过塑性变形的金属，其组织结构发生了变化，即晶格畸变严重，位错密度增加，晶粒碎化，并因金属各部分变形不均匀，引起金属内部残留内应力，这都使金属处于不稳定状态，使它具有恢复到原来稳定状态的自发趋势。但在常温下，由于金属原子的活动能力很弱，这种恢复过程很难进行。如对塑性变形的金属进行加热，则因原子活动能力增强，就会发生一系列组织与性能的变化。随着加热温度的升高，这种变化过程可分为回复(recovery)、再结晶(recrystallization)及晶粒长大(grain growth)3 个阶段，如图 5-10 所示。

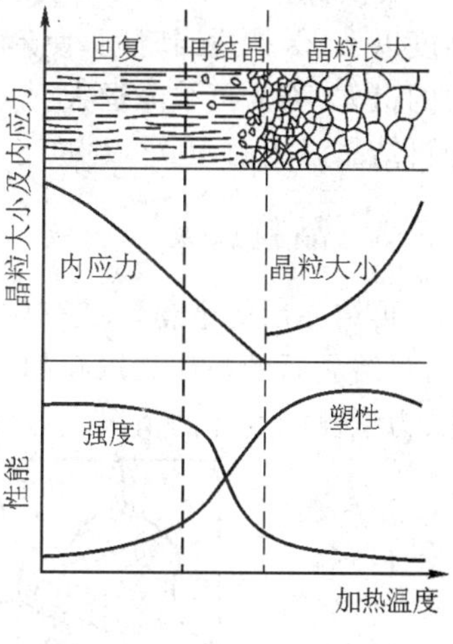

图 5-10　加热温度对冷塑性变形金属组织和性能的影响

5.3.1　回复

当加热温度不太高时，原子活动能力有所增加，原子已能作短距离的运动，所以，晶格畸变程度大为减轻，从而使内应力有所降低，这个阶段称为回复。然而这时的原子活动能力还不是很强，所以金属的显微组织无明显的变化，因此力学性能也无明显的改变。

在工业生产中，为保持金属经塑性变形后的高强度，往往采用回复处理，以降低内应力，适当提高塑性。例如冷拔钢丝弹簧加热到 250～300℃，青铜丝弹簧加热到 120～150℃，就是进行回复处理，使弹簧的弹性增强，同时消除加工时带来的内应力。

5.3.2　再结晶

当塑性变形金属加热到较高温度时，由于原子活动能力增加，原子可以离开原来位置重新排列。由畸变晶粒通过形核及晶核长大而形成新的无畸变的等轴晶粒的过程称为再结晶。再结晶首先在晶粒碎化最严重的地方产生新晶粒的核心，然后晶核吞并旧晶粒而长大，直到旧晶粒完全被新晶粒代替为止。

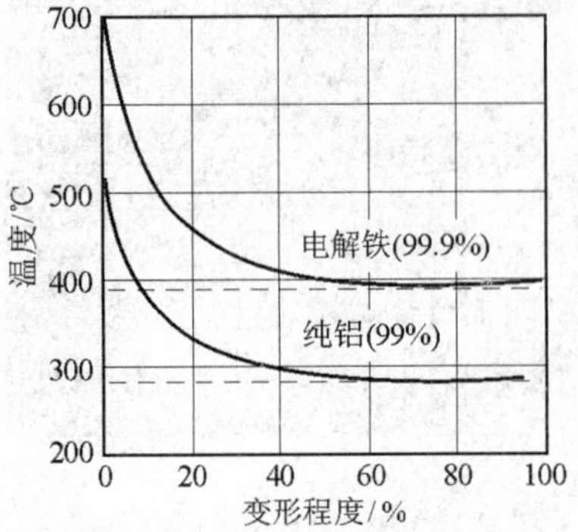

图 5-11 金属再结晶开始温度与预先变形程度的关系

再结晶后的晶粒内部晶格畸变消失，位错密度下降，因而金属的强度、硬度显著下降，而塑性则显著上升，见图 5-10。结果使变形金属的组织和性能基本上恢复到塑性变形前的状态。

金属的再结晶过程是在一定的温度范围内进行的。能进行再结晶的最低温度称为再结晶温度 $T_{再}$。

实验证明，再结晶温度与金属的变形程度有关。金属的变形程度越大，再结晶温度越低，如图 5-11 所示。

对于工业纯（>99.9%）的金属，其再结晶温度与熔点间的关系可按下列经验公式计算：

$$T_{再}=(0.35\sim0.4)\ T_{熔}$$

式中：$T_{再}$ 为金属的再结晶温度，K；$T_{熔}$ 为金属的熔点，K。

例如，工业纯铁的 $T_{再}$ 约为 723K。

最后指出，再结晶与液体结晶及同素异构转变的重结晶不同，再结晶过程并未形成新相，新形成的晶粒在晶格类型上同原来晶粒是相同的，只不过消除了因塑性变形而造成的晶体缺陷。

在实际生产中，为了消除形变强化，必须进行中间退火。经冷形变后的金属加热到再结晶温度以上，保持适当时间，使形变晶粒重新结晶为均匀的等轴晶粒，以消除形变强化和残余应力的退火，称为再结晶退火。为了保证质量和兼顾生产率，再结晶退火的温度，一般比该金属的再结晶温度高 100～200℃。

5.3.3 晶粒长大

再结晶后的金属，一般都得到细小而均匀的等轴晶粒。如果继续升高温度或延长保温时间，再结晶后的晶粒又以互相吞并的方式长大，如图 5-12 所示，这种使晶粒长大而导致晶粒粗化、力学性能变坏的情况应当注意避免。

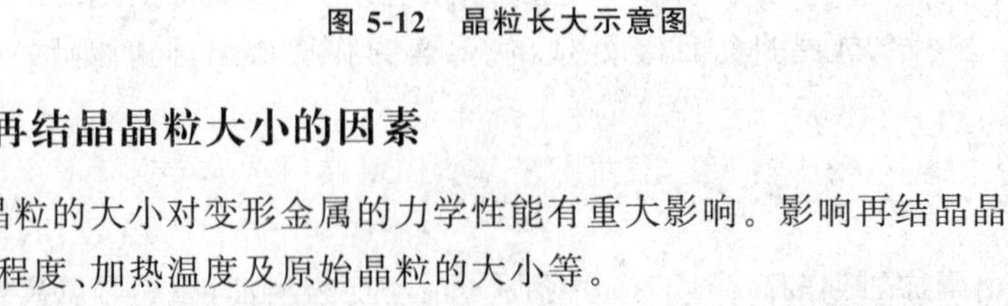

a) b) c)

图 5-12 晶粒长大示意图

5.3.4 影响再结晶晶粒大小的因素

再结晶后晶粒的大小对变形金属的力学性能有重大影响。影响再结晶晶粒大小的因素很多，主要有变形程度、加热温度及原始晶粒的大小等。

(1) 变形度的影响　图 5-13 表明了金属的再结晶晶粒大小与变形程度之间的关系。由图可知，当变形量很小时，由于金属的晶格畸变很小，不足以引起再结晶。当变形量在 2%～8%

之间时，由于变形量较小，变形极不均匀，形成的再结晶核心较少，极易造成晶粒的异常长大，称此变形度为“临界变形度”。当变形量超过临界变形度以后，变形度愈大，变形愈趋均匀，再结晶的形核率愈大，再结晶后的晶粒便愈细。但是，当变形度特别大(>90%)时，有些金属的晶粒又会变得特别粗大。

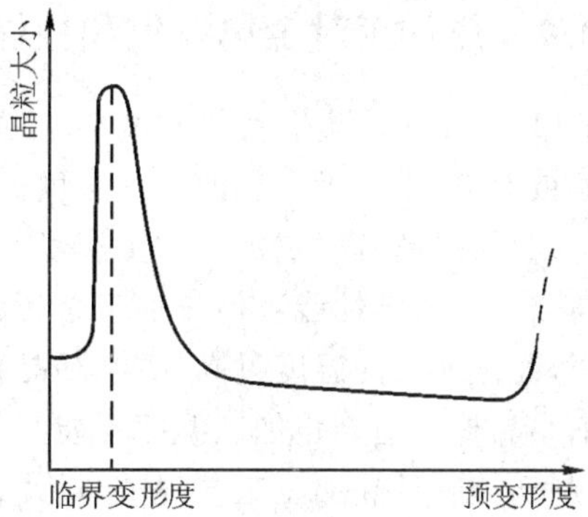

图 5-13　变形程度对金属再结晶晶粒大小的影响

(2)加热温度的影响　退火加热温度升高，则再结晶后的晶粒变大，临界变形度变小，如图 5-14 所示。在加热温度一定时，加热时间过长，也会使晶粒长大，但其影响不如加热温度的影响大。

(3)原始晶粒大小的影响　在其他条件相同的情况下，原始晶粒愈细，再结晶后的晶粒也愈细。

为综合考虑加热温度和变形度对再结晶晶粒度的影响，常将三者的关系绘在一张立体图上，如图 5-15 所示，称之为再结晶全图。此图对于控制冷变形金属退火时的晶粒大小有着重要的参考价值。

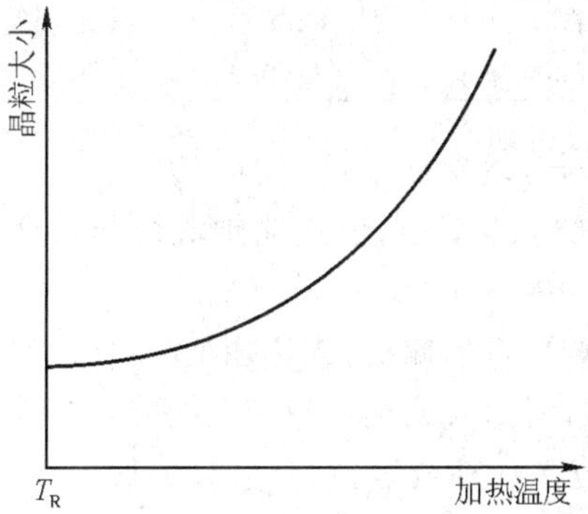

图 5-14　冷加工金属晶粒尺寸与加热温度的关系

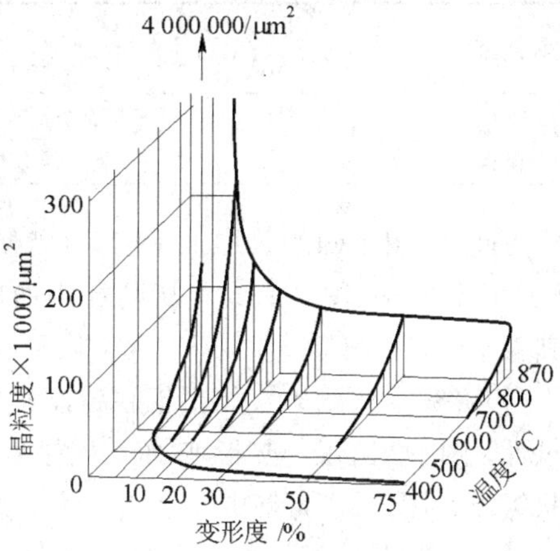

图 5-15　纯铁再结晶全图

5.4 金属的热加工

5.4.1 热加工和冷加工的区别

金属的冷塑性变形加工和热塑性变形加工是以再结晶温度来划分的。凡在金属的再结晶温度以上进行的加工，称为热加工(hot working)，而在再结晶温度以下进行的加工称为冷加工(cold working)。例如钨的最低再结晶温度为 1 200℃，对钨来说，在低于 1 200℃ 的高温下加工仍属于冷加工；而锡的最低再结晶温度约为－71℃，锡在室温下进行加工，已属热加工了。

热加工时，由于金属原子的结合力减小，而且形变强化现象随时被再结晶过程所消除，从而使金属的强度、硬度降低，塑性增强，因此其塑性变形要比低温时容易得多。

5.4.2 热加工对金属组织和性能的影响

(1)消除铸态金属的组织缺陷　通过热加工,可使钢锭中的气孔、缩孔大部分焊合,铸态的疏松被消除,提高了金属的致密程度。因此,金属的力学性能得到提高。

(2)细化晶粒　热加工的金属经过塑性变形和再结晶作用,一般可使晶粒细化,因而可以提高金属的力学性能。但热加工金属的晶粒大小与变形程度和终止加工的温度有关。变形程度小,终止加工的温度过高,再结晶晶核少而晶核长大又快,加工后得到粗大晶粒。相反则得到细小晶粒。但终止加工温度不能过低,否则造成形变强化及残余应力(residual stress)。因此,制定正确的热加工工艺规范,对改善金属的性能有重要的意义。

(3)形成锻造流线　在热加工过程中,由于铸态组织中的各种夹杂物在高温下具有一定的塑性,它们会沿着变形方向伸长而形成锻造流线,又称纤维组织(rolling texture)。锻造流线的出现,使金属材料的性能在不同的方向上有明显的差异。通常沿流线的方向,其抗拉强度及韧性高,而抗剪强度低。在垂直于流线方向上,抗剪强度较高,而抗拉强度较低。表5-1表示碳含量为0.45%的碳钢的力学性能与流线方向的关系。

表 5-1　碳钢(w_C=0.45%)力学性能与流线方向的关系

取样方向	σ_b /(N/mm²)	$\sigma_{r0.2}$ /(N/mm²)	δ /%	Ψ /%	a_k /(J/cm²)
纵向	715	470	17.5	62.8	62
横向	675	440	10.0	31.0	30

为此,采用正确的热加工工艺,可以使流线合理分布,以保证金属材料的力学性能。图5-16a是锻造曲轴、图5-16b为切削加工曲轴的流线分布。很明显,锻造曲轴流线分布合理,因而其力学性能将较高。

(4)形成带状组织　如果钢在铸态组织中存在比较严重的偏析,或热加工时终锻(终轧)温度过低,钢内会出现与热形变加工方向大致平行的条带所组成的偏析组织,这种组织形态称为带状组织。图5-17为钢中带状组织。这些带状组织也是一种缺陷,它会引起钢材力学性能的各向异性。带状组织一般可用热处理退火方法加以消除。

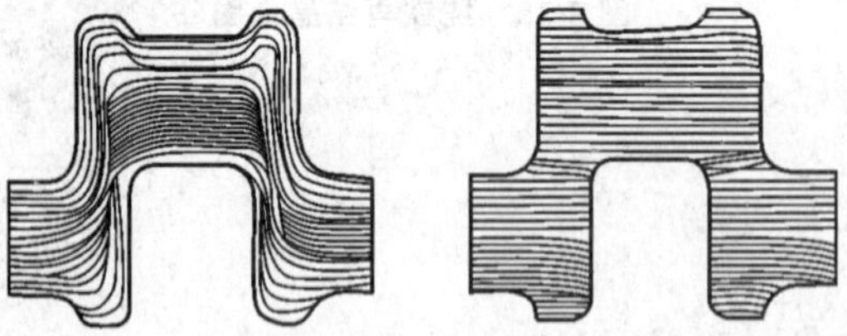

a)　　b)

图 5-16　曲轴流线示意图

a)锻造的;b)切削加工的

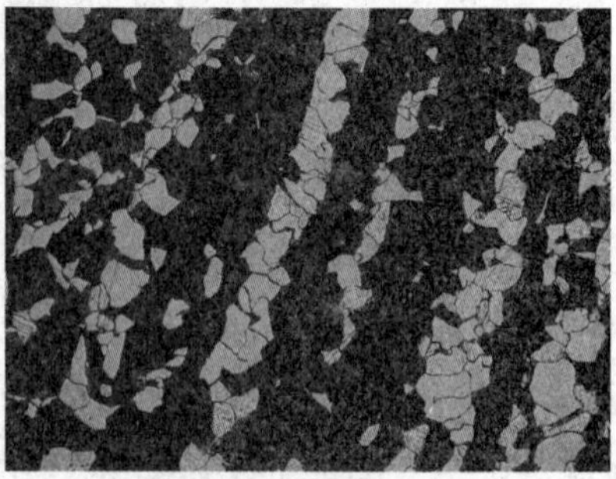

图 5-17　钢中的带状组织

复习思考题

5-1　何谓滑移？

5-2　何谓滑移面、滑移方向？滑移面和滑移方向的数量多少与塑性好坏有何关系？

5-3　单晶体塑性变形的最基本方式是什么？在实际晶体中，它是通过什么来实现的？

5-4　多晶体的塑性变形比单晶体复杂，它们的不同点主要表现在哪几个方面？

5-5　试述细晶粒金属具有较高的强度、塑性和韧性的原因。

5-6　何谓形变强化？它在生产中有何利弊？如何消除形变强化？

5-7　简述加热温度对低碳钢的塑性变形的组织和性能的影响。

5-8　实际生产中金属的再结晶温度是如何确定的(以铜为例，铜的熔点为1 083℃)？

5-9　钛的熔点为1 677℃，铅的熔点为327℃，钛加热到500℃及铅在室温下进行加工，试问它们各属于冷加工还是热加工？

5-10　热加工对金属的组织与性能有何影响？

6 钢的热处理及表面处理

本章要点：金属材料尤其是黑色金属材料，可利用加热和选择加热后冷却的方法来调节和改善其材料组织结构和力学性能，达到充分发挥材料性能的潜力的目的。

在热处理中，冷却过程非常重要，热处理转变曲线可以形象表述冷却速度与转变产物之间的关系。

热处理是改变材料力学性能的重要方法之一，有很多种工艺，如淬火、回火、退火、正火等。此外，还有表面热处理和表面化学热处理等方法。

6.1 概述

钢的热处理(heat treatment)是指在固态下通过对钢进行不同的加热、保温、冷却来改变钢的组织结构，从而获得所需要性能的一种工艺。热处理是根据钢在加热和冷却过程中组织转变规律进行的，确定热处理加热温度、保温时间、冷却介质等工艺参数称为热处理工艺。根据工艺方法的不同，钢的热处理分普通热处理(退火、正火、淬火、回火)和表面热处理(表面淬火、表面化学热处理)。根据热处理在零件加工中的作用又可分为预先热处理和最终热处理。仅作为机械零件切削加工前的一个中间工序，以改善切削加工性能及为后续工序做组织准备的热处理均为预先热处理，如改善锻、轧、铸毛坯组织的退火和正火。作为获得零件最终使用性能的所有热处理称为最终热处理，如使轴类零件获得良好综合力学性能的淬火加高温回火。因此，大部分机械零件都需要进行合适的热处理。

对钢进行正确的热处理可改善其工艺性能，提高使用性能，达到充分发挥钢材性能潜力的目的。

热处理不同于其他加工工艺，它不改变工件的形状和尺寸，只改变其组织和性能。它是保证工件内在质量的重要工序。

整体热处理的加热、保温都是在各种热处理炉中进行，主要炉子有箱式炉、台车炉、推杆炉、输送带炉、流态粒子炉、可控气氛炉、真空炉等。炉子的质量、性能和自动化程度等是热处理质量保证的重要条件。

6.2 钢在加热时的组织转变

在铁-碳平衡相图中的 A_1，A_3，A_{cm} 是热处理中常用的3条相变线。连续加热温度要比平衡态高一个过热度，称为 A_{c_1}，A_{c_3}，$A_{c_{cm}}$。连续冷却时要比平衡态低一个过冷度，称为 A_{r_1}，A_{r_3}，$A_{r_{cm}}$，如图 6-1 所示。若加热温度高于相变

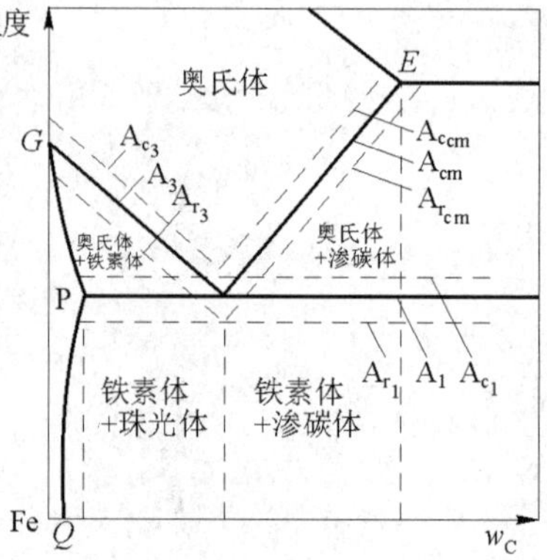

图 6-1 铁-碳平衡相图

温度，钢在加热和保温阶段，将发生室温下的组织向奥氏体转变，称为奥氏体化。钢热处理后的组织和性能以及热处理缺陷都与奥氏体化的实际情况（化学成分、均匀性和晶粒大小等）密切相关，因此了解奥氏体形成规律是很必要的。

6.2.1 奥氏体的形成

奥氏体的形成也称为奥氏体化，是通过成核及长大的机制来实现的。成核和长大的过程靠铁原子和碳原子的扩散，属于扩散型相变。以共析钢为例，其转变过程如图 6-2 所示，分 4 步。

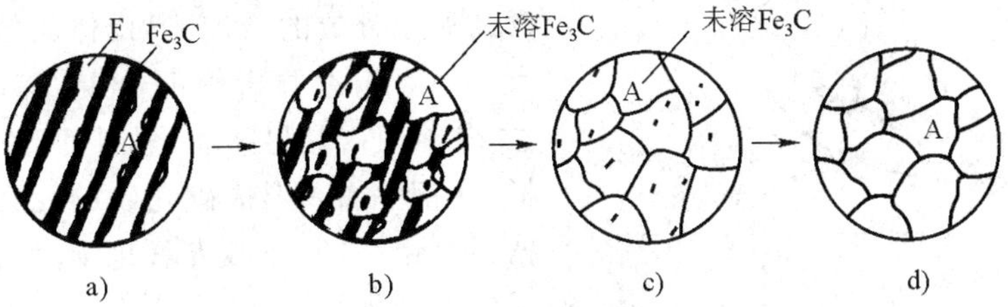

图 6-2 共析钢的奥氏体形成过程示意图

a) A 成核；b) A 长大；c) 残余 Fe_3C 溶解；d) A 均匀化

亚共析钢和过共析钢的奥氏体化过程与共析钢基本相同，但由于先共析渗碳体或二次渗碳体的存在，为了获得完全奥氏体化，必须相应加热到 A_{c_3} 或 $A_{c_{cm}}$ 以上温度，使它们也全部转变成奥氏体。

6.2.2 奥氏体晶粒度和奥氏体晶粒长大及其影响因素

6.2.2.1 奥氏体晶粒度

奥氏体晶粒大小对钢铁材料性能及热处理质量影响很大。根据实际需要，奥氏体晶粒度分为起始晶粒度、实际晶粒度和本质晶粒度。

（1）起始晶粒度　是指加热时各种原始组织刚刚转变为奥氏体时的晶粒度。一般情况下，奥氏体起始晶粒度较小，继续加热或保温将使它长大。

（2）实际晶粒度　是指钢在具体的热处理或热加工条件下实际获得的奥氏体晶粒度的大小，它直接影响钢的性能。实际晶粒度一般总比起始晶粒度大，通常结构钢的奥氏体晶粒度分为 10 级。1 级最粗，10 级最细。

（3）本质晶粒度　用来表示奥氏体晶粒长大的倾向性。不同冶炼工艺的钢，奥氏体晶粒长大倾向是不同的。有些钢的奥氏体晶粒度随着加热温度的升高会不断地迅速长大，这种钢称为本质粗晶粒钢；而有些钢的奥氏体晶粒不容易长大，见图 6-3。只有加热到较高温度（930～950℃或以上）时，才显著长大，这种钢称为本质细晶粒钢。本质晶粒度不是用来表示晶粒大小，而用来表述钢在规定的加热条件下奥氏体晶粒长大倾向性的大小。

需要进行热处理的工件，一般采用本质细晶粒钢制造。在工业生产中．通常是经锰、硅脱氧的钢为本质粗晶粒钢，而经铝脱氧的钢为本质细晶粒钢，沸腾钢为本质粗晶粒钢，镇静钢为本质细晶粒钢。

不能认为本质细晶粒钢在任何条件下晶粒都不粗化。若温度超过 950～1 000℃，本质细晶粒钢中阻止晶粒长大的因素消失，本质细晶粒钢比本质粗晶粒钢的晶粒长大的还要大。

6.2.2.2 奥氏体晶粒的长大及影响因素

由图 6-3 可见，尽管图中两条曲线有所不同，但晶粒都是随奥氏体化加热温度升高而长大，为了得到细晶粒组织，钢在热处理时应严格控制奥氏体化加热温度。又因晶粒长大是通过原子扩散来完成的，合理地控制保温时间也会有效防止晶粒长大。

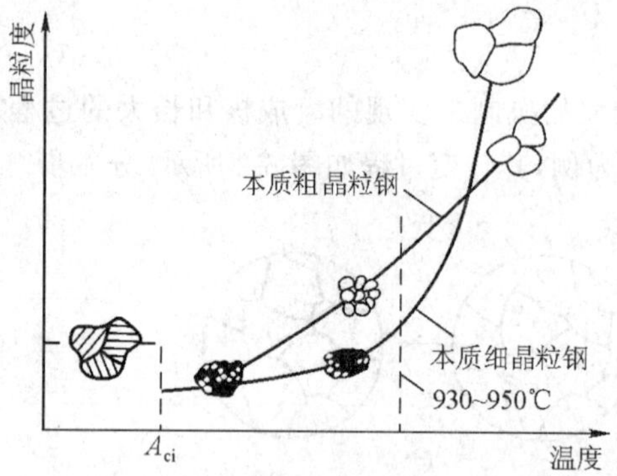

图 6-3 加热温度与奥氏体晶粒长大的关系

此外，碳元素及合金元素也是影响奥氏体晶粒长大的重要因素。对于亚共析钢随着奥氏体中碳的质量分数的增加，奥氏体晶粒长大的倾向变大。但对于过共析钢部分碳以渗碳体的形式存在，它将阻碍晶界移动，限制奥氏体晶粒长大。同样，在钢中加入形成碳化物的元素钛、钒、铌、钽、锆、钨、钼、铬等和形成氧化物、氮化物的铝元素，促进石墨化的元素硅、镍、钴以及自由存在的元素都会阻碍奥氏体晶粒长大。但是锰、磷则有促进奥氏体晶粒长大的倾向。

另外，原始组织中珠光体 P 的形态也影响 A 晶粒的大小。粒状珠光体 P 比片层珠光体 P 奥氏体化后的晶粒更细小些。

由上述可知，为了控制奥氏体晶粒的长大，可以采取合理的加热温度和保温时间，合理地选择钢的原始组织以及加入一定量的合金元素等措施。

6.3 钢在冷却时的组织转变

在 A_1 以上温度奥氏体是稳定的。过冷至 A_1 以下就成为不稳定的过冷奥氏体，以符号 $A_{冷}$ 表示。随着过冷度不同，过冷奥氏体将发生 3 种类型转变，即珠光体型转变、贝氏体型转变和马氏体型转变。现以共析碳素钢为例，对 3 种类型转变以及珠光体、贝氏体和马氏体组织形态与性能分别进行讨论。

6.3.1 珠光体型转变

6.3.1.1 珠光体(pearlite)的组织形态及性能

过冷奥氏体在 A_1 至 550℃温度范围内将转变成珠光体类型组织。该组织为铁素体和渗碳体层片相间的机械混合物。由于转变温度不同，原子扩散能力不同，形成的片层厚度也不同，根据层片的厚薄，这类组织可细分如下。

(1)珠光体　形成温度 A_1～650℃，片层厚度 >0.4 μm，在 500 倍以下的光学金相显微镜下即可分辨片层，用符号 P 表示。硬度为 160～250 HBS。其组织形貌见图 6-4。

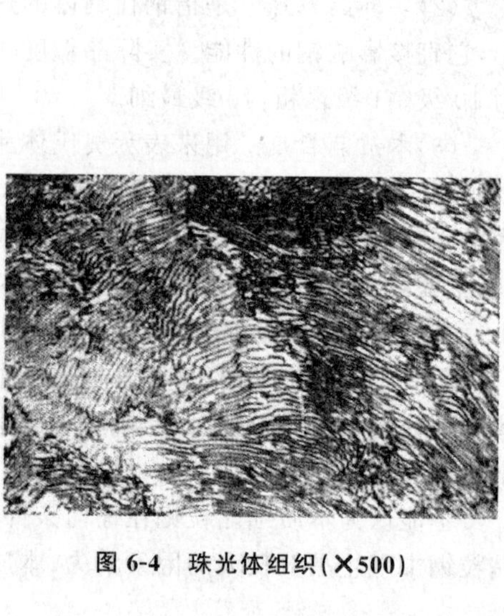

图 6-4 珠光体组织(×500)

(2)索氏体(sorbite) 形成温度为650～600℃,片层厚度0.2～0.4 μm之间,一般在800～1 000倍光学金相显微镜下才可分辨片层,用符号S表示,硬度为25～35 HRC。

(3)托氏体(troostite) 形成温度为600～550℃,片层厚度<0.2 μm,只有在高倍的电子显微镜下才能分辨出片层,用符号T表示,硬度为35～48 HRC。

6.3.1.2 珠光体的转变过程

奥氏体转变为珠光体也是成核和长大过程,当过冷奥氏体在A_{r_1}～550℃范围发生珠光体型转变时,首先在奥氏体晶界上产生渗碳体晶核,见图6-5a。这种小片状的渗碳体晶核向纵向和横向长大时吸收两侧奥氏体中的碳原子,从而使渗碳体片两侧的奥氏体的碳的质量分数显著降低,为铁素体成核创造了条件,形成铁素体,见图6-5b。新形成的铁素体片伴随着渗碳体生长,由于铁素体成核溶碳能力低,在横向生长时,必须向侧面的奥氏体中排除多余的碳,因而显著提高临近奥氏体的碳的质量分数,这就为形成另两片渗碳体创造条件。如此反复进行,每一个Fe_3C晶核都形成一个珠光体团。在一个奥氏体晶粒中最终有许多个珠光体团组成的珠光体组织,见图6-5c。

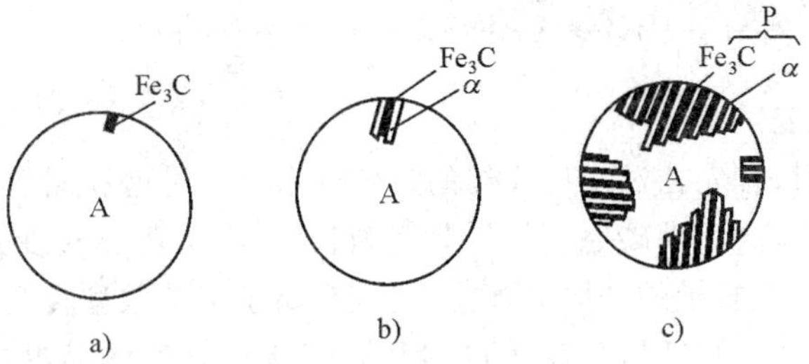

图6-5 珠光体转变过程示意图

珠光体型转变是一种典型的扩散型相变。转变时有2个物理过程同时进行:一是碳原子和铁原子迁移产生高碳的渗碳体和低碳的铁素体;二是晶格重构,由面心立方的奥氏体转变成体心立方的铁素体和复杂立方的渗碳体。

6.3.2 贝氏体型转变

6.3.2.1 贝氏体(bainite)的组织形态和性能

过冷奥氏体在550℃～M_s温度范围内将转变成贝氏体类型组织,贝氏体用符号“B”表示。由于转变温度的不同,贝氏体的组织形态也不同,可分为上贝氏体($B_上$)和下贝氏体($B_下$)。

(1)上贝氏体(bainite) 形成温度在550～350℃,在光学显微镜下,上贝氏体呈羽毛状,即过饱和α固溶体以A晶界向晶内成束的生长,见图6-6a。在电子显微镜下,可见到上贝氏体有束条状α过饱和固溶体和渗碳体两相组成。渗碳体以不连续的短杆状形态分布于许多平行而密集的α过饱和固溶体束条之间。

(2)下贝氏体(lower bainite) 形成温度范围为350℃～M_s。在光学显微镜下,下贝氏体呈竹叶状,见图6-6b。在电子显微镜下可以看出,下贝氏体是由针片状过饱和α固溶体和与其共格的ε碳化物$Fe_{2.4}C$组成,$Fe_{2.4}C$呈短条状,分布在过饱和的α固溶体针的内部排列成行,并与α过饱和固溶体针的长轴呈55°～60°角。

贝氏体的力学性能主要取决于组织形态。上贝氏体中α过饱和固溶体束条较宽,渗碳体分布在α过饱和固溶体束条之间,塑变抗力较低,易引起脆裂,因此上贝氏体的强度和韧性均不高，在生产中基本不使用。下贝氏体中 ε 碳化物细小，分布均匀，α 过饱和固溶体中存在较多的位错，因此，下贝氏体除有较高的强度和硬度外，还有较好的塑性和韧性，即具有优良的综合力学性能，是生产上常用的组织。获得下贝氏体组织是强化钢材的重要途径之一。

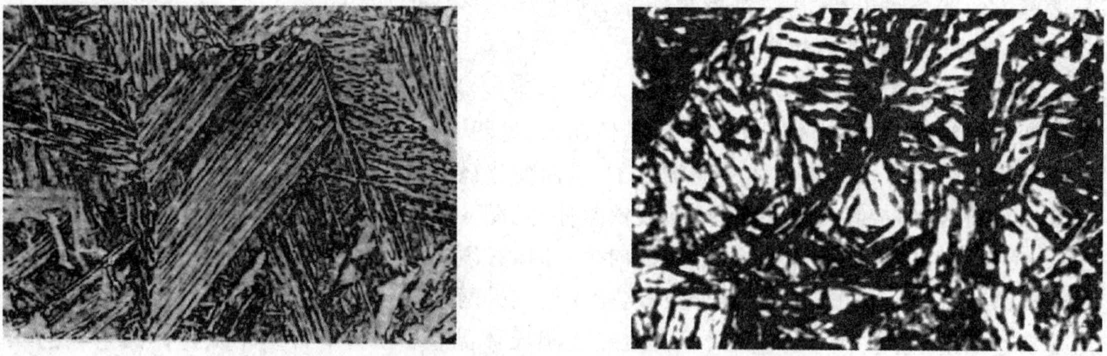

图 6-6 贝氏体组织形貌

a)上贝氏体光学金相形貌；b)下贝氏体光学金相形貌

6.3.2.2 贝氏体的转变过程

发生贝氏体转变时，首先在过冷奥氏体的贫碳区形成 α 过饱和固溶体晶核(其碳的质量分数较高，是过饱和状态)，然后随碳原子的扩散逐渐长大，在贝氏体转变过程中，由于转变温度低，只发生碳原子扩散，大质量的铁原子基本不扩散，属于半扩散型转变。

当温度较高(550～350℃)时，条状 α 过饱和固溶体从奥氏体晶界向晶内平行生长，见图 6-7。随着 α 过饱和固溶体条的伸长和变宽，碳原子不断向条间的奥氏体中富集，最终在 α 过饱和固溶体条间析出杆状渗碳体，形成上贝氏体组织。

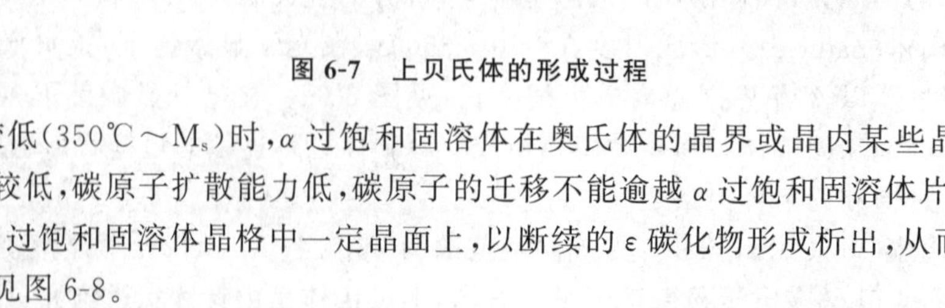

图 6-7 上贝氏体的形成过程

当温度较低(350℃～M_s)时，α 过饱和固溶体在奥氏体的晶界或晶内某些晶面呈针状分布，由于温度较低，碳原子扩散能力低，碳原子的迁移不能逾越 α 过饱和固溶体片的范围，只共格地存在于 α 过饱和固溶体晶格中一定晶面上，以断续的 ε 碳化物形成析出，从而形成下贝氏体组织形貌，见图 6-8。

贝氏体转变速度主要受碳原子扩散速度影响。转变温度越低，碳原子迁移越困难，因而形成贝氏体的速度也就越慢。

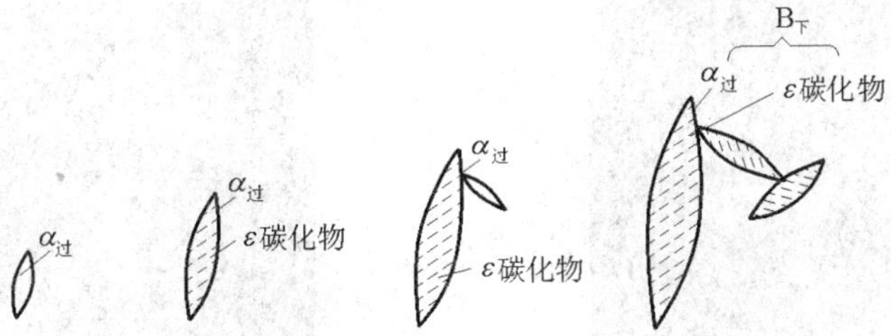

图 6-8 下贝氏体的形成过程

6.3.3 马氏体型转变

6.3.3.1 马氏体(martensite)的组织形态和性能

当奥氏体获得极大过冷至 M_s 以下(对于共析钢为 230℃以下)时,将转变成马氏体类型组织。获得马氏体是钢件强韧化的重要基础。由于钢的种类、成分不同,以及热处理条件的差异,使马氏体的形态和内部精细结构以及形成裂纹的倾向性等发生很大变化,这些变化对马氏体力学性能影响很大,因此掌握马氏体的组织形态以及了解影响马氏体形态的各种因素是十分重要的。

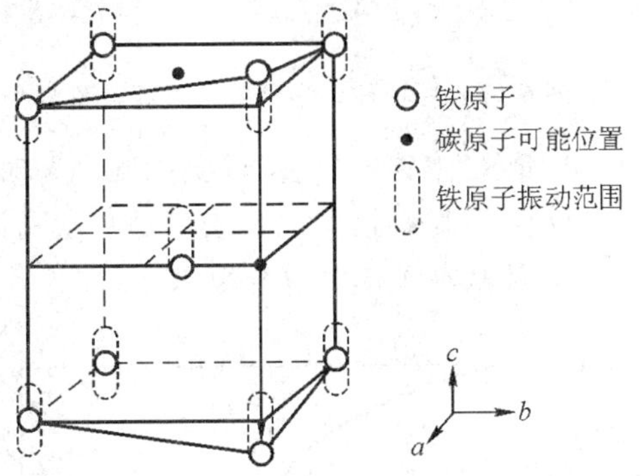

图 6-9 马氏体晶格示意图

(1)马氏体的晶体结构 马氏体是碳在 α-Fe 中的过饱和固溶体,用符号 M 表示。马氏体具有体心正方晶格($a=b\neq c$),见图 6-9。当发生马氏体转变时,奥氏体中的碳全部保留在马氏体中。c/a 称为马氏体的正方度,马氏体碳的质量分数越高,其正方度越大,晶格畸变也就越严重,马氏体的硬度也就越高。

(2)马氏体的组织形态 钢中马氏体组织形态主要有 2 种类型,一类是板条状马氏体(lath martensite),另一类是针片状马氏体(acicular martensite),见图 6-10。

板条状马氏体的立体形态呈细长板条状。显微组织呈一束束的细条状组织,每束内条与条之间大致平行排列,束与束之间有较大的晶格位向差。在一个奥氏体晶粒内可以形成几个位向不同的马氏体束 。在透射电镜下,马氏体板条内的亚结构是高密度的位错,因而也称为位错马氏体。见图 6-11。

针状马氏体的立体形态呈双凸透镜状,显微组织为针片状,是立体形态的截面。片与片之间有较大的位相差。在一个奥氏体晶粒内,先形成的马氏体片横贯奥氏体晶粒,但不能穿越晶界,后形成的马氏体片不能穿过先形成的马氏体片,所以越是后形成的马氏体片也就越小。显然,奥氏体晶粒越细,马氏体片的尺寸也就越小。在透射电镜下,针片状马氏体的亚结构主要是孪晶,因而这种马氏体又称孪晶马氏体,见图 6-12。

实际淬火操作时,由于加热温度比较低,奥氏体晶粒非常细小,淬火后马氏体的组织也非常细小,马氏体形态在光学显微镜下难以分辨,见图 6-13,这种马氏体称为隐晶马氏体。

a) b)

图 6-10 马氏体组织

a)板条状马氏体；b)针片状马氏体

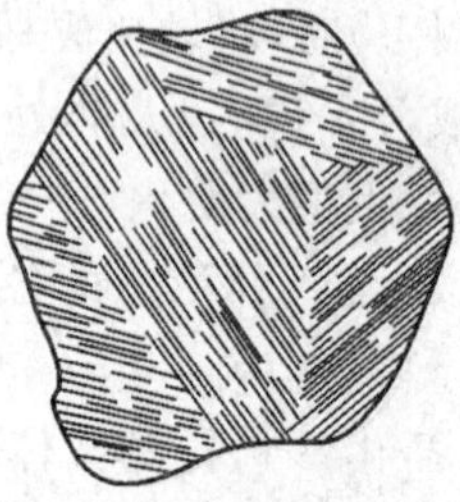

图 6-11 板条马氏体显微组织示意图

图 6-12 片状马氏体显微组织示意图

马氏体的形态主要取决于碳的质量分数。如图 6-14 所示，当碳的质量分数小于 0.2%时，马氏体转变后的组织全部是板条马氏体；当碳的质量分数高于 1%时，则几乎全部是片状马氏体；碳的质量分数介于 0.2%～1%之间时是板条马氏体和针状马氏体的混合组织。

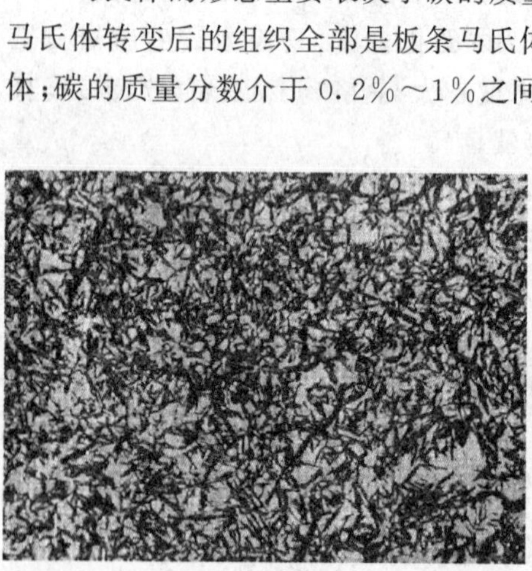

图 6-13 T8 钢正常淬火的马氏体组织

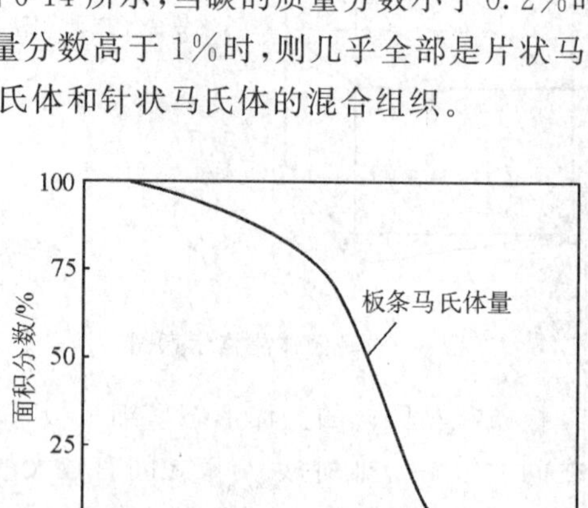

图 6-14 马氏体形态与碳的质量分数的关系

(3)马氏体的性能　高硬度高强度是马氏体性能的主要特点。马氏体的硬度主要受碳的质量分数的影响，随着马氏体的碳的质量分数的增加，其硬度也随之升高。当碳的质量分数达到 0.6%以上时，其硬度变化趋于平缓，见图 6-15。马氏体强化的主要原因是由于过饱和碳原子引起的晶格畸变，即固溶强化。此外马氏体在转变过程中产生的大量晶体缺陷(如位错、孪晶等)和引起的组织细化，以及碳以弥散碳化物形式析出都对钢的强化有不同程度的贡献。合金元素存在对钢中马氏体的硬度影响不大。

马氏体的塑性和韧性主要取决于碳的饱和度与亚结构。板条马氏体塑性和韧性相当好，其主要原因是：①碳在马氏体中过饱和程度小，晶格畸变小，残余应力小；②板条马氏体亚结构为位错。高碳片状马氏体的塑性和韧性都很差，其主要原因是：①碳在马氏体中过饱和程度大，晶格畸变严重，残余应力大；②片状马氏体的亚结构主要是孪晶。因此。通过一定手段在保证足够强度的情况下，减少孪晶马氏体数量，可提高韧性，是发挥材料潜力的有效途径。

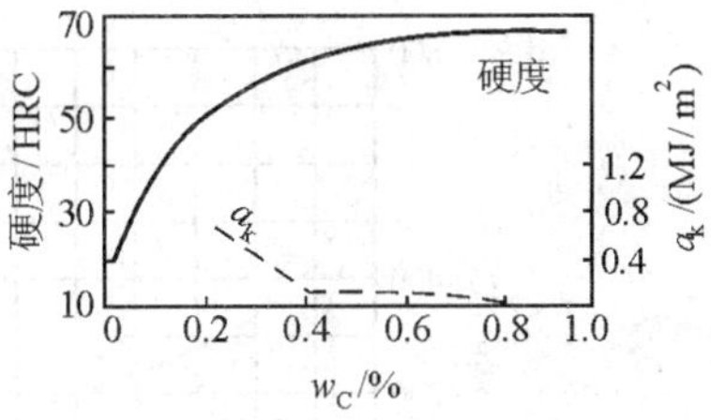

图 6-15　马氏体硬度、韧性与碳的质量分数的关系

6.3.3.2　马氏体的转变特点

马氏体转变是在较低的温度下进行的，因而具有一系列的特点，主要有：

(1)无扩散性　马氏体转变是非扩散性转变，这是由于相变是在相当低的温度下进行，并且转变速度极快。在这样条件下，铁原子和碳原子的扩散都不能进行。因而转变过程中没有成分变化，马氏体的碳质量分数和原来奥氏体的相同。

(2)切变共格和表面浮凸现象　由于原子不能进行扩散，因而晶格转变以切变的机制进行。在切变过程中，由面心立方的奥氏体转变成体心正方的马氏体，新相与母相的晶格必须保持紧密的联系。即马氏体与奥氏体之间界面上的原子是共有的。这种切变的结果可在磨光的试样表面观察到浮凸现象得以证实，见图 6-16。

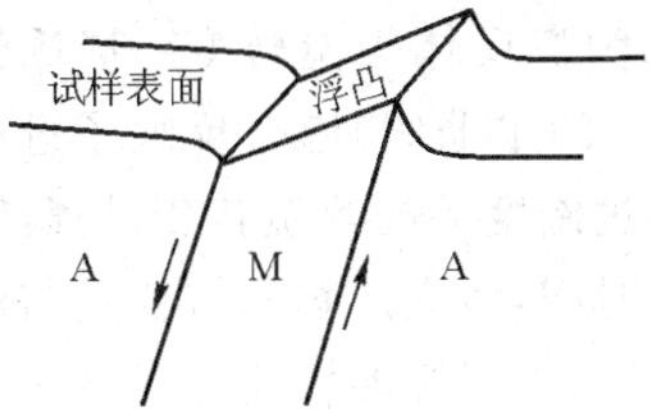

图 6-16　马氏体形成时切变产生浮凸示意图

(3)变温形成　马氏体转变开始后，必须在不断降低温度的条件下转变才能继续进行，冷却中断，转变也就停止。发生马氏体转变的开始温度称为马氏体转变开始点，即 M_s 点。马氏体转变不再进行的温度，称为马氏体转变终了点，即 M_f 点。

(4)高速长大　马氏体生成速度极快，片间相撞易在马氏体片内产生显微裂纹。例如高碳钢中针片状马氏体长大速度为$(1\sim1.5)\times10^6$ mm/s，在 10^{-7} s 内就可形成一片马氏体。低碳板条马氏体长大速度约为 100 mm/s。

(5)转变不完全　马氏体转变也不能获得 100%的马氏体，总有部分奥氏体未能转变而被保留下来，称为残余奥氏体(retained austenite)，以 $A_{残}$ 表示。一般淬火到室温为止，这时残余奥氏体量与 M_s 点有关。M_s 点越高，马氏体量越多，残余奥氏体量越少。M_s 点越低，马氏体量越少，残余奥氏体越多。

M_s 和 M_f 点的温度与冷却速度无关，主要取决于奥氏体中碳的质量分数和合金元素的质量分数。图 6-17 表示了碳素钢奥氏体的质量分数对马氏体转变温度和残余奥氏体量的影响。

6.3.4　过冷奥氏体转变曲线

由于转变温度不同，过冷奥氏体(supercooling austenite)将按不同机理转变成不同的组织(珠光体、贝氏体、马氏体)。虽然转变类型主要取决于转变温度，但是转变量和速度又与时间密切相关。通常可以用温度、时间和转变量之间关系的过冷奥氏体转变曲线表示。

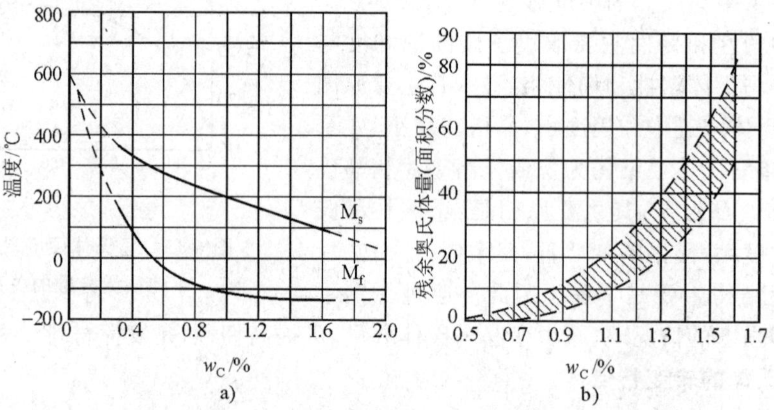

图 6-17 奥氏体中碳的质量分数对马氏体转变温度和残余奥氏体量的影响

a)碳的质量分数对马氏体转变温度的影响；b)碳的质量分数对淬火钢中残余奥氏体量(面积分数)的影响

6.3.4.1 过冷奥氏体等温转变曲线(isot-hermal transformation curve)

将奥氏体迅速冷至临界温度(A_1)以下的一定温度，并在此温度下进行等温，在等温过程中所发生的相变称为奥氏体等温转变。奥氏体等温转变曲线(TTT 曲线)综合反映了过冷奥氏体在不同过冷度下的等温转变过程：转变开始和终了时间，转变产物和转变量与温度和时间的关系，由于等温转变曲线通常呈“C”形状，故又称 C 曲线。

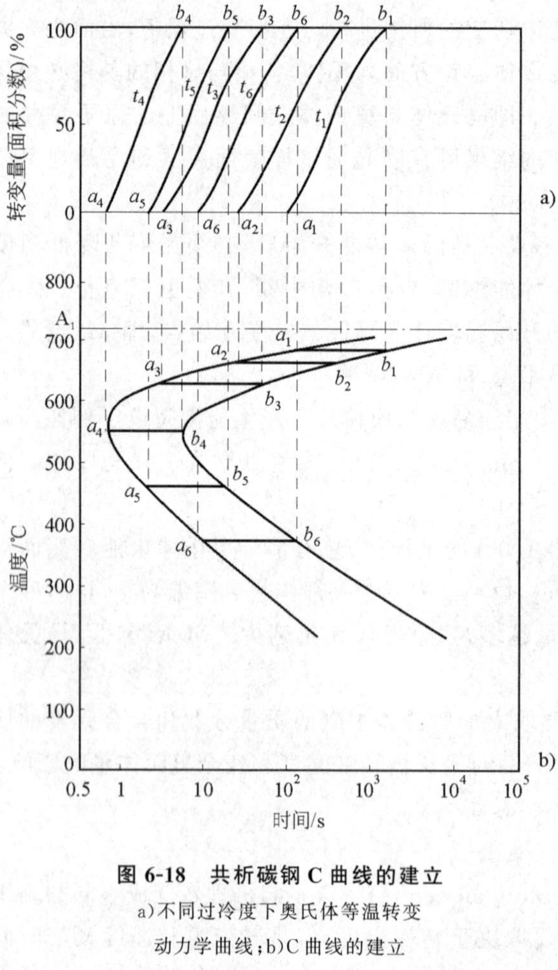

图 6-18 共析碳钢 C 曲线的建立

a)不同过冷度下奥氏体等温转变动力学曲线；b)C 曲线的建立

(1)*等温转变曲线的建立* 等温转变曲线可以用金相法、膨胀法、磁性法、电阻法和热分析法等多种方法建立。所有这些方法都是利用过冷奥氏体转变产物的组织形态或物理性质发生变化进行测定的。

金相法是一种比较直观的测定方法，它是将一组奥氏体化薄片试样迅速放入各个不同等温温度的熔盐槽中。在每个温度保温不同时间，然后迅速冷却，使未转变的奥氏体转变成马氏体，以区别于等温过程中产生的组织，然后用金相法确定在给定的温度下经一定时间等温后转变产物的类型和转变百分数，并将结果绘制成曲线。图 6-18a 是共析碳素钢在不同等温温度的转变量和转变时间的曲线，其中 a 是转变开始点，b 是转变终了点，若将转变开始点 a 和转变终了点 b 标在同一个转变温度-时间的坐标图上，并分别连接各转变开始点和转变终了点，标出转变产物，可得到图 6-18b 所示的曲线，即C 曲线。

(2)C 曲线的分析　从 A_1～550℃为珠光体类型组织转变区；从 550℃～M_s 点为贝氏体类型组织转变区，M_s～M_f 为马氏体组织转变区。转变开始线与纵坐标轴之间的距离称为孕育期。孕育期最短处，过冷奥氏体最不稳定，这里称为 C 曲线的“鼻尖”。对于共析碳素钢来说，“鼻尖”处的温度一般为 550℃。在“鼻尖”以上，转变温度愈高则过冷度愈小，相变驱动力小，孕育期长。在“鼻尖”以下，转变温度愈低，原子扩散越困难，成核慢，孕育期也长。

(3)影响 C 曲线的因素

①碳的质量分数的影响：在正常加热条件下，亚共析钢的 C 曲线随碳的质量分数的增加向右移。过共析钢的 C 曲线随碳的质量分数的增加向左移。故在碳素钢中以共析钢的过冷奥氏体最为稳定。与共析钢 C 曲线相比，亚共析钢和过共析钢的 C 曲线上部还各多一条先共析相析出线，见图 6-19。在过冷奥氏体转变为珠光体前，亚共析钢的过冷 A 要先析出铁素体，而过共析钢的过冷 A 要先析出渗碳体。剩下的过冷 A 的碳质量分数达到共析成分，再发生珠光体类型转变。

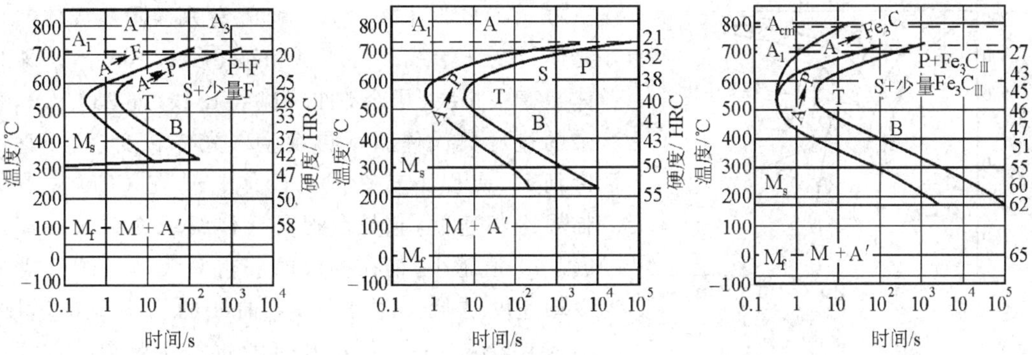

a)　　b)　　c)

图 6-19　亚共析钢、共析钢和过共析钢的 C 曲线

a)亚共析钢；b)共析钢；c)过共析钢

②合金元素的影响：除钴以外，所有的合金元素溶入奥氏体后，都增大过冷 A 的稳定性，使C 曲线右移。碳化物形成元素的含量较高时，使C 曲线形状也发生变化，如图 6-20 所示，出现两组曲线。

③加热温度和保温时间的影响：随着加热温度的提高和保温时间的延长，奥氏体的成分更加均匀，同时奥氏体晶粒粗大，晶界面积减少，作为奥氏体冷却转变的晶核数量减少，这些都提高过冷奥氏体稳定性，使C 曲线右移。

6.3.4.2　过冷奥氏体连续冷却转变曲线(continuous cooling transformation curve)

在实际生产中，过冷奥氏体大多是在连续冷却时转变的，这就需要测定和利用过冷奥氏体连续转变曲线(即 CCT 曲线)。常用测定方法有金相法、膨胀法和磁性法。

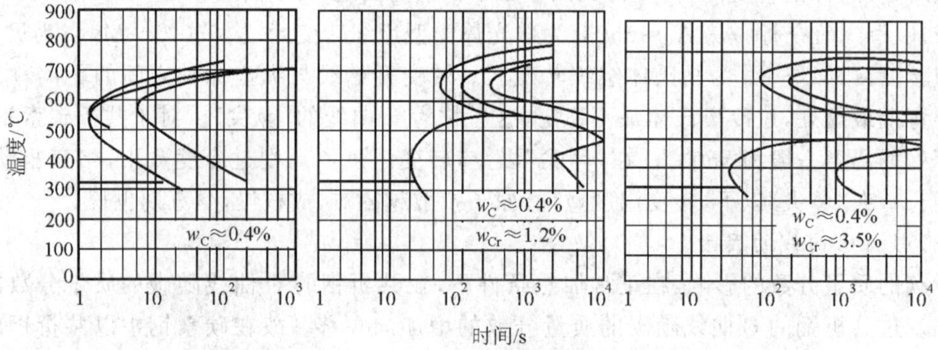

图 6-20　铬对 C 曲线的影响

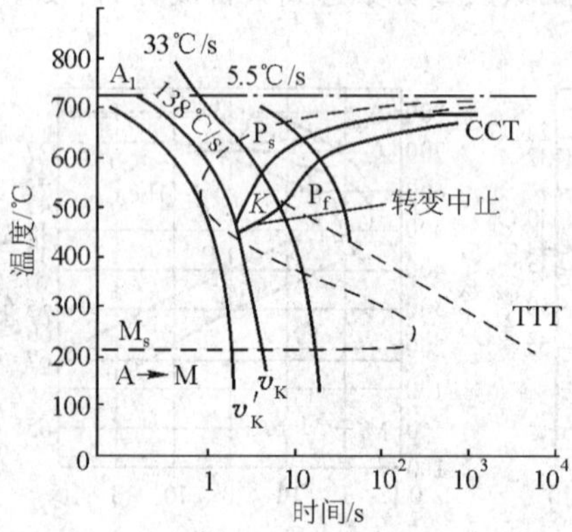

图 6-21　共析钢 CCT 曲线与 TTT 曲线比较图

图 6-21 是共析碳钢 CCT 曲线与 TTT 曲线（虚线）比较图，由图可见，CCT 曲线位于 TTT 曲线的右下方。在 CCT 曲线上 P_s 和 P_f 分别表示奥氏体向珠光体转变开始线和终了线，K 线表示奥氏体向珠光体转变中止线，凡冷却曲线碰到 K 线（如 33℃/s），剩余的过冷奥氏体就不再发生珠光体转变，而一直保持到 M_s 点以下转变成马氏体。v_K 是 CCT 曲线的临界冷却速度，它是获得马氏体组织的最小冷却速度。v_K 值越小，钢在淬火时获得马氏体组织所需的冷却速度越低。v_K' 是 TTT 曲线的临界冷却速度。$v_K' \approx 1.5\ v_K$。在连续冷却时用 v_K' 作为临界冷却速度去研究钢接受淬火能力的大小显然是不合适的，但如果找不到某钢的 CCT 曲线而只有 TTT 曲线，可借用 TTT 曲线定性地分析应得的组织。

以不同冷却速度连续冷却时，过冷奥氏体的转变产物是不同的，见图 6-21。随炉冷却得到珠光体。以 5.5℃/s 冷却速度（空冷）连续冷却得到的产物是索氏体。33℃/s 时（油冷）得到托氏体和少量马氏体，大于 138℃/s（水冷）得到马氏体和残余奥氏体。

6.4　钢的退火和正火

退火和正火都是应用非常广泛的热处理工艺，在机械零件加工制造过程中，正火和退火经常作为预先热处理工序，安排在铸造和锻造之后，切削（粗）加工之前，用以消除前一工序所带来的某些缺陷，为随后工序做组织准备。但对要求不高的工件，也可作为最终热处理。

6.4.1　退火和正火的主要目的

1）调整硬度以便进行切削加工。经适当退火和正火后，可使工件硬度调整到 170～250 HBS，该硬度值具有最佳的切削加工性能。

2）消除残余内应力，减少工件在后续加工中的变形和开裂。

3）细化晶粒，改善组织，提高力学性能。正火可以消除过共析钢中网状 Fe_3C。

4)为最终热处理(如淬火)做好组织准备。

6.4.2 退火(annealing)

退火是将金属或合金加热到适当温度,保持一定时间,然后缓慢冷却的热处理工艺。

退火根据钢的成分和工艺目的不同,可分为完全退火、等温退火、球化退火、均匀化退火(扩散退火)、去应力退火和再结晶退火。

(1)完全退火 将钢完全奥氏体化,随之缓慢冷却,获得接近平衡状态组织的退火工艺。完全退火又称重结晶退火和普通退火。完全退火的周期比较长,这种退火主要用于亚共析成分的中碳钢和大中型合金钢的铸、锻件及热轧型材,有时也用于焊接结构。一般是作为重要件的预先热处理,也可作为一些不重要工件的最终热处理。

(2)球化退火 使钢中碳化物球状化而进行的退火工艺。球化退火是一种不完全退火,主要用于共析钢和过共析碳素钢及合金工具钢,目的在于降低硬度,改善切削加工性能,并为后续的淬火做组织准备。

球化退火所得到的组织为铁素体基体上弥散分布着颗粒状渗碳体的组织,成为粒状珠光体,见图 6-22。

为了便于球化过程进行,对于有严重网状二次渗碳体的过共析钢,应在球化退火前进行正火处理,消除网状。

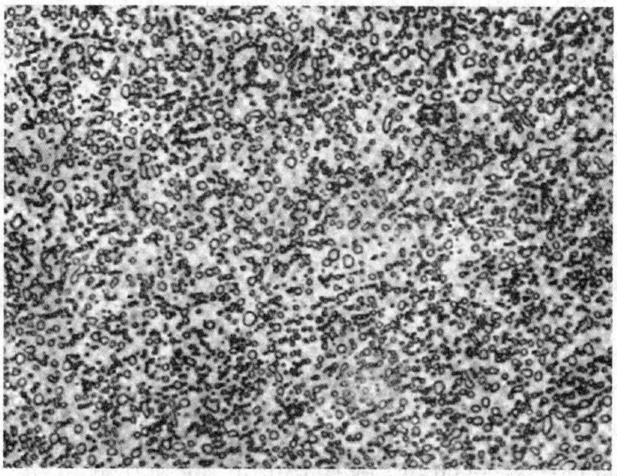

图 6-22 粒状珠光体(×500)

(3)等温退火 是将钢件或毛坯加热到高于 A_{c_3}(或 A_{c_1})温度,保持适当时间后,较快地冷却到珠光体转变温度区间的某一温度并保持,使奥氏体转变为珠光体型组织,然后在空气中冷却的退火工艺。等温退火使工件在炉内的停留时间大大缩短,提高热处理炉的使用率,缩短生产周期,特别适合某些合金钢的小型工件。例如,高速钢采用普通退火需要 15～20 h,而采用等温退火所需要时间大大缩短,高速钢的普通退火工艺比较见图 6-23。

等温退火对于亚共析钢可替代完全退火,对于共析钢、过共析钢,可代替球化退火。但是,装炉量不宜多。

(4)均匀化退火(扩散退火) 均匀化退火是将铸件加热到略低于固相线的温度为 A_{c_3} + 150～200℃长时间保温,然后缓慢冷却的热处理工艺。均匀化退火主要用于消除某些具有化学成分偏析的铸钢件及锻轧件。

(5)去应力退火 去应力退火是将工件加热至 A_{c_1} 以下某一温度(根据具体零件确定),保温后随炉冷却到 160℃以下出炉空冷。去应力退火是一种无相变的退火,主要用于消除铸、锻、焊件的内应力,稳定尺寸,防止后续工序中工件变形和开裂。

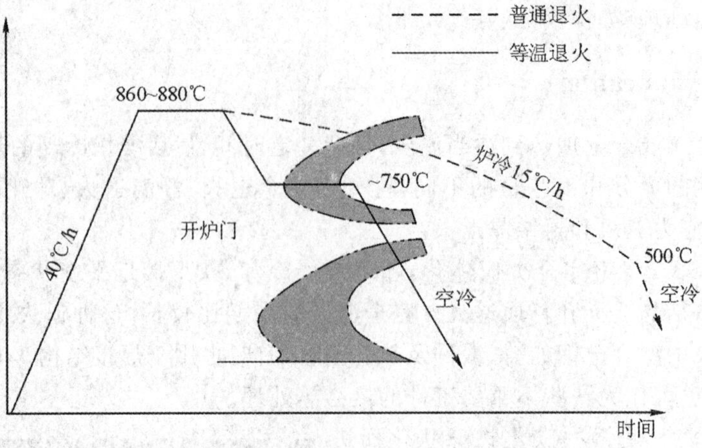

图 6-23　高速钢等温退火与普通退火的比较

6.4.3　正火(normalizing)

正火是将钢材或钢件加热到 A_{c_3}（或 $A_{c_{cm}}$）以上 30～50℃，保温适当的时间后，在静止的空气中冷却的热处理工艺。

正火与退火的主要区别是冷却速度不同，正火后的组织比较细，比退火强度、硬度有所提高，而且生产周期短，操作简单。过共析钢正火后可消除网状碳化物，所以正火是最常用的消除网状碳化物热处理工艺；低碳钢正火可显著改善切削加工性能。碳的质量分数在 0.4%以下的中碳钢都可用正火代替完全退火。因此，正火是一种优先采用的预先热处理工艺。一些大直径工件也可以用正火作为最终热处理。

各种退火、正火加热范围见图 6-24。

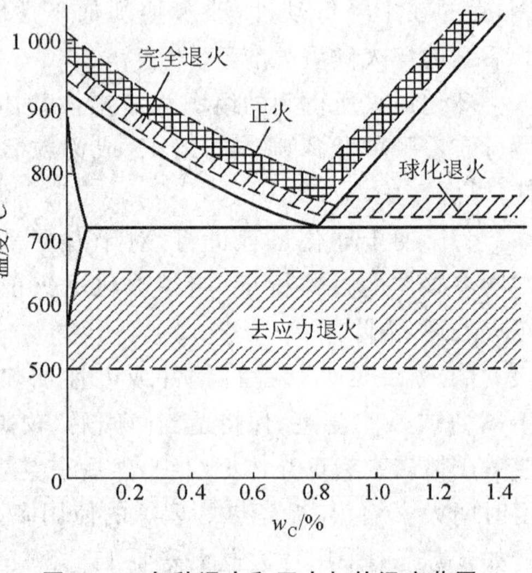

图 6-24　各种退火和正火加热温度范围

6.5　钢的淬火

钢的淬火(quenching)是将钢件加热到 A_{c_3} 或 A_{c_1} 相变点以上某一温度，保持一定时间，然后以大于 v_K 的速度冷却，获得马氏体和(或)下贝氏体组织的热处理工艺。主要目的是通过先获得马氏体或下贝氏体，再为以后获得各种力学性能的实用回火组织做准备。

6.5.1　淬火温度的选择

碳素钢的淬火温度可利用 $Fe\text{-}Fe_3C$ 相图来选择，见图 6-25。为防止奥氏体粗大，淬火温度不宜太高，一般规定淬火温度在临界点以上 30～50℃。

对于亚共析钢，淬火温度为 A_{c_3} +30～50℃，可获得均匀细小的马氏体组织。如果淬火温度过高，则会出现粗大马氏体组织，同时引起钢件较严重的变形或开裂。如果淬火温度过低，在淬火组织中将出现铁素体，造成钢的硬度不足、强度不高。

对于共析钢和过共析钢，淬火温度为 $A_{c_1}+30\sim50$℃，是部分奥氏体化，加之共析钢和过共析钢都经过球化退火处理，因而淬火后的组织为细马氏体加颗粒状渗碳体和少量残余奥氏体。如果淬火温度过高，奥氏体晶粒粗大，过多的碳溶于 A 中，淬火后的马氏体也粗大，且残余奥氏体量提高，这不仅降低硬度、耐磨性和韧性，而且会增大变形和开裂倾向。

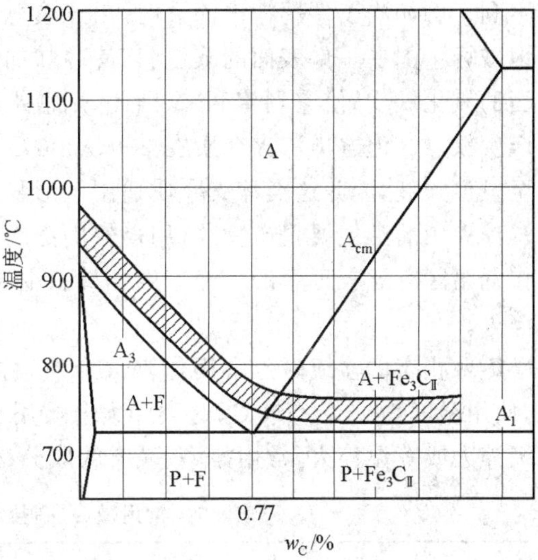

图 6-25 碳素钢的淬火加热温度范围

对于合金钢，由于大多数合金元素（Mn，P 除外）有阻碍奥氏体晶粒长大的作用，因而淬火温度允许比碳素钢高，一般为临界点以上 50～100℃，提高淬火温度有利于合金元素在奥氏体中充分溶解和均匀化，以取得较好的淬火效果。

6.5.2 淬火介质

在淬火工艺中所采用的冷却介质称为淬火介质。淬火介质可以是液体或气体。淬火介质对保证淬火工艺的实施起至关重要作用。

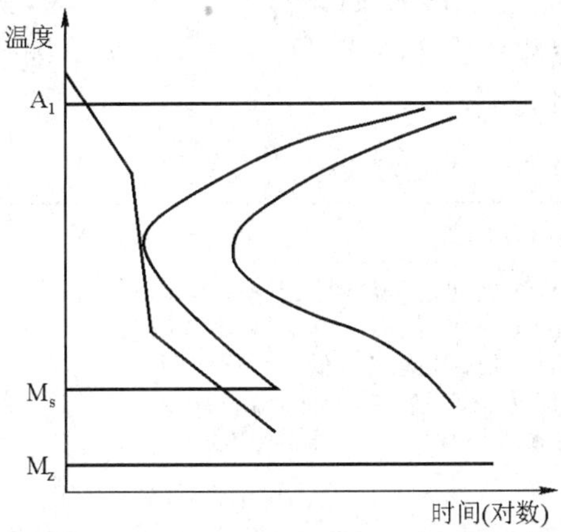

图 6-26 钢的理想淬火冷却速度

由过冷奥氏体转变的 C 曲线上可知，淬火介质的冷却能力必须保证工件以大于临界冷却速度（v_K）冷却才能实现淬火，冷速越快，产生的内应力越大，易引起工件变形和开裂。因此，较为理想的淬火介质应该是在 C 曲线“鼻尖”附近快冷，使冷却曲线不与 C 曲线相交，而在 M_s 点附近应尽量慢冷，以减少马氏体转变时产生的组织内应力。这样既保持较高的淬火冷却速度，又不致形成较大的淬火应力。理想的淬火冷却速度见图 6-26。但到目前为止，尚找不到这种理想冷却介质。

目前对淬火介质进行了广泛深入的研究，已出现种类繁多的淬火介质以适应不同材料、不同热处理工艺的需要，特别是聚合物淬火介质已经开始推广应用，但目前常用的冷却介质仍是水和油。

水是最经济的且冷却能力较强的淬火介质，水的化学稳定性很高，热容量较大，但纯水在 500～650℃范围内冷却能力不够强，而在 200～300℃范围内又不够缓慢。为了改善水的冷却特性，通常采用的方法是在水中加入质量分数为 10%～15% 的 NaCl，NaOH，Na_2CO_3 等物质，可明显提高水在高温区的冷却能力，但在 200～300℃范围内的冷却能力仍较强，对减小变形不利。例如当工件用盐水淬火时，由于食盐（NaCl）晶体在工件的表面析出和爆裂，不仅有效地破坏包围在工件表面的蒸汽膜，使冷却加快，而且能破坏在淬火加热时所形成的附在工件表面的氧化铁皮，使它剥落下来，因此，用盐水淬火的工件容易得到高的硬度和光洁的表面，不易产生软点。但这类淬火介质在200～300℃范围内冷却能力仍较强，这将使工件变形严重，甚至发生开裂，因此这类淬火介质适用于形状简单、尺寸较大的碳素钢件。

淬火用的油主要是矿物油，用得较广泛的是L-AN15机油。油的冷却能力在高温区较弱，但在低温区有比较理想的冷却速度，因此，主要用于v_K较小的合金钢或小尺寸的碳素钢工件的淬火。

熔融状态的盐或碱也常用作淬火介质，称为盐浴或碱浴，它们的冷却能力介于油和水之间，使用温度为150～500℃，这类淬火介质用于形状复杂、变形要求严格的尺寸较小的零件的分级淬火或等温淬火，常用盐浴、碱浴的成分、熔点及使用温度见表6-1。

表6-1　常用碱浴、硝盐浴的成分、熔点及使用温度

介质	成分及其质量分数	熔点/℃	使用温度/℃
碱浴	80%KOH+20%NaOH，另加3%KNO_3+3%$NaNO_2$+6%H_2O	120	140～180
	85%KOH+15%$NaOH_2$，另加3%～6%H_2O	130	150～180
硝盐浴	53%KNO_3+40%$NaNO_2$+7%$NaNO_3$，另加3%H_2O	100	120～200
	55%KNO_3+45%$NaNO_2$，另加3%～5%H_2O	130	150～200
	55%KNO_3+45%$NaNO_2$	137	155～550
	50%KNO_3+50%$NaNO_2$	145	160～500

为了寻求理想的介质，大量的研究工作仍在进行，目前提倡使用的水溶性淬火介质，其中有过饱和硝盐水溶液、氧化锌-碱水溶液、水玻璃淬火液、合成淬火液（聚乙烯醇）淬火剂等，新型淬火介质的成分、冷却特性和用途见表6-2。这些冷却介质冷却能力可根据体积质量进行调整，性能比较稳定可靠，有的已形成系列产品供应市场。

表6-2　新型水溶性淬火介质的成分、冷却特性和用途

冷却介质名称	主要成分及其质量分数 w	冷却特性说明	适用范围
过饱和硝盐水溶液	$NaNO_3$ 25% $NaNO_2$ 20% KNO_2 20% 水 35% 碳钢淬火：溶液密度1.40～1.45 g/cm³ 低合金钢淬火：溶液密度1.45～1.50 g/cm³ 工作温度30～50℃	介于水与油之间，高温下冷速比油快3倍，低温时仅为油的1倍，但比水冷速慢。淬火后工件变形小，淬裂倾向小	中碳钢(35,40,45) 高碳钢(T7,T8,T9,T10) 低合金钢(9SiCr，18CrMnTi) 球墨铸铁
氯化锌-碱水溶液	$ZnCl_2$ 49% NaOH 49% 肥皂粉 2% 加300倍水稀释 使用温度20～60℃，搅拌均匀	高温区冷速比水快，低温区冷速比水慢。淬火后变形小，表面较光亮	中高碳钢中小型形状复杂工模具淬火

续表 6-2

冷却介质名称	主要成分及其质量分数 w	冷却特性说明	适用范围
水玻璃淬火液	"351"淬火剂配比： 水玻璃(稀释后密度 1.27～1.30 g/cm³) 7%～9% NaCl 11%～14% Na_2CO_3 11%～14% NaOH 0.5% 水 62.5%～70.5% 使用温度:30～65℃	冷却能力介于水与油之间，性能稳定，冷速可调节，可作为淬火油代用品，但对工件表面有腐蚀作用	作为大批量需油淬工件的淬火油的代用品
合成淬火剂(聚乙烯醇溶液) PVA(Polgvinyl alcohol solutions)	含 0.1%～0.4%聚乙烯醇水溶液，工作温度 25～45℃	高温区冷速与水近似，低温区比水的冷速要慢，淬火时在工件表面形成凝胶状薄膜使沸腾及对流期延长，该膜在以后冷却中又自行溶解。冷速可调，提高 PVA 浓度冷却能力下降。无毒、无臭、不燃，具有一定防腐、防锈、消泡能力	加水稀释到不同浓度可广泛用于碳素工具钢、合金结构钢、轴承钢等多种材料，其中以中碳钢应用效果最好
聚醚淬火剂： 美国商业牌号 UconA、或 UQA(Ucon Quen-chngA) 我国试生产牌号：903 聚二醇水溶液	903 成分(质量比) 环氧乙烷 45% 环氧丙烷 45% 多乙烯多胺 10% 氢氧化钾 0.6% 平均相对分子质量 10 000～12 000 羟值[①] 45～50 mg 水分<0.1% 酸值[①]<0.15 mg 闪点 250～260℃ 逆熔点 60～70℃ 使用温度<50℃	为逆溶性淬火介质，低于 75～80℃完全溶于水中，温度升高在水中溶解度反而下降，提高溶液浓度冷却能力降低，对控制截面不均匀及管壁零件变形有显著效果，易清洗，安全	低于大扭矩柴油机曲轴感应加热淬火、合金钢锻模、装甲板及航空用铝、钛合金零件淬火

①指中和 1 g 油中酸(羟)所需的氢氧化钾的质量。

6.5.3 常用淬火方法

由于目前还没有理想的淬火介质，因而在实际生产中应根据淬火件的具体情况采用不同淬火方法，常用淬火方法见图 6-27。

(1)单液淬火　单液淬火法是指将淬火加热的工件放入一种淬火介质中连续冷却到室温的方法。例如，碳素钢在水中淬火，合金钢在油中淬火等均属于单液淬火。这种淬火方法操作简便，易于实现机械化、自动化。但淬火产生的应力较大。

(2)双液淬火　将钢件奥氏体化后，先浸入一种冷却能力较强的介质，在钢件到达 M_s 温度前取出，马上浸入另一种冷却能力较弱的介质中继续冷却的淬火工艺方法。常用的方法是水淬油冷，其优点是

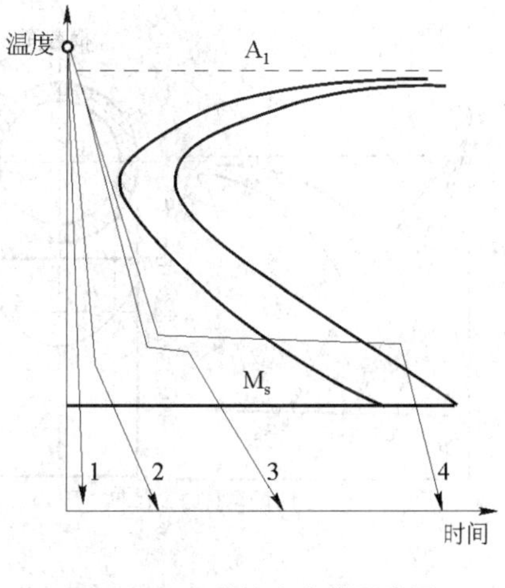

图 6-27　各种淬火方法示意图

1 单液淬火法；2 双液淬火法；3 分级淬火法；4 等温淬火法

利用了两种介质的特点，获得了较理想的冷却条件。缺点是操作复杂，在第一种介质中停留时间不易掌握，需要有实践经验，主要用于形状复杂的高碳钢工件及大型合金工件。生产中使用的方法还有水淬空冷、油淬空冷，其作用均是在鼻尖区内较快冷却，而在马氏体点附近冷却要缓慢，以减少淬火应力引起的变形和开裂。

(3)马氏体分级淬火　钢材奥氏体化后，随之浸入温度稍高或稍低于钢的上马氏体点的液态介质(盐浴或碱浴)中，保持适当时间，待钢件的内、外层达到介质温度后取出空冷，以获得马氏体组织的淬火工艺。由于分级淬火 M 转变时钢件内、外温差小，产生内应力小，组织应力小，故可有效地避免钢件变形或开裂。但由于钢件在盐浴或碱浴中冷却能力差，所以只适合尺寸比较小的工件。

(4)贝氏体等温淬火　钢材或钢件加热奥氏体化后，随之快冷到贝氏体转变区间(260～350℃)等温保持，使过冷奥氏体转变成下贝氏体的淬火工艺方法。经这种方法处理的零件强度高，塑性、韧性好，同时淬火应力小，变形小，不用回火处理。多用于形状复杂和要求高的零件。

6.6 钢的淬透性

6.6.1 淬透性的基本概念

淬火时往往会遇到 2 种情况：一种是工件从表面到中心都获得马氏体组织，从外到里都具有较高硬度，称之为“淬透”了；另一种是工件表层获得马氏体组织，具有较高硬度，而心部是非马氏体组织，其硬度较低，称之为“未淬透”。通常我们将未淬透的工件上具有高硬度的马氏体组织的这一层称为“淬硬层”。钢件能否淬透与钢的淬火临界冷却速度(v_K)有关。工件淬火时，表面与心部的冷却速度是不同的，表面最快，中心最慢，见图 6-28。如果工件截面某一处的冷速低于临界冷却速度，则不能得到马氏体，从而造成未淬透现象。如果工件截面上各处的冷速都大于淬火临界冷速，则工件从外到里均获得全马氏体，亦即淬透了。

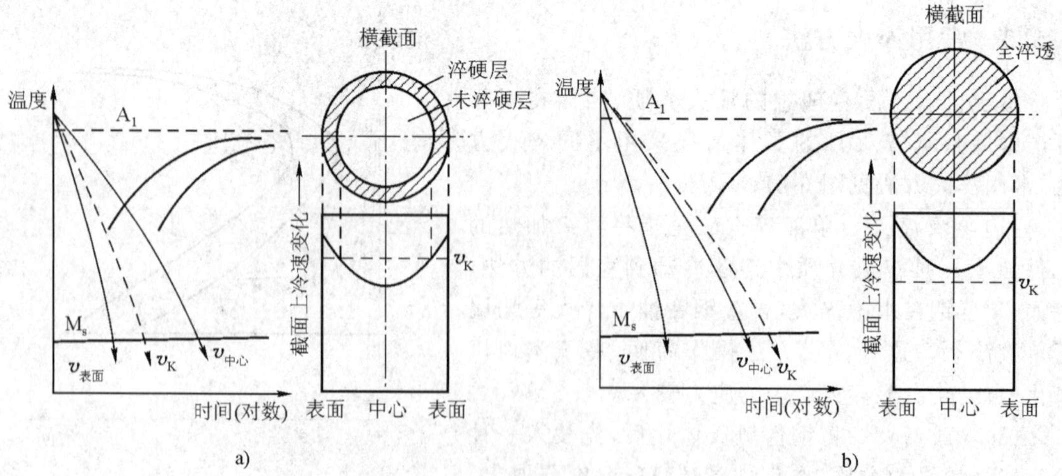

图 6-28　零件表面上各处冷速变化及产生的后果

a)未淬透；b)淬透

所谓钢的淬透性(hardenability)是指规定条件下钢材获得淬硬层深度的能力,它是钢材固有的一种属性。

6.6.2 淬透性对钢力学性能的影响

淬透性对钢的力学性能影响很大,如果工件淬透了,表里的性能均匀一致,能充分发挥钢材的力学性能潜力;如果未淬透,表里的性能便存在差异,尤其在高温回火后,心部的强韧性将比表层低,图 6-29 表明用两种不同材料制成的工件经调质处理后,淬透的和未淬透的力学性能沿工件截面分布的情况。由图可见,二者表面硬度虽然相同,但是其他力学性能有明显差异。淬透的钢,其力学性能沿截面分布是均匀的,而未淬透的钢,心部的力学性能低,尤其是冲击韧度(a_k)更低。这是因为淬透工件的调质组织由表及里都是回火索氏体,具有较高的韧性;而未淬透的工件心部是片状索氏体和铁素体,韧性较低。各种结构零件根据其工作条件的不同,对钢的淬透性有不同的要求。如弹簧、热锻模等,要求淬透,而齿轮等可以不淬透。

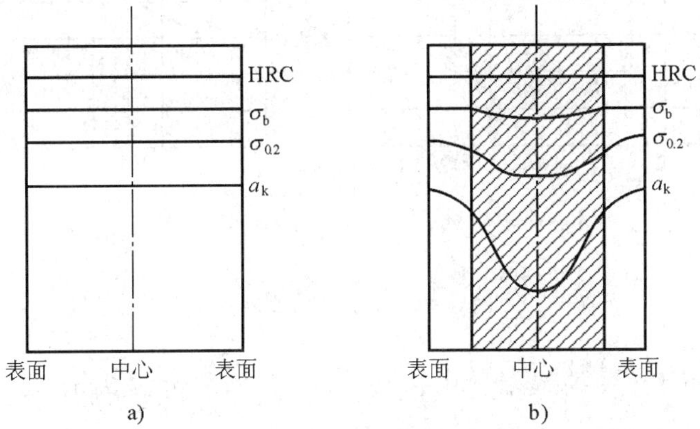

图 6-29 淬透性不同的钢调质后力学性能的分布情况

a)淬透钢件性能沿截面分布情况;b)未淬透钢件性能沿截面分布情况

6.6.3 影响淬透性的因素

影响钢的淬透性的决定性因素是临界冷却速度 v_K。临界冷却速度小,钢的淬透性就越大,临界冷速与钢的化学成分和奥氏体化温度之间有密切关系。

在亚共析钢成分范围内,随着含碳量增加,钢的临界冷速降低,淬透性有所增加;在过共析钢范围内,随着碳的质量分数增加,钢的临界冷速反而增加,淬透性降低,特别当碳的质量分数超过 1.2%~1.3%时,淬透性将明显下降。

除 Co 外,大多数合金元素如 Mn,Mo,Cr,Al,Si 和 Ni 等,都降低钢的临界冷速,提高钢的淬透性。

奥氏体化温度对临界冷却速度和淬硬深度有显著影响,有些钢在较高温度下淬火,可以降低临界冷却速度,改善钢的淬透性。可见,钢的淬透性是正确选用钢材和制定热处理工艺的重要依据之一。

6.6.4 淬透性的测定和表示方法

目前测定钢的淬透性最常用的方法之一是末端淬火法，简称端淬法。此法通常用于测定优质碳素结构钢、合金结构钢，也可用于测定弹簧钢、轴承钢、工具钢的淬透性。

GB 225—88 规定了试样形状尺寸及试验原理，将试样按规定的奥氏体化条件加热后，迅速放入试样装置中喷水冷却。水温 10～30℃，水压以自由水柱高 65 mm 为准，因试样是一端喷水冷却，故水冷端冷速最快，离水冷端越远，其冷速越慢。冷却完毕后沿试样纵向两侧各磨去 0.2～0.5 mm，并从水冷端 1.5 mm 处开始，每隔一定距离测定一次硬度，将硬度随距水冷端距离的变化绘成曲线，称为淬透性曲线，见图 6-30。

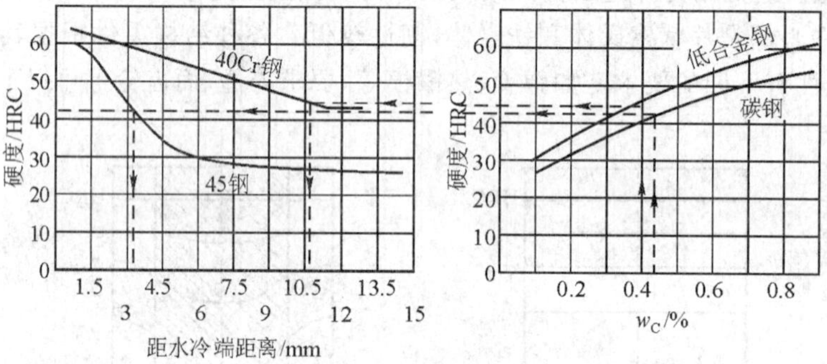

图 6-30 淬透性曲线举例

钢的淬透性值可用 J $\frac{HRC}{d}$ 表示。其中 J 表示末端淬透性，d 表示至水冷端的距离，HRC 为该处测得的硬度值。例如 J $\frac{30\sim35}{10}$ 表示距水冷端 10 mm 处试样硬度值是 30～35 HRC。

钢的淬透性有时也用临界淬透直径 D_0 表示，把钢加热到 A 相区，随后在同一淬火介质中淬火，心部得到全部 M 或 50%M 组织时的最大直径即 D_0。比较 D_0 也可判断钢的淬透性。

6.6.5 淬硬性与淬透性

淬硬性是指钢在正常淬火条件下所能达到的最高硬度。淬硬性主要与钢中的碳的质量分数有关，更确切地说它取决于淬火加热时固溶于奥氏体中的碳的质量分数。奥氏体中固溶的碳越多，淬火后马氏体的硬度也就越高。由此可见，淬硬性与淬透性的含义是不同的，淬硬性高的钢，其淬透性不一定高，而淬硬性低的钢，其淬透性也不一定低。

6.6.6 淬透性在生产中的应用

钢的淬透性是设计工件、合理选择钢材和正确制定热处理工艺的重要依据。

机械制造中许多大截面零件和动载荷下工作的许多重要零件，以及承受拉力和压力的螺栓、拉杆、连杆、锻模、锤杆、弹簧等重要工件，常常要求零件的表面和心部的力学性能一致，此时应当选用能全部淬透的钢。

当某些工件的心部力学性能对于使用条件没有什么影响的情况下，例如只承受弯、扭负荷的轴、齿轮等零件，不要求淬透，可考虑选用淬透性适宜的钢即可。

有些工件不可选用淬透性高的钢，如焊接件，若选用淬透性高的钢，就容易在焊缝的热影响区内出现淬火组织，造成焊件变形和裂纹。

对于淬透性好的钢，可以采用冷却速度缓慢的淬火介质，这对减小形状复杂工件的变形是十分有利的。淬透性低的大尺寸工件，淬硬层很浅，应考虑在淬火之前进行适当地切削加工，去掉多余部分。碳素钢的淬透性很低，在设计大尺寸工件时，用调质处理不如用正火处理更经济，例如设计工件尺寸为 ϕ 100 mm，用 45 钢调质后 σ_b 达到 610 MPa，正火后的 σ_b 也能达到 600 MPa。力学性能相近，但正火比调质省时、省力、省能源，可降低成本。

6.7 钢的回火

6.7.1 回火的目的

回火(tempering)是指将淬火后的钢再加热到不超过 Ac_1 的温度，保温一定时间，然后冷却到室温的热处理工艺。回火的主要目的是：

1)降低脆性，消除或减少内应力。钢件淬火后存在很大内应力和脆性，如不及时回火往往会使钢件继续发生变形甚至开裂。

2)获得工件所要求的力学性能。工件淬火获得 M 后，硬度高而脆性大，为了满足各种工件不同性能的要求，可以通过适当回火来调整硬度，减小脆性，得到所需要的韧性和塑性。

3)稳定工件尺寸。淬火马氏体和残余奥氏体是不稳定的组织，会自发地向稳定的铁素体和渗碳体或碳化物的两相混合物组织转变，因各相比容不同可引起工件的尺寸和形状的继续变化。利用回火处理可以促使它们充分转变到一定程度，使其组织结构稳定化，以保证工件在以后使用过程中不再发生尺寸和形状的改变。

4)对于退火难以软化的某些合金钢，淬火后(或正火后)再进行较高温回火，使钢中 M→F，碳化物也适当球化，将硬度降低，以利切削加工，这种工艺称为调质球化。

6.7.2 回火种类及应用

淬火钢的回火实质上是淬火的马氏体分解以及碳化物析出、聚集长大的过程，是由非平衡态组织趋向平衡态组织的转变。淬火碳素钢在回火过程中大致包括马氏体分解、残余奥氏体转变、碳化物聚集长大和 α 固溶体回复与再结晶等 4 个阶段，可得到回火 M、回火 T、回火 S 和回火 P 4 种组织。回火转变是扩散型转变。根据工件所需的力学性能要求，按回火温度范围，可将回火分为以下几种。

(1)低温回火(150～250℃)　在此温度范围内，固溶在马氏体中过饱和碳原子脱落、沉淀，析出 ε-碳化物(晶体结构为六方晶格，分子式为 $Fe_{2.4}C$)，这种碳化物与马氏体保持共格。ε-碳化物是一个亚稳定相，随温度提高向渗碳体转变。由于回火温度低，马氏体中碳并未完全析出，由过饱和的 α 固溶体和与母相共格的 ε-碳化物组成的组织称为回火马氏体(回火 M)。淬火碳素钢中残余奥氏体自 200℃开始分解，至 300℃分解基本完成，一般转变为 α 过饱和固溶体+ε-碳化物，由于此时的碳化物极细小，又与母相共格，加之母相仍是过饱和固溶体，因此淬火钢在低温回火仍然保持高硬度，但淬火应力和脆性大大降低了。

这种回火主要是为了降低钢中残余应力和脆性，而保持钢在淬火后得到的高硬度和高耐磨性。各种高碳工模具、量具，经常采用≤200℃回火，得到回火马氏体和残余奥氏体组织，硬度一般为 58～64 HRC。

(2)中温回火(350～500℃)　当温度高于 350℃，渗碳体形成，并从母相中脱溶，随温度升高逐渐长大。400℃后，α 相将进入回复过程，组织是保持原 M 形态的铁素体和粒状渗碳体，被称为回火托氏体(回火 T)。淬火钢在此温度范围内回火所产生的内应力基本消除。硬度为 35～45 HRC，性能特点是具有较高的弹性极限、屈服极限和一定韧性，主要用于弹簧及热锻模等处理。

(3)高温回火(500～650℃)　当温度高于 500℃时针状或条状形态的 F 相逐渐转变成多边形的 F 晶粒。由于 α 相发生再结晶，淬火所产生的固溶强化作用已完全消失，渗碳体球化并长大，使硬度、强度显著降低，而韧性、塑性提高，由等轴 F＋粒状碳化物组成的组织称为回火索氏体(回火 S)。回火索氏体硬度为 20～35 HRC。这种回火主要是为了得到强度、塑性、韧性都较好的综合力学性能，一般习惯将淬火加高温回火得到回火 S 的热处理称为调质处理。调质处理广泛应用于各种重要的结构零件，如连杆、曲轴和齿轮等零件。

当回火温度高于 650℃时，随着回火温度的升高，铁素体长大，渗碳体球化，得到的组织称回火珠光体(回火 P)。

6.7.3 回火脆性

淬火钢在回火时，一般是随回火温度的增高，强度、硬度降低，塑性、韧性升高。但是许多钢的回火温度与冲击韧度的关系曲线出现 2 个低谷，见图 6-31，一个在 200～350℃，一个在450～650℃之间，这种淬火钢在某些温度区间回火或从回火温度缓慢冷却通过该温度区间的脆化现象称为回火脆性。在 200～350℃出现的回火脆性成为第一类回火脆性，或低温回火脆性，这种回火脆性属于不可逆回火脆性，所有淬火钢都存在这类回火脆性，故生产上常避开在 200～350℃范围内回火。在 450～650℃之间出现的回火脆性称第二类回火脆性或高温回火脆性，这是一种可逆的回火脆性，仅存在于含 Cr，Ni 和 Mn 等钢中。这种回火脆性只要在工件回火后快冷就可避免，加入 Mo 元素也可使这类钢不出现第二类回火脆性。这对大型零件是有实际意义的。

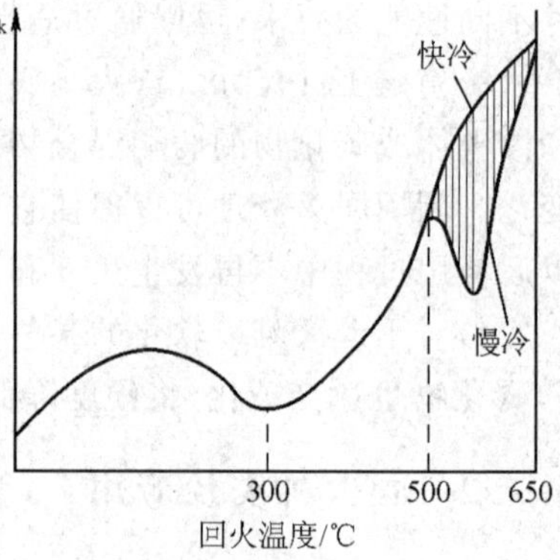

图 6-31　钢的回火温度与冲击韧度的关系曲线

6.8 钢的表面淬火

钢的表面淬火(surface hardening)是使零件表面获得高硬度和高耐磨性，而心部仍保持原来良好的韧性和塑性的一类热处理方法。表面淬火不改变零件表面化学成分，只是通过表面快速加热淬火，改变表面层的组织来达到强化表面的目的。

碳的质量分数在 0.4%～0.5%的优质碳素结构钢最适宜表面淬火。这是由于中碳钢经过预先热处理(正火或调质)以后再进行表面淬火处理，即可以保持心部原有良好的综合力学性能，又可使表面具有高硬度和耐磨性。若碳的质量分数过高，尽管淬火后的表面硬度、耐磨性提高，但硬化层的脆性增大，心部的塑性和韧性较低。而低碳钢由于表面强化效果不显著，均很少采用表面淬火工艺。基体组织相当于中碳钢的普通灰铸铁、球墨铸铁、可锻铸铁和合金铸铁原则上均可进行表面淬火，但以球墨铸铁工艺性为最好。

根据加热方法不同，表面淬火可分为感应加热表面淬火、火焰加热表面淬火、电接触加热表面淬火以及激光加热表面淬火等几种。工业上应用最多的为感应加热和火焰加热表面淬火。

6.8.1 感应加热表面淬火

感应加热表面淬火采用电磁感应方法使零件表面迅速加热，然后迅速喷水冷却的一种热处理操作方法，其优点是加热速度快，热处理质量好，比普通淬火硬度稍高 2～3 HRC，脆性小，不易氧化脱碳，变形小，生产率高，易于实现自动化和机械化。

6.8.1.1 感应加热基本原理

当工件放入感应器中，感应器通过中频或高频交流电流后，在感应器周围形成交变磁场，工件在磁场中感应产生同频率的感应电流，这种感应电流的特性是，在工件表面电流密度极大，心部电流密度几乎等于 0，这种现象称为集肤效应。频率越高，感应加热深度越浅，由于钢本身具有电阻，因而集中在工件表面的电流可使表层迅速被加热，在数秒内可使工作表面温度达到 800～1 000℃，而心部温度仍停在室温。图 6-32 是工件与感应器工作位置和工件截面上电流密度分布，一旦工件表面层温度达到淬火加热温度，便立即喷水冷却，使工件表层淬硬。

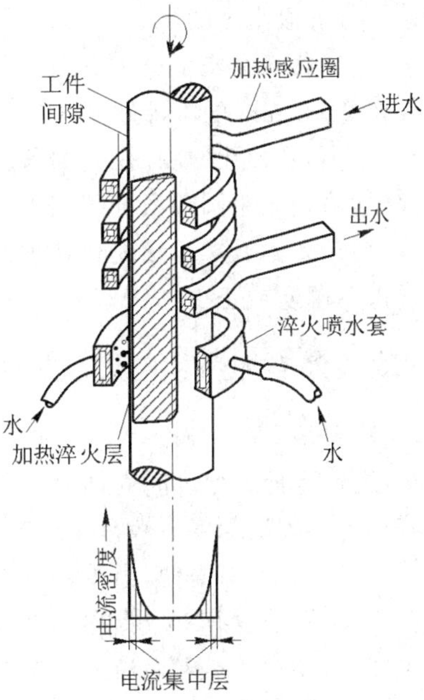

图 6-32 感应加热表面淬火示意图

6.8.1.2 感应加热的频率

感应加热深度主要取决于电流频率，频率越高，加热深度越浅，为了获得不同的加热深度可选择不同的电流频率，目前工业上常采用电流频率有以下 3 种：

(1) 高频感应加热　电流频率 100～500 kHz，一般常用 200～300 kHz，变频设备有电子管和晶体管两种，常用的功率有 60，100，200 kW，最大的为 400 kW。这种频率的感应加热设备淬硬层深度为 0.5～2.5 mm，适用于中小型轴类、齿轮、花键等。

(2) 中频感应加热　电流频率在 500 Hz～10 kHz，常用 2.5 kHz，电源设备为机械式中频加热装置或晶闸管中频发生器，常用功率为 50～500 kW，型号有 DGC（中频淬火，淬硬层深 2～10 mm）和 DGT（中频透热）。可用于直径较大的轴类和大中型模数的齿轮淬火、焊接、锻压及轧制前的透热等工艺。

(3) 工频加热　电流频率为 50 Hz，电源设备可利用三相或单相电源变压器。电源功率常在 1 000～2 000 kW 之间，淬硬层深 10～20 mm，透热层深达 70 mm，常用于较大直径零件的透热，直径 300 mm 以上零件如轧辊的表面淬火等。

6.8.1.3 感应加热表面淬火技术要求

图样上热处理技术要求主要包括表面硬度、硬化层深度、淬硬区分布、预先热处理。

(1)*表面硬度* 对于不同材料和在不同条件下工作的零件，要求具有不同的表面硬度，但对于中碳钢或中碳低合金钢，在感应淬火时应使淬火后的表面硬度达到 50～55 HRC，最终硬度由回火工艺确定。

(2)*淬硬层深度* 增加淬硬层深度可增加零件耐磨性，但也增加工件表面脆性，为了使综合力学性能合理配合，一般选淬硬层深度为半径的 1/10 左右，对于直径较小的零件(ϕ 10～20 mm)，可取半径的 1/5。

(3)*淬硬区分布* 合理分布淬硬区可减少工件应力集中的现象。例如，对轴类零件在轴端应保留 2～8 mm 的不淬硬区，以免轴端产生淬火裂纹。对于花键轴，淬火区应比花键全长大 10～15 mm。带孔的轴、孔应倒角，带凸缘的轴，淬硬区应从凸缘根部的 R 圆处开始，根部不需淬硬，淬硬区距圆角根部距离不应小于 5～8 mm。

(4)*预先热处理* 预先热处理是为保证心部力学性能而采取的热处理方法，对于结构钢，通常采用调质或正火。

6.8.2 火焰加热和电接触加热表面淬火

(1)*火焰加热表面淬火* 火焰加热表面淬火是乙炔—氧火焰直接喷射工件表面，使其快速加热，当达到淬火温度时立即喷水冷却，以获得表面硬化效果的表面淬火工艺，见图 6-33。火焰淬火的淬硬层深度一般是 2～6 mm，过深的淬硬层会使工件表面组织过热，易产生淬火裂纹。火焰淬火方法简便，当单件或小批生产的大型工件需要表面淬火时，采用适当的气焊炬便可以完成，目前也有对成批零件进行处理的火焰淬火设备，适合较大直径工件的表面处理。

(2)*电接触加热表面淬火* 电接触加热的原理见图 6-34。该加热方法是采用低电压、大电流，通过压紧在工件表面的滚轮与工件形成回路，靠接触电阻热实现快速加热，滚轮移去后即进行自激冷淬火。

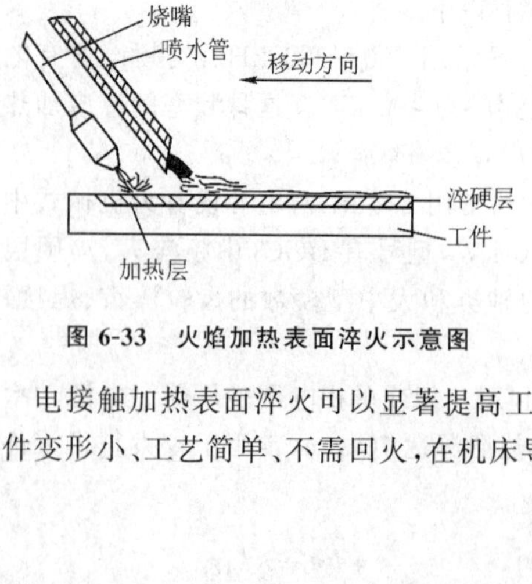

图 6-33 火焰加热表面淬火示意图

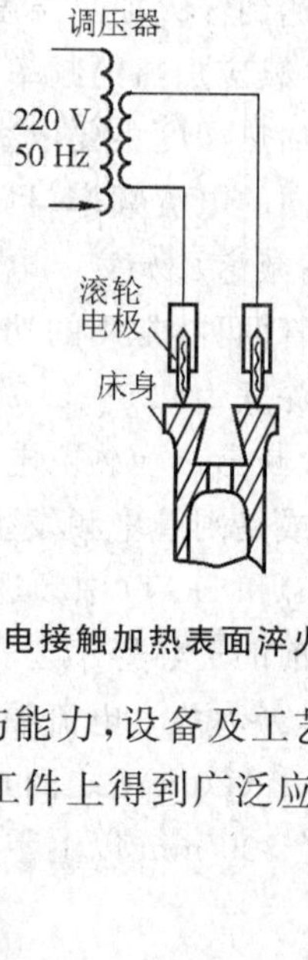

图 6-34 电接触加热表面淬火示意图

电接触加热表面淬火可以显著提高工件表面的耐磨性、抗擦伤能力，设备及工艺费用低、工件变形小、工艺简单、不需回火，在机床导轨、气缸套等形状简单工件上得到广泛应用。

6.8.3 激光热处理

激光热处理是采用激光束照射工件表面，使表层快速加热到奥氏体化温度或熔化状态，靠工件本身的热传导迅速自冷而获得一定的淬硬层或熔凝层。采用激光可以进行表面淬火、有选择的局部硬化处理、局部合金化处理等。激光热处理的主要特点是：

1)能量密度高，加热速度极快，淬火靠自激冷却。

2)可以在零件选定表面进行局部淬火。

3)应力变形小，表面光亮，不需进行表面精加工，特别适合中小零件复杂表面的局部硬化。

6.9 钢的化学热处理

化学热处理是将金属或合金工件置于一定温度的活性介质中保温，使一种或几种元素渗入它的表面，以改变其化学成分、组织和性能的热处理工艺。与表面淬火相比，化学热处理不仅改变表层的组织，而且还改变表层化学成分。根据渗入的元素不同，化学热处理可分为渗碳、渗氮、碳氮共渗、渗硼、渗铬和渗铝等。

渗入法的化学热处理过程分为 3 个互相衔接而又同时进行的阶段，即分解、吸收和扩散。

分解是指工件周围的介质分解形成渗入元素的活性原子，例如 $CH_4 \rightleftharpoons 2H_2+[C]$，$2NH_3 \rightleftharpoons 3H_2+2[N]$，其中[C]，[N]分别为活性碳原子、氮原子，所谓活性原子是指初生的、原子态的粒子。

吸收是指活性原子进入工件表面后与金属形成固溶体或形成化合物的过程。

扩散是指渗入原子从工件表面向内部的迁移过程，工件表面渗入原子浓度高，心部浓度低，随温度提高和时间的延长，使渗入原子不断从表层向内部扩散。

化学热处理后再配合常规热处理，可使同一工件的表层与心部获得不同的组织与性能。下面分别介绍常用的化学热处理工艺。

6.9.1 钢的渗碳

渗碳(carburizing)是将钢件在渗碳介质中加热并保温，使碳原子渗入表层的化学热处理工艺。渗碳的主要目的是提高工件表面的 w_C、强度、耐磨性和疲劳强度，同时保持心部的良好韧性。

渗碳用钢为低碳钢和低碳合金钢，碳的质量分数在 0.1%～0.25%范围内。

渗碳方法有气体、液体、固体及真空渗碳等多种。常用的是气体渗碳。为了提高渗碳效率和质量，真空渗碳、真空离子渗碳等新技术正在推广应用。

6.9.1.1 气体渗碳

如图 6-35 所示，气体渗碳是将工件放入密封的渗碳炉内，通入渗碳气体，加热至 900～950℃、

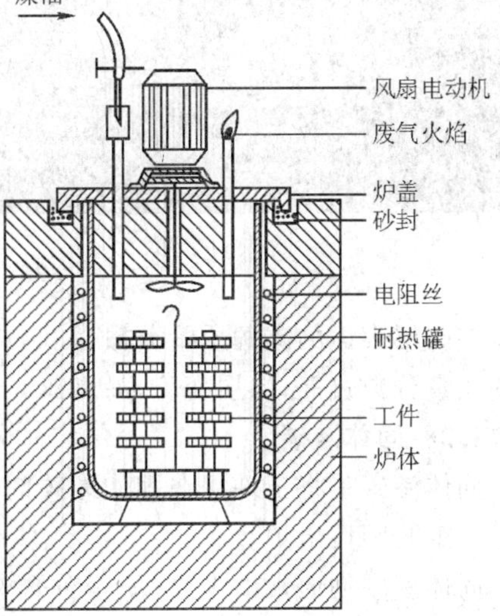

图 6-35 气体渗碳法示意图

保温,使[C]进入钢件表面。

炉内的渗碳气氛有 2 种供给方式,一是将富碳气体(如煤气、液化石油气等)经过处理后通入渗碳炉内;另一种是将易分解的有机液体(煤油、丙酮等)滴入炉内,使其在高温下裂解形成渗碳气氛。

气体渗碳时,含碳气氛在钢的表面进行以下的气体反应,生成活性碳原子:

$$CH_4 \rightarrow [C] + 2H_2$$
$$2CO \rightarrow [C] + CO_2$$
$$CO + H_2 \rightarrow [C] + H_2O$$

活性碳原子溶入高温奥氏体中,而后向钢的内部扩散,实现渗碳。

渗碳的主要工艺参数是加热温度和保温时间,加热温度愈高,渗碳速度愈快,且扩散层厚度也愈大。但温度越高会引起晶粒粗大,使钢的性能变坏,故加热温度应选择合适,一般在(910±10)℃范围内。保温时间主要取决于所需扩散层的厚度,不过保温时间越长,厚度增长速度会逐渐减慢,表 6-3 给出 920℃渗碳层厚度与时间的关系,目前世界各国用硬度法作为测量渗碳层厚的标准方法,垂直于渗碳层测维氏硬度(载荷 9.8 N),从表面测到硬度大于 550 HV 的层深作为有效渗碳层深度。

表 6-3　920℃渗碳时渗碳层厚度与时间的关系

渗碳时间/h	3	4	5	6	7
渗碳层厚度/mm	0.4～0.6	0.6～0.8	0.8～1.2	1.0～1.4	1.2～1.6

图 6-36 是低碳钢渗碳缓冷后的组织,表层为过共析组织,中间过渡区为珠光体,心部为珠光体与铁素体组成的亚共析组织。

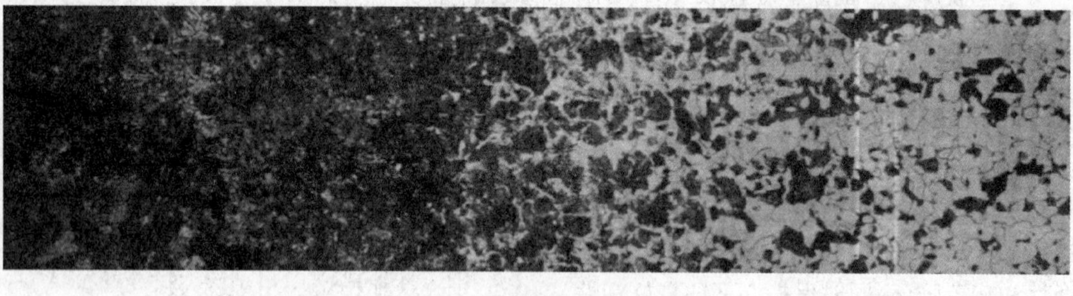

图 6-36　20 钢渗碳缓冷后的组织

渗碳层表面的碳的质量分数以 0.85%～1.05%为宜,碳的质量分数过低,表面耐磨性差;碳的质量分数过高,渗层变脆,易剥落。

6.9.1.2　固体渗碳

固体渗碳是将工件埋在固体渗碳剂中,装箱密封,然后放入加热炉内加热到 900～950℃,保温一定时间后出炉。

固体渗碳剂通常由木炭(质量分数 90%左右)和催渗剂($BaCO_3$,$CaCO_3$ 或 Na_2CO_3,质量分数 10%左右)组成,呈粒状。

固体渗碳的优点是适于各种零件,尤其是小批量生产或单件;采用普通箱式加热炉,设备费用低。缺点是渗碳层厚度和表面碳的质量分数难以控制，渗后不能直接淬火，生产效率低，渗碳时间长，劳动条件差。目前已经应用越来越少。

6.9.1.3 真空渗碳

真空渗碳是将零件放入特制的真空炉中，先抽真空使之达到一定的真空度，然后将炉温度升到渗碳温度，再通入一定量的渗碳气体进行渗碳。由于真空炉中无氧化性气体，零件表面活性大，通入渗碳气体后，渗碳速度快，渗碳时间大约为常规气体渗碳的 1/3，而且表面光亮。

6.9.1.4 渗碳后的热处理

工件渗碳后必须进行适当的热处理，方可达到性能要求。渗碳后热处理方法有 3 种，见图 6-37。

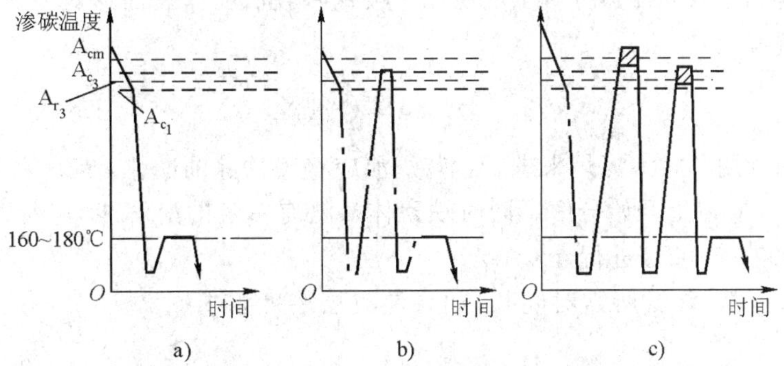

图 6-37 渗碳后的热处理工艺

a)预冷直接淬火法；b)缓冷一次淬火法；c)缓冷二次淬火法

(1)预冷直接淬火 直接淬火是将工件从渗碳温度降到 820～850℃之间(相当于心部组织的 A_{c_3})，出炉立即淬火，然后在 160～180℃进行低温回火。这种方法不需要重新加热，节约时间和费用，但由于晶粒比较粗大，适合冲击载荷比较低的耐磨零件。

热处理后的表层组织为回火马氏体＋粒状碳化物＋少量残余奥氏体，心部淬透时为低碳回火马氏体，未淬透时为铁素体＋索氏体。

(2)缓冷一次淬火 一次淬火是将工件渗碳后缓冷至室温，然后再重新加热淬火，对于心部要求较高强度和较好韧性的工件，淬火加热温度应略高于心部的 A_{c_3}，这样可以细化晶粒，表层不出现网状碳化物。经低温回火后表层组织为回火马氏体＋少量残余奥氏体；心部在淬透情况下为低碳回火马氏体。要求表层有较高耐磨性的工件，淬火温度应在 A_{c_1} 和 A_{c_3} 之间，低温回火后，表层组织为回火马氏体＋少量残余奥氏体＋粒状碳化物，心部组织为低碳回火马氏体＋铁素体。

(3)缓冷二次淬火 对于心部性能和表层性能要求都较高的工件可以采用二次淬火。工件渗碳后缓冷，第一次淬火温度略高于心部 A_{c_3}，主要目的是细化晶粒，消除表层网状碳化物；第二次淬火温度在渗碳层的 A_{c_1} 和 A_{c_3} 之间，其目的是提高表面耐磨性和强度。经二次淬火，奥氏体晶粒可以得到充分细化，表层碳化物可以变成粒状，残余奥氏体量也适当减少并显著提高疲劳强度，但二次淬火生产成本高、工期长，除某些重要场合(如航空工业)外，一般较少应用。

6.9.2 钢的渗氮

渗氮是将氮渗入工件表面，以获得高氮硬化层的一种化学热处理工艺。渗氮的目的是提高钢的表面硬度、耐磨性、疲劳强度、抗“咬合”性和耐腐蚀性。

渗氮用钢通常是含有Al,Cr,Mo,Ti,V等合金元素的钢，因为这些元素容易与氮形成颗粒细密、分布均匀、硬度高而稳定的各种氮化物，目前常用钢为38CrMoAl。工件渗氮后即可获得高硬度，无需再进行淬火处理，为了保证心部力学性能，在渗氮前应进行调质处理。

通常采用的渗氮工艺有气体渗氮和离子渗氮两种。

6.9.2.1 气体渗氮

气体渗氮是利用氨气加热分解出的氮原子被钢吸收后在其表面形成渗氮层，同时向心部扩散。氨的分解反应是

$$2NH_3 \rightarrow 3H_2 + 2[N]$$

渗氮通常用专用井式渗氮炉来进行。装炉前应将工件除油净化，装炉后应用氨气排除炉内空气。氨在200℃以上开始分解。同时铁素体对氮有一定的溶解能力，所以气体渗氮都是在A_1温度下(500～570℃)进行。

由于处理温度低，渗氮所需时间长，如果渗氮层厚度要求0.2～0.5 mm，则渗氮时间要20～50 h。

渗氮后工件表面硬度可达1 000～1 200 HV，比渗碳层具有更高的硬度和耐磨性。渗氮层深度一般不超过0.6～0.7 mm。

6.9.2.2 离子渗氮

进行离子渗氮时零件被置于充有氨气或氮、氢混合气的真空容器中，气体压力为133～1 333 Pa，常以零件为阴极，容器为阳极，并在其间加500 V左右的直流电压，容器中的稀薄气体便会电离，并在工件上产生辉光放电现象，电离后的氮离子在电场作用下高速冲向工件，渗入工件表面。

离子渗氮的优点是生产周期短，在同样渗层厚度的情况下仅为气体渗氮时间的1/4～1/3。离子渗氮零件表面不易形成连续的白色脆性层。

6.9.3 钢的碳氮共渗

碳氮共渗(nitrocarburizing)是向钢的表层同时渗碳和氮的过程。习惯上碳氮共渗又称为氰化。目前中温气体碳氮共渗和低温气体氮碳共渗应用较多，中温碳氮共渗以渗碳为主，其目的是提高钢的硬度、耐磨性和疲劳强度；低温气体氮碳共渗以渗氮为主，其主要目的是提高钢的耐磨性和抗咬合性。

6.9.3.1 中温气体氮碳共渗

中温气体氮碳共渗以渗碳为主，工艺与气体渗碳相似，渗剂为煤油和氨气，在相同条件下比渗碳速度快，共渗温度一般取820～880℃，如在850℃保温时间为4～5 h，共渗厚度达0.6～0.7 mm。

中温气体碳氮共渗的零件经淬火+低温回火后，共渗层的表面组织为细片状回火马氏体和适量的颗粒状碳氮化合物以及少量残余奥氏体组成。

中温碳氮共渗与渗碳相比，加热温度低，零件变形小，生产周期短，而且渗层具有较高的耐磨性、疲劳强度和抗压强度，并兼有一定的抗腐蚀能力，已获得较广泛应用。

6.9.3.2 低温气体碳氮共渗

低温气体碳氮共渗又叫软氮化，常用共渗介质为尿素，处理温度为570℃，处理时间很短，仅1～3 h。碳氮共渗的铁氮化合物层为0.01～0.02 mm。碳氮共渗处理后，零件变形很小，处理前后零件变化不大，但能提高零件的耐磨、耐疲劳、抗咬合和抗擦伤性能。

渗层有一定韧性，不易剥落，不受钢种限制，适合各种材料。如3Cr2W8压铸模碳氮共渗后可提高使用寿命3～5倍，高速钢刀具经碳氮共渗后一般可提高使用寿命20%～200%。

6.10 热处理零件的结构工艺性

在设计零件时，设计人员有时只注意到如何使零件的结构形式适合整体机构的需要，而忽视热处理零件的结构工艺性，使零件淬火时出现严重的变形和开裂，因此在设计需要热处理的零件结构形状时，应注意以下几点：

1)避免厚薄悬殊的截面。截面厚薄悬殊的零件，在淬火冷却时由于冷却不均匀而造成变形，开裂倾向较大，设计时应采取适当的措施如加厚零件太薄的部分、开工艺孔、合理安排孔洞的位置、变不通孔为通孔等，见图6-38。

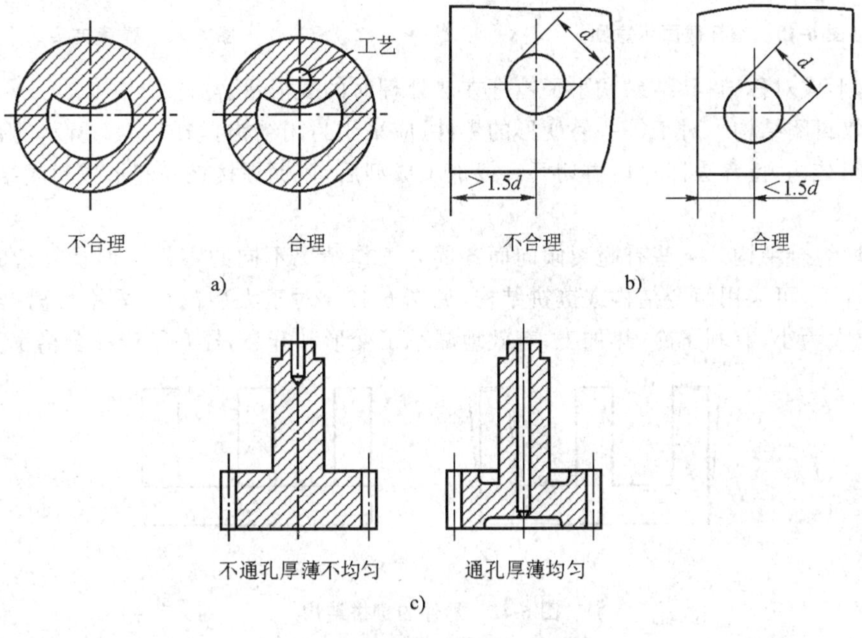

图6-38 避免厚薄悬殊的截面

a)开工艺孔；b)合理安排孔洞的位置；c)变不通孔为通孔

2)避免尖角和棱角。零件的尖角、棱角部分是零件淬火最为集中的地方，易产生淬火裂纹，因此设计时应尽量采用圆角和倒角的形式，见图6-39。

3)采用对称结构。零件形状不对称，热处理时应力分布不均匀，易引起变形。如图6-40所示的镗杆，原设计在镗杆一侧开槽，热处理时变形较大。后修改设计，在镗杆另一侧对称部

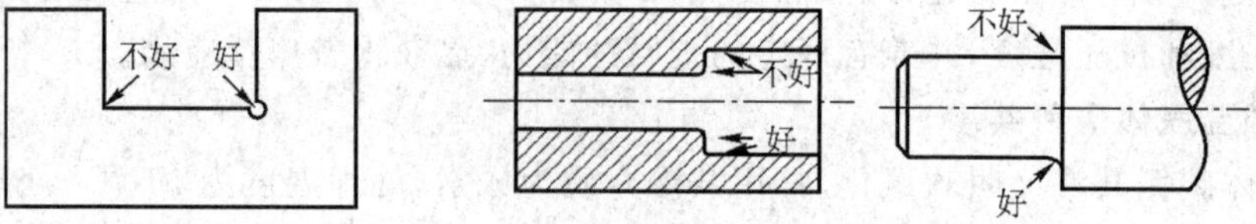

图 6-39 避免尖角或棱角设计实例

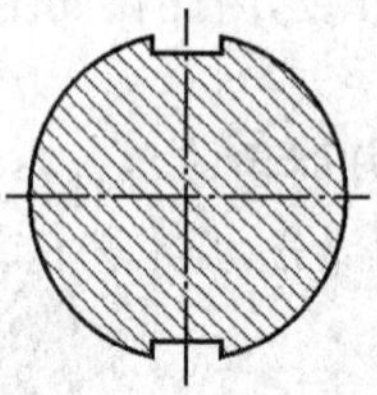

图 6-40 镗杆截面示意图

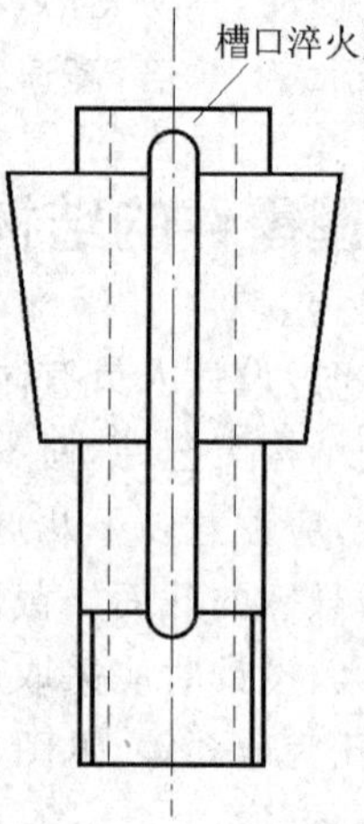

图 6-41 弹簧夹头

位也开槽，形成对称结构，结果减小了镗杆在热处理时的变形量。

4)采取封闭结构。对于一些易变形的零件，应采用封闭结构，如图 6-41 所示的弹簧夹头，先采用封闭结构，待淬火回火后再切开。或加工成型后，用铜焊接在一起形成封闭结构后再淬火、回火。

5)采取组合结构。某些有脆裂倾向而各部分工作情况不同的零件或形状复杂的零件，在可能的条件下，可采用组合结构或镶拼结构，见图 6-42。对于大型模具，采用分离镶拼结构以后，可以化大为小，有利于冷、热加工，有效地减小了变形和开裂，提高了产品合格率。

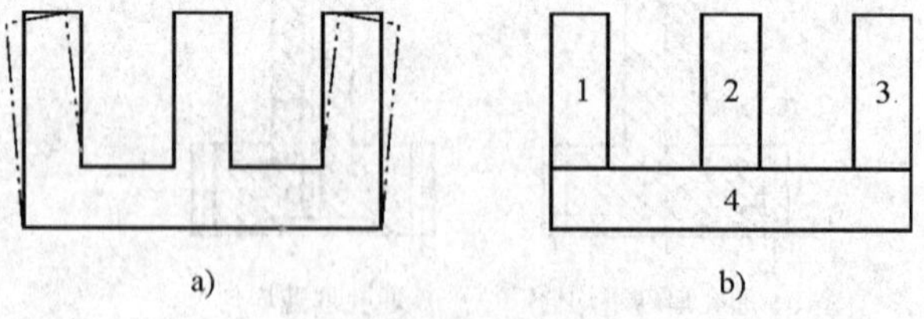

图 6-42 零件的镶拼结构

a)整体件；b)组合件

在设计时注意以上结构要求，就能大大减少热处理操作的复杂性，提高产品合格率。但当改进零件的结构形态仍不能满足上述要求时，可采用合理安排工艺路线，改变淬火操作方法，根据变形规律调整公差，预留加工余量，改选淬火变形量小的材料，修改技术条件等方法解决。

6.11 钢铁的表面处理

钢铁的表面处理是指对成品的钢铁零件表面进行涂镀处理。与化学热处理不同之处在于，表面处理不是通过改变零件的原表面和化学成分使零件表面改性，而是在零件原表面上增加一层或多层涂层。涂层与零件表面之间有足够的结合强度，两者成为一体。涂层成为零件的新表面，使零件表面具有所涂层的性能，从而起到零件表面改性的目的。

钢铁表面处理按工艺方法不同，可分为化学镀、电镀、真空离子镀、热浸镀、热喷涂等。

6.11.1 化学镀

钢铁的化学镀有钢铁零件的发蓝(煮黑)处理和磷化处理。

(1)发蓝处理　将钢铁零件浸入苛性钠和亚硝酸钠水溶液中，在一定温度下使零件表面生成一层致密的 Fe_3O_4 膜。该膜黑里透蓝，故称发蓝或煮黑。发蓝的主要目的是提高零件的耐腐蚀性。

传统发蓝工艺流程是：化学脱脂—热、冷水洗—酸洗—流动冷水洗——次氧化发蓝—二次氧化发蓝—非流动冷、热水洗—补充处理—流动冷、热水洗—烘干—浸油。

常用发蓝液配方及工艺条件是：

一次氧化发蓝液为 NaOH 500～600 g/L，$NaNO_2$ 100～150 g/L。发蓝温度和时间为 135～140℃，15～20 min。

二次氧化发蓝液为 NaOH 700～800 g/L，$NaNO_2$ 150～200 g/L。发蓝温度和时间为 145～152℃，60～90 min。

补充处理是为了提高发蓝膜的耐腐蚀能力。工艺是：铬酸钾或肥皂液 30～50 g/L，约 90℃，10～90 min。

(2)磷化处理　将钢铁材料浸入磷酸盐水溶液，在一定温度下使其表面获得一层不溶于水的磷酸盐薄膜的工艺过程，叫磷化处理，简称磷化。

磷化的零件表面呈灰色或暗灰色。磷化膜厚度为 5～15 μm，远大于发蓝膜，抗大气腐蚀能力也高于发蓝。电绝缘性能高，摩擦因数小。但是磷化膜硬度、强度低，脆性较大。主要用于零件表面的润滑和防锈保护。

传统的磷化工艺流程是：化学脱脂—热、冷水洗—硫酸酸洗—冷水洗—铬酸酸洗—冷水洗—盐酸弱腐蚀—冷水洗—中和处理—冷水洗—磷化处理—冷、热水洗—补充处理—冷、热水洗—烘干—浸油。

磷化液配方：磷酸锰铁盐 30～35 g/L，硝酸锌 70～100 g/L，硝酸锰 25～40 g/L。

磷化工艺：温度 60～70℃；磷化时间 7～15 min。

6.11.2 电镀

将零件浸入待镀金属盐溶液中并接负极，加一定的直流电压，使零件表层形成一层所需的金属镀层。这种工艺方法称为电镀。工业上常用的电镀有镀锌、镀铬、镀铜、镀镍、镀金等等。可根据需要来确定电镀层的厚度，一般是 10～100 μm。

下面以用处最多的镀铬为例加以介绍。因为铬本身就有较高的硬度(800～1 000 HV)，而且在大气中又容易形成致密的 Cr_2O_3 膜，其硬度可达 1 100 HV，所以零件表面镀铬的主要目的是提高零件表面硬度、耐磨性和抗蚀性，因此称为镀硬铬。若调整镀铬工艺参数和电解液成分，还可以进行硬度较低但装饰性较好的乳白镀铬和镀黑铬等。

镀硬铬工艺流程：抛光—脱脂—温、冷水洗—硫酸弱腐蚀—冷水洗—预热—阳极腐蚀—镀铬—冷水洗—烘干—抛光—汽油洗—除氢。

镀硬铬工艺的镀铬液配方和工艺：铬酐 200～250 g/L，硫酸 2～2.5 g/L；电流密度 30～35 A/dm^2，温度 55～60℃，时间 0.5～3 min。

电镀与化学镀对环境有污染，应注意环保措施。

6.11.3 真空离子镀

真空离子镀是近 20 年发展起来的一项表面处理的高新技术，属于气相沉积技术，可分为化学气相沉积(CVD)和物理气相沉积(PVD)两大类。其中 PVD 不仅可以对钢材进行表面处理，还可以对纸张、塑料、玻璃、陶瓷等非金属材料进行表面镀膜。气相沉积技术不仅可以镀防腐膜、装饰膜和超高硬度的抗磨膜，如沉积金刚石膜和类金刚石膜，还可以镀各种功能膜如微电子膜、超导薄膜、太阳能膜、气敏光敏膜等等。

真空离子镀膜是在真空条件下进行的，需要专门的设备。它是真空技术的一个重要应用分支。对钢铁零件主要是镀制各种氧化物、氮化物、碳化物等膜，以获得高硬度、耐磨损、低摩擦因数、防腐蚀及装饰等效果。

CVD 技术因其工艺温度高，并有盐酸废气对真空系统腐蚀和对环境污染，所以用于对钢铁表面处理较少，而 PVD 技术因工艺温度低、对环境无污染，其发展前景十分可观。在 PVD 技术中目前应用最多的具体技术有 2 种，一种是磁控溅射法，另一种是冷阴极弧光离子镀。

(1)*磁控溅射法* 磁控溅射法是利用低压气体辉光放电时，在阴极表面发生的阴极溅射效应——阴极上的物质以分子或分子团形式向外飞溅，这些飞溅下来的物质沉积到工件表面就会形成一层涂层。因辉光放电行为受所加磁场的控制故称磁控溅射。如在辉光放电的同时向真空镀膜室内通入某种反应气体，则会与阴极溅射下来的物质形成化合物。这些化合物沉积下来就会形成化合物镀层。例如，阴极为金属钛，反应气体是氮，在 200～300℃就可以在工件表面上形成结合强度很高的 TiN 涂层。TiN 颜色酷似黄金，所以把镀 TiN 俗称为“仿黄金镀”、“镀钛金”。TiN 不仅有金黄的颜色，而且有 2 000 HV 的高硬度及很低的摩擦因数和很高的耐腐蚀性、抗氧化性。更换阴极靶的材料和反应气体，利用同一台设备就可以镀制不同物质的膜层，使用起来很方便。

(2)*冷阴极弧光法* 冷阴极弧光法是利用在低压气体中冷阴极的弧光放电来蒸发阴极物质并沉积到工件表面上或与反应气体形成化合物后沉积到零件表面上，从而在零件表面镀上所需膜层。

冷阴极弧光离子镀，因为在每台设备上可以安装多个弧光离子源(阴极靶)、每个阴极靶上都有放电弧斑在高速运动，所以也常称为多弧离子镀。多弧离子镀镀膜速度快，TiN 装饰膜(1 μm)仅需 3～5 min，在刀、模具上镀 TiN 2～5 μm 仅需 10～20 min。这种方法还有一大特点就是阴极靶材蒸发时没有熔池，因此阴极靶的放置不受方位的限制。设备可以做得很大，适合镀制大型零件。如 6 m 长的不锈钢管和 1.22 m×3.05 m 不锈钢板。每炉可镀多件。

这种方法的不足之处是蒸发下来的阴极物质颗粒较大，还易出现“液滴”。这可以在设备结构和工艺参数上加以控制。真空多弧离子镀也可以只更换阴极靶材料和反应气体，在同一台设备上镀制各种膜层。

以上 2 种表面处理技术，所得到的膜层表面粗糙度值低，优于零件原来表面。镀后直接就可以使用。

6.11.4　热浸镀

热浸镀是一种较为古老的表面处理方法，但至今仍不能完全被其他方法所代替。工业上应用最多的是热浸镀锌，如线路金具、可煅铸铁管件、低碳钢丝的表面热处理仍采用热浸镀锌。

热浸镀锌可在零件表面上得到较厚(0.2 mm)的镀锌层。镀层很致密，极少针孔，不仅好看，还有良好的防大气腐蚀功能，有效防止钢铁表面生锈。

工艺路线是：打光—脱脂—酸洗—水浸—浸氯化铵水溶液—热浸锌—水爆(小件不用)。

热浸镀锌工艺是：浸入 99%锌＋1%铝的熔池，浸镀温度 500～550℃，浸镀时间约 5 min(由工件大小决定)。

6.11.5　热喷涂

热喷涂是指在普通钢铁表面上通过乙炔火焰或热等离子体技术涂覆一层较厚的特殊的材料涂层，使零件表面获得耐磨、耐蚀、耐高温等性能，达到零件表面改性，提高使用寿命以及修复严重磨损零件的目的。

等离子喷涂是目前主导的热喷涂方法，它既可以在钢铁表面喷涂合金、金属化合物，也可以喷涂某些非金属材料。

热等离子体通常都是通过气体电弧得到的，利用热等离子体的高温来加热零件和熔化喷涂用的粉末，使零件表面得到一层特殊的涂层。热喷涂通常都是在大气环境中完成的。涂层厚度在 mm 量级以上，改变了零件的尺寸，涂层表面粗糙度值较大，喷涂后可以通过机加工使热喷涂件达到所需尺寸和表面粗糙度。

热喷涂所用的粉末通常有 3 大类：陶瓷粉末，如 Al_2O_3，Cr_2O_3，NiO，钛酸铝($Al_2O_3 \cdot TiO_2$)，硅酸锆($ZrO_2 \cdot SiO_2$)等等；复合粉末，如镍包铝粉、镍包硼粉等；合金粉末，如镍基合金、钴基合金、铁基合金粉末等。

钢铁材料表面处理在现代工业中日趋重要，应用越来越广，所包含的内容也很繁杂。我们平常所见到的喷漆、喷塑、盐浴浸镀、刷镀、彩色钢板的着色处理等都属于钢铁表面处理。

6.12　热处理技术的发展动向

6.12.1　可控气氛热处理

为了一定的目的，向热处理炉内通入某种经过制备的气体介质，工件在可控气氛中进行的各种热处理叫可控气氛热处理。常用的可控气氛主要有一氧化碳气、氢气、氮气、微量的二氧化碳气、水蒸气和甲烷等气体以及氩、氦等惰性气体。可控气氛热处理是先进热处理生产技术的主要标志之一，是少、无氧化加热技术和清洁热处理技术的重要体现。该技术 20 世纪 30 年代进入工业应用，早期的可控气氛的生产主要采用吸热式气氛和放热式可控气氛，制备气氛的成本高。目前使用的气氛发生炉采用直生式气氛，消耗燃料气少，减少了炉子调控时间，具有碳势变化迅速、灵敏，气氛生成成本低廉等优点。通过可编程控制器和计算机适时控制，使可控气氛热处理炉非常灵活，可使工件在保护气氛(氮气)下不发生氧化，提高工件表面质量和硬度，实现光亮热处理目的，也可在富碳、富氮气氛下加热进行渗碳和碳氮共渗处理，在工业发达国家占热处理设备的29%。可控气氛热处理是我国热处理行业"十五"规划重点推广项目之一。

6.12.2 真空热处理

工件在真空中进行热处理叫真空热处理。通常在低真空($133.3\times10^{-3}\sim133.3$ Pa)、高真空($133.3\times10^{-6}\sim133.3\times10^{-4}$ Pa)和超高真空($<133.3\times10^{-6}$ Pa)热处理炉内进行真空退火、真空淬火、真空回火及真空化学热处理。真空热处理是一门现代热处理技术，节约能源，具有无氧化、脱碳、脱脂、除气效果，表面质量好，变形微小，无污染，自动化程度高等一系列优点，是解决零件少无氧化加热的重要方法。该技术于20世纪50年代在美国用于工业生产，至今已应用了半个世纪，进入20世纪90年代，真空热处理出现了许多新技术、新工艺，目前在工业发达国家占热处理设备23%。

真空加热技术至今实现了脱脂、脱气、无氧化加热，还解决了防止元素挥发、黏结，1 000℃以上不锈钢渗氮，磁性材料渗氮等技术问题，可在真空(低压)状态下实现Ti合金、高温合金、工模具钢、银钎焊等不同真空状态下的热处理。

真空冷却技术中真空油淬技术发展日趋成熟，从初期真空热处理着眼于防止氧化、脱碳到现在解决复杂零件淬火变形问题。负压气淬减少长杆类零件变形和残余奥氏体量，使组织均匀，无碳化物析出，提高合格率达90%～95%。高压气淬(采用高纯氮气或氮氢混合气)提高大截面零件硬度和生产率。

真空渗碳技术可进行高温渗碳，提高渗速和渗碳层质量，无表面氧化层，减少变形，节约能源，真空离子渗碳还可以控制渗碳层质量，防止尖角处过剩渗碳。

真空清洗技术采用轻质溶剂解决了零件入炉前和淬火后采用大量有机溶液清洗的污染问题，减轻劳动强度和环境污染。

6.12.3 感应加热技术

感应加热快速、清洁、有可选择性、加热精确、能耗低，易于操作和实现自动化，符合环保和可持续发展方针。国外发展感应加热在20世纪40年代，我国20世纪50年代在汽车零件上开始应用，80年代后感应加热有了快速发展。加热电源由早期的电子管振荡器逐步被IGBT，MOSFET，SIT，SITH，HCT等晶体管化全固态器件代替，具有调试方便、效率高、负载适应范围宽、节水、节材和节约能源明显等优点。淬火机床采用了计算机控制和数控系统，实现柔性加工和自动传输。预应力钢筋的生产实现了送丝、高频淬火、中频回火、卷捆等自动化过程。

6.12.4 热处理冷却技术

热处理冷却是钢件硬化、材料改性的重要工艺，主要为获得理想的显微组织，减少应力和变形。冷却技术关键是选择合适的淬火介质，目前合成液体淬火介质已逐步取代了盐水和机油等传统淬火介质，发展了气体淬火如高压气淬和常压气淬，选用气体类型有氮气、氦气、氢气。通过优化流动状态，增加气流搅拌，增强气体冷却能力。在一些零件上也发展了气—液混合淬火技术，应用载气将某种液体雾化，通过对气体和液体的类型、流量、流速及混合比进行选择，可在较宽范围内改变淬火烈度。在压淬技术方面发展智能化淬火压床，为同步控制零件变形提供新途径。

6.12.5 计算机在热处理中的应用

计算机技术应用于热处理工业领域是计算机技术进步和工业发展需求的产物。自微型计算机问世以来，计算机技术迅猛发展，很快渗透到热处理领域。20 世纪 70 年代国外开始进行材料热处理试验和热处理工艺的计算机模拟，进行了大量的热处理数学模型、热处理工艺过程模拟仿真技术的研究和实践，进而应用于热处理设备研制。

随着计算机技术的发展，计算机辅助设计（CAD）和计算机模拟（CS）技术相结合，使计算机应用功能强大，能更加深入地计算、分析和解决热处理技术中的复杂设计和复杂工艺的智能化控制。

计算机技术和热处理技术相融合，热处理过程控制出现了过程控制技术、适时控制技术、统计过程控制技术、柔性控制技术系统、网络系统、管理控制系统等形式。过程控制技术是热处理自动化生产线的核心和灵魂，计算机过程控制技术融合 CAD 技术、CS 技术以及计算机预测技术、热处理数据库和专家系统，构成当前最新的热处理计算机应用技术——智能热处理技术，智能热处理技术已成为热处理生产技术的主流。未来的热处理将在高效的、精确的质量控制下，在清洁的环境中，通过智能控制方式依据人们的需求生产热处理产品。

6.12.6 精密热处理技术

精密热处理应包含 2 个方面：尺寸形状精密和组织性能精密。

（1）尺寸形状精密的热处理　包括无变形、无表面氧化脱碳的热处理设备、辅助材料及工艺方法；对要求严格的零件进行尺寸稳定化处理，使内应力消除到最低限度，保证零件在长期使用中无尺寸改变；正确安排热处理与其他热加工的顺序以减小热处理变形。利用表面淬火代替整体淬火以减小变形，如感应表面淬火、盐浴表面淬火等；利用低温化学热处理替代高温处理等，使零件尺寸变形降到最低程度。

（2）组织性能精密的热处理　包括精确控制炉内温度及气氛的均匀性、炉内的加热时间，以保证生产零件的组织性能有较高均一性，并通过快速检测手段（如磁性硬度计）将超差件在生产线上就筛选出来；进行沿截面（或不同部位）等强度的热处理或不等强度的梯度热处理。对组织性能变化的高温条件下工作的零件，采用特殊的热处理制度。

6.12.7 节能热处理技术

1）严格控制铸、锻等严重影响微观组织成形的工艺，以减少或取消某些预备热处理工序。

2）充分利用铸、锻工序后的余热进行热处理（铸热淬火、轧热淬火、锻热淬火），节省重新奥氏体化时所需的高额热量，对大批量生产的标准件、汽车零件、工具等行业节能效果巨大。

3）采用零件局部热处理取代整体热处理。

4）慎用设备昂贵、能耗较高的热处理的设备和工艺。

5）尽量减少热处理工装具（料盘、料钩等）的无效热量损失。

6.12.8 复合热处理技术

复合热处理是将2种或更多的热处理工艺复合，或是将热处理与其他加工工艺复合，以更大程度地挖掘材料潜力，使零件获得单一工艺所无法达到的优良性能。

(1)多种热处理方法的复合　如热处理与化学热处理的复合，渗碳或碳氮共渗后的淬火(重新加热淬火或渗后直接淬火)，渗碳或渗氮后用激光进行表面淬火，两种化学热处理方法的复合，化学热处理与涂层(化学沉积或电镀)的复合，化学镀与热处理的复合。例如，在Ni-P化学镀(3 μm)之后进行400℃×1 h的时效处理，可以消除镀层应力，同时诱发析出Ni_3P相，显著改善了耐磨性，使压铸模寿命大为提高。

(2)热处理与其他工艺的复合　压力加工与热处理复合的形变热处理，可按形变强化与相变强化的顺序区分为3类：形变在相变前(形变淬火、形变等温淬火等)，形变在相变后(回火马氏体形变、调质形变、珠光体形变等)，以及形变在相变中进行(诱发马氏体形变、等温形变淬火、过饱和固溶体形变时效等)形变化学热处理。把各种塑性变形加工工艺与化学热处理(渗氮、渗碳、氮碳共渗、渗硼、渗硫和渗金属等)结合起来，能够大幅度提高钢铁零件抗磨损、耐疲劳等与表面强化有关的性能。

6.12.9 修复热处理技术

机械零件的失效原因可概括为外观损伤及内部损伤两大类。外观损伤通常指零件形状尺寸与表面的损伤(例如磨损、腐蚀、空蚀、蠕变等)；内部损伤主要指显微组织结构发生的损伤，包括诸如碳化物球化、聚集长大与结构改型和石墨化，杂质元素(P等)向晶界处的扩散偏聚、蠕变或疲劳所造成的亚组织变化，晶粒变形、晶内或晶间微裂的产生及扩展等。外观损伤可以用“修复表面处理”的方法来解决。例如，磨损、腐蚀及空蚀严重的零件可用堆焊、等离子熔覆配以附加的机械加工来解决。经轻微磨损的硬化表面可用刷镀、化学热处理、离子注入、气相沉积、激光熔覆等方法来解决。内部损伤则需经过合理的“修复热处理”，如采用重新奥氏体化后适当的冷却使显微组织得以恢复；采用合理的重新回火使绝大部分已有的微裂纹被碳化物颗粒通过“搭桥”而弥合起来等。修复热处理技术是一项有发展潜力的新技术。

复习思考题

6-1　常用的热处理工艺有哪些？简述热处理在机械制造中的作用。

6-2　影响奥氏体晶粒大小的因素有哪些？

6-3　共析钢的等温转变曲线与连续转变曲线有什么差别？

6-4　珠光体、索氏体、托氏体组织有什么区别？

6-5　上贝氏体和下贝氏体比较，哪一种力学性能好？

6-6　板条马氏体和片状马氏体在组织与力学性能方面有什么不同？

6-7　共析钢加热到奥氏体状态后，以各种速度连续冷却都得不到下贝氏体。试用C曲线说明，怎样才可得到下贝氏体。

6-8　20,45,65,T8,T10,T12钢的淬火加热温度怎样确定？

6-9　分析以下几种说法是否正确：

1)马氏体硬而脆。

2)过冷奥氏体的冷却速度越快,冷却后钢的硬度越高。

3)钢中合金元素的含量越高,淬火后的硬度也越高。

4)本质细晶粒钢加热后的实际晶粒一定比本质粗晶粒钢细。

5)同一钢材在相同加热条件下,总是水淬比油淬的淬透性好;小件比大件淬透性好。

6-10 现有20钢齿轮和45钢齿轮两种,齿轮表面硬度要求52～55 HRC,问采用何种热处理可满足上述要求。比较它们在热处理后的组织与力学性能的差别。

6-11 用热处理基本工艺曲线形式表示均匀化退火、完全退火、球化退火、淬火、回火等工艺。

6-12 说明下列零件的淬火及回火温度,并说明回火后获得的组织和硬度:

1)45钢小轴(要求有较好的综合力学性能)。

2)60钢弹簧。

3)T12钢锉刀。

6-13 用20钢制造的ϕ20 mm的小轴,经930℃ 5 h渗碳后,表面碳的质量分数增加至1.2%,分析经下列热处理后表面及心部的组织:

1) 渗碳后缓冷到室温。

2)渗碳后直接淬火,然后低温回火。

3)渗碳后预冷到820℃,保温后淬火,低温回火。

4)渗碳后缓冷到室温,再加热到880℃后淬火,低温回火。

5)渗碳后缓冷到室温,再加热到780℃后淬火,低温回火。

6-14 简述目前常用的钢铁表面处理技术,并说明其应用范围。

7 合 金 钢

本章要点：本章介绍合金元素在钢中的主要作用、合金钢的分类与编号，重点介绍合金结构钢、合金工具钢和特殊性能钢的成分特点、热处理、性能及用途。

随着科技和工业的迅猛发展，对材料性能提出了更高的要求，非合金钢(碳素钢)的性能在很多方面不能满足更高的要求，如高强度，抗高温、高压、低温，耐腐蚀、耐磨损以及其他特殊物理、化学性能等。非合金钢的性能主要有以下几方面的不足：

①强度和屈强比较低。Q235 钢的 σ_s 为 235 MPa，而低合金高强度结构钢 16Mn 的 σ_s 则在 360 MPa 以上。强度低使工程结构和设备笨重，屈强比低则强度的有效利用率低。40 钢的 σ_s/σ_b 为 0.43，而合金钢 40Cr 的 σ_s/σ_b 可达 0.8，采用合金钢可明显提高强度的利用率。

②淬透性低。一般情况下，非合金钢水淬的最大淬透直径只有 15～20 mm，对大尺寸和形状复杂的零件，不能保证性能的均匀性和几何形状不变。

③高温强度低、热硬性差。非合金钢淬火后的使用温度不能高于 250℃，否则强度和硬度就明显降低，如高碳(刃具)钢只能用于很低的切削速度。

④回火稳定性差。由于非合金钢回火稳定性差，在进行调质处理时，为了保证较高的强度需采用较低的回火温度，但钢的韧性就偏低；为了保证较好的韧性，采用较高回火温度时，强度又偏低，所以非合金钢的综合力学性能水平不高。

⑤不能满足特殊性能的要求。非合金钢在抗氧化、耐蚀、耐热、耐低温、耐磨损以及特殊电磁性等方面往往较差，不能满足特殊使用性能的需求。

为了提高钢的性能，在铁碳合金中有目的地加入一定量的合金元素所获得的钢，称为合金钢。常用的合金元素有锰(Mn)、镍(Ni)、硅(Si)、铬(Cr)、钨(W)、硼(B)、钼(Mo)、钒(V)、钛(Ti)、铌(Nb)、钴(Co)以及稀土(RE)等。

7.1 合金钢基本知识

7.1.1 合金元素在钢中的作用

合金钢(alloy steel)性能优良，在于钢中合金元素的作用。合金元素在钢中的作用复杂，其主要作用综合表现在以下几方面。

7.1.1.1 合金元素对基本相的影响

(1)固溶于铁中　大部分合金元素(除 Pb 外)都可溶入铁中，形成合金铁素体或合金奥氏体。

非碳化物形成元素如 Si，Mn，Ni，Al，Co 等基本上都溶入铁素体而形成合金铁素体，使其强度、硬度升高而韧性降低，如图 7-1 所示，其中 Si，Mn，Ni 的固溶强化效果较明显。

当铁素体中溶入 $w_{Cr} \leqslant 2\%$ 或 $w_{Ni} \leqslant 5\%$ 或 $w_{Mn} \leqslant 1\%$ 时，铁素体的冲击韧性还有一定的提高，如图 7-2 所示。

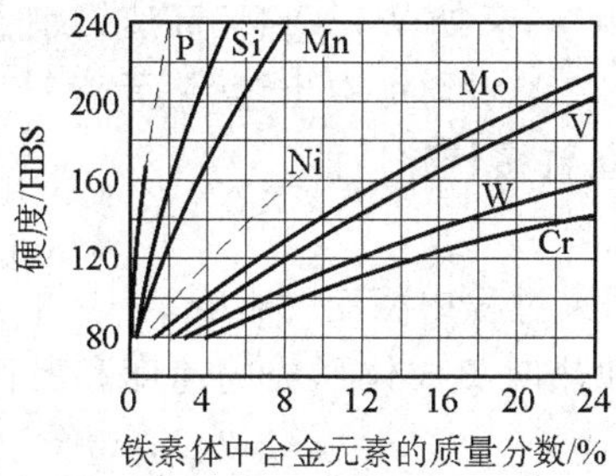

图 7-1 合金元素对铁素体硬度的影响

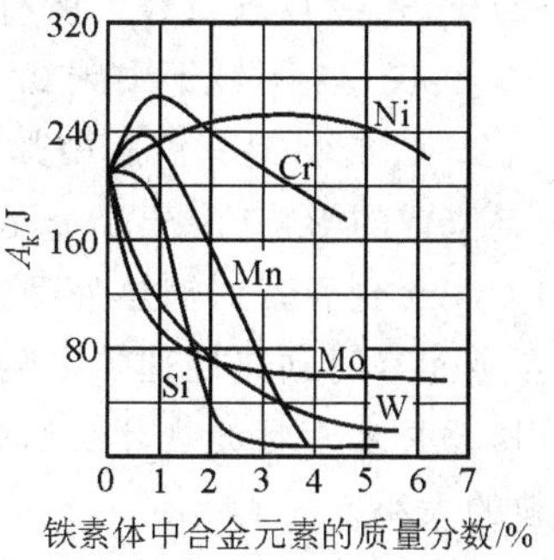

图 7-2 合金元素对铁素体冲击韧性的影响

(2)形成合金渗碳体或特殊碳化物　碳化物形成元素如 Mn，Cr，Mo，W，V，Nb，Zr，Ti 等加入到钢中，按合金元素与钢中碳的亲和力的大小，弱碳化物元素(Mn，Cr)形成合金渗碳体，如$(Fe,Mn)_3C$，$(Fe,Cr)_3C$ 等，含量较高时可形成新的复合碳化物，如 Cr_7C_3，Fe_4W_2C 等；部分强碳化物元素(W，V，Nb，Zr，Ti)形成特殊碳化物，如 WC，VC，NbC，TiC 等，形成的碳化物类型不同，但一般都具有较高的熔点和硬度。合金渗碳体及特殊碳化物的硬度和稳定性均高于渗碳体(Fe_3C)，这些碳化物难溶入奥氏体中，晶粒不易聚集长大，能显著提高钢的强度、硬度、耐磨性和热硬性。故这些元素常作为合金结构钢的辅加元素，也作为合金工具钢的主加元素。

7.1.1.2 合金元素对 Fe-Fe_3C 相图的影响

合金元素的加入，可以改变 Fe-Fe_3C 相图的相区，其影响主要为：

(1)扩大 γ 相区　合金元素 Ni，Mn，C，N，Cu 等与铁作用能扩大 γ 区，使 A_3 线降低，特别是当钢中加入一定量 Ni，Mn 时，可使相图的 γ 区扩大，到室温以下仍能获得正常的奥氏体，如 Mn13 耐磨钢和含 9%Ni 的 1Cr18Ni9 不锈钢均属于奥氏体钢。图 7-3 是 Mn 对 Fe-Fe_3C 相图的影响。

(2)扩大 α 相区　合金元素 Si，Cr，V，Ti，W，Mo 等能扩大 α 区，使 A_3 线升高，如图 7-4 所示。

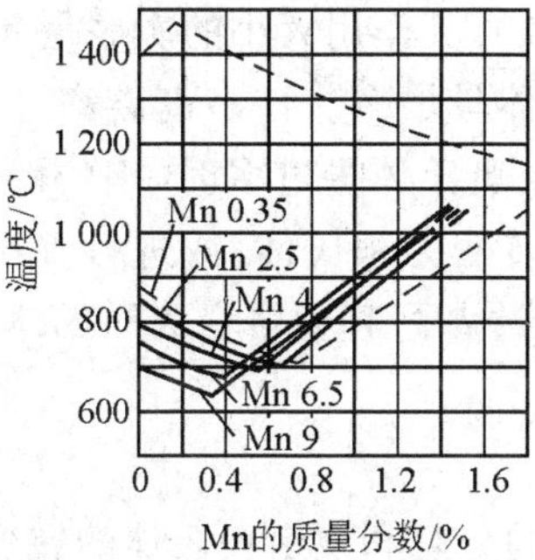

图 7-3 锰对 Fe-Fe_3C 相图的影响

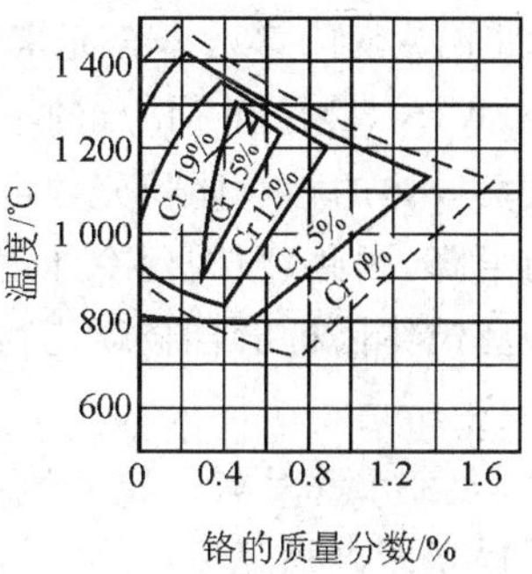

图 7-4 铬对 Fe-Fe_3C 相图的影响

钢中加入一定量的Cr,Si元素,γ区可能消失,将得到全部铁素体组织,如含Cr17%~28%的Cr17,Cr25,Cr28等不锈钢均属于铁素体钢。

(3)使S点、E点左移　所有合金元素均使S点和E点左移,使共析和共晶成分中的含碳量减少,如4Cr13不锈钢中碳0.4%,但其组织属于过共析钢组织;又如W18Cr4V高速钢中含碳0.7%~0.8%,但其铸态中却有莱氏体组织。从图7-3及图7-4中均可看出锰、铬元素对S点、E点位置的影响,由于合金元素对相图的影响使合金钢具备许多特殊性能。

7.1.1.3　合金元素对钢热处理的影响

合金元素对钢热处理的影响主要表现为对加热、冷却和回火过程中相变的影响。

(1)合金元素对加热时组织转变的影响　合金元素影响加热时奥氏体形成的速度和奥氏体晶粒的大小。

①对奥氏体形成速度的影响:Cr,Mo,W,V等强碳化物形成元素与碳的亲和力大,形成难溶于奥氏体的合金碳化物,显著阻碍碳的扩散,大大减慢奥氏体形成速度。为了加速碳化物的溶解和奥氏体成分的均匀化,必须提高加热温度并延长保温时间。Co,Ni等部分非碳化物形成元素,因增大碳的扩散速度,使奥氏体的形成速度加快。Al,Si,Mn等合金元素对奥氏体形成速度影响不大。

②对奥氏体晶粒大小的影响:大多数合金元素都有阻止奥氏体晶粒长大的作用,但影响程度不同。碳化物形成元素的作用最明显,因形成的碳化物在高温下较稳定,不易溶于奥氏体中,能阻碍其晶界外移,显著细化晶粒。按照对晶粒长大作用的影响,合金元素可分为:(a)强烈阻碍晶粒长大的元素:V,Ti,Nb,Zr等。Al在钢中易形成高熔点的AlN,Al_2O_3细质点,也强烈阻止晶粒长大。(b)中等阻碍晶粒长大的元素:W,Mo,Cr。(c)对晶粒长大影响不大的元素:Si,Ni,Cu。(d)促进晶粒长大的元素:Mn和P,B也有此倾向。

(2)合金元素对过冷奥氏体分解转变的影响　除Co外,几乎所有合金元素都增大过冷奥氏体的稳定性,推迟珠光体型组织的转变,使C曲线右移,即提高钢的淬透性(图7-5),这是钢中加入合金元素的主要目的之一。常用提高淬透性的元素有Mo,Mn,Cr,Ni,Si,B等。必须指出,加入的合金元素只有完全溶于奥氏体时,才能提高淬透性。如果未完全溶解,则碳化物会成为非自发核心,促进珠光体的形成,反而降低钢的淬透性。若2种或多种合金元素同时加入,对淬透性的影响比单个元素的影响总和要强得多。

除Co,Al外,多数合金元素都使M_s和M_f点下降(图7-5),其作用大小的次序是Mn,Cr,Ni,Mo,W,Si。M_s和M_f点的下降,使淬火后钢中残余奥氏体量增多。许多高碳高合金钢中的残余奥氏体的相对体积分数可达30%~40%或以上。残余奥氏体量过多时,钢的硬度和疲劳抗力下降,因此,须进行冷处理(冷至M_f点以下),以使其转变为马氏体;或进行多次回火,使残余奥氏体因析出合金碳化物而使M_s和M_f点上升,并在冷却过程中转变为马氏体或贝氏体(即发生所谓二次淬火)。

(3)合金元素对回火转变的影响

①提高回火稳定性:合金元素在回火过程中推迟马氏体的分解和残余奥氏体的转变,因此提高了钢对回火软化的抗力,即提高了钢的回火稳定性,使得合金钢在相同温度下回火时,比同样碳质量分数的碳钢具有更高的硬度和强度(这对工具钢和耐热钢特别重要),或者在保证相同强度的条件下,可在更高的温度下回火,而使韧性更好些(这对结构钢更重要)。提高回火稳定性作用较强的合金元素有V,Ti,Mo,W等。

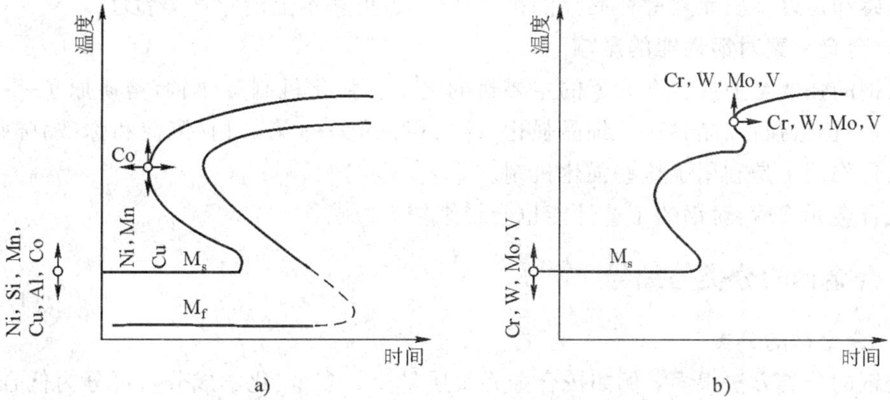

图 7-5 合金元素对碳钢 C 曲线的影响

a)非碳化物形成元素的影响；b)碳化物形成元素的影响

②产生二次硬化：一些 Mo，W，V 含量较高的高合金钢回火时，硬度不是随回火温度升高而单调降低，而是到某一温度(约 400℃)后反而开始增大，并在另一更高温度(一般为 550℃左右)达到峰值(图 7-6)。这是回火过程的二次硬化(secondary hardening)现象，它与回火析出物的性质有关。当回火温度低于 450℃时，钢中析出渗碳体；在 450℃以上，钢中开始沉淀出弥散稳定的难熔碳化物 Mo_2C，W_2C，VC 等，使硬度重新升高，称为沉淀硬化，而在 550℃左右沉淀硬化过程完成时，硬度出现峰值；二次硬化也可以由回火时冷却过程中残余奥氏体转变为马氏体的二次淬火所引起。因此，二次硬化是沉淀硬化和二次淬火的综合作用。

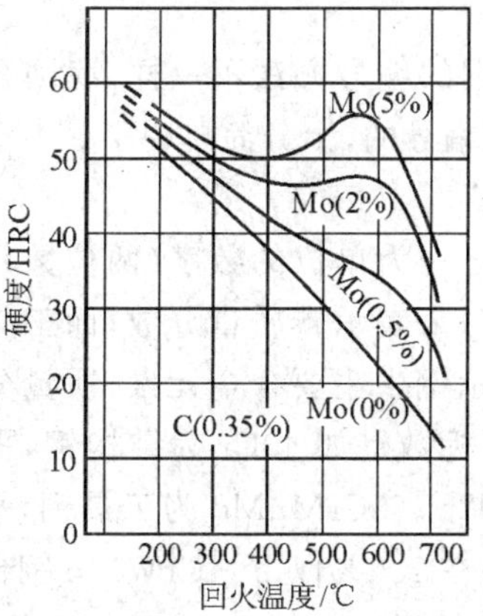

图 7-6 钼钢的回火温度与硬度的关系

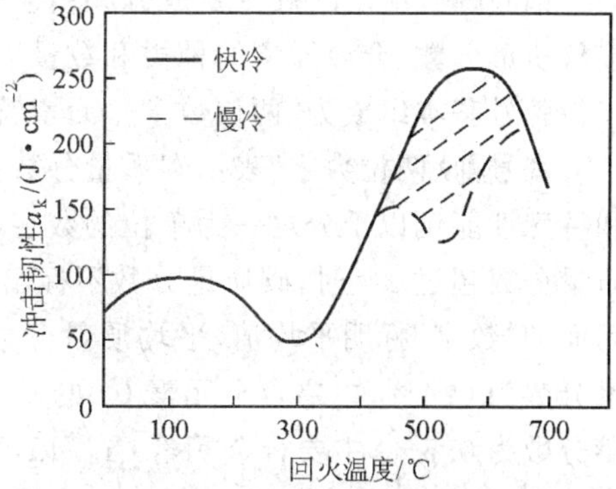

图 7-7 铬镍钢的韧性与回火温度的关系

③产生回火脆性：合金钢也产生回火脆性，而且和碳钢相比更明显。这是合金元素的不利影响。镍铬钢的韧性与回火温度的关系见图 7-7。250～400℃间的第一类回火脆性(低温回火脆性)是由相变机制本身决定的，无法消除，只能避开。但加入质量分数为 1%～3%的硅可使其脆性温区移向较高温度。450～600℃间发生的第二类回火脆性(高温回火脆性)主要与某些杂质元素以及合金元素本身在原奥氏体晶界上的严重偏聚有关，多发生在含 Mn，Cr，Ni 等元素的合金钢中，这是一种可逆回火脆性(temper embrittlement)，回火后快冷(通常用油冷)，抑制杂质元素在晶界偏聚，可防止其发生。钢中加入适当 Mo 或 W($w_{Mo}=0.5\%$，$w_W=1\%$)，

因强烈阻碍和延迟杂质元素等往晶界的扩散偏聚，也可基本上消除这类脆性。

7.1.1.4 合金元素对钢性能的影响

提高钢的强度是加入合金元素的主要目的之一。强化机制有4种：溶质原子——固溶强化、位错——位错强化、晶界——细晶强化、第二相粒子——第二相（沉淀和弥散）强化。合金元素的强化作用正是利用了这些强化机制。

加入合金元素后，对钢的工艺性能也会带来较大影响。

7.1.2 合金钢的分类与编号

7.1.2.1 合金钢的分类

合金钢的分类方法很多，例如按合金元素质量分数多少（化学成分），可分为低合金钢（总量低于5%）、中合金钢（总量为5%～10%）和高合金钢（总量高于10%）。按所含的主要合金元素可分为铬钢、铬镍钢、锰钢、硅锰钢等。按显微组织可分为珠光体钢、马氏体钢、铁素体钢、奥氏体钢和莱氏体钢等。

GB/T 13304规定了我国合金钢的主要分类。

按化学成分分类：分为低合金钢、中合金钢和高合金钢。

按主要质量等级分类：低合金钢又分为普通质量低合金钢、优质低合金钢、特殊质量低合金钢；合金钢又分为优质合金钢、特殊质量合金钢。

按主要使用特性分类：低合金钢又分为可焊接低合金高强度结构钢、低合金耐候钢、低合金钢筋钢、铁道用低合金钢、矿用低合金钢、其他低合金钢；合金钢又分为工程结构用钢、机械结构用钢、工具钢和特殊物理性能钢、不锈钢、耐蚀和耐热钢等。

7.1.2.2 合金钢的编号

钢的牌号应反映其主要成分和用途。世界各国合金钢的编号方法不一样，我国合金钢是按碳质量分数、合金元素的种类和数量以及质量级别等来编号的，十分简单明了。

牌号基本组成为“两位数字＋元素符号＋数字＋……”。

牌号前“两位数字”表示碳质量分数。结构钢以万分之一为单位的数字（两位数），工具钢和特殊性能钢以千分之一为单位的数字（一位数或无数字）来表示碳质量分数，而工具钢的碳质量分数超过1%时，碳质量分数不标出。“元素符号”表示钢中主要合金元素，质量分数由其后面的“数字”标明平均值，平均质量分数少于1.5%时不标数。如40Cr为结构钢，平均碳质量分数为0.4%，主要合金元素Cr的质量分数在1.5%以下。5CrMnMo为工具钢，平均碳质量分数为0.5%，主要合金元素Cr，Mn，Mo的质量分数均在1.5%以下。CrWMn钢也为工具钢，平均碳质量分数大于1.0%，Cr，Mo，W的质量分数均低于1.5%。

专用钢在首位用其用途的汉语拼音字首注明。例如，滚珠轴承钢在钢号前加注“G”。GCr15表示碳质量分数约1.0%、铬质量分数约1.5%（这是一个特例，铬质量分数以千分之一为单位的数字表示）的滚珠轴承钢。Y40Mn表示碳质量分数为0.4%、锰质量分数少于1.5%的易切削钢等。

高级优质钢，则在钢的末尾加“A”字，例如20Cr2Ni4A等。

个别特殊用途钢的编号方法有例外，如耐热钢12Cr1MoV的编号方法就与结构钢相同。

7.2 低合金钢和合金结构钢

本节主要介绍用于工程结构件和机器零件的合金钢。常用的有以下几种。

7.2.1 低合金钢

根据主要使用特性，低合金钢(low-alloy steel)包括低合金高强度结构钢、低合金耐候钢、低合金钢筋钢、铁道用低合金钢、矿用低合金钢等。

7.2.1.1 低合金高强度结构钢

(1)用途　主要用于制造桥梁、船舶、车辆、锅炉、压力容器、石油管道、大型钢架结构等。采用普通低合金钢可以减轻结构重量，提高强度和韧性，保证使用性能耐久，可靠。

(2)性能要求　强度较高，塑性、韧性好，压力加工性和焊接性能好。

(3)化学成分特点

①含碳量：一般 $w_C \leqslant 0.25\%$，以保证其韧性、焊接性能及冷加工性能。

②主加合金元素：Mn($w_{Mn} \leqslant 1.8\%$)能固溶强化铁素体，细化珠光体。

③ 辅加元素：钛、钒、铌等，形成微小的碳化物，如 TiC，VC，NbC 等，起细化晶粒和弥散强化作用；此外，可加入少量的铜、磷以提高钢在大气中的耐腐蚀性能。

(4)常用钢号　我国(GB/T 1591—94)对低合金高强度结构钢标准进行了修订，并对其钢号、质量等级作了新的规定。其牌号表示方法与碳素结构钢相同。新标准钢号、化学成分、力学性能以及新、旧标准对比等见表 7-1。

(5)热处理特点　常在热轧退火(或正火)状态下使用，组织为铁素体＋珠光体。焊接后一般不再热处理。Q420，Q460 的 C，D，E 级钢可根据需要进行淬火＋低温回火获得板条状马氏体。

7.2.1.2 低合金耐候钢

低合金耐候钢即耐大气腐蚀钢。在低碳非合金钢的基础上加入少量 Cu，Cr，Ni，Mo 等合金元素，使其在钢的表面形成一层保护膜。

我国耐候钢分为两大类：

(1)焊接结构用耐候钢(GB 4172)　适用桥梁、建筑及其他要求耐候性的结构件，主要牌号有 12MnCuCr，15MnCuCr，16CuCr 等。

(2)高耐候性结构钢(GB 4171)　适用于车辆、建筑、塔架和其他要求高耐候性的钢结构，主要牌号有 09CuPCrNi-A，09CuPCrNi-B，09CuP 等。

7.2.1.3 其他低合金结构钢

为了适应某些专业的特殊需要，对低合金高强度结构钢的成分、工艺及性能作相应的调整，从而发展了门类众多的低合金专业用钢。例如锅炉、各种压力容器、船舶、桥梁、汽车、农机、自行车、矿山、铁道、建筑钢筋等，许多钢号已纳入国家标准。

表 7-1 低合金高强度结构钢牌号、成分、力学性能及用途

牌号	质量等级	各化学成分的质量分数 w/%									厚度或直径/mm	力学性能				旧牌号	应用举例
		C	Mn	Si	V	P	S	Nb	Ti	其他		σ_s/MPa	σ_b/MPa	δ_5/%	A_{kV}/J		
Q295	A B	≤0.16	0.18～ 1.50	≤0.55	0.02～ 0.15	≤0.045 ≤0.040	≤0.045 ≤0.040	0.015～ 0.060	0.02～ 0.20	— —	≤16 >16～35	295 275	390 ～ 570	23	— 34(20℃)	09MnV 09MnNb 09Mn2 12Mn	车辆冲压件、低压锅炉汽包、容器、储油罐、输油管道
Q345	A B C D E	≤0.20 ≤0.20 ≤0.20 ≤0.18 ≤0.18	1.00 ～ 1.60	≤0.55	0.02 ～ 0.15	≤0.045 ≤0.040 ≤0.035 ≤0.030 ≤0.025	≤0.045 ≤0.040 ≤0.035 ≤0.030 ≤0.025	0.015～ 0.060	0.02～ 0.20	C、D、E 等级含 Al≥0.015 Cr≤0.30 Ni≤0.70	≤16 >16～35	345 325	470 ～ 630	21 21 22 22 22	— 34(20℃) 34(0℃) 34(−20℃) 27(−40℃)	12MnV 14MnNb 16Mn 18Nb 16MnRE	船舶、铁路车辆、桥梁、管道、锅炉、压力容器、矿山机械、电站设备、厂房钢架等
Q390	A B C D E	≤0.20	1.00 ～ 1.60	≤0.55	0.02 ～ 0.20	≤0.045 ≤0.040 ≤0.035 ≤0.030 ≤0.025	≤0.045 ≤0.040 ≤0.035 ≤0.030 ≤0.025	0.015 ～ 0.060	0.02 ～ 0.20	C、D、E 等级含 Al≥0.015 Cr≤0.30 Ni≤0.70	≤16 >16～35	390 370	490 ～ 650	19 19 20 20 20	— 34(20℃) 34(0℃) 34(-20℃) 27(-40℃)	15MnV 15MnTi 16MnNb	中高压锅炉汽包、中高压化工容器、大型船舶、桥梁、车辆、起重设备
Q420	A B C D E	≤0.20	1.00 ～ 1.70	≤0.55	0.02 ～ 0.20	≤0.045 ≤0.040 ≤0.035 ≤0.030 ≤0.025	≤0.045 ≤0.040 ≤0.035 ≤0.030 ≤0.025	0.015 ～ 0.060	0.02 ～ 0.20	C、D、E 等级含 Al≥0.015 Cr≤0.30 Ni≤0.70	≤16 >16～35	420 400	520 ～ 680	18 18 19 19 19	— 34(20℃) 34(0℃) 34(−20℃) 27(−40℃)	15MnV 14MnVTiRE	大型焊接构件、大型船舶、桥梁、车辆、电站设备、起重机械、中高压锅炉及容器
Q460	C D E	≤0.20	1.00 ～ 1.70	≤0.55	0.02 ～ 0.20	≤0.035 ≤0.030 ≤0.025	≤0.035 ≤0.030 ≤0.025	0.015 ～ 0.060	0.02 ～ 0.20	Al≥0.015 Cr≤0.30 Ni≤0.70	≤16 >16～35	460 440	550 ～ 720	17	34(0℃) 34(−20℃) 27(−40℃)	14MnMoV 18MnMoNb	中温高压容器(<120℃)、锅炉、化工、石油高压厚壁容器(<100℃)；淬火加回火可用于大型挖掘机、钻井平台等

汽车用低合金钢是用量很大的专业用钢，主要用于汽车大梁、托架及车壳等结构件。包括冲压性能良好的低强度钢（发动机罩等）、微合金化钢（大梁等）、低合金双相钢（轮毂、大梁等）、高延性高强度钢（车门、挡板）等。

铁道用低合金钢也是重要的专业用钢，主要有轻轨钢（45SiMnP，50SiMnP），重轨钢（U71Cu，U71Mn，U70MnSi），起重机用低合金钢轨钢（U71Mn），铁路用异型钢（09V，09CuPRE）和铁路用车轮钢（CL45MnSiV）。

随着油气管线工程发展，管线用钢的屈服强度等级也在逐年提高。为适应现场焊接条件，管线用钢采取降碳措施，为弥补降碳损失的强度又不损害焊接性，添加 Nb，V，Ti 等碳氮化物形成元素，采用适应螺旋焊管的控轧控冷钢或适应压力机成型焊管的淬火-回火钢。海底管线用钢在 C-Mn-V 系基础上添加 Cu 或 Nb，以提高耐蚀性。低温管线用钢在 C-Mn 系基础上添加 Ni，Nb，N，具有很好的低温韧性。

7.2.2 机械结构用合金钢

主要是用于制造各种机械零件或构件，其质量等级都属于特殊质量等级，大多需经热处理后使用，按其用途和主要工艺特点可分为渗碳钢（carburizing steel）、调质钢、弹簧钢（spring steel）、滚动轴承钢（bearing steel）、超高强度钢等。

7.2.2.1 合金渗碳钢

合金渗碳钢常指经渗碳、淬火、低温回火后使用的合金钢。

（1）用途　合金渗碳钢主要用于制造承受强烈冲击载荷和摩擦磨损的机械零件。如汽车、拖拉机中的变速齿轮，内燃机上的凸轮轴、活塞销等。这类零件在工作中遭受强烈的摩擦磨损，同时又承受较大的交变载荷，特别是较大的冲击载荷。

（2）性能特点　表面渗碳层具有高硬度、高耐磨性，心部具有良好的塑性和韧性。

（3）成分特点

①低碳，碳的质量分数一般在 0.10%～0.25%之间，低含碳量保证了淬火后零件心部有足够的塑性、韧性。

②主要合金元素是 Cr，还可加入 Ni，Mn，B，W，Mo，V，Ti 等元素。其中 Cr，Ni，Mn，B 的主要作用是提高淬透性，使大尺寸零件的心部淬回火后有较高的强度和韧性；少量的 W，Mo，V，Ti 能形成细小、难溶的碳化物，以阻止渗碳过程中高温、长时间保温条件下晶粒长大。在零件表层形成的合金碳化物可提高渗碳层的耐磨性。

（4）常用钢种　按其强度或淬透性的高低可分 3 类，表 7-2 列出了常用合金渗碳钢的牌号、热处理、力学性能（GB 3077—1999）和用途。

①低淬透性渗碳钢：如 20Cr，20CrV，15Mn2，20MnV 等。在水中的淬透层深度一般小于 20～35 mm。淬火、回火后心部强度和韧性较低，只能用于制造受力不大但耐磨性要求高的零件，如活塞销、滑块、小齿轮等。

②中淬透性合金渗碳钢：如 20CrMn，20CrMnTi，12Mn2TiB，20CrMnMo 等。在油中的最大淬透层深度为 25～60 mm。用于制造中等强度的耐磨零件，如汽车、拖拉机变速齿轮、齿轮轴、轴套等。

表 7-2 常用渗碳钢的牌号、成分、热处理、力学性能和用途

类别	钢号	主要化学成分的质量分数 w/%							热处理/℃			力学性能(不小于)					试样尺寸/mm	应用举例
		C	Mn	Si	Cr	Ni	V	其他	预备处理	淬火	回火	σ_b/MPa	σ_s/MPa	δ/%	Ψ/%	a_k/kJ·m^{-2}		
低淬透性	15(非合金钢)	0.12~0.19	0.35~0.65	0.17~0.37					890±10空	770~800水		≥500	≥300	15	≥55		<30	活塞销等
	20Mn2		1.40~1.80						850~870	770~800油		820	600		47	600	25	小齿轮、小轴、活塞销等
	20Cr	0.17~0.24	0.50~0.80	0.20~0.40	0.70~1.00				880水,油	800水,油	200	850	550	10	40			齿轮、小轴、活塞销等
	20MnV		1.30~1.60				0.07~0.12			880水,油		800	600			700	15	小齿轮、小轴、活塞销等,也用于锅炉、高压容器、管道
	20CrV		0.50~0.80		0.80~1.10		0.10~0.20			800水,油		850		12	45			小齿轮、小轴、活塞销、耐热垫圈
中淬透性	20CrMn		0.90~1.20		0.90~1.20					850油		950	750			600		齿轮、轴、蜗杆、活塞销、摩擦轮等
	20CrMnTi	0.17~0.24	0.80~1.10	0.20~0.40	1.00~1.30			Ti0.06~0.12	830油			1 100	850	10	45			汽车、拖拉机上的变速箱齿轮
	20Mn2TiB		1.50~1.80					Ti0.06~0.12 B0.001~0.004		860油	200	1 150	950			700	15	代20CrMnTi
	20SiMnVB		1.30~1.60	0.50~0.80			0.07~0.12	B0.001~0.004	850~880油	780~800油		≥1 200	≥100	≥10	≥45	≥700		代20CrMnTi
高淬透性	18Cr2Ni4WA	0.13~0.19	0.30~0.60	0.20~0.40	1.35~1.65	4.00~4.50		W0.80~1.20	950空	850空			850			1 000		大型渗碳齿轮和轴类件
	20Cr2Ni4A	0.17~0.24			1.25~1.75	3.25~3.75			880油	780油	200	1 200	1 100	10	10	800	15	大型渗碳齿轮和轴类件
	15CrMn2SiMo	0.13~0.19	2.00~2.40	0.4~0.7	0.4~0.7			Mo0.4~0.5	880~920空	860油			900					大型渗碳齿轮、飞机齿轮

③高淬透性合金渗碳钢：如18Cr2Ni4WA和20Cr2Ni4A(属于中合金钢)等。其淬透性很高，油中最大淬透直径大于100 mm。用于制造承受重载荷(σ_b>1 200 MPa)和强烈磨损的重要大型零件，如内燃机车的主动牵引齿轮、柴油机曲轴、连杆、飞机、坦克中的曲轴及重要齿轮等。这些钢渗碳后可空冷淬火，应进行冷处理(−80～−70℃)或高温(650℃左右)回火，以减少渗碳层中的残余奥氏体，提高表层耐磨性。

(5)渗碳钢的热处理特点　渗碳件的最终热处理为渗碳后淬火加低温回火。具体淬火工艺根据钢种而定：合金渗碳钢一般都是渗碳后直接淬火；而渗碳时易过热的钢种，如20Cr，20Mn2等在渗碳之后直接空冷(正火)，以消除过热组织，而后再进行淬火加低温回火。

热处理后的组织，表层为高碳回火马氏体、碳化物加少量残余奥氏体，硬度一般为58～62 HRC；而心部组织则视钢的淬透性高低及零件尺寸的大小而定，可得到低碳回火马氏体或回火马氏体、托氏体、珠光体加铁素体组织。

(6)渗碳钢零件的一般工艺路线　以20CrMnTi渗碳钢制造汽车变速齿轮为例。其技术条件要求：渗层深度为1.2～1.6 mm，表面碳浓度为1.0%，齿面硬度为58～60 HRC，心部硬度为30～45 HRC。一般生产工艺路线如下：

下料→毛坯锻造→正火→加工齿形→局部镀铜→渗碳→预冷淬火＋低温回火→喷丸→精磨(磨齿)。

锻造的主要目的使在毛坯内部获得正确流线分布和提高组织致密度。正火的目的，一是改善锻造组织；二是调整硬度(170～220 HB)，有利于切削加工。对不渗碳部分可采用镀铜防止渗碳。根据渗碳温度920℃和渗碳层深度要求(查阅有关资料)，渗碳时间确定为7 h，具体热处理工艺曲线如图7-8所示。经淬火加低温回火后，表面和心部均能达到技术要求。

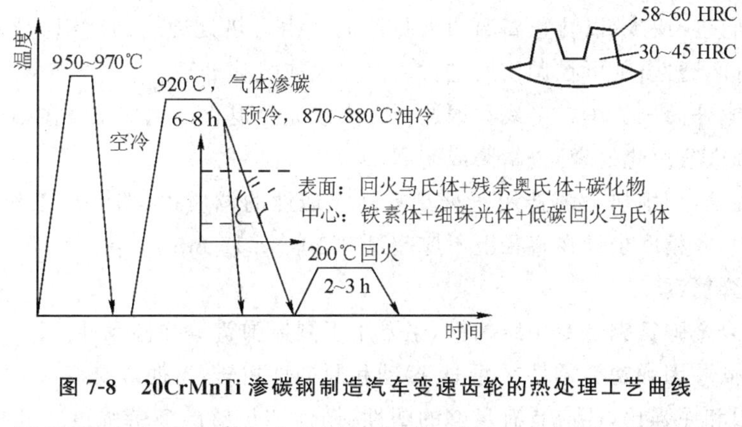

图7-8　20CrMnTi渗碳钢制造汽车变速齿轮的热处理工艺曲线

喷丸不仅可清除齿轮渗碳过程中产生的氧化皮，而且使表层发生塑性变形而产生压应力，有利于提高疲劳强度。精磨是为了喷丸后的齿面粗糙度进一步降低。

7.2.2.2　合金调质钢

调质钢多数是指经调质后使用的结构钢。

(1)用途　主要用于制造在重载荷下同时又受冲击载荷作用的一些重要零件，如汽车、拖拉机、机床等上的齿轮、轴类件、连杆、高强度螺栓等，是机械结构和重要零件的主要材料。

(2)性能特点　要求具有高强度、高韧性相结合的良好综合力学性能。

(3)成分特点

①中碳,碳的质量分数一般为0.30%~0.50%;过低,回火后强度、硬度低;过高,则塑性、韧性不够。

②主要合金元素是Cr,Mn,Ni,Si,B等,主要作用是提高淬透性;辅加元素W,Mo,V,Ti等可形成稳定的合金碳化物,阻止奥氏体晶粒长大,细化晶粒,提高回火稳定性。钢中加入Mo,W可防止第二类回火脆性,其适宜质量分数约为$w_{Mo}=0.15\%\sim0.30\%$或$w_{W}=0.8\%\sim1.2\%$。

(4)常用钢种 合金调质钢的种类很多,按淬透性高低分3类。

①低淬透性钢:如40Cr,40MnB等,油淬的最大淬透直径为30~40 mm。用于制造一般尺寸的重要零件,如轴类、连杆、螺栓等。

②中淬透性钢:如35CrMo,42CrMo等,油淬的最大直径为40~60 mm。用于制造截面较大的零件,如曲轴、连杆等。

③高淬透性钢:如40CrNiMo,油淬直径可达60~100 mm。用于制造大截面、重载的零件,如机床和汽轮机主轴、叶轮等。

表7-3中列出了常用合金调质钢牌号、热处理、力学性能(GB/T 3077—1999)和用途。

为了节约能源,简化工艺,近年发展了不进行调质处理,通过锻造时控制终锻温度及锻后的冷却速度来获得具有较高强韧性能的钢材,称为非调质机械结构钢(GB/T 15712—1995),其成分特点是在中碳钢中添加微量的V,Nb,Ti等元素。它在一定程度上可以取代需要淬火、回火的调质钢,与传统调质钢相比,生产工艺大为简化。

(5)热处理特点 调质钢的最终热处理为淬火后高温回火(即调质处理),回火温度一般为500~650℃。回火应快冷,以防止高温回火脆性的产生。热处理后的组织为回火索氏体。若要求表面有良好耐磨性,则可在调质后进行表面淬火或氮化处理。

(6)调质钢零件的一般工艺路线 锻造→正火或完全退火→粗加工→调质→精加工(→表面淬火加低温回火或氮化处理)→精磨或研磨。

对低淬透性钢,切削加工前选用正火;中、高淬透性的调质钢,切削加工前则选用完全退火。若氮化处理,放精磨余量在直径上不应超过0.10~0.15 mm。

7.2.2.3 合金弹簧钢

(1)用途 合金弹簧钢是专用结构钢,主要用于制造弹簧等弹性元件。

(2)性能特点 因弹簧类零件在冲击、振动和周期性扭转、弯曲等交变应力下工作,所以应有高的弹性极限和屈强比,还应具有足够的塑性、韧性和足够的疲劳强度。此外,弹簧钢还要求有较好的淬透性,不易脱碳和过热,容易卷绕成型,表面不应有脱碳、裂纹、折叠、斑疤和夹杂等缺陷。一些特殊合金弹簧钢还要求耐热性、耐蚀性等。

(3)成分特点

①中、高碳,碳的质量分数一般在0.45%~0.70%之间。

②主要合金元素有Si,Mn等,其主要作用是提高弹簧钢的淬透性,同时也提高屈强比。重要用途的合金弹簧钢需加入Cr,V,W等元素,如Si-Cr弹簧钢表面不易脱碳;Cr-V弹簧钢晶粒细小,不易过热,耐冲击性能好,高温强度也较高。

表 7-3 常用调质钢的牌号、热处理、力学性能(GB 3077—1999)和用途

类别	钢号	主要化学成分的质量分数 w/%								热处理/℃		试样尺寸/mm	力学性能(不小于)					退火状态/HB	应用举例
		C	Mn	Si	Cr	Ni	Mo	V	其他	淬火	回火		σ_b/MPa	σ_s/MPa	δ/%	Ψ/%	A_{kU}/J		
	45①	0.42~0.50	0.50~0.80		≤0.25	≤0.30				840 水	640 空	25	600	355	16	40	39	197	主轴、曲轴、齿轮柱塞等
低淬透性钢	40MnB	0.37~0.44	1.10~1.40	0.17~0.37					B0.001~0.003 5	850 油	500 水，油	25	980	785	10	45	47	207	
	40MnVB							0.05~0.10			520 水，油								可代替 40Cr 及部分代替 40CrNi 做重要零件，也可代替 38CrSi 做重要销钉
	40Cr	0.37~0.45	0.50~0.80		0.80~1.10										9				重要调质件如轴类件、连杆螺栓、进气阀和重要齿轮等
中淬透性钢	38CrSi	0.35~0.43	0.30~0.60	1.00~1.30	1.30~1.60					900 油	600 水，油	25		835	12	50	55	255	载荷大的轴类件及车辆上的重要调质件
	30CrMnSi	0.27~0.34	0.80~1.10	0.90~1.20	0.80~1.10					880 油	540 水，油		1 080		10	45	39	229	高强度钢，做高速载荷砂轮轴、车辆上内外摩擦片等
	35CrMo	0.32~0.40	0.40~0.70	0.17~0.37			0.15~0.25			850 油	550 水，油		980		12		63		重要调质件，如曲轴、连杆及代 40CrNi 做大截面轴类件

①45 钢为优质非合金结构钢(GB 699—1999)。

续表 7-3

类别	钢号	主要化学成分的质量分数 w/%								热处理/℃		试样尺寸/mm	力学性能(不小于)					退火状态/HB	应用举例
		C	Mn	Si	Cr	Ni	Mo	V	其他	淬火	回火		σ_b/MPa	σ_s/MPa	δ/%	Ψ/%	A_{kU}/J		
高淬透性钢	38CrMoAl	0.35～0.42	0.30～0.60	0.20～0.45	1.35～1.65		0.15～0.25		Al 0.70～1.10	940 水,油	640 水,油	30	980	835	14	50	71	229	做氮化零件,如高压阀门、缸套等
	37CrNi3	0.34～0.41		0.17～0.37	1.20～1.60	3.00～3.50				820 油	500 水,油	25	1 130	980	10	50	47	269	做大截面并要求高强度、高韧性的零件
	40CrMnMo	0.37～0.45	0.90～1.20		0.90～1.20		0.20～0.30			850 油	600 水,油		980	785	10	45	63	217	相当于 40CrNiMo 高级调质钢
	25Cr2Ni4WA	0.21～0.28	0.30～0.60		1.35～1.65	4.0～4.50			W 0.80～1.20		550 水,油		1 080	930	11	45	71	269	做机械性能要求很高的大断面零件
	40CrNiMoA	0.37～0.44	0.50～0.80		0.60～0.90	1.25～1.65	0.15～0.25				600 水,油		980	835	12	55	78	269	做高强度零件,如航空发动机轴,在＜500℃工作的喷气发动机承载零件

表 7-4 常用弹簧钢的牌号、热处理、力学性能(GB 1222—84)和用途

钢号	主要化学成分的质量分数 w/%					热处理/℃		力学性能(不小于)				应用范围
	C	Si	Mn	Cr	其他	淬火	回火	σ_b /MPa	σ_s /MPa	δ /%	Ψ /%	
60	0.62～0.70	0.17～0.37	0.50～0.80	≤0.25		840(油)	480	8 000	1 000	9	35	截面<12 mm的小弹簧
75	0.72～0.80	0.17～0.37	0.50～0.80	≤0.25		820(油)	480	900	1 100	7	35	
85	0.82～0.90	0.17～0.37	0.50～0.80	≤0.25		820(油)	480	1 000	1 150	6	35	
65Mn	0.62～0.70	0.17～0.37	0.90～1.20	≤0.25		830(油)	480	800	1 000	8	30	截面≤25 mm的弹簧,如汽车板簧、机车板簧、缓冲卷簧等
55Si2Mn	0.52～0.60	1.50～2.00	0.60～0.90	≤0.35		870(油、水)	460	1 100～1 200	1 200～1 300	6	30	
60Si2Mn	0.56～0.64	1.50～2.00	0.60～0.90	≤0.35		870(油)	460	1 200	1 300	5	25	
70SiMnA	0.66～0.74	2.40～2.80	0.60～0.90	≤0.30		860(油)	420	1 600	1 800	5	20	
55MnSi	0.52～0.60	0.50～0.80	0.60～0.90	≤0.25		820(油)	480	800	1 000	8	30	
60MnSi	0.56～0.64	1.30～1.80	0.80～1.00	≤0.30		860(油)	460	1 200	1 300	5	25	
60Si2CrA	0.56～0.64	1.40～1.80	0.40～0.64	0.70～1.00		870(油)	420			5	20	截面≤30 mm的重要弹簧,如小型汽车、载重车板簧、扭杆簧、<350℃的耐热弹簧等
60Si2CrVA	0.56～0.64	1.40～1.80	0.40～0.64	0.90～1.20	V0.10～0.20	850(油)	600			5	20	
60Si2MnWA	0.61～0.69	1.50～2.00	0.70～1.00	≤0.30	W0.80～1.20	850(油)	420			5	20	
50CrVA	0.46～0.54	0.17～0.80	0.50～0.80	0.80～1.10	V0.10～0.20	850(油)	520			10	45	
50CrMnVA	0.48～0.55	0.17～0.80	0.50～0.80	0.95～1.20	V0.15～0.25	850(油)	520			6	35	
30W4Cr2VA	0.26～0.34	0.17～0.37	≤0.4	2.00～2.50	V0.50～0.80 W4.00～4.50	1 050～1 100(油)	600	1 470	1 323	7	40	用做≤500℃的耐热弹簧,如锅炉主安全阀弹簧,气轮机汽封弹簧等

(4)常用钢种　合金弹簧钢大致分2类，一类是以Si，Mn为主要合金元素的合金弹簧钢，另一类是含Cr，V，W等元素的合金弹簧钢。

表7-4列出了常用弹簧钢的牌号、热处理、力学性能(GB 1222－84)和用途。

(5)热处理特点　弹簧钢热处理一般是淬火后中温回火，获得回火托氏体组织。

截面尺寸≥8 mm的大型弹簧常在热态下成形(把钢加入到比淬火温度高50～80℃热卷成形)，并利用成形后的余热立即淬火后中温回火。

截面尺寸≤8 mm的弹簧常采用冷拉钢丝冷卷成形，若钢丝冷拔前进行了铅浴等温淬火，成形后进行去应力退火处理；若冷拔前没有进行淬火，则成形后进行淬火与中温回火。

为进一步提高弹簧的疲劳强度，回火后可进行喷丸处理，消除钢丝表面的缺陷并造成表面压应力。如汽车板簧喷丸处理后，使用寿命可提高几倍。

7.2.2.4　滚动轴承钢

(1)用途　滚动轴承钢主要用于制造滚动轴承的内、外套圈以及滚动体(滚珠、滚柱、滚针)，还可用于制造某些工具，如模具、量具等。

(2)性能特点　滚动轴承在工作时承受很大的交变载荷和极大的接触应力，受到严重的摩擦磨损，并受到冲击载荷的作用、大气和润滑介质的腐蚀作用，这就要求轴承钢必须具有高而均匀的硬度和耐磨性、高的接触疲劳强度、足够的韧性和对大气等的耐蚀能力。

(3)成分特点

①高碳，碳的质量分数一般在0.95%～1.15%之间。

②主要合金元素是Cr，其作用是提高淬透性以及形成合金渗碳体，提高硬度和耐磨性。加入Si，Mn，V等元素进一步提高淬透性，用于制造大型轴承。

(4)常用钢种　我国GB 3086，GB 3203，YB 9等标准规定有高碳铬轴承钢、高碳铬不锈轴承钢、渗碳轴承钢、高温轴承钢和无磁轴承钢等，目前以铬轴承钢应用最广，最有代表性的是GCr15。

轴承钢的牌号以“滚”字汉语拼音字首“G”、铬元素符号及其名义质量以千分含量表示，碳的含量不标出。表7-5列出了常用滚动轴承钢的牌号、化学成分、热处理和用途。

(5)热处理特点　滚动轴承的最终热处理是淬火加低温回火，组织为极细的回火马氏体、均匀分布的细粒状碳化物及微量的残余奥氏体，硬度为61～65 HRC。精密轴承为保证尺寸稳定性，可在淬火后进行冷处理(－80～－60℃)，然后再进行低温回火，并在磨削加工后再进行时效处理，进一步消除应力、稳定尺寸。

(6)轴承钢制造轴承零件的加工工艺路线　轧制、锻造→球化退火→机加工→淬火＋低温回火→磨加工→成品。

对精密轴承件，为进一步降低内应力和残余奥氏体量，稳定尺寸，必须在淬火后、低温回火前进行冷处理(－80～－60℃)，并于磨后在120～130℃保温5～10 h(低温时效处理)，目的是进一步消除磨削应力，稳定尺寸。

表 7-5 常用滚动轴承钢的牌号、化学成分、热处理和用途

<table>
<tr><th rowspan="2">类别</th><th rowspan="2">钢 号</th><th colspan="5">主要化学成分的质量分数 w/%</th><th colspan="3">热处理规范及性能</th><th rowspan="2">主要用途</th></tr>
<tr><th>C</th><th>Cr</th><th>Si</th><th>Mn</th><th>Mo</th><th>淬火温度/℃</th><th>回火温度/℃</th><th>回火后硬度/HRC</th></tr>
<tr><td rowspan="5">高碳铬轴承钢</td><td>GCr6</td><td>1.05～1.15</td><td>0.40～0.70</td><td rowspan="2">0.15～0.35</td><td rowspan="2">0.20～0.40</td><td></td><td rowspan="2">800～820</td><td>150～170</td><td rowspan="2">62～66</td><td><10 mm 的滚珠、滚柱和滚针等</td></tr>
<tr><td>GCr9</td><td>1.00～1.10</td><td>0.9～1.2</td><td></td><td>150～160</td><td>20 mm 以内的各种滚动轴承</td></tr>
<tr><td>GCr9SiMn</td><td>1.0～1.10</td><td>0.9～1.2</td><td>0.40～0.70</td><td>0.90～1.20</td><td></td><td>810～830</td><td>150～200</td><td>61～65</td><td>壁厚<14 mm、外径<60 mm 的轴承套。25～50 mm 的钢球；直径 25 mm 左右的滚柱等</td></tr>
<tr><td>GCr15</td><td rowspan="2">0.95～1.05</td><td>1.30～1.65</td><td>0.15～0.35</td><td>0.20～0.40</td><td></td><td rowspan="2">820～840</td><td>150～160</td><td>62～66</td><td>同 GCr9SiMn</td></tr>
<tr><td>GCr15SiMn</td><td>0.90～1.65</td><td>0.49～0.65</td><td>0.90～1.20</td><td></td><td>170～200</td><td>>62</td><td>壁厚≥14 mm、外径 250 mm 的套圈，直径 20～200 mm 的钢球</td></tr>
<tr><td rowspan="3">渗碳轴承钢</td><td>G20CrMo</td><td rowspan="3">0.17～0.23</td><td rowspan="2">0.35～0.65</td><td>0.20～0.35</td><td>0.65～0.95</td><td>0.08～0.15</td><td colspan="3" rowspan="3">渗碳淬火加低温回火</td><td rowspan="3">轧钢机械、矿山挖掘机械的大型轴承</td></tr>
<tr><td>G20CrNiMo</td><td rowspan="2">0.15～0.40</td><td>0.60～0.90</td><td></td></tr>
<tr><td>G20Cr2Mn2Mo</td><td>1.70～2.00</td><td>1.30～1.60</td><td></td></tr>
<tr><td rowspan="2">高铬不锈轴承钢</td><td>9Cr18</td><td>0.90～1.00</td><td>17.0～19.0</td><td rowspan="2">0.80</td><td rowspan="2">0.80</td><td></td><td colspan="2" rowspan="3">淬火、低温回火</td><td rowspan="2">58～62</td><td rowspan="2">耐腐蚀要求高的各种轴承</td></tr>
<tr><td>9Cr18Mo</td><td>0.95～1.10</td><td>16.0～18.0</td><td>0.40～0.70</td></tr>
<tr><td>高温轴承钢</td><td>Cr4MoV</td><td>0.75～0.85</td><td>3.75～4.25</td><td>≤0.80</td><td>V 0.9～1.1</td><td>4.00～4.50</td><td>>60</td><td>在高温(430℃)下长期工作的轴承</td></tr>
</table>

7.2.2.5 超高强度钢

超高强度钢一般指抗拉强度超过 1 500 MPa 或屈服强度超过 1 380 MPa 的合金结构钢。这类钢主要用于航空、航天工业，具有很高的强度和足够的韧性，在静载荷和动载荷条件下能承受很高的工作应力，从而可减轻结构重量。

超高强度钢通常按化学成分和强韧化机制分为低合金超高强度钢、二次硬化型超高强度钢、马氏体时效钢和超高强度不锈钢等几类。

(1)低合金超高强度钢 是在合金调质钢基础上加入一定量的合金元素而成。其含碳量 $w_C \leqslant 0.45\%$，以保证足够的塑性和韧性。合金元素总量 w_{Me} 在 5%左右，其主要作用是提高淬透性、耐回火性及韧性。热处理工艺是淬火加低温回火。如 30CrMnSiNi2A 钢，热处理后抗拉强度为 1 700～1 800 MPa，是航空工业应用最广的低合金超高强度钢。

(2)中合金超高强度钢 这类钢大多含有强碳化物形成元素，其总量 $w_{Me}=5\%\sim10\%$。典型钢种是 Cr-Mo-V 型中合金超高强度钢，也称二次硬化钢，如 4Cr5MoSiV，经过高温淬火和三次回火(580～600℃)，获得高强度、抗氧化性和抗热疲劳性能。

(3)马氏体时效钢 含碳量极低(≤0.03%)，是一种超低碳高合金超高强度钢。通过马氏体转变和时效析出金属间化合物(Ni_2Mo，Fe_2Mo 等)而达到强化效果。

(4)超高强度不锈钢 这类钢兼有较高的强度和良好的耐腐蚀性能。马氏体沉淀硬化不锈钢是最早应用的超高强度不锈钢，此外还有马氏体时效不锈钢等，主要通过马氏体转变产生强化和时效处理析出弥散强化相来进一步强化。

7.3 合金工具钢

用于制造刃具、模具、量具和其他耐磨工具的合金钢统称为合金工具钢(alloy tool steel)。

按成分和使用特性分类，刃具钢有低合金工具钢、高速工具钢；模具钢有冷作模具钢、热作模具钢以及无磁工具钢和塑料模具钢等。

7.3.1 合金刃具钢

主要用于制造各类金属切削刀具，如车刀、铣刀、钻头等。刃具切削时受切削力作用且切削发热，还要承受一定的冲击与振动，因此对其性能要求如下：

1)高硬度、高耐磨性。切削加工时刀具的刃部与工件之间发生强烈摩擦，故一般要求硬度大于 60 HRC。

2)高红(热)硬性。切削过程中刃部因温度升高而硬度降低，故要求刀具在较高温度下仍能保持较高硬度，即高的热硬性. 它与钢的回火稳定性和回火过程中析出弥散碳化物的多少、大小及种类有关。

3)足够的韧性和塑性。以免使用过程中崩刃、折断。

7.3.1.1 低合金刃具钢

(1)用途 主要用于制造形状较复杂、截面尺寸较大的低速切削刀具，也用于制造卡尺、千分尺、块规、样板等测量工具。

(2)性能特点 具有高强度、高硬度、高耐磨性、高的热硬性和足够的塑性与韧性，但最高工作温度不超过 300℃。

(3)成分特点 含碳量较高，一般 $w_C=0.9\%\sim1.1\%$，以保证钢的高硬度、高耐磨性。加入合金元素 Cr,Mn,Si 等提高钢的淬透性，加入 W 和 V 提高回火稳定性、耐磨性。

(4)常用钢种 表 7-6 为常用合金工具钢的牌号、成分、热处理(GB 1299－85)和用途。

(5)热处理特点 刃具成形前进行球化退火，其最终热处理为淬火并低温回火。对量具在淬火后还应立即进行－80～－70℃的冷处理，使残余奥氏体尽可能地转变为马氏体，以保证量具尺寸的稳定性。

(6)低合金刃具钢制造刀具的工艺路线 以 9SiCr 钢圆板牙的生产过程为例：

下料→球化退火→机加工→淬火＋低温回火→磨平面→抛槽→开口。

淬火加热时，在 600～650℃要保温(预热)，其目的是减小工件心表温差，防止工件变形。奥氏体化后在 160～200℃的硝盐浴中进行分级淬火，可减小变形。最后在 190～200℃进行低温回火，使硬度达到要求值 60～63 HRC。

回火后组织为回火马氏体、剩余碳化物和少量残余奥氏体。

表 7-6 常用合金工具钢的牌号、成分、热处理和用途

类别	钢号	主要化学成分的质量分数 w/%							热处理					应用举例
		C	Mn	Si	Cr	W	V	Mo	淬火 淬火温度/℃	淬火 冷却介质	淬火 硬度/HRC	回火 回火温度/℃	回火 硬度/HRC	
低合金刃具钢	9Mn2V	0.85~0.95	1.70~2.00	≤0.35			0.10~0.25		780~810	油	≥62	150~200	60~62	小冲模、冷压模、雕刻模、剪刀、各种变形小的量规、样板、丝锥、板牙、铰刀等
	9SiCr		0.30~0.60	1.20~1.60	0.95~1.25				860~880			180~200		板牙、丝锥、钻头、铰刀、齿轮铣刀、冷冲模、冷轧辊等
	Cr	0.95~1.10	≤0.40	≤0.35	0.75~1.05	4.50~5.50			830~860			150~170	61~63	车刀、铣刀、插刀、铰刀、测量工具样板、凸轮销、偏心轮、冷轧辊
	CrW5	1.25~1.50	≤0.30	≤0.30	0.40~0.70				800~820			150~160	64~65	低速切削硬金属用的刀具如铣刀、车刀、刨刀、高压力工作用的刻刀等
	CrMn	1.30~1.50	0.45~0.75	≤0.35	1.30~1.60				840~860			130~140	62~65	各种量规与块规等
	CrWMn	0.90~1.05	0.80~1.10	0.15~0.35	0.90~1.20	1.20~1.60			820~840			140~160		板牙、拉刀、量规、形状复杂的高精度冲模等
高速钢	W18Cr4V (18-4-1)	0.70~0.80	0.20~0.40	0.20~0.40	3.80~4.40	17.50~19.00	1.00~1.40	1 270~1 285			≥63	550~570 (三次)	63~66	一般高速切削用车刀、刨刀、钻头、铣刀等
	9W18Cr4V	0.90~1.00										570~580 (四次)	67~68	切削不锈钢及其他硬或韧的材料
	W6Mo5Cr4V2 (6-5-4-2)	0.80~0.90	0.15~0.40	0.20~0.45		5.50~6.75	1.75~2.20	4.50~5.50	1 220~1 240			540~560 (三次)	63~66	耐磨性和韧性很好配合的切削刀具如丝锥、钻头等； 适于采用轧制、扭制热变形加工成形新工艺制造钻头
	W6Mo5Cr4V3 (6-5-4-3)	1.10~1.25			3.75~4.50	5.00~6.75	2.80~3.30	4.75~6.50	1 210~1 230				>65	要求耐磨性和热硬性较高、耐磨性和韧性较好配合、形状较复杂的刀具，如拉刀、铣刀等
	CW6Mo5Cr4V2	0.95~1.05			3.80~4.40	5.50~6.75	1.75~2.20	4.50~5.50	1 200~1 220					
	W6 Mo5Cr4V2Al	1.05~1.20		0.20~0.60					1 230~1 240					

7.3.1.2 高速钢

高速钢(high speed steel)比低合金工具钢允许有更高的切削速度，且能较长时间保持刃口锋利，故俗称“锋钢”。

(1)性能特点　高速钢与低合金工具钢相比，具有更高的热硬性和耐磨性。工作温度高达600℃时，硬度无明显下降。

(2)成分特点

①碳：$w_C=0.7\%\sim1.3\%$，保证马氏体硬度和形成合金碳化物，当碳含量过高时，会使碳化物偏析严重，降低钢的韧性。

②合金元素：加入 Cr，提高淬透性，此类钢淬透性很高，空冷可获得马氏体组织。加入大量的 W，Mo，V 提高热硬性，含有 W，Mo 和 V 的马氏体抗回火能力很强，且在 500～600℃析出弥散分布的特殊化合物(如 W_2C，Mo_2C)而产生二次硬化现象。

高速钢中，$w_W=6\%\sim18\%$，$w_{Mo}<6\%$，$w_V<3\%$；可用 1%Mo 代替 2%W。V 与 C 形成 VC 或 V_4C_3，提高钢的硬度和耐磨性，并细化晶粒。

(3)常用钢种　国标 GB 9943—88 中的高速钢主要有钨系 W18Cr4V(简称 18-4-1)，钨—钼系 W6Mo5Cr4V2(简称 6-5-4-2)和超硬系 W6Mo5Cr4V2Al 等。见表 7-6。

(4)热处理特点　以 W18Cr4V 钢制造盘形齿轮铣刀为例，讨论高速钢的热处理工艺特点。盘形齿轮铣刀的生产工艺如下：

下料→锻造→球化退火→机加工→淬火+560℃回火 3 次→喷砂→磨加工→成品。

①锻造：由于高速钢中含大量的合金元素，使 $Fe\text{-}Fe_3C$ 相图中的 E 点左移至碳 0.77%以下，铸态组织中出现莱氏体，其组织中有大量鱼骨状共晶碳化物，大大降低钢的力学性能，特别是韧性。这些粗大的化合物不能用热处理来消除，只能用锻造的方法将其击碎，并使其分布均匀，若钢中的碳化物分布不均匀，刀具在使用过程中易崩刃和磨损。

②球化退火：其目的是降低硬度至 207～255 HB，改善切削性能，获得索氏体组织，为淬火前做好组织准备。为缩短时间，一般采用等温退火。

③淬火、回火：高速钢制造的盘形齿轮铣刀的淬火、回火工艺曲线如图 7-9 所示。从图中可以看出，高速钢热处理有以下特点：

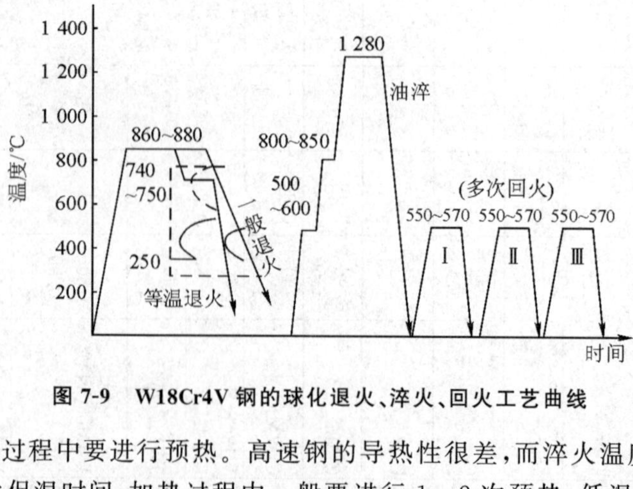

图 7-9　W18Cr4V 钢的球化退火、淬火、回火工艺曲线

a. 在淬火加热过程中要进行预热。高速钢的导热性很差，而淬火温度又很高，为防止变形、开裂和减少淬火保温时间，加热过程中一般要进行 1～2 次预热：低温 600～650℃和中温

800～850℃两次，对形状简单、尺寸小的工件可只在中温区预热一次。

b. 淬火温度高。W18Cr4V钢的淬火加热温度通常在1 270～1 285℃，这是因高速钢中由W，Mo，Cr，V等元素形成的特殊碳化物只能在1 200℃以上较多地溶入奥氏体中，以确保淬火回火后获得高的热硬性。当淬火温度再高时，会因奥氏体中合金元素溶入过多而导致淬火后残余奥氏体增多和晶粒粗大，降低钢的韧性。正常淬火组织为隐针马氏体、粒状碳化物(淬火加热状态下未溶解的)和较多(约20%)的残余奥氏体。淬火组织如图7-10所示。

c. 需经3次回火　由于淬火高速钢中含大量的残余奥氏体，必须用回火来减少残余奥氏体。图7-11是W18Cr4V淬火后在不同回火温度时的硬度变化曲线。图中550～570℃时的硬度最高，其原因是，一方面从马氏体中析出大量细小的碳化物，如W_2C，VC等，这些稳定、难以聚集长大的碳化物使钢的硬度提高；另一方面残余奥氏体向马氏体转变，这种在回火冷却过程中一部分残余奥氏体又转变成马氏体称为“二次淬火”。

高速钢一般需要3次回火。经一次回火后，其残余奥氏体量减为15%左右，经3次回火后，残余奥氏体量仅剩1%～2%，硬度可提高到66～67 HRC。

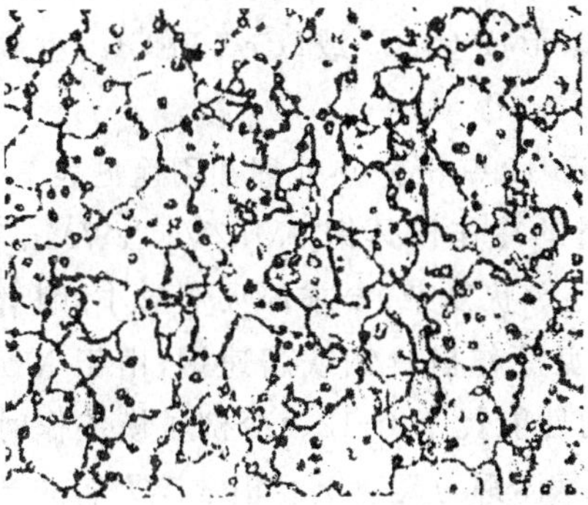

图7-10　W18Cr4V正常淬火组织(×500)

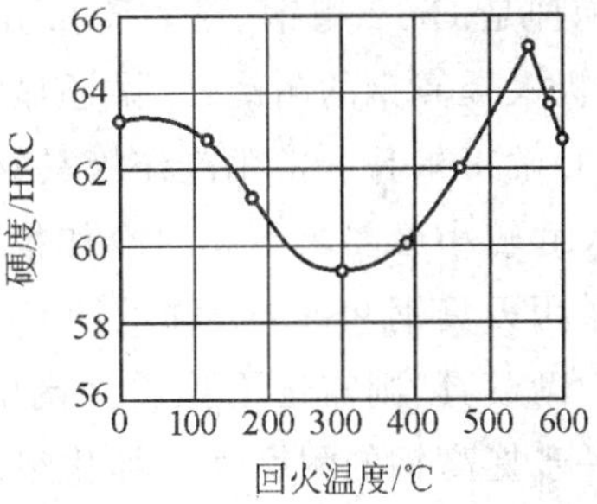

图7-11　W18Cr4V淬火钢的硬度与回火温度的关系

回火后的组织为回火马氏体、碳化物和少量残余奥氏体，见图7-12。

高速钢价格较贵，为充分发挥其性能和节省材料，常采用焊接或镶嵌高速钢刀头(片)，如大于ϕ10 mm的钻头，采用45钢做刀柄；直径600 mm以上的锯片，镶高速钢齿片。另外，尽可能使用铸造或粉末冶金生产高速钢刀具，以降低成本。

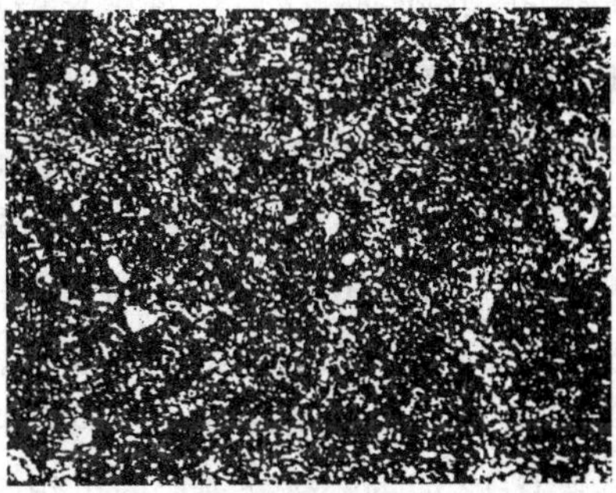

图7-12　W18Cr4V回火后组织(×500)

7.3.1.3　耐冲击工具钢

这类钢主要是在CrSi钢的基础上，添加质量分数为2.0%～2.5%的钨，以细化晶粒，提高回火后的韧性，如GB 1299中5CrW2Si钢等。主要用于制作风动工具、錾、冲模、冷作模具等。

7.3.2 合金模具钢

制造模具的材料很多，但用得最多的是合金模具钢(alloy die steel)。根据用途模具钢分为冷作模具钢(cold-working die steel)、热作模具钢(hot-working die steel)和塑料模具钢(plastic die steel)。

7.3.2.1 冷作模具钢

(1)用途　冷作模具钢用于制作使金属冷塑性变形的模具，工作温度不超过200～300℃，如冷冲模、冷镦模、冷挤压模等。

(2)性能特点　冷作模具在工作时承受较大的弯曲应力、压力、冲击及摩擦，主要损坏形式是磨损和变形，也有常见的崩刃、断裂等失效，因此对冷作模具钢的性能要求是：①高硬度(58～64 HRC)。②足够的韧性与抗疲劳性能。③淬透性高、变形小。

(3)成分特点

①高碳：碳的质量分数在1%以上，以保证高硬度、高耐磨性。

②合金元素：加入Cr，Mo，W，V等合金元素，形成难熔碳化物，提高耐磨性，尤其是Cr。典型钢种是Cr12型钢，铬的质量分数高达12%。铬与碳形成Cr_7C_3或$(Cr\cdot Fe)_7C_3$型碳化物，能极大提高钢的耐磨性，铬还显著提高钢的淬透性。

(4)常用钢种　常用冷作模具钢的牌号、化学成分(GB 1299-85)、热处理和用途见表7-7。

尺寸较小又要求不高的冷作模具可选用低合金含量的冷作模具钢9Mn2V，CrWMn等，也可采用刃具钢9SiCr或轴承钢GCr15等。承受重负荷、形状复杂、要求淬火变形小、耐磨性高的大型模具，则需选用淬透性高的高铬、高碳的Cr12型冷作模具钢或高速钢，由于Mo，V能进一步提高钢的耐磨性并细化组织，所以Cr12MoV的性能优于Cr12。冷挤压模工作时受力很大，条件苛刻，可选用基体钢或马氏体时效钢制造。基体钢与高速钢经正常淬火后的基体大致相同，如6Cr4Mo3Ni2WV，7Cr4W3Mo2VNb等。马氏体时效钢为超低碳($w_C<0.03\%$)超高强度钢，靠高Ni量形成低碳马氏体，并经时效析出金属间化合物使强度显著提高，如Ni18Co9Mo5TiAl等。

(5)热处理特点　冷作模具钢的热处理特点与合金刃具钢类似。高碳高铬的Cr12型钢的热处理方案有2种：

①一次硬化法：淬火加热温度在950～1 000℃，淬火后低温(150～180℃)回火，硬度可达61～64 HRC，使钢具有较好的耐磨性和韧性，适用于重载模具。

②二次硬化法：在较高温度(1 100～1 150℃)下淬火，然后在510～520℃多次(一般为3次)回火，产生二次硬化，使硬度达60～62 HRC，红硬性和耐磨性都较高，但韧性较差。适用于在400～450℃温度下工作的模具。

Cr12型钢经热处理后的组织为回火马氏体、碳化物和残余奥氏体。

7.3.2.2 热作模具钢

(1)用途　热作模具钢用于制造热锻模、热镦模、热压模、热挤压模和压铸模等，工作时型腔表面温度可达600℃以上。

表 7-7 常用冷作模具钢的牌号、化学成分、热处理和用途

钢　号	各化学成分的质量分数 w/%						
	C	Si	Mn	Cr	Mo	W	V
9Mn2V	0.85～0.95	≤0.40	1.70～2.00				0.10～0.25
9CrWMn	0.85～0.95	≤0.40	0.90～1.20	0.50～0.80		0.50～0.80	
Cr12	2.00～2.30	≤0.40	≤0.40	11.50～13.50			
Cr12MoV	1.45～1.70	≤0.40	≤0.40	11.00～12.50			0.15～0.30
Cr6WV	1.00～1.15	≤0.40	≤0.40	5.50～1.00	0.40～0.60	1.10～1.50	0.50～0.70
Cr4W2MoV	1.12～1.25	0.40～0.70	≤0.40	3.50～4.00		1.90～2.60	0.80～1.10
Cr2Mn2SiWMV	0.96～1.05	0.60～0.90	1.80～2.30	2.30～2.60	0.80～1.20	0.70～1.10	0.10～0.25
6W6M05Cr4V	0.55～0.65	≤0.40	≤0.60	3.70～4.30	0.50～0.80	6.00～7.00	0.70～1.10
4CrW2Si	0.35～0.45	0.80～1.10	≤0.40	1.00～1.30	4.50～5.50	2.00～2.50	
6CrW2Si	0.55～0.65	0.50～0.80	≤0.40	1.00～1.30		2.20～2.70	

钢　号	退火		淬火		回火		用途举例
	温度/℃	硬度/HB	温度/℃	冷却介质	温度/℃	硬度/HRC	
9Mn2V	750～770	≤229	780～820	油	150～200	60～62	滚丝模、冷冲模、冷压模、塑料模
9CrWMn	760～790	190～230	790～820	油	150～260	57～62	冷冲模、塑料模
Cr12	870～900	207～255	950～1 000	油	200～450	58～64	冷冲模、拉延模、压印模、滚丝模
Cr12MoV	850～870	207～255	1 020～1 040	油	150～425	55～63	冷冲模、压印模、冷镦模、冷挤压软铝
			1 115～1 130	硝盐	510～520	60～62	零件模、拉延模
Cr6WV	830～850	≤229	950～970	油	150～210	58～62	代 Cr12MoV 钢
Cr4W2MoV	850～870	240～255	980～1 000	油	260～300	>60	代 Cr12MoV 钢
			1 020～1 040	硝盐	500～540	60～62	
Cr2Mn2SiWMV	840～870	≤269	840～860	油	180～200	62～64	代 Cr12MoV 钢
6W6M05Cr4V	850～870	179～229	1 180～1 200	油或硝盐	560～580	60～63	冷挤压模(钢件、硬铝件)
4CrW2Si	710～740	179～217	860～900	油	200～250	53～56	剪刀、切片冲头
					430～470	44～45	
6CrW2Si	700～730	229～285	860～900	油	200～250	53～56	剪刀、切片冲头
					430～470	40～45	

(2)性能要求　热作模具工作时承受很大的冲击载荷、强烈的塑性摩擦、与炽热金属接触，且要对模腔进行反复冷却，剧烈的冷热循环所引起的不均匀热应变和热压力以及高温氧化，易出现崩裂、塌陷、磨损、龟裂等。因此热作模具钢的主要性能要求是：

①高的热硬性和高温耐磨性。

②高的抗氧化性能。

③高的热强性和足够的韧性。

④高的热疲劳抗力，以防止龟裂破坏。

⑤由于热模具一般较大，所以还要求热作模具钢有高的淬透性和导热性。

(3)成分特点

①中碳，其碳质量分数一般为0.3%～0.6%，以保证高强度、高韧性、较高的硬度(35～52 HRC)和较高的热疲劳抗力。

②加入较多的提高淬透性的元素如Cr，Ni，Mn，Si等，Cr是提高淬透性的主要元素，同时和Ni一起提高钢的回火稳定性。Ni在强化铁素体的同时还增加钢的韧性，并与Cr，Mo一起提高钢的淬透性和耐热疲劳性能。

③加入产生二次硬化的Mo，W，V等元素，Mo还能防止第二类回火脆性，提高高温强度和回火稳定性。

(4)常用钢种　常用的热作模具钢有5CrNiMo，5CrMnMo，3Cr2W8V，6SiMnV等。

热作模具钢的牌号、成分、热处理、性能及用途见表7-8。

对韧性要求高而热硬性要求不太高的热锻模钢，选用5CrMnMo，5CrNiMo及5CrMnSiMoV等。大型锻压模或压铸模采用含碳量较低，合金元素更多而热强性更好的模具钢，如3Cr2W8V，4Cr5W2VSi，4Cr5MoSiV，4Cr5MoSiV1，4Cr3Mo3V等，其中4Cr5MoSiV1(相当于美国H13)是一种空冷硬化的热作模具钢，广泛应用于制造模锻锤的锻模、热挤压模以及铝、铜及其合金的压铸模等。

(5)热处理特点　热作模具钢中热锻模钢的热处理和调质钢相似。淬火后高温(550℃左右)回火，以获得回火索氏体或回火托氏体组织。

3Cr2W8V热压模钢淬火后在600℃的温度下进行多次回火(与高速钢类似)，组织为回火马氏体、粒状碳化物和少量残余奥氏体，保证了热硬性，硬度为40～48 HRC。

为了进一步提高模具寿命，可进行氮化处理。

7.3.2.3　塑料模具钢

塑料模具钢主要用于制造塑料成形模具。随着塑料工业的迅猛发展，对塑料制品模具材料的要求趋向多样化。我国GB 1299—85和JB/T 6057—92推荐了常用的部分塑料模具钢。为了提高塑料制品的质量，针对某些模具的特殊工作条件，相继开发研制了各种用途的塑料模具钢。按照塑料模具钢特性和使用时的热处理状态分类见表7-9。

表 7-8 常用热作模具钢的牌号、成分、热处理、性能及用途

钢 号	各化学成分的质量分数 w/%							
	C	Si	Mn	Cr	Mo	W	V	其 他
5CrMnMo	0.50～0.60	0.25～0.60	1.20～1.60	0.60～0.90	0.15～0.30			
5CrNiMo	0.50～0.60	≤0.40	0.50～0.80	0.50～0.80	0.15～0.30			Ni 1.40～1.80
4Cr2W8V	0.30～0.40	≤0.40	≤0.40	2.20～2.70		7.50～9.00	0.20～0.50	
4Cr5MoSiV	0.32～0.42	0.80～1.20	≤0.40	4.50～5.50	1.00～1.50		0.30～0.50	
3Cr3Mo3V	0.25～0.35	≤0.50	≤0.50	2.50～3.50	2.50～3.50		0.30～0.60	
4Cr3W4Mo2VTiNb	0.37～0.47	≤0.50	≤0.50	2.50～3.50	2.00～3.00	3.50～4.50	1.00～1.40	Ti 0.1～0.2
5Cr4W5Mo2V	0.40～0.50	≤0.50	0.20～0.60	3.80～4.50	1.70～2.30	4.50～5.30	0.80～1.20	Nb 0.1～0.2

钢 号	退火		淬火		回火		用 途 举 例
	温度/℃	硬度/HB	温度/℃	冷却介质	温度/℃	硬度/HRC	
5CrMnMo	780～800	197～241	830～850	油	490～640	30～47	中型锻模(模高 275～400 mm)
5CrNiMo	780～800	197～241	840～860	油	490～660	30～47	大型锻模(模高>400 mm)
4Cr2W8V	830～850	207～255	1 050～1 150	油	600～620	50～54	压铸模、精锻或高速锻模、热挤压模
4Cr5MoSiV	840～900	109～229	1 000～1 025	油	540～650	40～54	热镦模、压铸模、热挤压模、精锻模
3Cr3Mo3V	845～900		1 010～1 040	空气	550～600	40～54	热镦模
4Cr3W4Mo2VTiNb	850～870	180～240	1 160～1 220	油或硝盐	580～630	48～56	热镦模
5Cr4W5Mo2V	850～870	200～230	1 130～1 140	油	600～630	50～56	热镦模、温挤压模

表 7-9 塑料模具钢钢种分类

类别	钢种	类别	钢种
渗碳型	20，20Cr，20Mn，12CrNi3A，20CrNiMo，DT1，DT2，0Cr4NiMoV	预硬型	3Cr2Mo，Y20CrNi3AlMnMo(SM2)，5NiSCa，Y55CrNiMnMoV(SM1)，4Cr5MoSiVS，8Cr2Mn-WMoVS(8CrMn)
调质型	45，50，55，40CC40Mn，50Mn，S48C，4Cr5MoSiV，38CrMoAlA	耐蚀型	3Cr13，2Cr13，Cr16Ni4Cu3Nb(PCR)，1Cr18Ni9，0Cr17Ni4Cu4Nb，3Cr17Mo
淬硬型	T7A，T8A，T10A，5CrNiMo，9SiCr，9CrWMn，GCr15，3Cr2W8V，Cr12MoV，45Cr2NiMoVSi，6CrNiSiMnMoV(GD)	时效硬化型	18Ni140 级，18Ni170 级，18Ni210 级，10Ni3MnCuAl(PMS)，18Ni9Co，06Ni6CrMoVTiAl，25CrNi3MoAl

各种塑料模具工作环境较复杂，应根据性能要求和经济性选用塑料模具钢。表 7-10 推荐部分塑料模具用钢牌号、成分、热处理及用途。

表 7-10 几种塑料模具用钢牌号、成分、热处理及用途

牌号	各化学成分的质量分数 w/%								热处理			用途
	C	Cr	Ni	Mo	V	Mn	Ca	S	淬火温度/℃	回火温度/℃	硬度/HRC	
S48C	0.45～0.51	≤0.20	≤0.20			0.50～0.80			810～860	550～650	20～27	适用于标准注塑模架、模板
3Cr2Mo	0.28～0.40	1.40～2.00		0.30～0.55		0.60～1.00			830～860	580～650	28～36	用于各种塑料模具及低熔点金属压铸模
5NiSCa	0.50～0.60	0.30～2.00	0.90～1.30	0.10～1.00	0.10～0.80		0.002～0.020	0.06～0.15	880～890	550～680	30～45	各种精度、光洁度要求高的塑料模具
40CrMnNiMo	0.40	2.00	1.10	0.20		1.50		4.59～5.50	830～870	180～300 500～650	52～48 27～34	大型电视机外壳、洗衣机面板、厚度＞400 mm 塑料模具
Y55CrNi-MnMoV	0.50～0.60	0.80～1.20	1.00～1.50	0.20～1.50	0.10～0.30	0.80～1.20	0.50	4.75～5.50	830～850	620～650	36～42	用于热塑性模具、线路板冲孔模、精密冲导向板、热固性塑料模具

玻璃纤维或矿物质无机物增强的工程塑料对模具的磨损、擦伤十分严重，宜采用含碳量高的合金工具钢如 7CrMn2WMo，Cr12MoV 等，或用合金渗碳钢 12Cr6Ni3，20Cr2Ni4 等。

一些添加铁氧体的塑料制品需要在磁场内注射成型，要求模具无磁性，一般采用奥氏体钢。但耐磨性要求较高时，宜采用无磁模具钢，如 7Mn15Cr2Al3V2WMo 等。

在成型过程中产生腐蚀性气体的聚苯乙烯(ABS)等塑料制品和含有卤族元素、福尔马林、氨等腐蚀介质的塑料制品，宜采用 Cr13 或 Cr17 系列不锈钢制作模具。

生产表面光洁、透明度高、视觉舒适的塑料制品，要求模具钢的研磨抛光性和光刻浸蚀性要好。这类钢都应经真空冶炼或电渣重熔等精炼处理，对非金属夹杂物、偏析、疏松等冶金缺陷要求严格。这类镜面塑料模具钢代表钢号有 3Cr2Mo，3Cr2NiMnMo 以及 5CrNiMnMoVSCa 等。为

了改善预硬型塑料模具钢的切削加工性,研制了含有 S,Ca 等元素的易切削预硬型塑料模具钢。

7.3.3 量具用钢

(1)用途　量具用钢(measuring tool steel)用于制造各种量测工具,如卡尺、千分尺、螺旋测微仪、块规、塞规等。

(2)性能要求　量具在使用过程中要求测量精度高,不能因磨损或尺寸不稳定影响测量精度,对其性能的主要要求是:

①高硬度和高耐磨性;

②高尺寸稳定性,热处理变形要小,在存放和使用过程中尺寸不发生变化。

(3)成分特点　量具用钢的成分与低合金刃具钢相同,即为高碳(碳质量分数为 0.9%～1.5%)和加入提高淬透性的元素 Cr,W,Mn 等。

(4)常用钢种　量具用钢的选用如表 7-11 所示。

表 7-11　量具用钢的选用

量　　具	钢　　号
平样板或卡板	10,20 或 50,55,60,60Mn,65Mn
一般量规与块规	T10A,T12A,9SiCr
高精度量规与块规	Cr 钢,CrMn 钢,GCr15
高精度且形状复杂的量规与块规	CrWMn(低变形钢)
抗蚀量具	4Cr13,9Cr18(不锈钢)

尺寸小、形状简单、精度较低的量具,选用高碳钢制造;复杂的精密量具一般选用低合金刃具钢;精度要求高的量具选用 CrMn,CrWMn,GCr15 等制造。

CrWMn 钢的淬透性较高,淬火变形小,主要用于制造高精度且形状复杂的量规和块规。GCr15 钢耐磨性、尺寸稳定性较好,多用于制造高精度块规、螺旋塞头、千分尺。在腐蚀介质中使用的量具,则可用不锈钢 9Cr18,4Cr13 制造。

(5)热处理特点　热处理的主要目的在于提高耐磨性,减少变形和提高尺寸稳定性,因此,采取淬火和低温回火,同时还要采取措施提高组织的稳定性。

①在保证硬度的前提下,尽量降低淬火温度,以减少残余奥氏体。

②淬火后立即进行−80～−70℃的冷处理,使残余奥氏体尽可能地转变为马氏体,然后进行低温回火。

③精度要求高的量具,在淬火、冷处理和低温回火后,尚需进行 120～130℃几小时至几十小时的时效处理,使马氏体正方度降低、残余的奥氏体稳定和消除残余应力。为了去除磨加工中所产生的应力,有时还要在磨加工后进行 120～130℃保温 8 h 的时效处理,甚至进行多次。

为了保证量具的精度,必须正确选材和采用正确的热处理工艺。例如高精度块规,是作为校正其他量具的长度标准,要求有极好的尺寸稳定性,因此常采用 GCr15(或 CrWMn)钢制造。其热处理工艺曲线如图 7-13 所示。经过这样处理的块规,一年内每 10 mm 长度的尺寸变量不超过 0.1～0.2 μm。

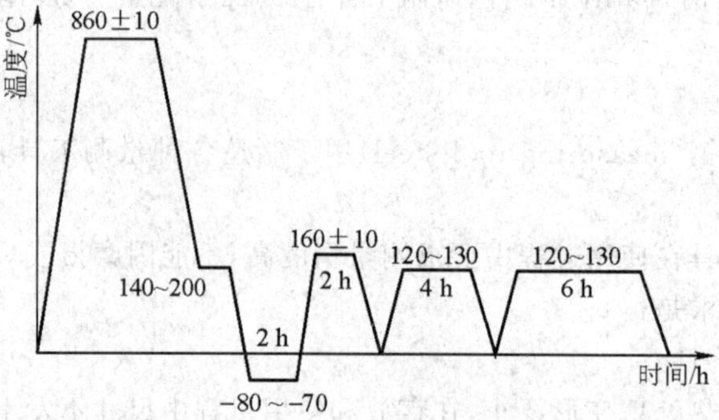

图 7-13 GCr15 钢制造块规的热处理工艺曲线

7.4 特殊性能钢

特殊性能钢指具有某些特殊的物理、化学性能，因而能在特殊的环境、工作条件下使用的钢。工程中常用的特殊性能钢有不锈钢(stainless steel)、耐热钢(hot-resistant steel)及耐热合金、耐磨钢(wear-resistant steel)等。

7.4.1 不锈钢

不锈钢通常是不锈钢和耐酸钢的统称。能够抵抗空气、蒸汽和水等弱腐蚀性介质腐蚀的钢为不锈钢；在酸、碱、盐等强腐蚀性介质中能够抵抗腐蚀的钢为耐酸钢。一般情况下，不锈钢不一定耐酸，而耐酸钢均有良好的不锈性能。但耐酸钢在不同介质种类、浓度、温度和压力条件下，耐蚀性是有较大差异的。

7.4.1.1 金属材料腐蚀的类型与防腐蚀

金属腐蚀是指金属与周围介质发生作用而引起金属破坏的现象。按腐蚀机理的不同，金属腐蚀一般分 2 类：化学腐蚀和电化学腐蚀。

在高温下工作的构件主要发生化学腐蚀，如氧化、脱碳现象，因此，要求耐热不锈钢件具有良好的抗氧化性。钢中常加入 Al 或 Cr，Si 等元素，使其表面在高温时能形成致密的氧化膜(如 Al_2O_3、Cr_2O_3，SiO_2)，阻止外界氧原子往里扩散，这就提高了钢的耐蚀性。在较潮湿空气或海水等电解质中工作的构件，一般是遭受电化学腐蚀，这种现象非常普遍。即使一种钢，只要钢中存在 2 种电极电位不同的相(如铁素体与渗碳体)，当其表面吸附形成一层水膜(电解质 OH^- 和 H^+)，便可构成无数个微电池，如图 7-14 所示。

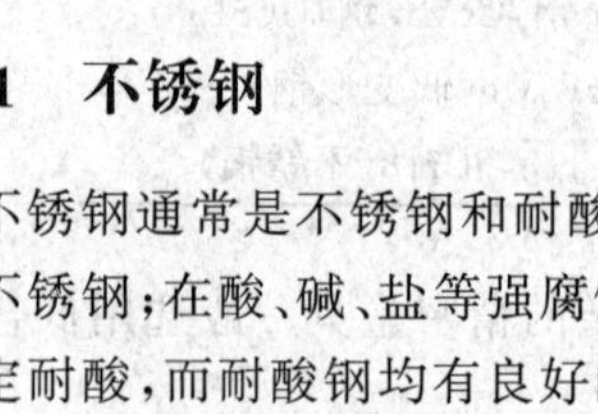

图 7-14 片状珠光体电化学腐蚀示意图

根据原电池工作原理可知：电极电位高的金属(或相)做正极，不被腐蚀，而电极电位低的金属(或相)做负极，不断地被腐蚀，故在 F-Fe_3C 组织中，F 作为负极而腐蚀。

由上述的电化学腐蚀过程可知，要提高金属耐蚀能力可采取以下 4 种途径：

1)获得单相组织。由于不同相的晶体结构和化学成分不同,很难使它们的电极电位相等,因此通过获得单相组织来提高金属或合金的耐蚀性。

2)减小合金中各相的电极电位差。电位差越大的两相,其腐蚀速度就越快,因此,可采用减小电位差的方法来改善合金的耐蚀性。如钢中加入 $w_{Cr} \geqslant 13\%$,铁的电极电位则由 -0.56 V 跃升到 $+0.2$ V,如图 7-15 所示,这样就减小了铁素体与渗碳体的电位差,从而提高了钢的抗腐蚀性能。

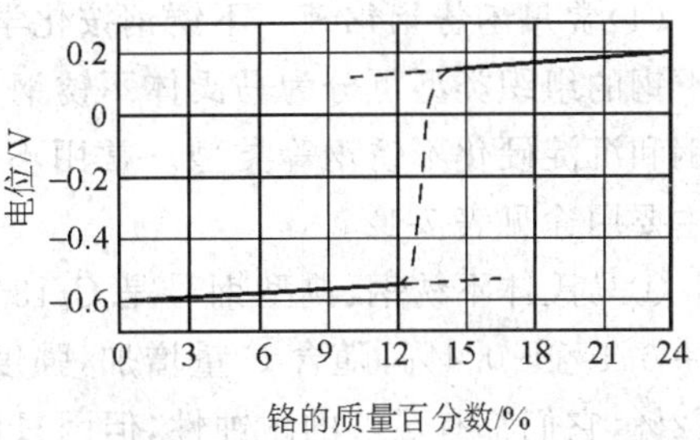

图 7-15 含铬量与铁铬合金电极电位的关系

3)减小甚至阻断腐蚀电流,使金属或合金"钝化",在其表面形成致密的、稳定的保护膜,将金属或合金与介质隔离。

4)牺牲负极,保护正极。即在金属或合金构件表面镶嵌一些比金属或合金基体电极电位更低的金属块,使金属块成为负极而被腐蚀,定期更换金属块,保护构件不被腐蚀。如在船体上镶嵌锌块,可保护船体免受海水的腐蚀。

7.4.1.2 常用不锈钢

(1)用途 不锈钢主要用来制造在各种腐蚀介质中工作的零件或构件,例如化工装置中的各种管道、阀门和泵,医疗手术器械,防锈刃具和量具等。

(2)性能特点 对不锈钢性能的要求,最重要的是耐蚀性能,还要有合适的力学性能,良好的冷、热加工和焊接工艺性能。腐蚀按性质不同有化学腐蚀和电化学腐蚀之分。化学腐蚀是指金属与外部介质发生化学作用而引起的腐蚀;电化学腐蚀是指金属与电解质溶液接触时伴有电流产生的腐蚀。金属的腐蚀主要是电化学腐蚀。

(3)成分特点

①碳量:不锈钢的耐蚀性要求愈高,碳含量应愈低。大多数不锈钢的 $w_C = 0.1\% \sim 0.2\%$,但用于制造刃具等的不锈钢碳含量则较高(w_C 可达 $0.85\% \sim 0.95\%$),但必须相应地提高铬的质量分数。

②合金元素:

a. 加入 Cr 元素,Cr 是不锈钢获得耐蚀性的基本合金元素,它能提高钢基体的电极电位。随铬质量分数的增加,钢的电极电位有突变式的提高,即当铬质量分数为 1/8,2/8,…,n/8 原子百分数时,电极电位急剧升高(图 7-15)。铬是铁素体形成元素,质量分数超过 12.7%时,可使钢形成单一的铁素体组织。铬在氧化性介质(如水蒸气、大气、海水、氧化性酸等)中极易钝化,生成致密的氧化膜,使钢的耐蚀性大大提高。

b. 加入 Ni 可获得单相奥氏体组织,显著提高耐蚀性;或形成奥氏体-铁素体组织,通过热处理,提高钢的强度。

c. 加入 Mo,Cu 元素,可提高钢在非氧化性酸中的耐蚀能力。Cr 在非氧化性酸(如盐酸、稀硫酸)和碱溶液等中的钝化能力较差。

d. 加入 Ti,Nb 元素能优先同碳形成稳定碳化物,使 Cr 保留在基体中,避免晶界贫铬,从而减轻钢的晶界腐蚀倾向。

e. 加入 Mn,N 元素部分代镍以获得奥氏体组织,并能提高铬不锈钢在有机酸中的耐蚀性。

(4)常用不锈钢钢种　不锈钢按化学成分可分为铬不锈钢和铬镍不锈钢两大类;按使用状态下钢的组织类型可分为马氏体不锈钢、铁素体不锈钢、奥氏体不锈钢、奥氏体-铁素体双相不锈钢和沉淀硬化不锈钢等类型。常用不锈钢的牌号、成分、热处理、力学性能(GB 1220—92)及主要用途见表7-12。

①马氏体不锈钢:典型钢号是Cr13型,有1Cr13,2Cr13,3Cr13,4Cr13等,其 $w_{Cr}=13\%$,$w_C=0.1\%\sim0.4\%$,随含C量增加,强度、硬度上升,塑性、韧性降低,耐蚀性减弱。因铬含量≥12%,它们都有足够的耐蚀性,但因只用铬进行合金化,它们只在氧化性介质中耐蚀,在非氧化性介质中不能达到良好的钝化,耐蚀性很低。

1Cr13和2Cr13可制作塑、韧性较高的受冲击载荷、在弱腐蚀条件下工作的零件,如汽轮机叶片、热裂设备配件等;而3Cr13和4Cr13可制作强度较高、高硬、耐磨、在弱腐蚀条件下工作的弹性元件和工具等。

马氏体不锈钢的热处理和结构钢相同。用于制作结构零件时进行调质处理,热处理是淬火加高温回火;用于制作弹簧元件时进行淬火和中温回火处理;用于制作医疗器械、量具时进行淬火加低温回火处理。

②铁素体不锈钢:典型钢号是1Cr17,1Cr17Ti,1Cr17Mo等,这类钢的 $w_{Cr}=17\%\sim30\%$,$w_C<0.15\%$。有时还加入其他元素,如Mo,Ti,Si,Nb等。由于铬质量分数高,钢为单相铁素体组织,耐蚀性比Cr13型钢更好。

铁素体不锈钢在退火或正火状态下使用,不能利用马氏体相变来强化,强度较低,塑性很好,主要用于制造耐蚀性要求很高而强度要求不高的构件,例如化工设备、容器和管道、食品工厂设备等。

③奥氏体不锈钢:典型钢号是Cr18Ni9型钢(即18-8型不锈钢)。这类不锈钢的碳质量分数很低,在0.1%左右。碳质量分数愈低,耐蚀性愈好,但熔炼更困难,价格也愈贵。钢中常加入Ti或Nb,以防止晶间腐蚀。这类钢强度、硬度很低,无磁性,塑性、韧性和耐蚀性均较Cr13型不锈钢好。

奥氏体不锈钢的品种很多。我国以1Cr18Ni9Ti为主,近年逐步被低碳或超低碳的0Cr18Ni10或00Cr18Ni11所取代,超低碳不锈钢可避免晶间腐蚀,塑性成形性亦有提高。

冷变形强化是奥氏体不锈钢有效的强化方法,但切削加工性较差。

奥氏体不锈钢常用的热处理工艺是:

a. 固溶处理:将钢加热至1 050～1 150℃使碳化物充分溶解,然后水冷,获得单相奥氏体组织,提高耐蚀性。

b. 稳定化处理:主要用于含钛或铌的钢。一般是在固溶处理后进行。将钢加热到850～880℃,使钢中铬的碳化物完全溶解,而钛等的碳化物不完全溶解。然后缓慢冷却,让溶于奥氏体的碳与钛以碳化钛形式充分析出。这样,碳将不再同铬形成碳化物,因而有效地清除了晶界贫铬的可能,避免了晶间腐蚀的产生。

c. 消除应力退火:将钢加热到300～350℃消除冷加工应力;加热到850℃以上,消除焊接残余应力。

表 7-12 常用不锈钢的牌号、成分、热处理、力学性能及用途

类别	钢号	主要化学成分的质量分数 w/%					热处理	力学性能					特性及用途
		C	Cr	Ni	Ti	其他		σ_b /MPa	$\sigma_{0.2}$ /MPa	δ_5 /%	Ψ /%	硬度 /HRC	
马氏体型	1Cr13	0.08～0.15	12～14				950～1 000℃油冷 700～750℃回火	≥540	≥345	≥25	≥55		制作能抗弱腐蚀性介质、能承受冲击载荷的零件，如汽轮机叶片、水压机阀、结构架、螺栓、螺帽等
	2Cr13	0.16～0.24	12～14				920～980℃油冷 600～750℃回火	≥635	≥440	≥20	≥50		
	3Cr13	0.25～0.34	12～14				1 000～1 050℃油冷 200～300℃回火					48	制作具有较高硬度和耐磨性的医疗工具、量具、滚珠、轴承等
	4Cr13	0.35～0.45	12～14				1 050～1 100℃油冷 200～300℃回火					50	
	9Cr18	0.90～1.00	17～19				1 000～1 050℃油淬 200～300℃回火					55	切片机械刃具、剪切刃具、手术刀片、高耐磨耐蚀件
铁素体型	1Cr17	≤0.12	16～18				750～800℃空冷	≥450	≥205	≥22	≥50		制作硝酸工厂设备，如吸收塔、热交换器、酸槽、输送管道，以及食品工厂设备等
	1Cr17Mo					Mo0.75～1.25					≥60		
奥氏体型	0Cr18Ni9	≤0.07	17～19	8～11			1 010～1 150℃水淬 (固溶处理)	≥520	≥205	≥40	≥60		具有良好的耐蚀及耐晶间腐蚀性能，为化学工业用的良好耐蚀材料
	1Cr18Ni9	≤0.15	17～19	8～10			1 010～1 150℃水淬 (固溶处理)	≥520	≥205	≥40	≥60		制作耐硝酸、冷磷酸、有机酸及盐、碱溶液腐蚀的设备
	0Cr18Ni9Ti 1Cr18Ni9Ti	≤0.08 ≤0.12	17～19	8～11	5×(w_C－0.02)～0.8		920～1 150℃水淬 (固溶处理)	≥520	≥205	≥40	≥50		耐酸容器衬里、输送管道等设备零件、抗磁仪表、医疗器械，有较好耐晶间腐蚀性
奥氏体-铁素体型	1Cr21Ni5Ti	0.09～0.14	20～22	4.8～5.8	5×(w_C－0.02)～0.8		950～1 100℃ 水或空淬	600	350	20	40		硝酸及硝铵工业设备及管道、尿素液蒸发部分设备及管道
	1Cr18Mn10-Ni5Mo3N	≤0.10	17～19	4～6		Mo2.8～3.5 N0.2～0.3	1 100～1 150℃水淬	700	350	45	65		尿素及维尼龙生产的设备及零件，其他化工、化肥等设备及零件等

④奥氏体-铁素体双相不锈钢:典型钢号有 1Cr21Ni5Ti,1Cr18Mn10Ni5Mo3N 等。这类钢是在 18-8 型钢的基础上,提高铬含量或加入其他铁素体形成元素,其晶间腐蚀和应力腐蚀破坏倾向较小,强度、韧性和焊接性能较好,而且节约 Ni,因此得到了广泛的应用。可用于制造化工、化肥设备及管道,海水冷却的热交换设备等。

7.4.2 耐热钢

(1)用途　耐热钢主要用于热工动力机械(汽轮机、燃气轮机、锅炉和内燃机)、化工机械、石油装置和加热炉等高温条件工作的构件。

(2)性能特点　对这类钢主要要求其耐热性要好。钢的耐热性是指高温抗氧化性和高温强度的综合性能。此外还应有适当的物理性能,如热膨胀系数小和良好的导热性,以及较好的加工工艺性能等。

(3)成分特点　为了提高钢的抗氧化性,加入合金元素 Cr,Si 和 Al,在钢的表面形成完整稳定的氧化物保护膜。加入 Ti,Nb,V,W,Mo,Ni 等合金元素来提高高温强度。

(4)常用钢种及其热处理特点　耐热钢按性能和用途可分为抗氧化钢和热强钢两类。表 7-13 为几种常用耐热钢的牌号、热处理、室温力学性能(GB 1221—84)和用途。

①抗氧化钢:主要用于长期在燃烧环境中工作、有一定强度要求的零件,如各种加热炉底板、辊道、渗碳箱、燃气轮机燃烧室等。抗氧化钢中加入 Cr,Si,Al 等元素,在钢的表面形成致密的高熔点氧化膜(Cr_2O_3,SiO_2,Al_2O_3),能保护钢不被进一步氧化破坏。此外,Cr,Ni 等元素使钢呈单相固溶体且固态范围内加热无相变而使抗氧化能力增加。C 在钢中对抗氧化性不利,C 与 O 易形成碳化物,会减少固溶体含 C 量,降低抗氧化能力。因此,耐热钢一般限制 $w_C=0.1\%\sim0.2\%$。抗氧化钢有铁素体、奥氏体两类,其中奥氏体类居多。

②热强钢:热强钢的特点是在高温下既有良好的抗氧化能力,又有较高的高温强度及较高的高温强度保持能力。例如汽轮机、燃气轮机的转子和叶片、锅炉过热器、内燃机的排气阀等零件。长期在高温下承载工作,即使所受应力小于材料的屈服极限,也会缓慢而持续地产生塑性变形,这种塑性变形称为蠕变,最终将导致零件断裂或损坏。

表示热强钢抵抗蠕变、保持高温强度的常用指标是蠕变极限和持久强度极限。

蠕变极限是在一定温度下和规定时间内试样产生一定蠕变形变量的最大应力。例如,某钢 $\sigma^{500}_{0.1/100\ 000}=68.6$ MPa,表示在 550℃经 100 000 h 工作后,允许总变形量为 1%时的应力为 68.6 MPa。

持久强度极限表示在一定温度下,经过一定时间工作后发生断裂的应力,如 $\sigma^{800}_{100}=186$ MPa,表示在 800℃下经过 100 h 发生断裂的应力为186 MPa。此值愈大,表明钢的热强度愈高。

热强钢按正火状态下组织的不同可分为珠光体钢、马氏体钢、奥氏体钢 3 类。

15CrMo 钢是典型的锅炉用钢,可用于制造在 500℃以下长期工作的零件,耐热性不高但工艺性能(如可焊性、压力加工性和切削加工性)和物理性能(如导热性、膨胀系数等)都较好。4Cr10Si2Mo 钢适于制作在 650℃以下受动载荷的部件,如汽车发动机的排气阀,故又称为气阀钢。1Cr13,0Cr18Ni11Ti 钢既是不锈钢又是良好的热强钢。1Cr13 钢在 450℃左右、

表 7-13 常用耐热钢的牌号、热处理、力学性能和用途

类别	牌号	热处理温度及方式			室温力学性能（不小于）			用途举例
		退火/℃	淬火/℃	回火/℃	$\sigma_{0.2}$/MPa	σ_b/MPa	δ_5/%	
奥氏体型	1Cr19Ni9		1 050（固溶）		205	515	35	870℃以下反复加热锅炉、过热器、再热器等
	4Cr14Ni14W2Mo		820～850（固溶）		314	706	20	内燃机重载荷排气阀等
	3Cr18Mn12Si2N		1 100～1 150（固溶）		392	686	35	锅炉吊架、耐1 000℃高温加热炉传送带、料盘、炉爪等
铁素体型	0Cr13Al	780～830 空，缓			177	412	20	燃气透平压缩机叶片、退火箱、淬火台架等
	1Cr17	780～850 空，缓			206	451	22	900℃以下耐氧化部件、散热器、炉用部件、喷油嘴等
马氏体型	1Cr5Mo		900～950 油	600～700 空	392	588	18	锅炉吊架、燃气轮机衬套、泵的零件、阀、活塞杆、高压加氢设备部件
	4Cr10Si2Mo		1 010～1 040 油	720～760 油	690	885	10	650℃中高载荷汽车发动机进、排气阀等
	1Cr12Mo		950～1 000 空	650～710 空	550	685	18	汽轮机叶片、喷嘴块、密封环等
	1Cr13	800～900 缓或 750 快	950～1 000 油	700～750 快冷	343	539	25	耐氧化、耐腐蚀部件（800℃以下）

0Cr18Ni11Ti 钢在 600℃左右都具有足够的热强性。0Cr18Ni11Ti 抗氧化的能力达 850℃，是一种应用广泛的耐热钢。5Cr21Mn9Ni4N 钢的热强性及抗氧化能力均高于 4Cr9Si2 和 4Cr10Si2Mo 钢，用于制造工作温度在 850℃以下的大功率内燃机排气阀。

7.4.3 耐磨钢

(1)用途 耐磨钢主要用于在运转过程中承受严重磨损和强烈冲击的零件，如铁路道岔、坦克及拖拉机履带、挖掘机铲齿、球磨机的衬板及保险柜钢板等构件。

(2)性能特点 耐磨钢应具有表面硬度高、耐磨，心部韧性好、强度高的特点。

(3)成分特点和热处理特点 成分特点是高锰、高碳：$w_{Mn}=11\%\sim14\%$，$w_C=0.9\%\sim1.3\%$，而 $w_{Si}=0.3\%\sim1.3\%$。其铸态组织是奥氏体和大量锰的碳化物，经“水韧处理”可获得单相奥氏体组织。

“水韧处理(water toughening)”是将铸造后的高锰钢加热到 1 050～1 100℃，使碳化物完全溶入奥氏体中，然后迅速淬入水中，获得全部奥氏体组织。单相奥氏体组织韧性、塑性很好，开始投入使用时硬度很低(180～220 HB)、耐磨性差。当工作中受到强烈的挤压、撞击、摩擦时，钢件表面迅速产生剧烈的加工硬化，同时伴随奥氏体向马氏体的转变以及 ε 碳化物沿滑移

面析出，从而使钢的表面硬度提高到50 HRC以上，获得耐磨层，而心部仍保持原来的组织和高韧性状态。

应当指出的是，高锰钢件必须在使用时有外来压力和冲击作用，才能表现出耐磨性；另外，当其已硬化的表层磨损后，新露出的表面又可在冲击、摩擦作用下获得硬化，如此反复，直到磨损报废。

(4)常用钢种　高锰钢是目前最主要的耐磨钢，由于机械加工困难，故基本上是铸态下使用，其牌号是ZGMn13。

除高锰钢外，20世纪70年代初由我国发明的Mn－B系空冷贝氏体钢是一种性能优良的耐磨钢。它是一种热加工后空冷所得组织为贝氏体或贝氏体/马氏体复相组织的钢。由于免除了传统的淬火或淬火回火工序，从而大大降低了成本，节约了能源，减少了环境污染，免除了淬火过程中产生的变形、开裂、氧化和脱碳等缺陷，而且产品能够整体硬化，强韧性好，综合力学性能优良，因而得到了广泛的应用。如贝氏体耐磨钢球、高硬度高耐磨低合金贝氏体铸钢、工程锻造用耐磨件、耐磨传输管材等。Mn－B系贝氏体钢的应用不限于耐磨方面，它已经形成了系列，包括中碳贝氏体钢、中低碳贝氏体钢和低碳贝氏体钢等。

7.4.4 其他特殊钢

7.4.4.1 低温用钢

低温用钢是指在温度低于－40℃场合使用的钢，如盛装液氧、液氮、液氢和液氟的容器，以及在高寒或超低温条件下使用的冷冻设备及零部件用钢。通常金属材料在低温下表现为强度和硬度有所增加，但塑性和韧性却明显降低。因此，在低温条件下，金属材料常发生脆性断裂。

为了保证安全，低温用钢的工作温度不能低于其最低使用温度。

按显微组织类型可将低温用钢分为铁素体型、低碳马氏体型及奥氏体型。

1)铁素体型。如16MnDR，09Mn2VDR等，这类钢通常用于制作－45℃温度左右的低压容器材料。

2)低碳马氏体型。如Ni9％(1Ni9)，Ni3.5％(10Ni4)，Ni5％(13Ni5)等钢，其中1Ni9钢使用最广，可在－196℃条件下使用。

3)奥氏体型。这类钢的低温韧性最好，其中00Cr18Ni9，0Cr18Ni9和1Cr18Ni9奥氏体不锈钢使用最广泛，可在－200℃条件下使用；25Cr-20Ni钢是最稳定的奥氏体不锈钢，可用于－269℃或超低温条件。

7.4.4.2 特殊物理性能钢

特殊物理性能钢是指在钢的定义范围内具有特殊的磁、电、弹性、膨胀等特殊物理性能的合金钢。包括软磁钢、永磁钢、无磁钢及特殊膨胀钢、特殊弹性钢、高电阻钢及合金等。

1)软磁钢，指要求磁导率特性的钢，如铝铁系软磁合金等。

2)永磁钢，指具有永久磁性的钢种，包括变形永磁钢、铸造永磁钢。粉末烧结永磁钢等。

3)无磁钢，也称低磁钢，指在正常状态下不具有磁性的稳定的奥氏体合金钢。常见的有铬镍奥氏体钢，如0Cr16Ni4。

4)特殊弹性钢，指具有特殊弹性的合金钢，一般不包括常用的碳素钢与合金系弹簧钢。

5)特殊膨胀钢，指具有特殊膨胀性能的钢种。如$w_{Cr}=28\%$的合金钢，在一定温度范围内与玻璃的膨胀系数相近。

6)高电阻钢及合金，指具有高的电阻值的合金钢，主要是铁铬系合金钢和镍铬系高电阻合金组成的电阻电热钢和合金系列。

7.4.4.3 新型钢

(1)低合金高强度钢

①微合金化钢：加入钛、钒、铬、氮等微量合金元素，可明显地细化晶粒，实现沉淀硬化，强化低碳钢，形成低合金高强度钢。如加入0.1%～0.2%的钛可使钢的屈服点达到540 MPa以上。

②贝氏体钢：要在热轧状态下获得450～900 MPa的屈服点，贝氏体是一个较为理想的组织。要获得贝氏体组织，就要求钢的碳含量低，而且要求奥氏体晶粒细小，奥氏体在冷却时容易转变为贝氏体。通过加入Mo，B等合金元素，使C曲线尽可能右移，贝氏体部分尽可能保留在C曲线左侧，从而有利于在热轧后冷却时形成贝氏体组织。

典型钢种中 $w_C=0.03\%$，$w_{Mn}=1.9\%$，$w_{Nb}=0.04\%$，$w_{Ti}=0.01\%$，$w_B=0.001\%$，屈服点 $\sigma_s=500$ MPa。

③双相钢：许多压力加工用钢不仅要求高的强度，而且还要求高的冷成形性，双相钢是由多边形的铁素体加马氏体(包括奥氏体)岛状组织的低合金钢，可以满足要求。双相钢可在相变温度区用退火或热轧控制冷却速度的方法获得。如将某一成分的低合金钢加热到奥氏体和铁素体的双相区域，奥氏体量控制在10%～30%，淬火后变成细小的马氏体岛和多边形铁素体的双相钢。

(2)超塑合金　所谓的超塑性是指合金在一定的温度和形变速率下所表现出来的具有极大的伸长率和很小的形变抗力的性能。超塑性出现的温度(T_s)条件是 $T_s \geqslant 0.5T_m$，T_m 为合金的熔点。超塑性出现的形变条件是形变速率(ε')低，形变速率是指单位时间内的形变度 e。按超塑性发生的金属学特征，可分为两大类：细晶超塑性和相变超塑性。

①细晶超塑性：这种合金要求有稳定的超细晶粒。稳定是指在塑性变形时晶粒尺寸不发生明显变化。超细晶粒尺寸一般为0.5～5 μm。而一般低碳钢中铁素体晶粒为1 μm左右。典型的超塑合金有Al-11.7%Si，Be-0.1%C等。

②相变超塑性：给合金施加载荷，然后在相变温度上下反复地加热、冷却多次，可得到极大的伸长率，称为相变超塑性。

(3)形状记忆合金　在某些具有热弹性马氏体相变的合金材料处于马氏体状态时进行一定限度的变形，在随后的加热过程中，当超过马氏体相消失的温度时，材料就能恢复到变形前的状态，这种现象称为形状记忆。具有这种效应的合金称为形状记忆合金。

①形状记忆合金应具备的3个条件：

a. 马氏体相变是热弹性的；

b. 马氏体晶粒切变为孪晶；

c. 母相与马氏体相均为有序的晶体结构。

目前已发现的具有形状记忆的合金有 Ti-Ni，Ti-Nb；Au-Cd，Au-Cu-Zu；Cu-Zn，Cu-Zn-Al，Cu-Al-Si；Ag-Ca，Ag-Zn；Ni-Al，Ni-Al-Ti；Co-Ni；Fe-Ni-Co-Ti；Cu-Zn-Al 等。应用最广的是 Fe-Ni-Co-Ti 合金和 Cu-Zn-Al 合金。

②形状记忆合金的应用：

a. 做紧固件、连接件和密封件等。例如：可用 Ti-Ni 合金做成管子接头，其内径比与之连接的管子的外径小 4%左右,将管子接头放在低于 M_f 的温度下扩孔,然后套在连接的管子的端头上,升温之后,它将恢复到原状态,将管子牢固地连接起来。

b. 用于传感器。如电器控制开关、自动调节装置、安全报警装置等。

c. 作为储能和能量转换材料。如热发动机,利用记忆合金在一定温度区间冷却与加热时发生的变形与恢复变形产生的力来做功,恢复力有时高达 400 MPa。

d. 在生物学与医学方面,临床用 Ti-Ni 形状记忆合金做牙齿整形、脊椎整形等。

e. 航天领域应用最早的是美国阿波罗 11 号登月飞船用的背面天线。在马氏体状态下变形为团状置入登月飞船舱内,登月后靠太阳光的热量使其恢复到原来的抛物面天线的形状。

(4) 非晶态合金及微晶合金

①非晶态合金:固态下的金属或合金大多数为晶体。液态金属在特殊的冷却条件(冷却速度大于 10^6℃/s)下,凝固时也会获得非晶态的固态金属,称为非晶态金属或金属玻璃。

非晶态合金制取的基本方法是使金属从液态或气态以足够高的冷却速度凝固成固态金属,主要包括真空溅射法、真空蒸发法、化学镀法、电镀法以及激光非晶处理法。比较实用的方法是熔体旋辊急冷法,可连续生产非晶态合金的带材。此法是将熔融状态的液态金属置入一个下端有一窄缝的容器中,再用一定压力的保护气体(如氩气)将液态金属从窄缝中喷射到高速旋转的单辊圆周表面上或双辊之间的缝隙处形成薄层液态,通过金属辊表面的快速冷却,形成非晶态合金的带材。非晶态合金基本性能如下:

a. 力学性能:有较高的屈服点和硬度,如 Fe60Cr6Mo5B38 的 σ_s=490 MPa,Fe75B25 的硬度可达 1 300 HV;韧性高,一般可承受 30%~50%变形量的加工。

b. 化学性能:在某些非晶态合金中加入 Cr,Al 等,会大幅度提高耐蚀性。

c. 电学性能:非晶态合金的电阻率很高。

d. 磁学性能:某些非晶态合金可在弱的磁场中被磁化。

此外,非晶态合金还具有恒塑性、恒弹性、低的热膨胀系数和耐辐射损伤等性能。

②微晶材料:非晶态合金是由于熔体急冷技术的进步而发展起来的,与此同时,也应用这一技术发展了微晶材料。金属熔体冷凝过程中,冷速较慢时可得到树枝状晶体材料,而急冷条件下可得到非晶态合金。若冷却速度是介于两者之间,则可获得细胞状晶粒——尺寸非常小(约0.1 μm至数十微米)的微晶材料。

微晶材料的制备方法与非晶态合金的制备相似,不同的是制成品为微晶粉末,再将这些粉末热压成大块材料。

微晶材料主要有用于各种飞行器上的铝基高强度轻合金(如 Al-4.4%,Cu-16%,Li 微晶合金,强度可高达 650 MPa)、在高温下使用的镍基与铬基合金、磁性材料等。

(5)超导材料 具有超导电性的材料称为超导体。电阻突然消失的温度为超导体的临界温度(T_C)。磁场对超导态是有影响的。对<T_C 的超导体施加足够大的磁场时,超导电性消失。温度不同,破坏超导性磁场的大小也不同。破坏超导性的最小磁场称为临界磁场(H_C),它是温度的函数,当温度升至 T_C 时,H_C 降为零。电流也对超导性有影响。在不加外磁场时,给超导体通电,当电流密度超过一定值后,超导态被破坏,破坏超导态的最小电流密度称为临界电流密度(J_C)。到目前为止,显示出具有超导性的材料有纯金属、合金及化合物等。

超导材料主要用于强磁场体、新型运输机械与武器、超高速计算机、超导电输电、超导通信等。

复习思考题

7-1 合金钢与同类碳钢相比有哪些优缺点？

7-2 合金元素在钢中的主要作用有哪些？试结合具体钢种举例说明。

7-3 何谓钢的回火稳定性、热硬性和二次硬化？

7-4 合金调质钢、合金弹簧钢、滚动轴承钢的成分特点是什么？其热处理有何特点？举例说明。

7-5 合金钢按用途分为几类？编号与碳钢有何不同？合金结构钢按用途分为几类？在使用性能上各有何特点？

7-6 指出下列钢中各元素的大致含量：

W18Cr4V，3Cr2W8V，5CrMnMo，40Cr，20CrMnTi，60Si2Mn，GCr15 和 CrWMn。

7-7 写出下列钢号属于哪一类钢（如普通低合金钢、渗碳钢、调质钢……）、大致元素含量、最终热处理工艺及组织：

Q345，20CrMnTi，38CrMoAl，37CrNi3，12CrMoV，60Si2Mn，Cr12MoV，Cr12，9SiCr，CrWMn，GCr15，5CrMnMo，W6Mo5Cr4V2，3Cr13，1Cr18Ni9Ti，42CrMo，40Cr

7-8 用 W18Cr4V 钢制作刃具（如铣刀）的工艺路线如下：

下料→锻造→退火→机加工→最终热处理→喷砂→磨加工→产品。

1)指出合金元素 W，Cr，V 在钢中的主要作用。

2)为什么对 W18Cr4V 钢下料后必须锻造？

3)锻后为什么要退火？

4)最终热处理（淬火＋回火）工艺有何特点（画工艺图说明）？为什么？

5)写出最终组织组成。

7-9 何谓固溶处理？奥氏体不锈钢为什么要固溶处理？

7-10 为什么汽车、拖拉机变速箱齿轮多采用合金渗碳钢如 20CrMnTi 制造，而机床变速箱齿轮多采用调质钢如 45 或 40Cr 制造？（从工作条件、材料性能、热处理特点等方面分析）

7-11 防止金属被腐蚀应采取哪些途径？常用的不锈钢有哪些？举例说明用途。

7-12 耐热钢应具备哪些性能？合金元素 Cr，Si，Ni，Al 等在钢中有何作用？

7-13 列表比较各类结构钢、工具钢的成分特点、热处理方法、热处理后组织及主要用途。

8 铸　　铁

本章要点:灰口铸铁制造成本低,有良好的减振性、耐磨性、冷热加工工艺性。灰口铸铁根据石墨的形态分为灰铸铁(grey cast iron)、可锻铸铁(malleable cast iron)和球墨铸铁(spheroidal graphite cast iron)。要求掌握铸铁牌号和应用范围,了解铸铁组织结构和热处理工艺方法。

8.1 概　　论

8.1.1 铸铁的成分和应用特点

铸铁(cast iron)是指碳的质量分数大于 2.11%的铁碳合金。工业上常用铸铁的碳质量分数在 2.11%～4.5%,此外它还含有硅、锰、硫、磷及钼、铬、铝等化学元素。

铸铁作为工程材料历史悠久,在中国已有 2 000 多年的历程。至今,它仍是工业上重要的金属材料之一。由于铸铁制造成本低,又有良好的减振性、耐磨性、加工工艺性,在不少应用中是不能被替代的。

铸铁与钢的主要区别,一是碳含量及硅含量高,并且碳多以石墨形式存在;二是硫、磷杂质多。

20 世纪 50 年代初期,工程技术人员研制出球墨铸铁,它的综合性能较好,可以像钢一样进行各种热处理,因此,使用碳素钢、合金钢制造的零件,如某些齿轮、曲轴等,也可采用球墨铸铁制造,大大降低了生产成本。

8.1.2 铸铁中的石墨化(graphitization)过程

在铁碳合金中,碳可能以 3 种形式出现:一种是固溶态,如铁素体(F)中的碳;另一种是化合态,如渗碳体(Fe_3C)中的碳;还有一种是游离态的单质石墨(G)。石墨的晶体结构是简单六方,见图 8-1。石墨晶格底面的原子间距为 0.142 nm,两底面之间的间距为 0.34 nm。由于面间距较大,结合力弱,故石墨的强度、硬度、韧性、塑性都很低。

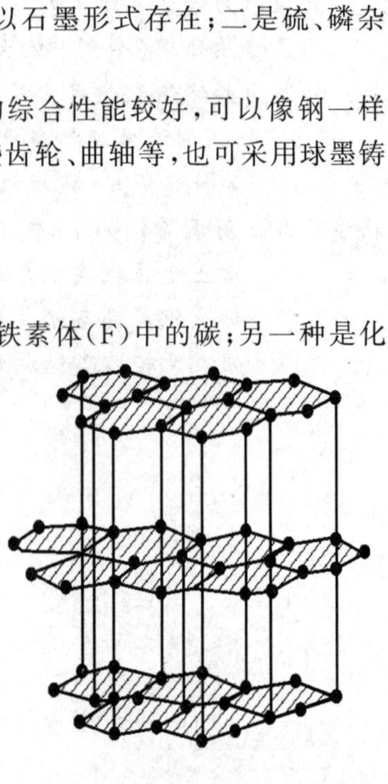

图 8-1　石墨的晶体结构

渗碳体在长时间加热的条件下,可以分解成铁和碳($Fe_3C \rightarrow 3Fe+C$)。渗碳体只是一种亚稳定相,而游离态的石墨才是一种稳定相。由于结晶条件不同,铁碳合金实际上存在有 2 种相图,即亚稳定的 $Fe\text{-}Fe_3C$ 相图和稳定的 Fe-G 相图,见图 8-2。

石墨既可以从铁液中析出,也可从奥氏体(A)中析出,还可从渗碳体的分解中得到。按照 Fe-G 相图所示，碳原子形成石墨的石墨化过程分为 3 个阶段。

第一阶段：从铸铁的液相中结晶析出一次石墨（G_{I}）及在 1 154℃通过共晶反应形成共晶石墨，其反应式为

$$L_{C'} \xrightarrow{1\ 154℃} A_{E'} + G_{共晶}$$

第二阶段：在 1 154～738℃范围冷却过程中，自奥氏体中不断地析出二次石墨（G_{II}）。

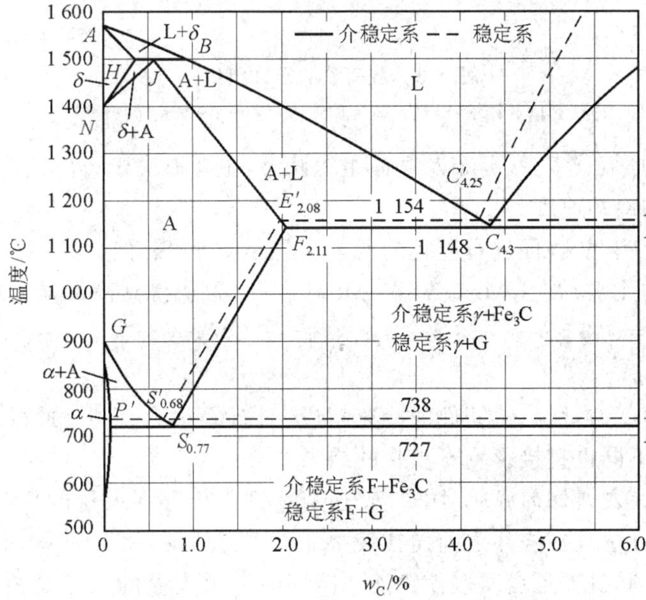

图 8-2 铁碳合金的 2 种相图

第三阶段：在 738℃时通过共析反应形成共析石墨及在 738℃以下从 F 中析出三次石墨（G_{III}），其反应式为

$$A_{S'} \xrightarrow{738℃} F_{P'} + G_{共析}$$

$$F_{P'} \longrightarrow F + G_{III}$$

铸铁在高温冷却中，原子扩散力强，故第一和第二阶段的石墨化过程顺利，即凝固后得到（A+G）组织。第三阶段的石墨化常因铸铁成分及冷却速度不同而得到不同组织，如 F+G，F+P+G 及 P+G。

依据铸铁的化学成分、结晶形态和组织性能不同，可分为常用铸铁和合金铸铁两类。常用铸铁也称普通铸铁、灰铸铁；合金铸铁也称特殊性能铸铁。

8.2 常用铸铁

8.2.1 灰铸铁

（1）灰铸铁的化学成分与显微组织　灰铸铁的基体组织分为 3 种类型：铁素体基体、珠光

体基体及铁素体+珠光体基体。灰铸铁的显微组织见图8-3。

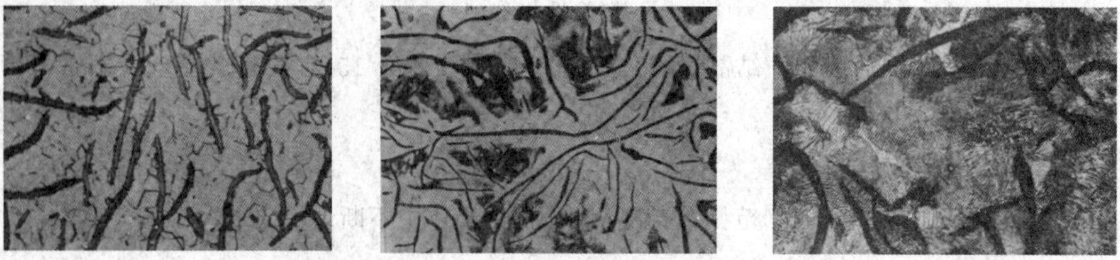

a) b) c)

图8-3 灰铸铁的显微组织

a)铁素体灰铸铁;b)铁素体+珠光体灰铸铁;c)珠光体灰铸铁

灰铸铁中石墨的形态、多少、分布及基体组织状态,主要取决于石墨化程度,即取决于铸铁的化学成分和铸件的冷却速度。

①化学成分的影响:能够促进石墨化的元素首先是C和Si,然后是Al,Cu,Ni,Co等。另一类是阻止石墨化的元素,如S,Mn,Cr,W,Mo,V等。为了得到高品质的灰铸铁,通常控制有关元素的含量:$w_C=2.5\%\sim3.6\%$,$w_{Si}=1.1\%\sim2.5\%$,$w_S=0.1\%\sim0.15\%$,$w_{Mn}=0.6\%\sim1.2\%$,$w_P\leqslant0.3\%$。

②铸铁件冷却速度的影响:铸铁件的冷速越慢,对石墨化越有利。此外,铸铁件的造型材料、工艺和铸件壁厚不同也直接影响石墨化的结果。

(2)孕育处理——灰铸铁的强化过程 普通灰铸铁由于存在大量的片状石墨而降低了力学性能,解决的有效办法是在浇注之前向铁液中加入孕育剂(亦称变质剂)进行处理,称之为孕育处理或变质处理。其机理是变质剂使铁液在凝固时产生大量的人工晶核,石墨片的结晶显著细化,得到较细珠光体基体的灰铸铁。经过孕育处理的灰铸铁的抗拉强度、抗弯强度、塑性、韧性提高很多。一般加入孕育剂的数量是铁液质量分数0.4%的硅铁和硅钙合金。

(3)灰铸铁的热处理

①消除内应力的退火:铸铁件在冷却过程中,不可避免各部分冷却速度不同,必然产生很大的内应力。为了保证零件的加工精度,提高质量,重要的零件毛坯在机械加工之前需进行低温退火,也叫时效处理,以消除部分应力。其方法是铸铁件开箱后,置于100~200℃炉中,缓慢升温至500~600℃,保温4~8 h后缓冷。

另外,还可以采用自然时效方法,即将铸铁件在室外放置1~2年,以达到内应力自然消除的目的。机床行业常采用自然时效。

②改善切削性能的退火:由于冷速快、壁薄等原因,导致铸铁件硬度不均匀,局部出现白口现象。可采用高温退火法解决:将铸铁件加热至850~900℃,保温2~5 h,缓冷至400~500℃出炉空冷。

③表面淬火:机床的导轨和内燃机缸套内壁需较高的硬度,采用表面淬火可提高硬度和耐磨性。高频淬火、激光淬火及电接触淬火均可达到目的。

灰铸铁的牌号以“灰铁”的汉语拼音字头“HT”为标志符号,后面数字是采用标准试样测得的最低抗拉强度。灰铸铁牌号、不同壁厚铸件的力学性能和用途见表8-1。因灰铸铁淬透性很差,片状石墨对基体割裂严重,所以不能进行整体淬火处理。

表 8-1 灰铸铁牌号、不同壁厚铸件的力学性能和用途

铸铁类别	牌号	铸件壁厚/mm	力学性能		用途举例
			σ_b/MPa	硬度/HBS	
铁素体灰铸铁	HT100	2.5～10 10～20 20～30 30～50	130 100 90 80	110～166 93～140 87～131 82～122	适用于载荷小,对摩擦和磨损无特殊要求的不重要零件,如防护罩、盖、油盘、手轮、支架、底板、重锤、小手柄等
铁素体+珠光体灰铸铁	HT150	2.5～10 10～20 20～30 30～50	175 145 130 120	137～205 119～179 110～166 105～157	承受中等载荷的零件,如机座、支架、箱体、刀架、床身、轴承座、工作台、带轮、法兰、泵体、阀体、管路、飞轮、电机座等
珠光体灰铸铁	HT200	2.5～10 10～20 20～30 30～50	220 195 170 160	157～236 148～222 134～200 129～192	承受较大载荷和要求一定的气密性或耐蚀性的较重要零件,如气缸、齿轮、机座、飞轮、床身、气缸体、气缸套、活塞、齿轮箱、刹车轮、联轴器盘、中等压力阀体等
	HT250	4.0～10 10～20 20～30 30～50	270 240 220 200	175～262 164～247 157～236 150～225	
孕育铸铁	HT300	10～20 20～30 30～50	290 250 230	182～272 168～251 161～241	承受高载荷、耐磨和高气密性的重要零件,如重型机床、剪床、压力机、自动车床的床身、机座、机架,高压液压件,活塞环,受力较大的齿轮、凸轮、衬套,大型发动机的曲轴、气缸体、缸套、气缸盖等
	HT350	10～20 20～30 30～50	340 290 260	199～298 182～272 171～257	

注:摘自 GB 9439—88《灰铸铁件》。

(4)*灰铸铁的发展方向* 高强化、薄壁化是灰铸铁的发展方向。铸铁薄壁化、轻量化、强韧化主要是为了满足工程界对工程材料节能性、回用性两方面的要求,适应“人类可持续发展战略”的需要。我国高强度灰铸铁研究的重点是:①提高铁液温度,改善铸铁冶金质量,采用合成铸铁熔炼工艺。②加强孕育处理技术,尤其是强化孕育铸件的研究和推广。③研究和推广低合金化孕育铸铁。④调整化学成分,控制铸铁的 Si/C 比,以获得高强度低应力铸铁。实践证明,使 Si/C 比值在 0.5～0.9,再加以适当的孕育和合金化,可获得综合力学性能良好的高强度灰铸铁。⑤薄壁铸件生产技术涉及铸铁性能、充型过程、精密造型、机加工、模样、工艺设计和市场等方面。许多研究和实践表明,铸造出高强度、薄壁及复杂内腔铸件,必须从材质、工艺和装备等整体上采取综合措施加以解决。

8.2.2 可锻铸铁

可锻铸铁是由化学成分为 $w_C=2.4\%\sim2.8\%$,$w_{Si}=1.0\%\sim2.0\%$,$w_{Mn}=0.5\%\sim0.7\%$,$w_P\leqslant0.1\%$,$w_S\leqslant0.2\%$的白口铸铁(即结晶时石墨化过程全部被抑制得到的铸铁)再经长时间石墨化退火而得到的具有团絮状石墨的黑心可锻铸铁。

石墨化退火工艺为:900～1 000℃保温 15 h 后随炉缓冷至 650℃以下出炉空冷,可得到 F

基体的可锻铸铁。

按石墨化程度不同，可锻铸铁基体可分为铁素体基体和珠光体基体两种。可锻铸铁的显微组织见图 8-4。

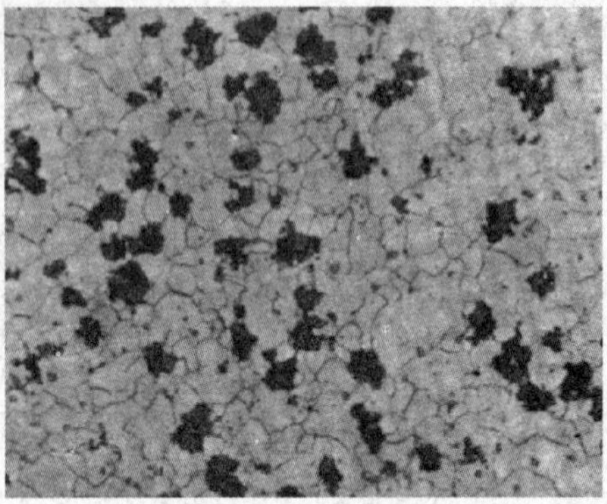

a)

b)

图 8-4 可锻铸铁的显微组织

a）铁素体可锻铸铁；b）珠光体可锻铸铁

另外，在氧化气氛下，利用氧化脱碳退火还可得到白心可锻铸铁。

团絮状石墨大大减轻了石墨对基体金属的割裂作用，因而强度高、有一定的塑性和韧性，适于制作形状复杂又要经受震动的薄壁小型铸件。黑心可锻铸铁和珠光体可锻铸铁的牌号、性能及用途见表 8-2。

表 8-2 黑心可锻铸铁和珠光体可锻铸铁的牌号、性能及用途

种类	牌 号	试样直径/mm	力学性能				用途举例
			σ_b/MPa	$\sigma_{0.2}$/MPa	δ/%	硬度/HBS	
黑心可锻铸铁	KTH300-06	12 或 15	≥300		≥6	≤150	弯头、三通管件、中低压阀门等
	KTH330-08		≥330		≥8		扳手、犁刀、犁柱、车轮等
	KTH350-10		≥350	≥200	≥10		汽车、拖拉机前后轮壳、减速器壳、转向节壳、制动器及铁道零件等
	KTH370-12		≥370		≥12		
珠光体可锻铸铁	KTZ450-06	12 或 15	≥450	≥270	≥6	150～200	载荷较高和耐磨损零件，如曲轴、凸轮轴、连杆、齿轮、活塞环、轴套、耙片、万向接头、棘轮、扳手、传动链条等
	KTZ550-04		≥550	≥340	≥4	180～250	
	KTZ650-02		≥650	≥430	≥2	210～260	
	KTZ700-02		≥700	≥530	≥2	240～290	

注：牌号、力学性能摘自 GB 9440—88《可锻铸铁件》。

可锻铸铁的牌号是以可锻铸铁的汉语拼音字头“KT”为主要标志符号，并以 H，Z，B 为种类标志写于“KT”之后，分别表示黑心可锻铸铁、珠光体可锻铸铁和白心可锻铸铁。两组数字分别表示用标准试棒测得的最低抗拉强度和伸长率。

白心可锻铸铁有 4 个牌号:KTB350-04,KTB380-12,KTB400-05,KTB450-07。

我国可锻铸铁总产量在世界上名列前茅,但需求量还将有所增大。今后我国可锻铸铁将有一个大的发展。目前,我国可锻铸铁的生产与国外的主要差距是:品种少,仅有黑心可锻铸铁;质量差;镀锌工艺落后,缺少耗能低、保温性好、污染小的理想退火炉。

8.2.3 球墨铸铁

球墨铸铁的球状石墨对基体的割裂影响最小,因而具有很高的强度、良好的韧性、塑性和切削加工性,可焊性也较好。它可以在一定范围内代替钢,所以发展很快。

(1)球墨铸铁的主要成分、显微组织、力学性能和用途　球墨铸铁的主要成分为 $w_C=3.6\%\sim3.9\%$,$w_{Si}=2.0\%\sim2.8\%$,$w_{Mn}=0.6\%\sim0.8\%$,$w_S<0.04\%$,$w_P<0.1\%$,$w_{Mg}=0.03\%\sim0.05\%$,w_{RE}(稀土元素)$=0.02\%\sim0.04\%$。与灰铸铁相比,一般为过共晶成分的球墨铸铁,其 $w_C=4.5\%\sim4.7\%$,较高,而含硫量较低,有利于铁液的流动和良好球化。

球墨铸铁的基体有铁素体、珠光体和铁素体+珠光体基体,通过热处理后也可得到淬火组织 $B_下$ 的基体。球墨铸铁的显微组织见图 8-5。

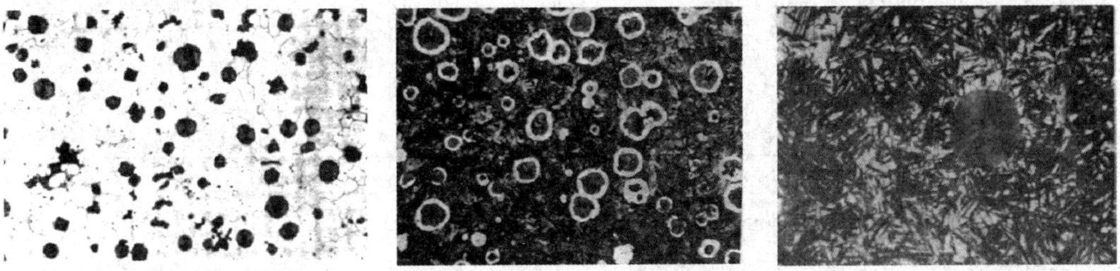

a)　　b)　　c)

图 8-5　球墨铸铁的显微组织

a) F 基体;b) F+P 基体;c) $B_下$ 基体

常见的组织中球墨的数量越少,越细小圆整,分布越均匀,则力学性能就越高。

生产球墨铸铁的方法是对铁液进行球化处理(spheroidizing)和孕育处理(inoculation)。我国常采用工业方法,使用镁、稀土元素或稀土镁合金作为球化剂。镁的质量分数为 0.04%~0.08%。由于镁的沸点远比铁液低,置放在浇包底部的镁加入铁液后立即气化,沸腾闪烁。为提高镁的利用率,常采用加压方法。

为了避免加入镁使铸铁形成白口,则必须进行孕育处理。常采用硅质量分数 75%的硅铁和硅钙合金作为孕育剂,分几次加入铁液中。

球墨铸铁的牌号是以汉语拼音字头“QT”为标志符号,其后的两组数字分别是用标准试棒测得的最低 σ_b 和 δ 值。

有关球墨铸铁的牌号、力学性能和用途见表 8-3。

表 8-3　球墨铸铁的牌号、力学性能和用途

牌号	基体组织	力学性能				用途举例
		σ_b/MPa	$\sigma_{0.2}$/MPa	δ/%	硬度/HBS	
QT400-18	铁素体	≥400	≥250	≥18	130～180	承受冲击、振动的零件，如汽车、拖拉机的轮毂、驱动桥壳、差速器壳、拨叉，农机具零件，中低压阀门，上、下水及输气管道，压缩机上高低压汽缸，电机机壳，齿轮箱，飞轮壳等
QT400-15	铁素体	≥400	≥250	≥15	130～180	
QT450-10	铁素体	≥450	≥310	≥10	160～210	
QT500-7	铁素体＋珠光体	≥500	≥320	≥7	170～230	机器座架、传动轴、飞轮、电动机架、内燃机的机油泵齿轮、铁路机车车辆轴瓦等
QT600-3	珠光体＋铁素体	≥600	≥370	≥3	≥190～270	载荷大、受力复杂的零件，如汽车、拖拉机的曲轴、连杆、凸轮轴、气缸套，部分磨床、铣床、车床的主轴，机床蜗杆、蜗轮，轧钢机轧辊、大齿轮，小型水轮机主轴，气缸体，桥式起重机大小滚轮等
QT700-2	珠光体	≥700	≥420	≥2	≥225～305	
QT800-2	珠光体或回火组织	≥800	≥480	≥2	245～335	
QT900-2	贝氏体或回火马氏体	≥900	≥600	≥2	280～360	高强度齿轮，如汽车后桥螺旋锥齿轮、大减速器齿轮，内燃机曲轴、凸轮轴等

注：摘自 GB 1348—88《球墨铸铁件》。

从表 8-3 可以看出，各种牌号的球墨铸铁的抗拉强度均超过了灰铸铁，达到了钢的力学性能指标，尤其是它有屈强比($\sigma_{0.2}/\sigma_b$)高的特点。故用球墨铸铁制造某些零件，比用铸钢还节省材料。

(2)球墨铸铁的热处理　原则上讲，球墨铸铁可以像钢一样进行各种热处理，而且由于球墨铸铁 C 曲线右移并形成 2 个鼻尖，不仅有较高的淬透性，而且容易实现等温淬火工艺，得到 $B_下$ 基体组织。另外，球墨铸铁中的球状石墨相当于一个碳源，采用控制淬火加热温度和保温时间等方法，可以调整奥氏体中碳的质量分数，从而使热处理后的球墨铸铁基体组织及碳质量分数随意可控。

通常采用以下方法对球墨铸铁进行热处理。

①退火：目的是获得铁素体基体组织和消除铸造应力。若有自由渗碳体，应采用 900～950℃高温退火，保温 2～5 h，随炉冷却降至 600℃，出炉空冷。

②正火：目的是得到珠光体或珠光体＋铁素体基体，细化组织，提高强度和耐磨性。可分为高温正火(完全奥氏体化)和低温正火(不完全奥氏体化)2 种，见图 8-6 和图 8-7。

③调质：要求良好综合力学性能的球墨铸铁零件，应进行调质处理，即将工件加热到860～900℃，保温使基体变为奥氏体，油中淬火得到马氏体，经过 550～600℃回火、空冷，得到回火索氏体。

④等温淬火：还有一些铸件，如齿轮、滚动轴承套圈、凸轮轴等，外形复杂，热处理后易开裂、变形，而综合力学性能要求又高，可采用等温淬火。将零件加热至 860～900℃，保温后放入 250～300℃的盐浴中，30～90 min 后取出空冷，得到下贝氏体＋石墨组织。

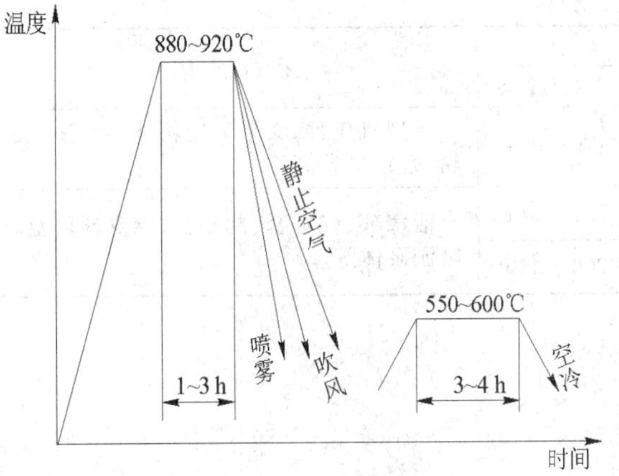

图 8-6 完全奥氏体化正火工艺曲线

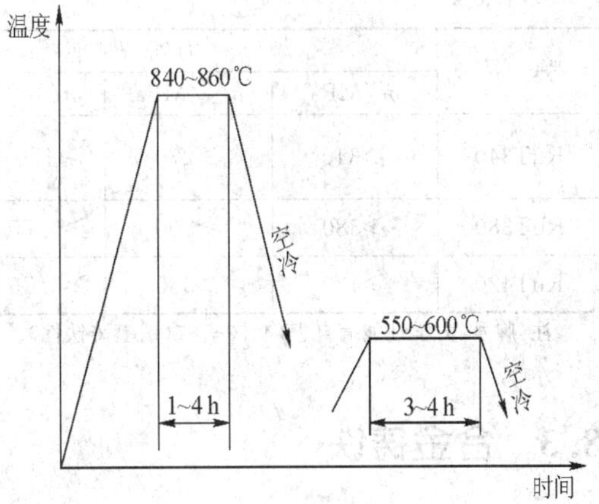

图 8-7 不完全奥氏体化正火工艺曲线

(3)球墨铸铁的发展方向 发展球墨铸铁新品种,采用新工艺是球墨铸铁发展的方向。①加强薄壁大断面铸态球墨铸铁技术的开发和应用。保证铸件的强度和切削加工等性能不致因壁厚减小而降低,其基本途径就是使球墨铸铁的力学性能得到改良。最重要的有 2 个方面:一是白口化倾向的减低和抑制,二是石墨组织的改善。球化剂的合理选用和稀土元素(RE)的加入是实现高强度薄壁球墨铸铁铸造的关键。②继续开发和应用奥-贝球墨铸铁,奥-贝球墨铸铁是近几十年来铸铁冶金研究的重大成就之一,它是具有最好综合性能的一种球墨铸铁,尤其是高的弯曲疲劳性能和良好的耐磨性,因而获得广泛应用。③发展奥氏体球墨铸铁。这种球墨铸铁在石油、化工、海洋与船舶、仪器仪表以及核工程等许多领域都具有广阔的应用前景,因而成为近年来球墨铸铁领域中一个新的研究重点。④采用新的球墨铸铁生产工艺。在熔炼方面,最好采用感应电炉或冲天炉-电炉双联熔炼,特别是冲天炉—炉外脱硫—电炉保温的工艺流程能提供优质的高温低硫原铁液。在球化处理方面,国外广泛采用 GF 转包法和包盖法,我国也正在推广使用。此外,近年来发展的铁液过滤净化技术也已得到广泛应用,成为提高球墨铸铁质量的一种很好的措施。

8.2.4 蠕墨铸铁

20 世纪 80 年代,发展起来了一种新型铸铁——蠕墨铸铁(vermicular iron),因其石墨很像蠕虫而命名。它的强度高于灰铸铁,韧性和耐磨性良好,铸造性与灰铸铁相当。蠕墨铸铁是将蠕化剂(镁钛合金、稀土镁钛合金或稀土镁钙合金)置于浇包内的一侧,另一侧冲入铁液,蠕化剂遇热熔化而成的。蠕墨铸铁的牌号、力学性能和用途见表 8-4。

表 8-4 蠕墨铸铁的牌号、力学性能和用途

牌 号	力学性能				用途举例
	σ_b/MPa	$\sigma_{0.2}$/MPa	σ/%	硬度/HBS	
RuT260	≥260	≥195	≥3	121～197	增压器废气进气壳体、汽车底盘零件等
RuT300	≥300	≥240	≥1.5	140～217	排气管、变速箱体、气缸盖、液压件、纺织机零件、钢锭模等

续表 8-4

牌　号	力学性能				用途举例
	σ_b/MPa	$\sigma_{0.2}$/MPa	σ/%	硬度/HBS	
RuT340	≥340	≥270	≥1.0	170～249	重型机床件，大型齿轮箱体、盖、座，飞轮，起重机卷筒等
RuT380	≥380	≥300	≥0.75	193～274	活塞环、气缸套、制动盘、钢珠研磨盘、吸淤泵体等
RuT420	≥420	≥335	≥0.75	200～280	

注：牌号、力学性能摘自 JB 4403—87《蠕墨铸铁件》。

8.3　合金铸铁

在铸铁中加入一定量的合金元素，可以生产出特殊性能铸铁。合金化是提高铸铁性能的重要手段之一，随着技术的日益发展，铸铁合金或微合金化将发挥重要的作用。发展合金铸铁(alloy cast iron)必须结合当地资源和应用领域开发合金铸铁新品种。

8.3.1　耐磨铸铁与抗磨铸铁(wear-resistant cast iron)

在使用中，常在 2 种工作条件下对铸件的耐磨、抗磨性提出更高的要求。一种是在有润滑条件下，另一种是在无润滑即干摩擦条件下。前者如机床的导轨、轴承、活塞环与缸套等，要求耐磨性好；后者如球磨机的衬板和磨球、轧辊、犁铧等，要求抗磨性好。

具有高碳共晶或过共晶的合金白口铸铁抗磨性高，但是脆性大，冲击韧度差。常用的抗磨铸铁有 $KmTBCr_2Mo_1Cu$ 及 $KmTBCr_{20}Mo_2Cu$ 等。

另外，有润滑条件的耐磨性能，主要是通过减摩方式来实现。

普通铸铁本身具有减摩耐磨功能，若再加入一些合金元素，效果更好。如 $MTCu_1PTi$-150 等合金耐磨铸铁。

球墨铸铁中的锰元素加大到 $w_{Mn}=5\%\sim9.5\%$，硅元素控制在 $w_{Si}=3.3\%\sim5.0\%$ 范围内，经球化和孕育处理，可得到马氏体、大量残余奥氏体及碳化物和球墨组织，达到高耐磨性能。中锰球墨铸铁的成分、性能见表 8-5。

表 8-5　中锰球墨铸铁的成分、性能

牌　号	w_{Mn}/%	抗弯强度				冲击韧度 /(J·cm^{-2})	硬度 /HRC
		砂型		金属型			
		σ_{bb}/MPa	δ/%	σ_{bb}/MPa	δ/%		
MQTMn6	5.5～6.5	510	3.0	392	2.5	7.85	44
MQTMn7	6.5～7.5	471	3.5	441	3.0	8.83	41
MQTMn8	7.5～9.0	432	4.0	491	3.5	9.81	38
QTMn8MoCu	8.0～9.0	250	0	—	—	4.0	55

注：摘自 GB 3180—82。

8.3.2　耐热铸铁(heat-resistant cast iron)

工业生产中有不少铸件是在高温下工作的，如炉底板、换热器、坩埚、炉条等。普通铸铁在高温下工作寿命很短，加入 Al，Si，Cr 等合金元素生成相应的氧化膜，保护内部不继续氧化。我国应用较多的耐热铸铁是硅系和铝硅系。耐热铸铁的成分、牌号及性能见表 8-6。

表 8-6 耐热铸铁牌号、成分及性能

牌 号	各化学成分的质量分数 $w/\%$				抗拉强度	硬度
	C	Si	Cr	Al	σ_b/MPa	/HBS
RTCr	3.0～3.8	1.5～2.5	0.5～1.0	—	≥200	189～288
RTCr16	1.6～2.4	1.5～2.2	15.0～18.0	—	≥340	450～500
RQTSi4	2.4～3.2	3.5～4.5		—	≥480	187～269
RQTSi5	2.4～3.2	>4.5～5.5		—	≥370	228～302
RQTAl4Si4	2.5～3.0	3.5～4.5		4.0～5.0	≥250	285～341
RQTAl22	1.6～2.2	1.0～2.0		20.0～24.0	≥300	241～364

注：摘自 GB 9437—88。

8.3.3 耐蚀铸铁(corrosion-resistant cast iron)

耐蚀铸铁被广泛地应用于化工、制药、采矿部门的阀门、管道、贮罐等。

普通铸铁耐蚀差是由于石墨、渗碳体和铁素体等相，它们在电解质中的电极电位不同，形成微电池效应而被腐蚀。加入 Si，Cr，Al，Mo，Cu，Ni 等合金元素，在铸件表面形成致密的保护膜，而且也能提高基体的电极电位，使耐蚀性提高。常见的有高硅、高硅铝、高铝、高铬等耐蚀铸铁可供选用，如 SQTAl15Si15 等。

复习思考题

8-1 试总结铸铁石墨化的条件和过程。

8-2 试述各类铸铁的性能及用途，与钢比较其优缺点各是什么？

8-3 为什么球墨铸铁可以代替钢制造某些零件？

8-4 合金铸铁的突出特性是什么？

8-5 识别下列铸铁牌号：HT150，HT300，KTH300-06，KTZ450-06，KTB380-12，QT400-18，QT600-03，RuT260，MQTMn6。

8-6 铸铁的力学性能取决于什么？

8-7 灰铸铁为什么不进行整体淬火处理？

9 有色金属及其合金

本章要点：了解铝、铜、钛、镁合金及其轴承合金成分、性能及其应用范围。

钢铁材料（又称为黑色金属）以外的所有其他金属材料统称为非铁合金（non-ferrous alloy），也称为有色金属。它们种类很多，在工程上应用较多的主要有铝、镁、铜、钛、锌等及其合金，以及轴承合金等。

与钢铁材料相比，有色金属冶炼难度大，生产成本高，价格较贵，产量和使用量都较低，但非铁合金具有许多钢铁材料所没有的特殊的机械、物理和化学性能，因而成为现代工业尤其是许多高科技产业中不可缺少的材料。

9.1 铝及铝合金

铝（aluminium）及铝合金（Al-alloy）是目前工业中仅次于钢铁的重要金属材料，具有较为广泛的应用。

9.1.1 纯铝

纯铝呈银白色，熔点660℃，在凝固后的冷却过程中无同素异晶转变。铝具有密度小、导电好、抗氧化、易加工的性能特点。铝的密度为2.7 g/cm^3，大约是铁的1/3，经常作为各种轻质结构材料的基本组元。铝的导电性和导热性较好，仅次于银、铜和金，在金属中列第四位。室温时，铝的导电能力约为铜的62%；若按单位重量材料的导电能力计算，铝的导电能力约为铜的200%。铝在大气中极易和氧结合生成致密的氧化铝保护膜，阻止铝的进一步氧化，具有良好的抗大气腐蚀性能。铝具有面心立方晶格，强度低（$\sigma_b \approx 80$ MPa）、塑性好（$\delta \approx 50\%$，$\Psi \approx 80\%$），适合进行各种冷热加工，特别是塑性加工。纯铝不能热处理强化，冷变形是提高其强度的惟一手段。纯铝主要用于制作电线、电缆，以及要求具有导热和抗大气腐蚀性能而对强度要求不高的一些用品或器具。

铝资源丰富，成本相对较低。纯铝中通常含有铁、硅、铜、锌等杂质元素，按其纯度可分为3大类。纯度为99.93%～99.99%的称为高纯铝，牌号有L01，L02，L03，L04等4种，编号越大，纯度越高，主要用于科学研究及制作电容器等；纯度为98.85%～99.9%的称为工业高纯铝，牌号以LG1，LG2，…，LG5表示，数字越大，纯度越高，主要用于制作铝箔、包铝及冶炼铝合金的原料；纯度为98.0%～99.0%的称为工业纯铝，牌号有L1，L2，…，L6，数字表示顺序号，编号越大，纯度越低。工业纯铝主要用于制作电线、电缆、器皿及配制合金。

9.1.2 铝合金的热处理

纯铝的强度低，不宜作为受力的结构材料使用。在铝中加入适量的硅、铜、镁、锌、锰等合金元素形成的铝合金具有较高的强度，并保持良好的加工性能。许多铝合金不仅可以通过冷塑性变形提高强度，而且还可以通过热处理来大幅度改善性能，其中有些抗拉强度可提高到480～680 MPa，相当于低合金结构钢的强度水平，从而具有很高的比强度，因此铝合金可用于制造承受较大载荷的机械零件和构件。

(1)铝合金的退火　对铝合金进行退火的主要目的是消除应力或偏析，稳定组织，提高塑性。退火时将合金加热至 200～300℃，保温一定时间后空冷，或先缓慢冷却到一定温度后再空冷。为了消除变形铝合金在塑性变形过程中产生的冷变形强化现象，可对其进行再结晶退火。再结晶退火的温度视合金成分和冷变形条件而定，一般在 350～450℃。

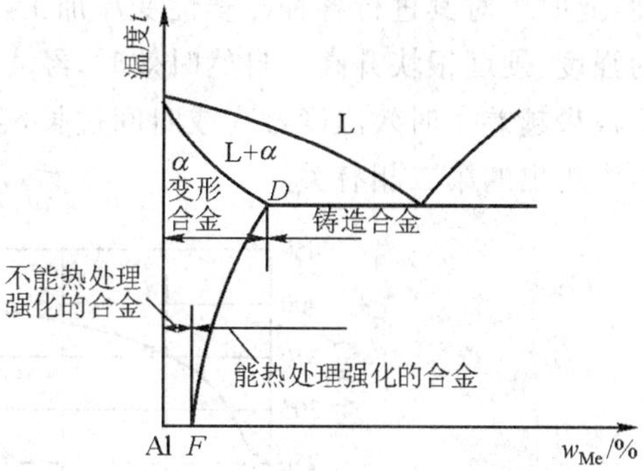

图 9-1　铝合金相图的一般形式

(2)铝合金的固溶时效处理　铝合金一般具有如图 9-1 所示类型的相图。

将成分位于图中 F 和 D 之间的合金加热至 α 相区，经保温后获得单相 α 固溶体后快速水冷（淬火），使溶质原子来不及析出，至室温时获得过饱和的 α 固溶体，这一热处理操作称为固溶处理(solution treatment)。由于过饱和的 α 固溶体组织是不稳定的，有分解出强化相过渡到稳定状态的倾向。随着时间的延长，其中将形成众多的溶质原子局部富集区（称为 G·P 区），进而析出细小弥散分布的且与母相共格的第二相或第二相的过渡相，引起晶格严重畸变，阻碍位错的运动，从而使合金的强度、硬度显著升高，这一过程称为时效处理(aging treatment)，或称时效强化(aging strengthening)。在室温下进行的时效称为自然时效，加热至一定温度进行的时效则称为人工时效。位于极限溶解度 D 点附近成分的合金，时效强化效果最大。合金成分位于 F 点以左时，由于加热与冷却时组织无变化，显然无法对其进行时效强化，故称为不能热处理强化的铝合金。成分位于 D 点以右的合金，其组织为 α 固溶体与第二相的混合物，因为时效过程只在 α 固溶体中发生，故其时效强化效果将随着合金成分向右远离 D 点而逐渐减小。

例如，含 4%Cu 的 Al-Cu 合金（图 9-2），加热到 550℃左右并保温一段时间使获得单一的 α 固溶体组织，而后投入水中快速淬火，使次生相 $\theta(CuAl_2)$ 来不及从 α 固溶体析出，合金在室

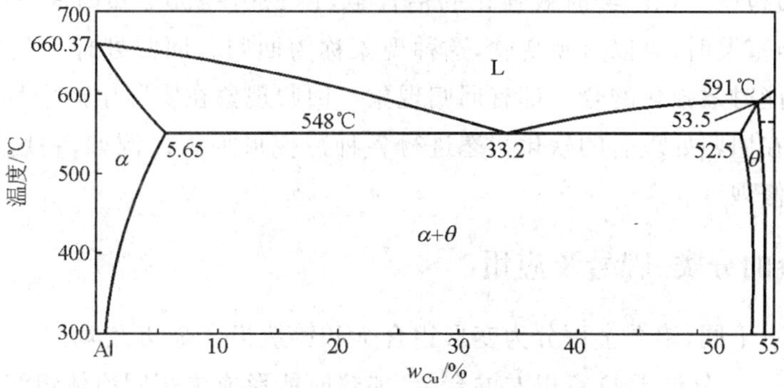

图 9-2　Al-Cu 合金相图

温下获得过饱和的 α 固溶体组织，其强度 $\sigma_b = 250$ MPa，比处理前有所提高。若将此合金在室温下放置 4～5 天，σ_b 可达 400 MPa。图 9-3 表示的是该合金的自然时效曲线，图 9-4 为其在不同温度下的人工时效曲线。显然，铝合金时效的强化效果与加热温度和保温时间有关，经淬火的铝合金在时效初期强度变化很小，这段时间称为孕育期。铝合金在孕育期内有很好的塑性，此时可对其进行各种冷塑性变形加工，或对淬火变形的零件进行校正。孕育期过后，合金的强度、硬度很快升高。自然时效时，经 4～5 d 达到最大强度；人工时效时，时效温度越高，强化效果越差。时效温度过高或时间过长，合金的强度、硬度反而下降，即发生了过时效，这与合金中析出的第二相有关。

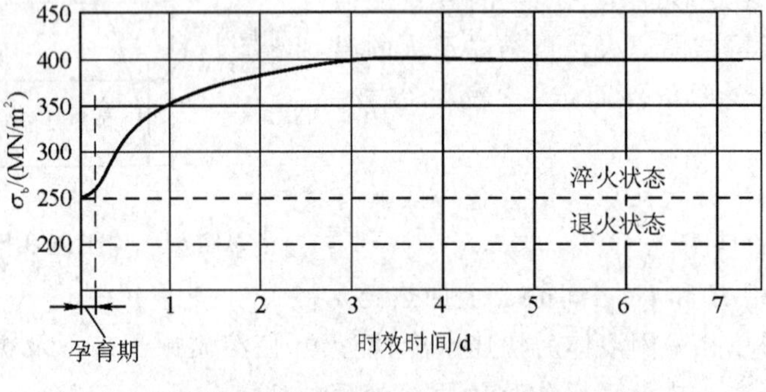

图 9-3　$w_{Cu} = 4\%$的铝合金自然时效曲线

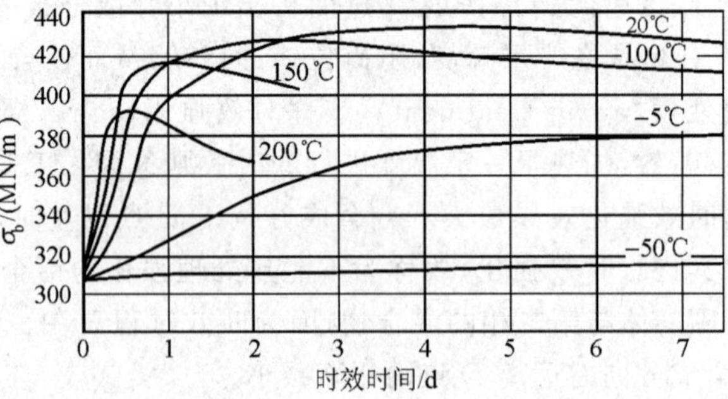

图 9-4　$w_{Cu} = 4\%$的铝合金在不同温度下的人工时效曲线

(3)铝合金的回归　把已经时效强化的铝合金，在 230～250℃短时间（几秒至几分钟）加热后，快速水冷至室温时，可以重新变软，这种现象称为回归。回归处理后的铝合金仍能进行时效强化。一切能时效强化的合金都有回归现象。回归现象在实际生产中具有重要意义。时效后的铝合金可在回归处理后的软化状态进行各种冷变形加工。例如，利用这种现象可以进行飞机的铆接和修理等。

9.1.3　铝合金的分类、牌号及应用

根据工艺特点不同，铝合金可分为变形铝合金和铸造铝合金两大类。

如图 9-1 所示，成分位于 D 点以左的合金，加热时能形成单相固溶体组织，塑性较好，适于变形加工，称为变形铝合金。变形铝合金中，成分位于 F 点以左的合金，因不能进行热处理强

化，称为不可热处理强化铝合金；成分位于 F 和 D 之间的合金，可进行固溶时效强化，称为热处理可强化铝合金。成分位于 D 点以右的合金，由于结晶时有共晶反应发生，流动性较好，适于铸造生产，称为铸造铝合金。

（1）变形铝合金　根据主要性能特点和用途，变形铝合金分为防锈铝合金、硬铝合金、超硬铝合金和锻铝合金，其中后 3 类是能热处理强化的铝合金。它们的牌号、化学成分、力学性能和用途见表 9-1。

表 9-1　部分常用变形铝合金的牌号、化学成分、力学性能及用途

类别	代号	各化学成分的质量分数 w/%						热处理状态	力学性能			用途举例
		Cu	Mg	Mn	Zn	其他	Al		σ_b /MPa	δ /%	硬度 /HBS	
防锈铝合金	LF5	0.1	4.0～5.5	0.3～0.6	0.20		余量	M	270	20	70	中载零件及制品、铆钉、焊接油箱、油管、焊条
	LF11	0.10	4.8～5.5	0.3～0.6	0.20	V：0.02～0.2	余量	M	270	20	70	中载零件及制品、铆钉、焊接油箱、油管、焊条
	LF21	0.20	0.05	1.0～1.6	0.10	Ti：0.15	余量	M	130	20	30	管道、容器、铆钉及轻载零件及制品
硬铝合金	LY1	2.2～3.0	0.2～0.5	0.20	0.10	Ti：0.15	余量	CZ	300	24	70	中等强度、工作温度不超过 100℃的铆钉
	LY11	3.8～4.8	0.4～0.8	0.4～0.8	0.30	Ni：0.10 Ti：0.15	余量	CZ	420	18	100	中等强度构件和零件，如骨架、螺旋桨叶片、螺栓、铆钉等
	LY12	3.8～4.9	1.2～1.8	0.3～0.9	0.30	Ni：0.10 Ti：0.15	余量	CZ	480	11	131	高强度构件及 150℃以下工作的零件，如骨架、梁、铆钉等
超硬铝合金	LC4	1.4～2.0	1.8～2.8	0.2～0.6	5.0～7.0	Cr：0.10～0.25	余量	CS	600	12	150	主受力构件及高载荷零件，如飞机大梁、加强框、起落架等
	LC6	2.2～2.8	2.5～3.2	0.2～0.5	7.6～8.6	Cr：0.10～0.25	余量	CS	680	7	190	主受力构件及高载荷零件，如飞机大梁、加强框、起落架等
锻铝合金	LD5	1.8～2.6	0.4～0.8	0.4～0.8	0.30	Ni：0.10 Si：0.7～1.2 Ti：0.15	余量	CS	420	13	105	形状复杂和中等强度的锻件及模锻件
	LD7	1.9～2.5	1.4～1.8	0.20	0.30	Ti：0.02～0.1 Ni：1.0～1.5 Fe：1.0～1.5		CS	440	13	120	高温下工作的复杂锻件和结构件、内燃机活塞
	LD10	3.9～4.8	0.4～0.8	0.4～1.0	0.30	Ni：0.01 Si：0.6～1.2 Ti：0.15	余量	CS	480	10	135	承受重载荷的锻件和模锻件

注：(1)化学成分摘自 GB 3190—82《铝及铝合金加工产品的化学成分》。

(2)M—退火，CZ—淬火＋自然时效，CS—淬火＋人工时效。

①防锈铝合金：防锈铝合金主要是 Al-Mn 和 Al-Mg 系合金。锰的作用是提高抗蚀能力，并起固溶强化作用。镁亦有固溶强化作用，同时降低比重。防锈铝合金锻造退火后是单相固

溶体，抗蚀性能高，塑性好，但强度较低且不能热处理强化，只能采用冷变形加工提高其强度。合金的代号由“铝”、“防”二字的汉语拼音字首“LF”后加顺序号表示。防锈铝合金在航空工业中应用甚广，主要用于制造承受焊接的零件、管道、容器及铆钉等。

②硬铝合金：硬铝合金基本上是Al-Cu-Mg系合金，还含有少量的锰。加入铜和镁主要是形成强化相$CuAl_2$(θ相)和$CuMgAl_2$(S相)，锰主要是提高抗蚀性，并起一定固溶强化作用，但锰的析出倾向小，故不参与时效过程。S相有很高的室温强化作用，而且有较高的耐热性的作用。硬铝的代号由“铝”、“硬”二字的汉语拼音字首“LY”和顺序号表示。硬铝是一种应用很广的可热处理强化的铝合金，但在使用和加工时有2个问题必须注意：一是硬铝抗蚀性较差，特别在海水中尤甚。因为硬铝中含有较高的铜，而含铜的固溶体和化合物的电极电位比晶粒边界高，促成了晶间腐蚀。因此需要防护的硬铝部件常采用表面包覆纯铝的方法来增加其耐蚀性。但包铝的硬铝热处理后强度较未包铝的为低。二是硬铝淬火温度范围很窄，LY11是505～510℃，LY12是495～503℃。低于此温度范围淬火，固溶体的过饱和度不够，不能发挥最大的时效效果；超过此温度范围，则容易产生晶界熔化。

LY1和LY10属低强度硬铝，亦称低合金硬铝，其塑性很好，适于制作铆钉，又称铆钉硬铝。LY11为中强度硬铝，也称标准硬铝，既有较高的强度又有足够的塑性，退火态和淬火状态下可进行冷冲压加工，时效后有较好的切削加工性，主要用于制作各种半成品，如轧材、锻材、冲压件等，也可制作螺旋桨叶片及大型铆钉等重要零件。LY12为高强度硬铝，亦称高合金硬铝，热处理强化后可获得很高的强度和硬度，并有良好的耐热性，但塑性有所下降，冷、热加工性能较差，热处理要严格控制淬火温度(498±5)℃。高合金硬铝主要用于制作航空模锻件和重要的销轴等。

③超硬铝合金：超硬铝属Al-Zn-Mg-Cu系合金，并含有少量的铬和锰。合金中的强化相除θ相($CuAl_2$)、S相($CuMgAl_2$)外，还有可产生强烈时效强化效果的$MgZn_2$(η相)和$Mg_3Zn_3Al_2$(T相)。这种合金经过适当的淬火和120℃左右的人工时效之后可以获得很高的力学性能(表9-1)，因而成为目前强度最高的一类铝合金。超硬铝的代号用“铝”、“超”二字的汉语拼音字首“LC”和顺序号表示。这类合金有较好的热塑性，适宜压延、挤压和锻造，焊接性能也较好。超硬铝的淬火温度范围较宽，在460～500℃之间淬火都能保证合金的性能，但一般不用自然时效，只进行人工时效处理。超硬铝的缺点是耐热性低，耐蚀性较差，且应力腐蚀倾向大。

④锻铝合金：锻铝合金包括Al-Cu-Mg-Si系和Al-Cu-Mg-Ni-Fe系两类合金。前者以Mg_2Si(β相)为合金中主要的强化相，常用合金的代号有LD2，LD5，LD10等；后者通过加入铁和镍形成合金中的耐热强化相，故又称耐热铝合金，常用合金的代号有LD7，LD8等。代号中“LD”为“铝”、“锻”二字的汉语拼音字首，其后为顺序号。锻铝中合金元素种类较多，但每种元素的含量较少，因而锻铝具有良好的热塑性和锻造性能，可用于制作形状复杂或承受重载的各类锻件和模锻件。通常在固溶处理和人工时效后使用，其力学性能与硬铝相当。

除上述的变形铝合金外，目前正在开发中的还有铝锂合金等新型铝合金。铝锂合金属于可热处理强化的铝合金，在合金中加入铜、镁、锆等金属元素后，可使合金热处理后的力学性能进一步提高，目前已能达到或接近硬铝合金和超硬铝合金的强度水平。铝锂合金还具有高弹性模量、低密度(铝中每增加1%的锂，可使密度降低3%)以及优良的耐蚀性等优点，是一种在航空航天、汽车、机械、电子、生活用品制造等行业应用前景看好的结构材料。

根据GB/T 1674—1996《变形铝及铝合金牌号表示方法》和GB/T 3190—1996《变形铝及

铝合金化学成分》,纯铝及铝合金的牌号有新的表示方法,见表 9-2。

表 9-2 部分常用纯铝及铝合金新旧牌号对照表

新牌号	旧牌号	新牌号	旧牌号
1070A	L1	2A11	LY11
1060	L2	2A12	LY12
1A85	LG1	7A04	LC4
5A05	LF5	7A04	LC6
5A05	LF11	2A50	LD5
3A21	LF21	2A70	LD7
2A01	LY1	2A14	LD10

(2)铸造铝合金　用来制作铸件的铝合金称为铸造铝合金。铸造铝合金要求具有良好的铸造性能,其中必须有适当数量的共晶体。为此,其主加合金元素的含量一般要比变形铝合金更高一些。按主加合金元素的不同,铸造铝合金分为 Al-Si 系、Al-Cu 系、Al-Mg 系、Al-Zn 系等 4 类。铸造铝合金的牌号由"ZAl"后跟合金元素符号及合金含量的百分数组成。铸造铝合金的代号以"铸铝"二字的汉语拼音字首"ZL"和其后的 3 位数字表示,其中第一位表示合金系(以 1,2,3,4 顺序号分别代表上述 4 个合金系),第二、三位数字表示合金顺序号。部分常用的铸造铝合金的牌号及代号、化学成分、力学性能和用途列于表 9-3 中。

表 9-3 常用铸造铝合金的牌号(代号)、化学成分、力学性能及用途

牌号(代号)	各化学成分的质量分数 w/%						铸造方法与热处理状态	力学性能			用途举例
	Si	Cu	Mg	Mn	其他	Al		σ_b/MPa	δ/%	硬度/HBS	
ZAlSi7Mg (ZL101)	6.0~7.5		0.25~0.45			余量	J,T5 S,T5	205 195	2 2	60 60	形状复杂零件,如飞机、仪器的零件,抽水机壳体,工作温度不超过185℃的汽化器等
ZAlSi12 (ZL102)	10.0~13.0					余量	J SB,JB SB,JB,T2	155 145 135	2 4 4	50 50 50	形状复杂零件,如仪表、抽水机壳体,工作在200℃以下、要求高气密性、承受低载荷的零件
ZAlSi5CuMg (ZL105)	4.5~5.5	1.0~1.5	0.4~0.6			余量	J,T5 S,T5 S,T6	235 195 225	0.5 1.0 0.5	70 70 70	形状复杂、在225℃或以下工作的零件,如风冷发动机的汽缸头、机匣、油泵壳体等
ZAlSi12CuMg1(ZL108)	11.0~13.0	1.0~2.0	0.4~1.0	0.3~0.9		余量	J,T1 J,T6	195 255		85 90	要求高温强度及低膨胀系数的高速内燃机活塞及其他耐热零件
ZAlSi9Cu2Mg (ZL111)	8.0~10.0	1.3~1.8	0.4~0.6	0.1	Ti:0.10~0.35	余量	SB,T6 J,T6	255 315	0.5 2	90 100	250℃以下工作的承受重载的气密零件,如大马力柴油机汽缸体、活塞等
ZAlCu5Mn (ZL201)		4.5~5.3			Ti:0.10~0.35	余量	S,T4 S,T5	295 335	8 4	70 90	在175~300℃或以下工作的零件,如支臂、挂架梁、内燃机汽缸头、活塞等

续表 9-3

牌号(代号)	各化学成分的质量分数 w/%						铸造方法与热处理状态	力学性能			用途举例
	Si	Cu	Mg	Mn	其他	Al		σ_b /MPa	δ /%	硬度 /HBS	
ZAlCu4 (ZL203)		4.0 ~5.0				余量	J,T4 J,T5	205 225	6 3	60 70	中等载荷、形状较简单的零件,如托架和工作温度<200℃并要求切削加工性好的小零件
ZAlMg10 (ZL301)			9.5 ~ 11.0			余量	S,T4	208	10	60	在大气或海水中工作的零件,承受大振动载荷、工作温度不超过150℃的零件
ZAlMg5Si (ZL303)	0.8 ~1.3		4.5 ~5.5			余量	S,J	145	1	55	腐蚀介质、中等载荷作用零件,在严寒大气中及工作温度<200℃的零件,如海轮零配件和各种壳体
ZAlZn11Si7 (ZL401)	6.0 ~8.0		0.1 ~0.3		Zn: 9.0 ~13.0	余量	J,T1 S,T1	245 195	0.5 0.2	90 80	工作温度不超过200℃、结构形状复杂的汽车、飞机零件,也可制作日用品

注:(1) 表中主要内容摘自 GB 113—1995。
(2)铸造方法:S—砂型铸造;J—金属型铸造;B—变质处理。
(3)热处理状态:T1—人工时效;T2—退火;T4—固溶处理+自然处理;T5—固溶处理+不完全处理;T6—固溶处理+完全人工时效。

①Al-Si 铸造铝合金:这类合金又称硅铝明,其中不含其他合金元素的称为简单硅铝明,除硅外还含有其他合金元素的称为特殊硅铝明。硅铝明是 4 类铸造铝合金中铸造性能最好的,具有中等强度和良好的耐蚀性,因而应用最广。

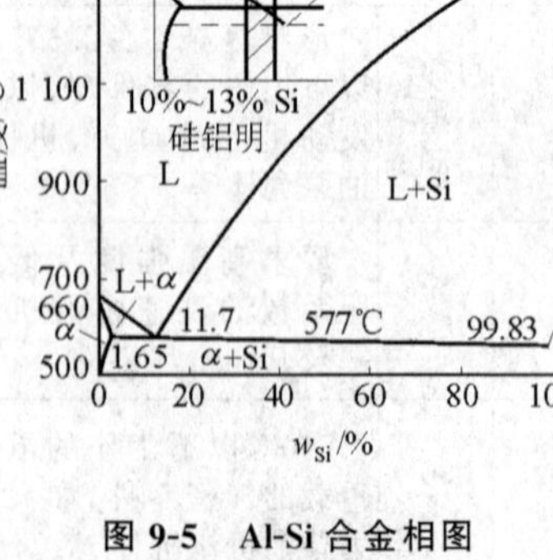

图 9-5 Al-Si 合金相图

Al-Si 二元相图如图 9-5 所示。含 11%~13%Si 的简单硅铝明 ZAlSi12(w_{Si}=11.7%)铸造后几乎得到全部共晶体组织(α+Si),因而其流动性最好,铸件发生热裂的倾向小。但在一般情况下,ZAlSi12 的共晶体由粗针状 Si 晶体和 α 固溶体构成,如图 9-6a 所示。受粗大 Si 晶体的影响,合金强度和塑性都较差(σ_b=140 MPa,δ=2%)。因此生产上常采用变质处理,即在浇注之前向合金溶液中加入占合金质量 2%~3% 的变质剂(常用钠盐混合物:2/3NaF+1/3NaCl),使共晶硅呈细小点状,同时使共晶点右移而得到亚共晶合金组织,从而使力学性能显著提高(σ_b=180 MPa,δ=6%),如图 9-6b 所示。一般认为变细的原因是由于溶入合金的活性钠一方面促进硅核的形成,另一方面能在初生的硅晶体表面阻碍硅晶体的生长。此外,向铝合金中加入一些能增加晶核的元素如 B,Ti,Zr 等也有很好的变质效果。

简单铝硅明除具有优越的铸造性能外,还有焊接性能好、比重小、抗蚀性和耐热性相当好

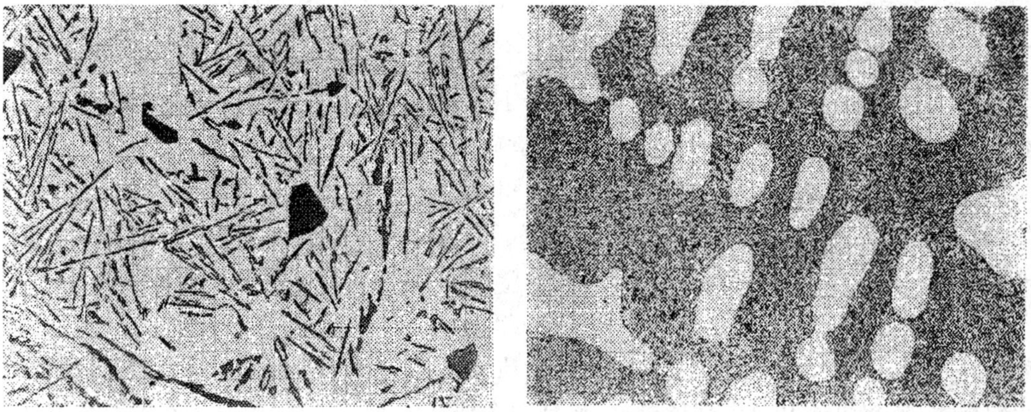

a) b)

图 9-6 ZAlSi12 合金的铸态组织

a) 变质前；b) 变质后

等优点，但其致密度较小，强度不够高，不能进行淬火时效处理，因此该合金适于制造形状复杂但强度要求不高的铸件，如发动机汽缸、仪表、水泵外壳等以及一些承受低载的零件。

为提高硅铝明的强度，常在合金中加入一些能形成强化相 θ 相（$CuAl_2$）、S 相（$CuMgAl_2$），β 相（Mg_2Si）的 Cu 和 Mg 等元素，获得能进行时效强化的特殊硅铝明，经淬火时效后可获得很高的强度和硬度。如 ZL108，ZL109 强度、硬度高，抗蚀性、耐热性好，线膨胀系数小，是常用的铸造铝活塞材料。

②Al-Cu 铸造铝合金：此类合金中铜含量一般为 4%～14%，时效强化效果好，在铸造铝合金中强度和耐热性最高。但由于合金中共晶体数量少（铝铜二元合金的共晶点在 $w_{Cu}=33.2\%$处），故铸造性能不好，耐蚀性也较差。可用于制作要求高强度或在高温（200～300℃）条件下工作的零件。

③Al-Mg 铸造铝合金：铝镁合金具有良好的耐蚀性，且相对密度小（仅为 2.55），同时有较高的强度和韧性，并可以热处理强化，但铸造性能和耐热性较差。多用于制造承受冲击载荷、在腐蚀性介质中工作的、外形不太复杂的零件，如舰船配件、氨用泵体等。

④Al-Zn 铸造铝合金：铝锌合金价格便宜，铸造性能良好，并且在铸造冷却时就可形成含锌的过饱和 α 固溶体（称“自淬火效应”），经变质处理和时效处理后强度较高，但抗蚀性较差，热裂倾向大，常用于制造汽车、拖拉机的发动机零件及形状复杂的仪器元件，也可用于制造生活用品。

9.2 铜及铜合金

铜（copper）及铜合金（copper alloy）是人类历史上使用最早的金属材料，并且至今仍在工业中有着重要应用。

9.2.1 紫铜(工业纯铜)

紫铜(red copper)就是工业纯铜,其熔点为1 083℃,密度为8.96 g/cm^3,在固态时具有面心立方晶格,无同素异晶转变。纯铜新鲜断口呈玫瑰红色,表面形成氧化膜后呈紫红色,故称为紫铜。纯铜导电性很好,大量用于制造电线、电缆、电刷等;塑性极好($\delta=50\%$),硬度很低(40~50 HBS),易于热压和冷压力加工,可制成管、棒、线、条、带、板、箔等铜材;导热性好,常用来制作各种传热体;抗磁性好,可制作各种磁学仪器、定向仪器和防磁器械等。

铜的储量较小,价格较贵。工业纯铜有T1,T2,T3,T4 4个牌号,"T"为"铜"的汉语拼音字首,其后的数字越大,纯度越低。纯铜中的杂质主要有铅、铋、氧、硫和磷等,它们对纯铜的性能影响极大,不仅可使其导电性能降低,而且还会使其在冷、热加工中发生冷脆和热脆现象。因此,必须控制纯铜中的杂质含量。

工业纯铜的牌号、成分及主要用途见表9-4。

表9-4 紫铜加工产品的牌号、成分及主要用途

牌号	代号	含铜量/%	杂质/% Bi	杂质/% Pb	杂质总量/%	主要用途
一号铜	T1	99.95	0.002	0.005	0.05	导电材料和配置高纯度合金
二号铜	T2	99.90	0.002	0.005	0.1	导电材料,制作电线、电缆等
三号铜	T3	99.70	0.002	0.01	0.3	一般用铜材,如电气开关、垫圈、垫片、铆钉、油管、管道、管嘴
四号铜	T4	99.50	0.003	0.05	0.8	

9.2.2 铜合金的分类、牌号及应用

铜中加入合金元素后,可获得较高的强度,同时保持纯铜的各项优良性能。常用的合金元素有锌、锡、铝、锰、镍等,它们加入铜中可起到固溶强化和第二相强化等作用。

常用的铜合金有黄铜、青铜和白铜3大类。根据生产方法的不同,铜合金又分为压力加工铜合金和铸造铜合金。

(1)黄铜 以锌为主要合金元素的铜合金称为黄铜(brass)。以锌为惟一合金元素的黄铜称为普通黄铜,压力加工普通黄铜的代号为"H"后跟表示铜含量的百分数,例如H68表示$w_{Cu}=68\%$,$w_{Zn}=32\%$的普通黄铜。在普通黄铜的基础上加入其他合金元素的铜合金称为特殊黄铜,其代号依次由"H"、主加合金元素符号、铜平均含量百分数、合金元素含量百分数组成,例如HMn58-2表示$w_{Cu}=58\%$,$w_{Mn}=2\%$,$w_{Zn}=40\%$的锰黄铜。常用黄铜的牌号、化学成分、性能及用途见表9-5。

表 9-5 部分常用黄铜的牌号、化学成分、力学性能及用途

类别		牌号(代号)	各化学成分的质量分数 w/%			加工状态 铸造方法	力学性能			用途举例
			Cu	其他	Zn		σ_b /MPa	δ /%	硬度 /HBS	
压力加工黄铜	普通黄铜	H90	88.0 ～91.0		余量	退火 变形加工	260 580	45 4	53 130	双金属片、供水和排水管、证章、艺术品(又称金色黄铜)
		H80	79.0 ～81.0		余量	退火 变形加工	270 —	50 —	— 145	薄壁管、装饰品、造纸网
		H70	69.0 ～71.0		余量	退火 变形加工	— 660	— 3	— 150	弹壳、机械及电气零件
		H68	67.0 ～70.0		余量	退火 变形加工	320 660	55 3	150	复杂冷冲压件、散热器外壳、弹壳、导管、波纹管、轴套
		H62	60.5 ～63.5		余量	退火 变形加工	330 600	49 3	56 164	销钉、铆钉、螺钉、螺母、垫圈、弹簧、夹线板、散热器
		H59	57.0 ～60.0		余量	退火 变形加工	390 500	44 10	130	机械、电器用零件,焊接件及热冲压件
	特殊黄铜	HSn62-1	61.0 ～63.0	Sn:0.7～1.1	余量	退火 变形加工	400 700	40 4	50 95	与海水和汽油接触的船舶零件(又称海军黄铜)
		HSi80-3	79.0 ～81.0	Si:2.5～4.0	余量	退火 变形加工	300 600	58 4	90 110	船舶零件,在水蒸气(<250℃)条件下工作的零件
		HMn58-2	57.0 ～60.0	Mn:1.0～2.0	余量	退火 变形加工	400 700	40 10	85 175	海轮制造业和弱电用零件
		HFe59-1-1	57.0 ～60.0	Fe:0.6～1.2 Mn:0.5～0.8 Sn:0.3～0.7	余量	退火 变形加工	— 700	— 10	— 175	在摩擦及海水腐蚀下工作的零件,如垫圈、衬套等
		HPb59-1	57.0 ～60.0	Pb:0.8～1.9	余量	退火 变形加工	400 650	45 16	44 80	热冲压及切削加工零件,如螺钉、螺母、轴套(又称易削黄铜)
		HAl60-1-1	58.0 ～61.0	Al:0.7～1.5 Fe:0.7～1.5 Mn:0.1～0.6	余量	退火 变形加工	450 750	45 8	95 180	齿轮、蜗轮、轴、衬套及其他耐蚀零件
		HAl59-3-2	57.0 ～60.0	Al:2.5～3.5 Ni:2.0～3.0	余量	退火 变形加工	380 650	50 15	75 155	船舶、电机及其他在常温下工作的高强度、耐蚀零件

续表 9-5

类别	牌号(代号)	各化学成分的质量分数 w/%			加工状态 铸造方法	力学性能			用途举例
		Cu	其他	Zn		σ_b /MPa	δ /%	硬度 /HBS	
铸造黄铜	ZCuZn38	60.0 ~63.0		余量	砂型 金属型	300 300	30 30	60 70	一般结构件和耐蚀零件,散热器、螺钉、螺母、法兰、支架等
	ZCuZn40Pb2	58.0 ~63.0	Pb:0.5~2.5 Al:0.2~0.8	余量	砂型 金属型	220 280	15 20	78.5 88.5	一般用途的耐磨、耐蚀零碎件,如轴套、齿轮等
	ZCuZn40Mn3Fe1	53.0 ~58.0	Mn:3.0~4.0 Fe:0.5~1.5	余量	砂型 金属型	440 490	18 15	100 110	轮廓不复杂的重要零件,海轮上在300℃下工作的管配件,螺旋桨
	ZCuZn25Al6Fe3 Mn3	60.0 ~66.0	Al:4.5~7.5 Mn:1.5~4.0 Fe:1.2~4.0	余量	砂型 金属型	725 740	10 7	100 166	高强、耐磨零件,如桥梁支承板、螺母、螺杆、耐磨板、滑块、蜗轮等

注:表中主要内容摘自 GB 5232—85,GB 1176—87 和 GB 2041—89。

①普通黄铜:普通黄铜的组织和性能受锌含量的影响很大,如图 9-7 所示。在 30%~32% 或以下时,合金处于单相 α(锌溶于铜形成的固溶体,具有体心立方晶格)状态,随锌含量的增加强度和延伸率增加;超过 32%后,组织中出现 β' 相(以电子化合物 CuZn 为基的有序固溶体,具有体心立方晶格),塑性开始下降,但少量 β' 相的存在对强度无坏影响,合金强度仍然很高。锌含量超过 45%以后,组织全部为脆性大的 β' 相,强度急剧下降,塑性继续降低。所以工业黄铜的锌含量多不超过 47%,其退火组织可以是单相 α 或双相 $\alpha+\beta'$(见图 9-8a 和图9-8b),分别称为单相黄铜和双相黄铜。

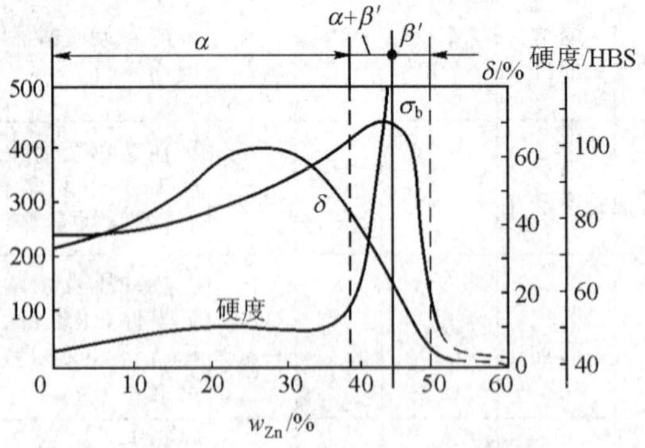

图 9-7　黄铜的组织和力学性能与含锌量的关系

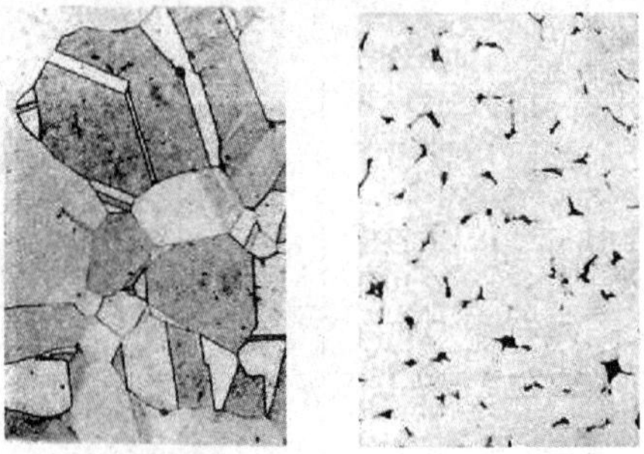

a)　　b)

图 9-8　黄铜的组织

a)α 单相黄铜;b)$\alpha+\beta'$ 双相黄铜

黄铜不仅有良好的变形加工性能,而且有优良的铸造性能。由于结晶温度间隔很小,它的流动性很好,易形成集中缩孔,铸件组织致密,偏析倾向小。

黄铜的耐蚀性比较好,但冷加工黄铜制件由于存在残余应力,在潮湿的大气或海水中,特别是在有氨的介质中易发生应力腐蚀开裂(季裂)。为了防止黄铜的应力腐蚀开裂,加工后的黄铜零件应在 250~300℃进行低温去应力退火或用电镀层(如镀锌、镀锡)加以保护。

常用单相黄铜牌号有 H80，H70，H68 等。这类黄铜塑性很好，适于制作冷轧板材、冷拉线材、管材及形状复杂的深冲零件。

双相黄铜的牌号有 H62，H59 等，因可进行热变形，通常热轧成棒材、板材。这类黄铜也可铸造。

②特殊黄铜：在铜锌合金中加入铝、铁、硅、锰、铅、镍等元素，可形成各种特殊黄铜。它们具有比普通黄铜更高的强度、硬度、抗蚀性和良好的铸造性能，常用的有锡黄铜、锰黄铜、硅黄铜和铅黄铜等。其编号方法是：H＋主加元素符号＋铜含量-主加元素含量。例如 HPb59-1 表示 $w_{Cu}=59\%$、$w_{Pb}=1\%$、其余为锌的铅黄铜。

（2）青铜　青铜（bronze）原指铜锡合金，现在已将除黄铜和白铜之外的铜合金统称为青铜。常用的有锡青铜、铝青铜、铍青铜、硅青铜等。不含锡的青铜又称特殊青铜或无锡青铜。按加工方法，青铜也可分为压力加工青铜和铸造青铜。压力加工青铜的编号方法是：Q＋主加合金元素符号＋主加合金元素含量-其他合金元素含量，“Q”表示青铜。例如 QSn4-3 表示 $w_{Sn}=4\%$、$w_{Zn}=3\%$、其余为铜的锡青铜。铸造青铜的编号方法是：Z＋Cu 元素符号＋其他元素符号＋其他元素含量。如 ZCuAl10Fe3 代表 $w_{Al}=10\%$、$w_{Fe}=3\%$、其余为铜的铸造特殊青铜。常用青铜的牌号、化学成分、力学性能及用途见表 9-6。

表 9-6　部分常用青铜的牌号、化学成分、力学性能及用途

类型	牌号（代号）	各化学成分的质量分数 w/%			制品种类或铸造方法	力学性能		用途举例
		主加元素	其他元素	Cu		σ_b/MPa	δ/%	
压力加工锡青铜	QSn4-3	Sn：3.5～4.5	Zn：2.7～3.3	余量	板、带、棒、线	350	40	弹性元件、化工机械耐磨零件和抗磁零件
	QSn6.5-0.4	Sn：6.0～7.0	P：0.26～0.4	余量	板、带、棒、线	750	9	耐磨及弹性元件
	QSn4-4-2.5	Sn：3.0～5.0	Zn：3.0～5.0 Pb：1.5～3.5	余量	板、带	650	3	轴承和轴套的衬垫等
铸造锡青铜	ZCuSn10Zn2	Sn：9.0～11.0	Zn：1.0～3.0	余量	砂型 金属型	240 245	12 6	在中等及较高载荷下工作的重要管配件，阀、泵体等
	ZCuSn10P1	Sn：9.0～11.5	P：0.5～1.0	余量	砂型 金属型	220 310	3 2	重要的轴瓦、齿轮、连杆和轴套等
特殊青铜（无锡青铜）	ZCuAl10Fe3	Al：8.5～11.0	Fe：2.0～2.4	余量	砂型 金属型	490 540	13 15	重要的耐磨、耐蚀重型铸件，如轴套、蜗轮
	ZCuAl9Mn2	Al：7.0～8.5	Mn：1.5～2.5	余量	砂型 金属型	392 441	20 20	形状简单的大型铸件，如衬套、齿轮、轴承
	QBe2	Be：1.8～2.1	Ni：0.2～0.5	余量	板、带、棒、线	500	3	重要仪表的弹簧、齿轮等
	QSi3-1	Si：2.7～3.5	Mn：1.0～1.5	余量	板、棒	700	3	弹簧、耐磨零件如齿轮、蜗杆等

注：表中主要内容摘自 GB 5232—85 和 GB 1176—87。

①锡青铜：锡青铜（tin bronze）是以锡为主加元素的铜合金。锡青铜的组织及性能与锡含量的关系如图 9-9 所示。由图可知，锡含量较少时，锡含量的增加使强度和塑性增大。锡含量大于 6%～7%后，由于出现了硬而脆的 δ 相（以电子化合物 $Cu_{31}Sn_8$ 为基的固溶体，具有复

杂立方晶格),合金塑性急剧下降,但强度继续升高。当含量至 20%以上时,大量的 δ 相使合金强度显著下降,合金变得硬而脆,无使用价值,所以工业用锡青铜的锡含量一般为 3%~14%。锡含量低于 5%的锡青铜适于冷加工使用;锡含量为 5%~7%的锡青铜适于热加工;锡含量大于 10%的锡青铜,由于塑性差,只适合于铸造。

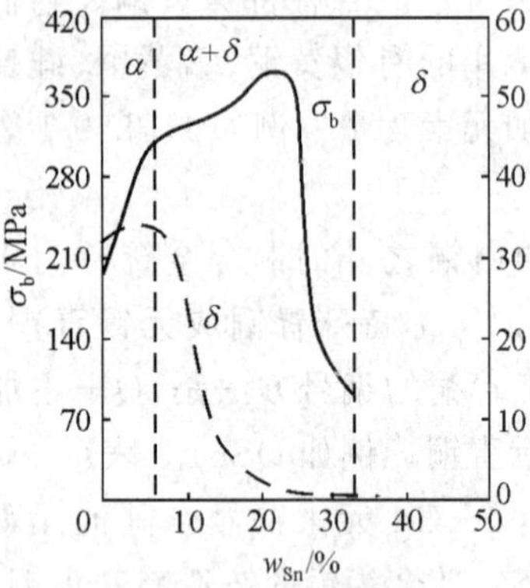

图 9-9 锡青铜的组织和力学性能与含锡量的关系

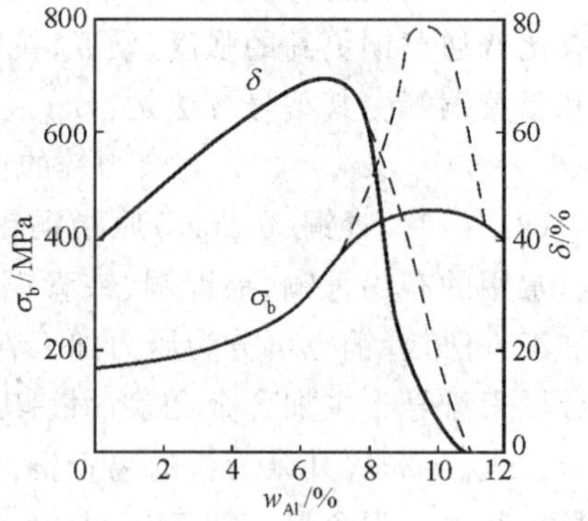

图 9-10 铝含量对铝青铜力学性能的影响

锡青铜最主要的特点是耐蚀、耐磨和弹性好。锡青铜在大气、海水和蒸汽等环境中的耐蚀性比铜和黄铜好,但在盐酸、硫酸和氨水中的抗蚀性较差。铸造锡青铜流动性差,缩松倾向大,组织不致密,但凝固时体积收缩率很小,热裂倾向小,适合于浇注外形尺寸要求严格的铸件。锡青铜在造船、化工、机械、仪表等工业中广泛应用,多用于制造轴承、轴套等耐磨零件和弹簧等弹性元件以及耐蚀、抗磁零件等。

②铝青铜:铝青铜(albronze)是以铝为主加元素的铜合金。铝青铜的力学性能受铝含量影响很大(图 9-10),铝含量小于 5%时强度很低,大于 5%时强度上升较高,在 10%左右强度最高,因此实际应用的铝青铜的铝含量为 5%~12%。铝含量 5%~7%的铝青铜适于冷加工,而铝含量在 10%左右的铝青铜具有很好的铸造性能。铝青铜的耐蚀性和耐磨性优良,力学性能高于黄铜和锡青铜,主要用于制造齿轮、轴套、涡轮等在复杂条件下工作的高强度抗磨零件,以及弹簧和其他高耐蚀性弹性元件。常用牌号或代号有 QAL5,QAL9-4,ZCuAl9Mn2 等。

③铍青铜:铍青铜(beryllium bronze)是以铍为主加元素(铍含量 1.7%~2.5%)的铜合金。由于铍在铜中的溶解度随温度变化很大,因而铍青铜有很好的固溶时效强化效果,时效后 σ_b 可达 1 200~1 500 MPa。铍青铜不仅强度大、疲劳抗力高、弹性好,而且耐蚀、耐磨、导电、导热性优良,还具有无磁性、受冲击时无火花等优点,但价格较贵。主要用于制造精密仪器或仪表的弹性元件、耐磨零件以及矿山、炼油厂用的冲击不带火花的工具和塑料模具等。常用牌号或代号有 QBe2QBe2.5 等。

(3)白铜 以镍为主要合金元素的铜合金称为白铜。以镍为惟一合金元素的白铜称为普通白铜,其编号为 B+镍的平均含量。“B”为白铜。例如 B30 表示 $w_{Ni}=30\%$ 的普通白铜。普通白铜中加入锌、锰、铁等元素后分别称为锌白铜、锰白铜、铁白铜。编号方法为:B+其他元素符号+镍的平均含量-其他元素含量。例如 BZn15-20 表示 $w_{Ni}=15\%$,$w_{Zn}=20\%$的锌白铜。

普通白铜具有较好的强度和优良的塑性，能进行冷、热变形加工。它的抗蚀性很好，主要用于制造船舶仪器零件、化工机械零件及医疗器械等。

常用白铜的牌号、成分及力学性能和主要用途见表 9-7。

表 9-7 常用白铜的牌号、成分及力学性能

组别	代号	各化学成分的质量分数 w/%				力学性能			用途
		Ni	Mn	Zn	Cu	加工状态	σ_b/MPa	δ/%	
普通白铜	B30	29.0～33.0			余量	软 硬	380 550	23 3	船舶仪器零件、化工机械零件
	B19	18.0～20.0			余量	软 硬	300 400	30 3	
	B5	4.4～5.0			余量	软 硬	200 400	30 10	
锌白铜	BZn15-20	13.5～16.5		18.0～22.0	余量	软 硬	350 550	35 2	潮湿条件下和强腐蚀介质中工作的仪表零件
锰白铜	BMn3-12	2.0～3.5	11.0～13.0		余量	软 硬	360 —	24 —	主要用途的弹簧
	BMn40-1.5	42.5～44			余量	软 硬	400 600	— —	热电偶丝

9.3 钛及钛合金

钛(titanium)及其合金具有重量轻、比强度高、耐高温、耐腐蚀及良好低温韧性等优点，因而在飞机、航天、导弹等工业领域得到了较广泛的应用。但目前钛及其合金的冶炼技术困难，成本高，因而在应用上受到了限制。

9.3.1 纯钛

纯钛的密度为 4.54 g/cm^3，熔点 1 668℃，导热性差。纯钛塑性好，强度低(σ_b = 230～260 MPa)，容易加工成形，可制成细丝和薄片。钛在硫酸、硝酸、盐酸和碱溶液中有优良的耐蚀性，且抗大气和海水腐蚀的能力超过不锈钢和铜合金，抗氧化能力优于大多数奥氏体不锈钢。

固态下钛具有同素异晶转变。在 882.5℃以下为密排六方晶格的 α-Ti，882.5℃以上为体心立方晶格的 β-Ti。在 882.5℃发生同素异构转变，$\alpha\text{-Ti} \rightleftharpoons \beta\text{-Ti}$。

工业纯钛中含有氢、碳、氧、铁、镁等杂质元素，少量杂质可使钛的强度和硬度显著提高，塑性和韧性明显降低。高纯钛的牌号为 TA0，仅在科研中应用。工业纯钛的牌号以 TA+数字表示，其牌号有 TA1，TA2，TA3 共 3 种(表 9-8)，编号越大，杂质越多。

表 9-8 工业纯钛的牌号、成分及用途

牌号	化学成分	室温力学性能			主要用途
		热处理	σ_b/MPa	δ/%	
TA1	Ti(杂质极微)	退火	300～500	30～40	在 350℃以下工作、强度要求不高的零件
TA2	Ti(杂质微)	退火	450～650	25～30	
TA3	Ti(杂质微)	退火	550～700	20～25	

9.3.2 钛合金

钛的合金化可使其强度大大提高，钛合金的抗拉强度 σ_b 可达 1 500 MPa，其比强度是常用金属材料中最高的。钛合金既是很好的耐热材料，可在 500～600℃下工作，又有很好的低温韧性，是惟一能在超低温(－253℃)下使用的工程金属材料。钛合金的主要缺点是硬度低、耐磨性不好和切削加工性能较差等。

按钛合金的退火组织状态，钛合金可分为 α 钛合金、β 钛合金和 $\alpha+\beta$ 钛合金 3 类，其牌号分别以 TA，TB，TC 后加序号数字表示。“T”为“钛”的汉语拼音字首，铸造钛合金则在其前冠以“铸”字的汉语拼音字首“Z”。钛合金的牌号、化学成分、力学性能和用途见表 9-9。

表 9-9 部分钛合金的牌号、化学成分、力学性能及用途

类别	牌号	化学成分	室温力学性能			高温力学性能			用途
			热处理	σ_b/MPa	δ/%	试验温度/℃	σ_b/MPa	δ/%	
α 钛合金	TA6	Ti-5Al-2.5Sn	退火	800	10	350	500	—	在 500℃以下工作的零件，导弹燃料罐、超音速飞机的涡轮机匣
	TA7	Ti-5Al-2.5Sn-3Cu-15Zn	退火	1 000	10	500	700	—	
	TA8	Ti-5Al-2.5Sn	退火	700	12～20	350	430	400	
β 钛合金	TB1	Ti-3Al-8Mo-11Cr	淬火	1 100	16	—	—	—	在 350℃以下工作的零件，压气机叶片、轴、轮盘等重载荷旋件，飞机构件
			淬火＋时效	1 300	5				
	TB2	Ti-5Mo-5V-8Cr-3Al	淬火	1 000	20	—	—	—	
			淬火＋时效	1 350	8				
$\alpha+\beta$ 钛合金	TC1	Ti-2Al-1.5Mn	退火	600～800	20～25	350	350	350	在 400℃以下工作的零件，有一定高温强度的发动机零件，低温用部件
	TC2	Ti-3Al-1.5Mn	退火	700	12～15	350	430	400	
	TC3	Ti-5Al-4V	退火	900	8～10	500	450	200	
	TC4	Ti-6Al-4V	退火	950	10	400	630	580	
			淬火＋时效	1 200	8				

(1)α 钛合金　钛中加入铝、硼等 α 稳定元素获得 α 钛合金。它的室温强度低于 β 钛合金和 $\alpha+\beta$ 钛合金，但高温强度(500～600℃)高，抗氧化性和抗蠕变性好，低温韧性也最好，还有很好的耐磨性和焊接性。α 钛合金不能淬火强化，主要依靠固溶强化，热处理只进行退火处理。常用牌号有 TA7，TA8 等。

(2)β 钛合金　钛中加入钼、铬、钒等 β 稳定元素获得 β 钛合金。β 钛合金有很高的强度，优良的冲压性能，并可通过淬火和时效进行强化。但耐热性较差，一般在 350℃以下使用。常用牌号有 TB1，TB2 等。

(3)$\alpha+\beta$ 钛合金　$\alpha+\beta$ 钛合金的组织由 α 和 β 固溶体两相组成，因而它兼有 α 钛合金和 β

钛合金的优点，强度高，塑性好，耐蚀性与纯铝相近，并有较好的耐热性和低温性能，可以热处理强化。$\alpha+\beta$ 钛合金是目前应用最多的钛合金，常用牌号有 TC1，TC2，TC4 等。其中 TC4（Ti-6Al-4V 合金）用途最广，该合金经 930℃加热淬火，540℃时效 2 h，显微组织为块状 $\alpha+\beta$ +针状 α，σ_b 可达 1 300 MPa，δ 为 13%。可用于制造 400℃以下长期工作并要求有一定高温强度的发动机零件，以及在低温下工作的零件如航空发动机零件、化工用泵和火箭、导弹的液氢燃料箱部件等。

9.4 镁及镁合金

9.4.1 纯镁

镁（magnesium）的密度小，为 1.74 g/cm^3，熔点 651℃，固态下无同素异晶转变。镁的化学活性很强，在空气中会逐渐氧化发暗，形成的氧化膜，性脆而不致密，所以镁的耐蚀性差。镁具有密排六方晶格，强度和塑性较低，一般不直接用作结构材料。

9.4.2 镁合金

镁的合金化主要也是依靠合金元素的固溶强化和时效过程中的沉淀强化，来提高合金的强度。在镁中加入合金元素铝、锌、锆、稀土和锰等，可使合金的强度达到 300 MPa 左右。镁合金的性能特点是比强度和比刚度高，抗震能力和抗冲击能力强，切削加工性和抛光性能优良，易于铸造和热加工。镁合金是实际应用中最轻的金属结构材料，因此多用于飞机、导弹、人造卫星及装甲车等某些部件上，此外在电子、仪器仪表等行业中也获得应用。

镁合金分为变形镁合金和铸造镁合金两大类，其牌号分别以“MB”和“ZM”后加序号数字表示。按合金组元不同主要有 Mg-Al-Zn-Mn 系、Mg-Al-Mn 系和 Mg-Al-Si-Mn 系、Mg-Al-RE 系、Mg-Zn-Zr、Mg-Zn-RE 系等合金。变形镁合金的牌号、化学成分见表 9-10。

表 9-10 镁合金的牌号、化学成分及其质量分数 %

合金牌号	Al	Zn	Ce	Zr	Mn	Cu	Fe	Sn	Ni	Be	杂质	Mg
MB1	0.2	0.3	—	—	1.3～2.5	0.05	0.05	0.10	0.07	0.01	0.02	余量
MB2	3.0～4.0	0.2～0.8	—	—	0.15～0.50	0.05	0.05	0.10	0.05	0.01	0.03	余量
MB3	3.7～4.7	0.8～1.4	—	—	0.30～0.50	0.05	0.05	0.10	0.05	0.01	0.03	余量
MB5	5.5～7.0	0.5～1.5	—	—	0.15～0.50	0.05	0.05	0.10	0.05	0.01	0.03	余量
MB6	5.0～7.0	2.0～3.0	—	—	0.20～0.50	0.05	0.05	0.10	0.05	0.01	0.03	余量
MB7	7.8～9.2	0.2～0.3	—	—	0.15～0.50	0.05	0.05	0.10	0.05	0.01	0.03	余量
MB8	0.2	0.3	0.15～0.35	—	1.3～2.2	0.05	0.05	0.10	0.07	0.01	0.03	余量
MB15	0.05	5.0～6.0	—	0.3～0.9	0.10	0.05	0.05	0.05	0.05	0.01	0.03	余量

与铝合金相比,镁合金的研究和发展还很不充分,镁合金的应用也还很有限。目前,镁合金的产量只有铝合金的1%。镁合金作为结构应用的最大用途是铸件,其中90%以上是压铸件。

限制镁合金广泛应用的主要问题是镁元素极为活泼,镁合金在熔炼和加工过程中极容易氧化燃烧,因此,镁合金的生产难度很大;镁合金的生产技术还不成熟和完善,特别是镁合金成形技术有待进一步发展;镁合金的耐蚀性较差;现有工业镁合金的高温强度、蠕变性能较低,限制了镁合金在高温(150～350℃)场合的应用;镁合金的常温力学性能,特别是强度和塑性有待进一步提高;镁合金的合金系列相对很少,变形镁合金的研究开发严重滞后,不能适应不同应用场合的要求。

9.4.3 镁合金的新进展

(1)耐热镁合金　耐热性差是阻碍镁合金广泛应用的主要原因之一,当温度升高时,它的强度和抗蠕变性能大幅度下降,使它难以作为关键零件(如发动机零件)材料在汽车等工业中得到更广泛的应用。

已开发的耐热镁合金中所采用的合金元素主要有稀土元素(RE)和硅(Si)。稀土是用来提高镁合金耐热性能的重要元素。含稀土的镁合金的高温强度与铝合金相当,但稀土合金成本很高,其应用受到限制。

(2)耐蚀镁合金　通过严格限制镁合金中的Fe,Cu,Ni等杂质元素的含量或者对镁合金进行表面处理,可以提高镁合金的耐蚀性。根据不同的耐蚀性要求,可选择化学表面处理、阳极氧化处理、有机物涂覆、电镀、化学镀、热喷涂等方法处理。例如,经化学镀的镁合金,其耐蚀性超过了不锈钢。

(3)阻燃镁合金　镁合金在熔炼浇铸过程中容易发生剧烈的氧化燃烧。实践证明,熔剂保护法和SO_2,CO_2,Ar气等气体保护法是行之有效的阻燃方法,但它们在应用中会产生严重的环境污染,并使得合金性能降低,设备投资增大。

纯镁中加钙能够大大提高镁液的抗氧化燃烧能力,但是由于添加大量钙会严重恶化镁合金的力学性能,使这一方法无法应用于生产实践。

(4)高强高韧镁合金　现有镁合金的常温强度和塑性、韧性均有待进一步提高。在Mg-Zn合金中加入Ca、Zr可显著细化晶粒,提高其抗拉强度和屈服强度;加入Ag和Th等合金元素,可使Mg-RE-Zr合金的力学性能提高;通过快速凝固粉末冶金、高挤压比及等通道角挤等方法,可使镁合金的晶粒处理得很细,从而获得高强度、高塑性甚至超塑性。

(5)变形镁合金　虽然目前铸造镁合金产品用量大于变形镁合金,但经变形的镁合金材料可获得更高的强度、更好的延展性及更好的力学性能,可满足不同场合结构件的使用要求。如通过挤压和热处理后的ZK60高强变形镁合金,其强度及断裂韧性相当好。而采用快速凝固＋粉末冶金＋热挤压工艺开发的Mg-Al-Zn系变形镁合金,其性能不但大大超过常规镁合金,比强度甚至超过铝合金,且具有超塑性(300℃,δ可达436%)。

9.5 轴承合金

滑动轴承是汽车、拖拉机、机床及其他机器中的重要零件。用来制造滑动轴承中的轴瓦及内衬的合金称为轴承合金(bearing alloy)。滑动轴承工作时,轴瓦与轴必将发生强烈的摩擦,同时承受轴颈传递的交变载荷,并抵抗冲击和振动,为此轴承合金应具备以下性能:

①具有足够的强度和硬度,以承受轴颈传递的较大的单位压力;

②具有足够的塑性和韧性,高的疲劳强度,以承受轴颈的周期性载荷,并抵抗冲击和振动;

③耐磨性高,与轴的摩擦系数小,并能保住润滑油;

④具有良好的抗腐蚀性、导热性和较小的膨胀系数;

⑤具有良好的磨合能力,以使负荷分布均匀。

为满足上述要求,轴承合金的组织特点应该是在软基体上均匀分布着硬质点或者是硬基体上均匀分布着软质点。若轴承合金的组织是软基体上均匀分布着硬质点,则轴承工作时,软的组织很快因磨损而凹陷,耐磨的硬质点便相对凸出而起着支撑轴的作用,使轴与轴瓦的接触面减小,而凹下的空间又可储存润滑油,保证了轴瓦良好的润滑条件和低的摩擦系数,减轻轴和轴瓦的磨损。另外,软组织可承受冲击和震动,而且偶然进入的外来小硬物也能被压入软组织内,保证轴颈不被擦伤。反过来采用硬基体上均匀分布着软质点也可达到同样目的,但与前者相比,其承载能力较大,但磨合能力较差。

轴承合金大多是铸造合金,其牌号由 Z+基体元素符号+主加元素符号及含量+辅加元素符号及含量所组成。

轴承合金按主要成分可分为锡基、铅基、铜基、铝基等,前 2 种称为“巴比特合金”或“巴氏合金”。部分常用轴承合金的牌号、成分、性能及主要用途见表 9-11。

(1)锡基轴承合金(锡基巴氏合金) 锡基轴承合金(tin-base babbit)为 Sn-Sb-Cu 系合金。软基体是锑溶于锡的 α 固溶体,硬质点是以 SnSb 化合物为基的 β' 固溶体。加入 Cu(一般为 6%)可生成 Cu6Sn5(η 相),一方面减轻 β' 固溶体的密度偏析,另一方面其硬度高,可作为硬质点进一步提高合金的强度和耐磨性。锡基轴承合金摩擦系数和膨胀系数小,韧性、导热性和耐蚀性好,适于制造使用温度低于 150℃的重要轴承合金,如汽轮机、发动机和压气机等大型机器的高速轴瓦。

(2)铅基轴承合金(铅基巴氏合金) 铅基轴承合金(lead-base babbit)为 Pb-Sb-Sn-Cu 系合金。软基体是 $\alpha+\beta$ 共晶体(α 是锑在铅中的固溶体,β 是铅在锑中的固溶体),硬质点为 β 相。但由于基体太软,β 相很脆,易碎,且有严重的密度偏析,性能不好,因此在铅基轴承合金中再加入 Sn 和 Cu。加入 Sn(一般为 6%~16%)可以生成 SnSb 硬质点,提高合金耐磨性;加入 Cu(一般为 1%~2%)可以生成 Cu_3Sn,防止密度偏析,同时亦可起硬质点作用。铅基轴承合金的性能低于锡基轴承合金,但价格便宜,通常用于制作低速、低负荷或静载下工作的中负荷机械设备的轴瓦。

(3)铜基轴承合金 以铅为主加合金元素的铜基合金称为铅青铜,它适于制造轴承,所以又称铜基轴承合金(copper-base babbit)。

用作轴承合金的铅青铜的常见牌号是 ZCuPb30。因铜和铅在固态时互不溶解,所以合金组织为 Cu(基体)+Pb(颗粒),铜为硬基体,粒状铅为软质点,形成软的独立的铅颗粒均匀分布在硬基体铜上的轴承合金。该合金具有高耐磨性、高耐疲劳性、高导热性和低摩擦系数,能在较高温度(300~320℃)下工作,可用于制作在高速重载下工作的滑动轴承。如航空发动机、高速柴油机轴承和其他高速重载轴承。

(4)铝基轴承合金 铝基轴承合金(Alco metal)的基本元素为铝,主加元素有锑或锡两类。铝基轴承合金具有密度小、导热性好、疲劳强度高和耐蚀性好等优点，且原料来源丰富，价格低廉，故适用于高速、高负荷下工作的轴承。其缺点是线膨胀系数大，运转时容易咬轴。

常用的高锡铝基轴承合金的化学成分为 $w_{Sn}=20\%$，$w_{Cu}=1\%$，其余为铝。合金组织中，铝为硬基体，其上均匀分布着软的球状锡质点。此合金通常是经过与低碳钢板一起轧制成双金属材料后使用，具有均匀承载能力强，工作寿命较长等优点，可替代巴氏合金、铜基轴承合金和铝锑镁轴承合金。

表 9-11 部分常用轴承合金的牌号、成分、性能及用途

类别	牌号(代号)	各化学成分的质量分数 w/%					力学性能			用途举例
		Sb	Cu	Pb	Sn	Cd	σ_b /MPa	δ /%	硬度 /HBS	
锡基	ZSnSb12Pb10Cu4 (ZChSnSb12-4-10)	11.0 ~13.0	2.5 ~5.0	9.0 ~11.0	余量				≥29	一般机械的主轴轴承，但不适于高温工作
锡基	ZSbSnSb11Cu6 (ZChSnSb11-6)	10.0 ~12.0	5.5 ~6.5	0.35	余量		≥90	≥6.0	≥27	适用于14.7MW(2 000马力)以上的高速汽轮机、367.5 kW(500马力)的涡轮机，高速内燃机轴承
锡基	ZSnSb8Cu4 (ZChSnSb8-4)	7.0 ~8.0	3.0 ~4.0	0.35	余量		≥80	≥10.6	≥24	一般大机器轴承及轴衬，重载、高速汽车发动机、薄壁双金属轴承
铅基	ZPbSb16Sn16Cu2 (ZChPbSb16-16-2)	15.0 ~17.0	1.5 ~2.0	余量			≥78	≥0.2	≥30	工作温度<120℃、无显著冲击载荷、重载高速轴承
铅基	ZPbSb15Sn5Cu3Cd2 (ZChPbSb15-5-3)	14.0 ~16.0	2.5 ~3.0	余量		1.75 ~2.25	≥68	≥0.2	≥32	船舶机械，小于250 kW的电动机轴承
铜基	ZCuPb30 (ZQPb30)		余量	30					≥25	高速高压下工作的航空发动机、高压柴油机轴承

复习思考题

9-1 试从机理、组织与性能变化上对铝合金的淬火与时效处理进行分析，并比较和钢的淬火与回火处理有什么不同。

9-2 何谓硅铝明？它属于哪一类铝合金？为什么硅铝明具有良好的铸造性能？在变质处理前后其组织和性能有何变化？这类铝合金主要用在何处？

9-3 黄铜属于什么合金？简单黄铜与复杂黄铜的牌号如何表示？为什么含锌量多的黄铜，经冷加工后不适宜在潮湿的大气、海水及含有氨的情况下使用？怎样改善其抗蚀性？

9-4 钛合金有哪几种类型？试举例说明其性能与用途。

9-5 轴瓦材料必须具有什么特性？对轴承合金的组织有什么要求？何谓巴氏合金？举例说明常用巴氏合金的成分、性能及用途。

10 非金属材料

本章要点：了解高分子材料（塑料、橡胶）、陶瓷材料、复合材料和硬质合金的分类、名称、性能特点和应用领域。

非金属材料在现代科学和工程技术中发挥着十分重要的作用。非金属材料主要包括有机高分子材料如塑料、橡胶和无机非金属材料如陶瓷等。

10.1 高分子材料基础

10.1.1 高分子化合物的概念

塑料、橡胶等是以合成高分子化合物为主要成分的材料，称合成高分子（macromolecule）化合物，又称高聚物或聚合物（polymer），一般由有机低分子化合物合成制得，如聚氯乙烯、聚苯乙烯、丁苯橡胶和有机玻璃等。高分子化合物的相对分子质量都很大，一般在 $10^3 \sim 10^7$ 范围内，分子质量大是高分子化合物的基本特性。虽然高分子化合物的分子质量很大，但其化学组成一般却比较简单，通常由 C，H，O，S，N 等元素构成，其中主要是碳氢化合物及其衍生物。合成高分子化合物是由一种或几种简单的低分子化合物聚合而成，如聚氯乙烯就是由氯乙烯聚合而成的，其化学反应式可写成

$$n\mathrm{CH_2{=}\underset{\displaystyle \overset{|}{Cl}}{CH}} \longrightarrow \left[\mathrm{CH_2{-}\underset{\displaystyle \overset{|}{Cl}}{CH}} \right]_n$$

从上式可以看出，聚氯乙烯是由许多氯乙烯小分子打开双键连接而成，由相同结构单元多次重复组成的大分子链。通常把聚合成高分子化合物的低分子化合物称为单体（monomer），组成高分子化合物的相同结构单元称为链节，高分子化合物中链节的数目叫做聚合度，用 n 表示。例如聚氯乙烯的单体是氯乙烯，链节是 $\mathrm{{-}CH_2{-}\underset{\displaystyle \overset{|}{Cl}}{CH}{-}}$ ，聚合度 n 为 300～2 500，相对分子质量为 2 万～16 万。

10.1.2 高聚物的命名

高聚物的命名方法很多，目前尚没有完全统一的方法。常见的有以下 2 种：

(1)根据单体的名称命名　把形成高聚物的单体作为基础，在前面加一个“聚”字。如聚乙烯、聚丙烯、聚氯乙烯、聚苯乙烯、聚甲基丙烯酸甲酯、聚甲醛、聚己内酰胺等。

有时，单体有 2 种或 2 种以上时，常把单体的名称(或它们的缩写)写在前面，在其后加“树脂(resin)”或“橡胶(rubber)”字样，后面加上的字样主要根据该种聚合物通常的用途来定。如苯酚甲醛树脂(简称酚醛树脂)、丁苯橡胶(由丁二烯和苯乙烯聚合而成)、ABS 树脂(由丙烯腈、丁二烯和苯乙烯共聚合而成)等。

(2)习惯上的命名或商品名称　这种方法完全是习惯上的命名法，或者纯属商品名称。例如聚酰胺，商品名称为尼龙；聚对苯二甲酸乙二醇酯，商品名称为涤纶；聚丙烯腈，商品名称为腈纶，又叫人造羊毛；聚甲基丙烯酸甲酯，俗称有机玻璃(polymethacrylate)。为简化起见，聚合物的名称常以英文缩写符号来表示，如聚甲基丙烯酸甲酯的符号是 PMMA，聚乙烯的符号是PE 等。

10.2 塑　　料

塑料(plastics)是以高分子化合物为主要组分，在一定温度和压力下可塑制成型，并在常温下保持形状不变的一类材料。塑料具有质量轻、比强度高、耐腐蚀、消声、隔热及良好的减摩、耐磨和电性能好等特点，是一种原料易得、加工方便、价格低廉、在工农业生产、国防和日常生活的各个领域获得了广泛应用的有机合成材料，其发展速度超过了金属材料。

10.2.1 塑料的组成

塑料是以高分子化合物(或树脂)为基础，加入改善性能或工艺的各种添加剂(也称塑料助剂，如填充剂、增塑剂、稳定剂、固化剂、着色剂、润滑剂等)制成的。

(1)树脂　在塑料中起黏结各组分的作用，所以也称为黏料。它是塑料的主要组分，约占塑料质量的 40%～100%，其决定了塑料的类型(热塑性或热固性)和基本性能，因此塑料的名称也多用其原料树脂的名称来命名。如聚氯乙烯塑料、酚醛塑料、ABS 塑料等。

(2)填充剂　又称填料，是塑料中重要的组分，占塑料质量的 25%～50%。填料不仅可以降低塑料的成本，同时还可以改善塑料的性能。如玻璃纤维可提高塑料的机械强度，石棉可增加塑料的耐热性，云母可增强塑料的电绝缘性能，石墨、二硫化钼可提高塑料的耐磨性等。

填料按其形状可分为粉状、纤维状和片状等。常用的粉状填料有木粉、云母粉、滑石粉、石墨粉、炭粉、各种金属粉(如铁粉、铝粉)及金属氧化物粉(如氧化铝、二氧化硅)等；纤维状填料有玻璃纤维、石棉纤维、碳纤维等；片状填料有木片、玻璃布、棉布、麻布等。

(3)增塑剂　增加树脂塑性、改善加工性、赋予制品柔韧性的一种添加剂。增塑剂的增塑机理是插入到聚合物大分子间，削弱聚合物大分子间的作用力，因而能降低聚合物的软化温度和熔融温度，减小熔体黏度，增加其流动性，从而改善聚合物的加工性和制品的柔韧性。

(4) 稳定剂　包括热稳定剂和光稳定剂两类。热稳定剂以改善聚合物的热稳定性为目的，主要是指聚氯乙烯和氯乙烯共聚物使用的热稳定剂。因为聚氯乙烯的热稳定性问题最突出，在 160～200℃的温度下加工时，聚氯乙烯会发生剧烈的热分解，制品变色，物理力学性能恶化，所以需要加入热稳定剂。光稳定剂是指能够抑制或削弱光降解作用，提高材料耐光性的物质。

(5)润滑剂　为防止塑料在成型过程中粘在模具或其他设备上所加入的少量物质，称为润滑剂。润滑剂还可使塑料制品表面光亮美观。常用的润滑剂有硬脂酸及其盐类、有机硅等，其用量为0.5%～1.5%(质量分数)。

(6)固化剂 又称硬化剂或交联剂,其主要作用是在高聚物分子间产生横跨链,使大分子交联,使高分子链的线型结构转变为体型结构。固化剂的种类很多,随着塑料的品种和成型加工条件不同而异。酚醛树脂的固化剂常用六亚甲基四胺,环氧树脂的固化剂常用胺类和酸酐类化合物,聚酯树脂的固化剂常用过氧化物。

塑料的添加剂除上述几种外,还有发泡剂、抗静电剂、阻燃剂、着色剂、防鼠剂、防蚁剂、防霉菌剂等。并非每一种塑料都要加入全部添加剂,而是根据塑料品种和使用要求的不同加入所需要的某些添加剂。

10.2.2 常用塑料简介

10.2.2.1 通用塑料

(1)聚乙烯(PE) 有低密度聚乙烯(LDPE)、高密度聚乙烯(HDPE)、线型低密度聚乙烯(LLDPE)等。PE无味、无臭、无毒,柔而韧,比水轻。

LDPE具有良好的柔软性、延伸性、透明性、耐寒性、加工性和透气性,但力学强度低,刚度小,耐环境老化性能较差,耐热性低。LDPE主要用作各种薄膜和软质包装材料,此外,还用于层压纸、层压板、电线电缆绝缘层以及日用制品等。

HDPE比LDPE硬,力学性能优于LDPE,有优异的电绝缘性能,吸水率极低。HDPE适于制作硬质包装材料、化工设备、储槽、管道、阀门、衬套、高频水底电缆绝缘层、板材和各种异型材等,并可制作小负荷齿轮、轴承等机械零件。

LLDPE比LDPE具有更高的抗拉强度、冲击韧度和刚度,有良好的耐环境应力开裂能力和介电性能,较高的耐热性。适合于制作薄膜、管材和电缆护套等。

PE的缺点是耐热性不高,易燃;抗老化性能较差,特别是受到光、热、氧作用时更易老化。

(2)聚丙烯(PP) 密度小,是通用塑料中最轻的一种,具有较好的力学性能,其强度和刚度均优于高密度聚乙烯。耐热性良好,化学稳定性好。缺点是耐寒性差,低温下抗冲击性能差,易脆、易老化,特别是对紫外线照射很敏感。

PP可用于汽车及各种机械零部件,如车门、电瓶壳、方向盘、齿轮、接头、泵叶轮等,以及家用电器部件、家具、化工管道、容器、设备衬里、医疗器械、电线电缆包皮、各种包装薄膜、过滤织物、绳缆和渔网等。改性PP可用于汽车保险杠、散热器护栅、仪表盘等;可用于代替木材用来压制安全帽,耐冲击的机械零件及盒、罩等制品。

(3)聚氯乙烯(PVC) 具有耐化学性、难燃自熄、耐磨、消声消振等优点,与PE相比,强度较高,刚性较大,介电常数和介电损耗也较高,虽不宜做高频介质材料,但电绝缘性能仍较好。PVC的主要缺点是热稳定性差,可塑性差,在光照下易降解。

硬质PVC板材用于制造各种地板、门窗、水管等,具有清洁容易、价格低廉等优点。

(4)聚苯乙烯(PS) 质硬、刚性好、吸湿性及透明性低,易着鲜艳的颜色,易于成型,且成型收缩率小。电绝缘性好,介电损耗接近于零,且随温度、湿度、频率的变化极小,是一种很好的高频绝缘材料。PS的缺点是力学强度较低,质硬而脆,不耐冲击,耐热性差,耐油性差,易受酮、酯、芳香烃及卤代烃侵蚀而软化或溶解。

PS的主要应用领域是包装品、家电外壳、磁带盒、日用品、娱乐品、泡沫塑料、各种仪表外壳、灯罩、光学零件、透明模型、化工储酸槽。泡沫聚苯乙烯由于质地轻,能隔热、隔声和防振,可用于包装及管道的保温层、冷冻绝热层。

(5)聚甲基丙烯酸甲酯(PMMA,俗称有机玻璃) 具有优异的光学性能,透光率优于其他透明塑料,比普通硅玻璃还要好,机械强度和韧性是硅玻璃的10倍以上,有良好的电绝缘性、耐稀酸、碱、油脂等化学药品和良好的耐候性。PMMA的缺点是表面硬度低,容易擦伤、划痕而失去光泽。

PMMA的主要用途是利用它的高度透明性和户外耐候性,在飞机、车辆上作为透明的窗玻璃和罩盖。在建筑、电气、机械、日用工业等领域也有广泛的应用,如制造光学仪器、电气医疗器械、透明模型、标本、装饰品、假牙、广告名牌等。

(6)聚氨酯(PUR) 主要特点是耐磨性好,耐低温性优良,耐油、耐化学腐蚀性等都很突出。聚氨酯主要加工成泡沫塑料,并以软质为主,是做各种软垫的好材料,能制成特定的密度、柔软度、压缩强度和回弹性的泡沫垫,以满足不同的要求,因此在仪表、电子仪器包装,过滤材料、体育和安全用具等方面有广泛的应用。聚氨酯的硬质泡沫主要用作冰箱、冷库、冷藏、车辆、深冷设备的绝热层,还可做浮子等制品。此外,聚氨酯还可制成弹性体、合成皮革以及涂料、弹力纤维、合成木材等,其品种之多,是其他树脂所不能比拟的。热塑性聚氨酯塑料在工业设备、农业机械、家用、运输、包装等方面的应用越来越广泛。

10.2.2.2 工程塑料

(1)聚酰胺(PA,俗称尼龙) 是最重要的工程塑料(engineering plastics),在五大工程塑料(聚酰胺、聚碳酸酯、聚甲醛、改性聚苯醚、热塑性聚酯)中产量居首位。其主要品种有PA6,PA66,PA11,PA12,PA1010,PA610,PA612、单体浇注PA。此外还有改性PA,如纤维增强PA,PA6或PA66与弹性体接枝共混的超韧PA,PA与聚醚树脂嵌段共聚的PA热塑性弹性体,芳香PA、透明PA、电镀PA、阻燃PA等。

聚酰胺的共同特点是:有较高的抗拉强度,良好的冲击韧性、耐油性、耐磨性、自润滑性,具有低的摩擦系数和良好的耐腐蚀性能、对化学试剂稳定等。聚酰胺的缺点是热膨胀系数较大,约为金属的5~7倍,吸水性也较大,制品尺寸的稳定性较差,耐热性也不够高,一般只能在100℃以下使用。

聚酰胺广泛地用于工业上制造各种机械、化工、电气零部件,如轴承、齿轮、凸轮、泵叶轮、风扇叶片、高压密封圈、耐油密封垫片、阀门零件、高压油管、储油容器、各种衬套、电池箱、家用电器和绳索等。在汽车工业中,尼龙还常用来制作保险杠、挡泥板、刹车管、引擎罩、车窗门手柄以及仪表板支架及组件等。此外尼龙纤维还可代替丝织品,其薄膜可用作包装材料。

(2)聚碳酸酯(PC) 具有很好的抗拉强度,良好的冲击韧性,较好的耐化学腐蚀性、尺寸稳定性和介电性能,良好的耐高、低温性能,无毒、无味、无臭,具有自熄性,模塑收缩率很小,透明性好,片厚2 mm时透光率90%,被誉为“透明金属”。聚碳酸酯的缺点是疲劳强度较低,容易产生应力腐蚀开裂。

聚碳酸酯广泛用于各工业部门。在机械工业上,可代替金属制作各种零件,如齿轮、轴承、凸轮、蜗杆等,特别是代替钢材使用。在航空、电子、仪表工业中用于制作挡风玻璃、座舱罩、防弹玻璃、灯罩、信号灯,仪器仪表的观察窗、防护面罩,电话、通讯设备零件如拨号盘、微调器盘、接线板、线圈骨架、绝缘套、计数器齿轮,以及电动工具外壳等。

(3)聚甲醛(POM) 具有优良的摩擦磨损性能和自润滑性,对金属的摩擦系数小,且其静、动摩擦系数相同,并具有刚性大,强度、硬度高和不容易蠕变和吸水性小等特点,具有较好的韧性，温度和湿度对其冲击韧度影响不大，有优良的电绝缘性能、耐化学药品性能、耐热性能。聚甲醛的缺点是成型时热稳定性较差，阻燃性、耐候性不太理想。

聚甲醛可用来代替锌、铜、铝等有色金属和不锈钢，还能在一些情况下取代铸铁和钢冲压件。适用于制作滑动部件、精密机械部件和耐热水性部件，如轴承、齿轮、叶轮、凸轮、衬套、垫圈、活塞环、导轨、固体、管件、手柄、把手等。

(4)ABS 塑料　全名为丙烯腈-丁二烯-苯乙烯共聚物，成型性能好，抗冲击性能、抗蠕变性与耐磨性较好。其摩擦系数很低，虽不能用作自润滑材料，但因其有良好的耐油性和尺寸稳定性，也可用于制作中等载荷和转速下的轴承。ABS 塑料的缺点是耐候性较差，耐热性也不够理想。

ABS 塑料可分为通用型、挤出型、电镀型、阻燃型、耐热型、耐寒型、高流动型、低冲击型、中冲击型、高冲击型和超高冲击型等。

(5)聚苯醚(PPO，曾称 PPE)　具有优良的抗蠕变性、尺寸稳定性，耐应力松弛、耐水及耐蒸汽性、抗疲劳等，高温下抗蠕变性好，电绝缘性好，难燃、离火后自熄。PPO 的缺点是熔融流动性差，成型加工困难，所以多使用改性聚苯醚(MPPO)，利用聚苯乙烯进行改性，改性后能显著改善 PPO 的成型加工性能。MPPO 中聚苯乙烯的含量对其热性能有明显的影响，随着聚苯乙烯含量的增加，MPPO 的热变形温度和玻璃化温度均有所下降。

MPPO 主要用于航空、航天及其他部门制造电子电气仪表外壳、底座和连接件，各种仪器设备的结构件。如计算机、电传机、复印机、打印机及雷达的外壳、基座、多头接插件、开关、继电器、变压器骨架和外罩，印制电路板，热水系统的计量仪表等。

(6)聚对苯二甲酸丁二醇酯(PBT)　力学性能、电性能、耐热性和耐化学药品性能优异，耐水性也很好。容易进行阻燃处理，制品表面光洁，尺寸稳定，机械加工性能好。PBT 最大的优点是长期耐热性好，对有机溶剂有很强的耐应力开裂性。缺点是不耐强酸、强碱及苯酚类化学药品。

PBT 主要用于制造接插件，高电压的电气电子部件、开关，汽车点火器周围的部件等。利用其耐热性，用于制作汽车的外装部件(能与钢板一体烘漆)。玻璃纤维增强制品在工程方面的应用可与聚酰胺、聚甲醛、聚碳酸酯、酚醛塑料等相竞争，以取代铜、锌、铝及铸铁等金属材料。

(7)聚对苯二甲酸乙二醇酯(PET)　具有高强度、高刚性、好的耐热性、优良的尺寸稳定性、耐化学药品性等综合性能，在电气电子部件、机械、汽车部件等领域得到广泛应用。尤其是近年来，由于 PET 优良的性能、较低的生产成本和较高的性能价格比，在轿车用塑料中所占比例不断增加。

(8)聚四氟乙烯(PTFE，简称 F-4)　具有优良的耐高、低温性能，优异的耐腐蚀性和极好的电绝缘性能，极小的摩擦系数和极佳的自润滑性，为其他合成材料所不及，故有“塑料王”之称。PTFE 的不足之处是：机械强度和硬度比较低，在外力作用下易发生蠕变冷流；热导率低，热膨胀系数大；加工成型性能差。

聚四氟乙烯主要用于制造各种耐腐蚀和耐高温的零部件。如用多孔性 F-4 板材制作的各种强腐蚀介质的过滤器，高温输液管道、容器、泵、阀等各种耐腐蚀零件。在机械工业方面，主要用于制作减摩密封零件如活塞环、轴承、导轨等。在电工、无线电技术方面用作高频电子仪器的绝缘、高频电缆、电容器线圈、电机槽等的绝缘，用 PTFE 乳液浸渍玻璃制成的层压板用于制作印刷电路的底板等。在医疗方面,可用于制作代用血管、人工心肺装置、消毒保护器等。

玻璃纤维、石墨、青铜粉、二硫化钼等填料填充 PTFE 可以制作无油润滑压缩机的活塞环、密封环,高速轴承保持器、计量泵的 V 形圈和 O 形圈等。

(9)聚砜(PSF) 抗蠕变性好,在热塑性工程塑料中具有最高的耐蠕变性;刚度大、耐磨、热稳定性、耐热老化性好,在较宽的温度和频率范围内具有良好的介电性能,难燃自熄,对酸、碱、盐稳定。不足之处是:在有机溶液如酮类、卤代烃、芳香烃等的作用下会发生溶解或溶胀,成型加工性较差。

聚砜在工业上主要用来制造高强度、耐热、抗蠕变的结构件,以及耐腐蚀零部件和电气绝缘等,例如,齿轮、凸轮、真空泵叶片,仪器仪表零件,飞机上的热空气导管和窗框,热水阀、冷冻系统器具,食品制造和传送设备零件,炊具、酒类过滤器,肉类加工机械的零部件,电视机、收音机和电子计算机的线路板,各种电气设备(电钻、电池组等)的壳体,汽车上的护板、分速器盖、仪表盘、风扇罩和挡泥板等。

(10)聚酰亚胺(PI) 刚性大,机械强度高,具有优异的耐热性,可在 $-240\sim260$℃下长期使用,在无氧气存在的环境中长期使用温度可达 300℃以上。有优良的摩擦磨损性能、尺寸稳定性及介电性能,耐辐射、韧性好、冷流小,化学稳定性好、阻燃。聚酰亚胺的缺点是成型困难。

聚酰亚胺可用来制作在高温、高真空、自润滑条件下使用的各种机械零部件,例如轴承、轴套、齿轮、压缩机活塞环、密封圈、鼓风机叶轮等。也可用来制作导线包皮、柔性印刷电路底板,集成电路和功率晶体管的绝缘部件,以及高温下工作的其他电气设备零件。

(11)超高分子质量聚乙烯(UHMWPE) 具有优良的耐磨性、抗冲击性和自润滑性,力学性能、热稳定性、化学稳定性和介电性能均很好。UHMWPE 的缺点是成型较困难。

UHMWPE 可替代碳钢、不锈钢、青铜等金属材料,用于纺织、造纸、农业、食品包装、煤矿、化工等机械领域。

(12)聚苯硫醚(PPS) 耐化学药品性突出,耐腐蚀性强,可与氟塑料相媲美,机械强度大,高温高湿下尺寸稳定,耐磨性好,能超薄膜成型。应用于原子能、航空、航天、汽车、机械等领域,可制作运动器械、电子等部门的零部件,近年来用于制造汽车发动机进气歧管、活塞环、排气循环阀等耐温部件。

(13)聚醚醚酮(PEEK) 是一种耐高温塑料,连续使用温度可达 240℃以上,负载使用温度高达 310℃,具有较为均衡的韧性、强度、硬度和负载特性,耐磨损和摩擦性能优异,耐油、阻燃、耐辐照性好,除硫酸外几乎耐所有的化学药品。可用于制作飞机上耐热、耐有机溶剂的连接件,汽车轴承支架、活塞密封、发动机的传动零部件,精密机械、电子设备等的零部件。

(14)液晶聚合物(LCP) 国外称之为"超级工程塑料",具有许多优良的特性,刚度高,线胀系数低,耐热性、吸振性、摩擦性能优良,尺寸稳定性好,阻燃性显著,熔体的黏度低,成型加工性能好,并具有抗老化和耐酸碱腐蚀等特点。可用于机械、电子工业,在医药工业上可代替不锈钢制作医用消毒器件。

10.3 橡胶

橡胶(rubber)是一种高分子材料,具有高弹性(high elasticity),在较小外力作用下能产生很大的变形,当外力去除后能迅速恢复到近似原来的状态。橡胶的高弹性与其分子结构有关。

橡胶是由许多细长而有很大柔顺性和流动性的分子链组成，在未受外力作用时，它们卷曲呈线团状，相互缠曲；受外力拉伸时，分子链伸直；外力去除后，又恢复卷曲，使橡胶具有高弹性。同时，橡胶有优良的伸缩性和积贮能量的能力，还有良好的耐磨性、隔音性和阻尼性。

10.3.1 橡胶的组成

纯橡胶的性能随温度的变化有较大的差别，高温时发黏，低温时变脆，易为溶剂溶解，因此，必须添加其他组分且经过特殊处理后制成橡胶材料，方可使用。其组成如下：

(1)生胶　生胶是橡胶制品的主要组分，起黏结作用。使用不同的生胶，可以制成不同性能的橡胶制品。其来源有天然的，也有人工合成的。

(2)橡胶配合剂　橡胶配合剂的种类很多，可分为硫化剂、硫化促进剂、填充剂、软化剂、防老剂、发泡剂及染色剂等。加入配合剂是为提高橡胶制品的使用性能或改善加工工艺性能。

①硫化剂：使橡胶分子产生交联成为三维网状结构，这种交联过程叫硫化。硫化剂主要有硫磺、有机含硫化合物、过氧化物等。

②硫化促进剂：促进生胶与硫化剂的反应，缩短硫化时间，降低硫化温度，提高制品的经济性。促进剂多为化学结构复杂的有机化合物，品种较多，为使其发挥作用，常加入活化剂氧化锌等。

③增塑剂：橡胶是弹性体，为便于加工必须使其具有一定的塑性，才能和各种配合剂混合。增塑剂的加入，增加了橡胶的塑性，改善了黏附力，降低了橡胶的硬度，提高了耐寒性。常用增塑剂有硬脂酸、凡士林及一些油类等。

④防老剂：延缓橡胶老化，延长其使用寿命。主要有石蜡、密蜡等。

⑤补强剂：能使硫化橡胶的抗拉强度、硬度、耐磨性、弹性等性能有所改善。主要品种有炭黑、陶土等。

⑥填充剂：增加橡胶的强度，减少橡胶用量，降低成本。加入的填充剂中，能提高橡胶机械性能的称为活性填料，提高其他某些性能以及减少橡胶用量的称为非活性填料。常用的活性填料有炭黑、白陶土、氧化锌等，非活性填料有滑石粉、硫酸钡等。

⑦发泡剂：加入发泡剂是为了制造海绵橡胶及空心橡胶制品，其作用是加热后产生气体，使制品呈多孔和空心状。主要有碳酸氢钠等。

⑧着色剂：使橡胶制品具有各种颜色，并兼有耐光、防老、补强与增容等作用。主要有锌白、钡白、炭黑、铁红、铬黄和铬绿等。

10.3.2 橡胶的种类

(1)天然橡胶(NR)　天然橡胶(natural rubber)是橡胶树上流出的胶乳，经过凝固、干燥、加压等工序制成生胶，橡胶含量在90%以上，是以异戊二烯为主要成分的天然高分子化合物。

天然橡胶有较好的弹性和力学性能，有良好的耐碱性，但不耐浓强酸，还具有良好的电绝缘性。缺点是耐油性差，耐臭氧老化性差，不耐高温。广泛用于制造轮胎等橡胶工业。

(2)合成橡胶(SR)　合成橡胶(synthetic rubber)的种类很多，常用的有以下几种：

①丁苯橡胶(SBR)：耐磨性、耐油性、耐热性及抗老化性优于天然橡胶，并可以任意比例与天然橡胶混用，价格低廉。缺点是生胶强度低，黏结性差，成型困难，弹性不如天然橡胶，主要用于制造轮胎、胶带、胶管等。

②顺丁橡胶(BR):由丁二烯聚合而成,弹性、耐磨性、耐热性、耐寒性优于天然橡胶。缺点是强度低、加工性差、抗撕裂性差。主要用于制作轮胎、胶带、减震部件、绝缘零件等。

③氯丁橡胶(CR):由氯丁二烯聚合而成,具有高弹性、高绝缘性、高强度,并耐油、耐溶剂、耐氧化、耐酸、耐热、耐燃烧、抗老化等,有"万能橡胶"之称。缺点是耐寒性差、密度大、生胶稳定性差。主要用于制作输送带、风管、电缆、输油管等。

④乙丙橡胶(EPDM):由乙烯和丙烯共聚而成,结构稳定,抗老化、绝缘性、耐热性、耐寒性好,并耐酸碱。缺点是耐油性差,黏着性差,硫化速度慢。主要用于制作轮胎、输送带、电线套管等。

⑤丁腈橡胶(NBR):由丁二烯和丙烯腈共聚而成,耐油、耐热、耐燃烧、耐磨、耐火、耐碱、耐有机溶剂,抗老化性好。缺点是耐酸性和绝缘性差,耐寒性差,脆化温度为-20～-10℃。主要用于制作耐油制品,如油桶、油槽、输油管等。

⑥硅橡胶(SI):由二基硅氧烷与其他有机硅单体共聚而成,具有高的耐热和耐寒性,在-100～350℃范围内能保持良好的弹性,抗老化、绝缘性好。缺点是强度低、耐磨、耐酸碱性差,价格昂贵。主要用于飞机和宇航中的密封件、薄膜,耐高温的电线、电缆等。

⑦氟橡胶(FPM):是以碳原子为主链、含有氟原子的聚合物。化学稳定性高,耐蚀性居各类橡胶之首,耐热性好,最高使用温度为300℃。缺点是价格昂贵,耐寒性差,加工性不好。主要用于国防和高技术中的密封件和化工设备等。

10.4 复合材料

复合材料是由2种以上物理和化学性质不同的物质组合起来而得到的一种多相固体材料,虽然人们使用它已有很长的历史了,但近代复合材料却是近几十年才发展起来的。由于航空、宇航、原子能、电子工业及通讯技术的发展,要求材料除具有高强度、高模量、耐高温等性能外,还对材料的密度、韧性、耐磨,耐蚀,光、电等性能提出了种种要求,更特殊的一些产品要求材料具有某些相互矛盾的性能,如导电而要绝热,强度、弹性模量要高而密度要小。这些性能对于单一材料来说往往是满足不了的,于是就把一些不同性能的材料组合起来,取长补短,以满足特殊性能的要求。

10.4.1 复合材料的定义、命名和分类

10.4.1.1 复合材料的定义

复合材料(composite material)是由2种或2种以上性质不同的材料物质组合起来得到的一种多相固体材料,它不仅保留了组成材料各自的优点,而且具有单一材料所没有的优异性能。

为了有效地利用材料,人们在不同材料之间进行选择,这样既保留了材料各自原来的性能,又有组合后新的特性,从而可充分发挥材料性能的潜力,这已成为改善材料性能的一种重要手段。

复合材料的组分是人为有意选择和设计的,材料至少有2种独立不同的相,其性能取决于每种组分相及其相应的含量、尺寸和分布状态。广义的复合材料是指由2个或多个物理相组成的固体材料,例如纤维增强聚合物、钢筋混凝土、石棉水泥板、橡胶制品、层合板等,甚至包括

泡沫塑料或多孔陶瓷等以气体为一相的材料。狭义的复合材料是指用高性能玻璃纤维、碳纤维、硼纤维、芳纶纤维等增强的塑料、金属和陶瓷材料。

10.4.1.2　复合材料的命名

国内外至今对复合材料没有统一的命名法，当前一个共同的趋势是根据基体材料与增强材料的名称来命名复合材料，有3种情况：

1)强调基体。以基体为主，如树脂基复合材料、陶瓷基复合材料、金属基复合材料等。

2)强调增强材料。以增强材料为主，如碳纤维增强复合材料、玻璃纤维增强复合材料等。

3)基体与增强材料并用。这种命名法常用于特指一种具体的复合材料。一般将增强材料名称放在前面，基体材料名称放在后面，最后加“复合材料”而成。如碳纤维与环氧树脂组成的复合材料，可命名为“碳纤维环氧树脂复合材料”，或叫“碳纤维增强环氧树脂复合材料”，为简化起见，常常写成“碳/环氧复合材料”，即在增强材料与基体材料两个名称之间加一斜线，而后加“复合材料”。

有时，人们还习惯用一些通俗名称，例如玻璃纤维增强的树脂基复合材料通常称为“玻璃钢”，因它的一些力学性能可与钢材媲美而得名。树脂是塑料的主要成分，因此树脂基复合材料又称为增强塑料，如玻璃纤维增强塑料、碳纤维增强塑料等。塑料通常为各向同性材料，而纤维增强复合材料往往是各向异性的，所以也有的把短纤维或粉末增强材料称为增强塑料。

10.4.1.3　复合材料的分类

复合材料的分类，至今也不统一，一般有以下几种：

(1)按基体材料类型分　①聚合物(树脂)基复合材料，如芳纶/环氧复合材料、碳纤维/酚醛复合材料；②无机非金属基复合材料，如钢丝/水泥复合材料、碳纤维/陶瓷复合材料；③金属基复合材料，如石墨纤维/铝复合材料等。

(2)按增强材料类型分　①无机非金属增强材料，如石墨纤维/陶瓷复合材料、硼纤维/金属复合材料；②金属增强材料，如钨丝/高温合金复合材料、铁丝/树脂复合材料；③有机纤维增强材料：如芳纶/环氧复合材料、尼龙丝/树脂复合材料等。

(3)按复合效果分　①结构材料——力学型复合材料，一般即指结构用复合材料，例如各种纤维增强复合材料，如碳纤维/环氧复合材料、玻璃纤维/酚醛复合材料；②功能材料——功能型复合材料，是利用力学性能以外的其他性能的复合材料，如碳/碳耐热复合材料、导电塑料、光导纤维等，雷达用玻璃钢天线罩就是用具有良好电磁波透过性能的功能复合材料制成的；③智能复合材料——是指具有自诊断、自适应、自愈合功能并具有自决策功能的高级复合材料，是功能类材料的最高形式，是21世纪追求的目标。

10.4.2　复合材料的特性

近代复合材料的发展为时不长，人们对它的认识和了解还不充分，根据初步总结，复合材料有下列特性：

(1)比强度和比模量高　强度和弹性模量与密度的比值称为比强度和比模量，它们是度量材料承载能力的一个重要指标。与金属材料相比，纤维增强复合材料具有高得多的比强度与比模量。

(2)抗疲劳性能好　疲劳破坏是材料在交变载荷作用下，由于裂缝的形成和扩展而产生的低应力破坏。大多数金属材料的疲劳破坏极限是其拉伸强度的40%～50%，而碳纤维树脂复合材料则达70%～80%。此外，纤维增强复合材料抗声振疲劳性能也很好。

(3)减振性能良好 结构的自振频率除与结构本身形状有关外，还与材料比模量的平方根成正比。复合材料具有高的比模量，因此也具有高的自振频率。高自振频率不易引起工作时的共振，可以避免因共振而产生的早期破坏。同时，复合材料中纤维及基体间的界面具有吸振能力，因此它的振动阻尼很高。对相同形状和尺寸、不同材料的梁进行振动试验，轻合金梁与碳纤维复合材料梁同时起振，前者需要9 s停止振动，而后者只需2.5 s就静止了。

(4)破损安全性好 纤维增强复合材料基体中有大量独立的纤维，这类材料的构件一旦超载并发生少量纤维断裂，载荷会重新迅速分配在未破坏的纤维上，从而使这类结构件不至于在极短时间内有整体破坏的危险。

(5)耐热性能好 树脂基复合材料的耐热性一般都要比它相应的塑料有明显的提高，金属基复合材料在这方面更显示出它的优异性。例如一般的铝合金在400℃时，其弹性模量就会大幅度下降，几乎接近零，强度也显著下降。而用碳或硼纤维增强的铝在这个温度下，其强度或弹性模量基本不变或仅稍有下降。

(6)成型工艺简单灵活及材料、结构具有可设计性 复合材料可用模具采用一次成型来制造各种构件，从而减少了零部件的数目及接头等紧固件，并可节省原材料及工时。更为突出的是复合材料可以通过纤维种类和各种不同方向铺设的设计，使增强材料可有效发挥作用，把潜在的性能集中到必要的方向。通过调整复合材料各组分的成分、结构及分配方式，既能使构件在不同方向承受不同作用力，而且还可制得兼有刚性和韧性、弹性和塑性等矛盾性能的复合材料及多功能制品。

此外复合材料还具有电绝缘性、电磁波穿透性、耐磨、抗冲击等性能。

10.4.3 增强材料

增强材料(reinforced material)是复合材料的主要成分之一，按物理形态可分为纤维增强材料和粒子增强材料两大类。

纤维增强材料(fiber reinforced plastics)是近代复合材料的支柱，它决定了复合材料的各种强度、弹性模量等主要力学性能。纤维增强材料按化学组分可分为有机纤维和无机纤维，有机纤维有聚芳酰胺纤维、聚酯纤维、尼龙纤维、超高分子量聚乙烯纤维等，无机纤维有玻璃纤维、碳纤维、碳化硅纤维以及硼纤维等。

粒子增强材料常用的有炭黑、磷酸钙、玻璃微珠、石墨等，近几年来，纳米粒子也用来改善有机高分子材料的性能。粒子对复合材料一般有2种作用，一种是增加强度、弹性模量，如炭黑可增强橡胶。如果粒子是细长的结晶或片状材料，则和纤维有相似的增强效果。有些粒子如碳酸钙、玻璃微珠等一般是起填充料和降低成本的作用。另一种是起功能复合作用，给予复合材料以特有的物理性能，如用银粉可以制成导电复合材料等。

10.4.3.1 有机纤维增强材料

第二次世界大战以前用于橡胶轮胎和酚醛复合材料的增强材料主要是棉、麻等天然纤维，合成纤维的出现促进了复合材料的发展。例如，尼龙和聚酯纤维在20世纪70年代完全取代了粘胶丝作为橡胶轮胎的增强材料。聚芳酰胺纤维的出现，引起了人们的极大重视，成为近代复合材料中三大增强材料之一。

(1)聚芳酰胺纤维(又称芳纶纤维) 聚芳酰胺纤维以美国杜邦(Dupont)公司生产的商品

名称为 Kevlar(凯芙拉)的纤维最引人注目,有 Kevlar-29 和 Kevlar-49 两种。Kevlar-29 主要用于增强橡胶和制造高强度绳索,如降落伞及伞的绳索。Kevlar-49 则主要用于增强树脂基复合材料。Kevlar-49 特点是比强度高,强韧性好,弹性模量高,密度低,价格只相当于碳纤维的 1/3,缺点是用它所制造的复合材料的耐压强度及弯曲疲劳强度不太好。

(2)超高分子量聚乙烯纤维 超高分子量聚乙烯纤维是一种新型的有机纤维,它是目前比强度最高的有机纤维,具有非常好的耐疲劳性、耐磨性、耐冲击性和耐药品性,作为复合材料的增强材料,已用于制作军用、赛车用和作业用的轻质头盔,各种防护板、体育用品、超导线圈管、汽车部件等各种耐冲击吸收部件和扬声器的振动板。近年来,利用超高分子量聚乙烯纤维增强的复合材料有可耐−269～−196℃的超低温性能,以及负膨胀系数、低摩擦系数和高绝缘性能,制备了超导线圈框。超高分子量聚乙烯纤维的最大缺点是耐热温度低,只有 100～130℃(熔点 150℃),蠕变较大,因此限制了它在许多领域中的应用。

(3)尼龙和聚酯纤维 尼龙纤维也称聚酰胺纤维,是一种优良的有机合成纤维。其熔点高、弹性好、强度高、耐磨、耐油、抗腐蚀,在一般熔剂中溶解度小,化学稳定性好,只溶于少数强极性溶剂。聚酯纤维中最有代表性的是聚对苯甲酸乙二酯,俗称特丽纶,又称涤纶,它的强度高,抗疲劳性能好。

尼龙纤维和聚酯纤维主要用于轮胎的制造。由于尼龙和聚酯纤维做的轮胎帘子布在强度、耐磨性及经久耐用等方面都比棉纤维和人造丝好,故在飞机轮胎、汽车拖拉机轮胎中获得广泛应用。

10.4.3.2 无机纤维增强材料

(1)碳纤维 碳纤维(carbon fiber)根据其石墨晶体的规整程度可分为碳纤维和石墨纤维,石墨纤维的碳化程度高,晶体规整性好,但一般情况下又常统称为碳纤维。

碳纤维的特点是:密度小(1.33～2.0 g/m^3),强度和弹性模量高($(1.8\sim4)\times10^5$ MPa),断裂伸长率小。石墨纤维的弹性模量很高,达到 2.3×10^5 MPa,抗拉强度为 2 800 MPa,断裂伸长率仅有 0.5%。高强度碳纤维的抗拉强度可达 3 500 MPa,断裂伸长率为 1%。碳纤维在复合材料中可承受很大的应力,在 2 000℃高温,其弹性模量和强度可保持不变,这是难得的优良特性。

碳纤维的热膨胀系数小,导热性好,耐高、低温性能好。在−180℃时纤维保持柔软;在 1 500℃的惰性气体中强度不变,且可以经受剧烈的加热或冷却,即使从 3 000℃的高温一下子猛降到室温也不会炸裂。当温度发生变化时,在纤维长度方向不是热胀冷缩,而是热缩冷胀,即它的膨胀系数是负数,为 -0.072×10^{-6}/℃;而垂直于长度方向的膨胀系数绝对值是钢的几十分之一、玻璃的数百分之一,几乎为零。碳纤维已成为现代航天航空尖端技术所用的先进复合材料中不可缺少的增强材料。

碳纤维的缺点是性脆,打结时易断,抗氧化性差。

(2)玻璃纤维 玻璃纤维(spun glass)分为有碱和无碱两大类,有碱玻璃纤维的含碱量(氧化钾与氧化钠之和)在 10%以上,无碱纤维的含碱量在 2%以下。两者相比,有碱玻璃纤维的耐酸性好,但绝缘性低,耐水性差,强度也比无碱纤维低 10%～20%。

玻璃纤维的抗拉强度相当高,同一品种的玻璃纤维,愈细强度愈高。耐化学药品性好,玻璃容器往往用来盛装化学药品,同样,玻璃纤维除去浓碱、浓磷酸和氢氟酸外几乎耐所有的无机和有机化学药品,其中有碱纤维对酸的稳定性好,无碱纤维的耐酸性较差。玻璃纤维的电性能好，完全不燃烧，可作为电气绝缘材料和防火材料，作为电绝缘材料，常使用无碱玻璃纤维。玻璃纤维的热导率小，约为 125.6 J/(m·℃·h)。无碱纤维的耐热性比有碱纤维好，即使有碱纤维也比有机纤维的耐热性好。

玻璃纤维可以制成各种制品，如无捻粗纱、短切纤维毡、各种类型的布和带等，在树脂基复合材料中都有所应用。

(3)硼纤维　硼纤维(boron fiber)是1956年由美国Texaco公司发明的，1960年进行工业开发，由于价格昂贵，只用于高性能复合材料。它的主要优点是弹性模量高，在拉伸过程中没有塑性变形，应变值很小。卤化法制造的硼纤维，弹性模量可达385 000～490 000 MPa，为普通玻璃纤维的5～7倍。硼纤维是脆性纤维，熔点为2 050℃，密度比金属小，故用于金属基复合材料上。

(4)碳化硅纤维　碳化硅纤维是一种高熔点、高强度、高模量的陶瓷纤维，平均抗拉强度可达2 450 MPa。1960年Nither等人用化学气相沉积法(CVD)研制出带有钨丝芯的碳化硅纤维，20世纪70年代美国AVCO公司采用碳纤维做底丝，用甲基三氯硅烷共同沉积的方法成批生产碳化硅纤维。

(5)晶须　随着航天工业的发展，在高温复合材料领域中，20世纪60年代国外已开始用金属或非金属晶须来增强金属。晶须是细短向微晶体物，一般直径为0.05～10 μm，长度为数毫米。其优点是密度小，弹性模量高，强度高，接近理论强度，制造复合材料时与基体容易混合，复合效果好。但晶须的产量低，价格高。

10.4.4　基体材料

复合材料中基体材料是将增强材料黏结成一个整体，并起传递载荷和均衡载荷的作用。基体材料主要有热固型和热塑型2种聚合物材料。热固型聚合物主要有聚酯、酚醛树脂和环氧树脂；热塑型聚合物主要有各种热塑型塑料(即前面讲述的工程塑料)。常用复合材料的基体主要是热固性聚合物，介绍如下。

(1)酚醛树脂(PF)　是最早应用的合成树脂之一，有热固性和热塑性2种。酚醛树脂为褐色液体或固体，耐酸性、电绝缘性良好，但耐碱性差。它与金属有较好的黏附力。具有较高的机械强度，刚性大，冷流性小，耐热性、耐湿性好，固化后的PF一般可在120℃下长期使用。其缺点是性脆，色调有限，只能做黑色或棕色制品，有毒，不能做食具。

(2)不饱和聚酯(UP)　是一种用途广泛、产量较高的热固性树脂。不饱和聚酯主要用于玻璃钢生产，是玻璃钢中最常用的一种。玻璃纤维增强的不饱和聚酯料片(SMC)或料团(BMC)发展较快。不饱和聚酯具有成型方便、生产效率高等特点，成型时温度低、压力小、时间短、可调范围大，适于模塑大型制件和高效率生产。因此SMC或BMC广泛应用于电气工业如开关柜外壳、灭弧片和隔护板等，还用于汽车拖拉机驾驶室外壳、火车车厢窗框、建筑物内设施如浴盆、净化槽以及高档家具等。

(3)环氧树脂(EP)　在热固性塑料中，环氧树脂具有较高的力学强度、较好的韧性，在较宽的频率和温度范围内具有良好的电性能，介电强度高，耐电弧、耐表面漏电，还具有优良的耐碱、耐酸及耐有机溶剂的性能，能耐大多数霉菌，耐热、耐寒，具有突出的尺寸稳定性，可在－80～155℃温度范围内长期使用，也可在苛刻的热带条件下使用。缺点是成本高于酚醛树脂和聚酯，所使用的某些树脂和固化剂毒性较大。

10.4.5 复合材料的应用

复合材料是一种新型的工程材料，由于它具有优良的物理-力学性能，引起人们广泛的关注。近几十年来，国内外对复合材料的增强材料、基体材料、成型技术、成型设备的研究进展迅速，复合材料的品种不断增加，应用范围从军工到民用、从尖端技术到一般技术，十分广泛，在国民经济和国防建设中发挥着重要的作用。

复合材料最早在航天、航空方面得到应用，没有近代复合材料，就不可能有当今的宇航工业。美国的"阿特拉斯"导弹发动机使用了增强复合材料，重量比用金属减轻了45%，射程由原来的1 600 km增加到4 000 km。为了满足再入大气层时的防热要求，国内外在远程导弹的防热方案及具体制造中，基本上都是采用玻璃纤维增强酚醛树脂或碳/碳复合材料。包括我国"神州"号在内的各国载人飞船返回舱，目前主要采用树脂基复合材料作为其高可靠性的防热材料。宇宙飞行器的外层材料，人造卫星、火箭的支架、壳体和天线构架等也是用复合材料制成。

在航空工业上用复合材料制造飞机的机翼、机身、大梁、风扇叶片等，一些大的飞机制造公司如波音公司等都已尽量采用高性能复合材料，波音747飞机内外使用的复合材料总面积比波音707增加了近5倍。

在机械工业中，复合材料可制作各种机器中的齿轮、轴承等受载磨损件，活塞、密封圈等摩擦件，也可用于制作化工容器。用纤维增强复合材料制造汽车各种部件，已成为节能的重要措施。在建筑方面，从建筑物主要承力结构到非承力结构，如屋顶、顶栅、隔墙、地板、门窗等几乎都可以用复合材料。随着复合材料生产工业的不断发展，近代复合材料的应用正迅速从航天、军用产品向民用产品扩大，民用产品大规模地采用复合材料将更加促进近代复合材料的发展。

10.5 陶瓷

陶瓷(ceramic)属于无机非金属材料，可分成普通陶瓷和特种陶瓷两大类。普通传统陶瓷是由黏土、长石和石英等天然原料经粉碎、成型和烧结制成。烧结的主要目的是固定制品的形状，使其获得所需要的性能。普通陶瓷主要用于制造日用品、建筑制品、卫生用具、电气绝缘物、耐酸、过滤制品等。特种陶瓷是以人工化合物(如氧化物、氮化物、硅化物、硼化物等)为原料制成的陶瓷，主要用于化工、冶金、机械、电子、能源工业以及许多新技术中。

10.5.1 陶瓷的性能

陶瓷的优点是：硬度高(如氧化铝陶瓷的硬度可达85～86 HRA)，抗压强度高，耐磨性、耐蚀性好，耐高温和抗氧化能力强。但缺点也较明显，如质脆易碎，延展性差，经不起温度急冷急热的突然变化等。

陶瓷是由无数细小晶体聚集而成的多晶体，晶体内部和晶界上常有气孔和夹杂物，因此，陶瓷的性能受到晶粒粗细、气孔和夹杂物的数量、大小及其分布等因素的制约。

10.5.2 工程陶瓷(EC)材料简介

(1)普通陶瓷　普通陶瓷是用黏土($Al_2O_3 \cdot 2SiO_2 \cdot 2H_2O$)、长石($K_2O \cdot Al_2O_3 \cdot 6SiO_2$

或 $Na_2O\cdot Al_2O_3\cdot 6SiO_2$)、石英($SiO_2$)为原料,经配料、成型、烧结而制成。组织中主晶相为莫来石($3Al_2O_3\cdot 2SiO_2$),占 25%~30%;次晶相为 SiO_2;玻璃相占 35%~60%,是以长石为溶剂,在高温下溶解一定数量的黏土和石英而形成的液相冷却后所得到的;气相占 1%~3%。普通陶瓷质地坚硬,不导电,能耐 1 200℃高温,加工成型性好,成本低廉。缺点是含有较多的玻璃相,高温下易软化,强度较低,耐高温性能及绝缘性能不如特种陶瓷。普通陶瓷产量大,广泛应用于电气、化工、建筑、纺织等工业部门。

(2)特种陶瓷(SC)

①氧化铝陶瓷(Al_2O_3):其机械性能、使用温度和耐蚀性随氧化铝含量的增加而提高。氧化铝瓷具有很高的热硬性,它比硬质合金还硬,而且能耐 1 200~1 450℃的高温,在机械工业中常用作刀具材料,进行高速切削。其缺点主要是抗弯强度和冲击韧性差,切削时容易崩刃。目前一般制成多边形不重磨刀片,主要用于半精加工和精加工有色金属、铸铁以及各种钢料。在 Al_2O_3 基体中添加某些高硬度、难熔碳化物(如 TiC 等)和其他金属元素(如 Ni,Mo 等),可提高其抗弯强度,扩大其应用范围。

②其他高熔点的氧化物陶瓷:BeO,CaO,ZrO_2,CeO_2,UO_2,MgO 等的熔点均在 2 000℃左右,甚至更高,具有一些特殊的性能。如氧化镁陶瓷耐高温,抗熔融金屑腐蚀,可用作坩埚,熔炼高纯度 Fe,Cu,Mo,Mg,V,Th 及其合金。氧化锆陶瓷耐高温,耐腐蚀,室温下为绝缘体,但 1 000℃以上为导体,可用于制作熔炼 Pt,Pd,Rh 等金属的坩埚和高温电极。氧化铍陶瓷导热性高、和金属相近,抗热震性好,可用于制作高频电炉的坩埚及高温绝缘的电子元件。由于铍的吸收中子截面小,氧化铍陶瓷还可用作核反应堆的中子减速剂和反射材料。

③碳化物陶瓷(SiC、B_4C):最大的优点是高温强度高,在 1 400℃时,其抗弯强度保持在 500~600 MPa,而其他陶瓷在此温度下强度已显著降低。其次是导热性好,仅次于氧化铍陶瓷。热稳定性、耐蚀性、耐磨性也相当好。主要用于制造火箭尾喷管的喷嘴,浇注金属的浇道口,炉管,燃气轮机叶片,高温轴承,热交换器及核燃料包封材料等。

④氮化硅陶瓷(Si_3N_4):氮化硅陶瓷除具有陶瓷的共同特点外,其线膨胀系数比其他陶瓷材料小,并有良好的抗热震性和耐热疲劳性能,在空气中使用到 1 200℃以上仍能保持其强度,除氢氟酸外,可耐各种无机酸的腐蚀,并具有很好的绝缘性。主要用于制造形状复杂、尺寸精度要求高的零件,如各种潜水泵、船用泵、化工球阀的阀芯等,也可以用于制造刀具材料。

近年来,在 Si_3N_4 中添加一定数量 Al_2O_3 构成的新型陶瓷材料叫赛纶陶瓷。它可用常压烧结法达到或接近热压烧结氮化硅陶瓷的性能,是目前强度最高,并具有优异化学稳定性、耐磨性、热稳定性的陶瓷。

⑤氮化硼陶瓷(BN):氮化硼陶瓷属共价晶体,其晶体结构与石墨相近,为六方晶系,故有“白石墨”之称。它具有良好的耐热性和导热性,在惰性气体中温度达 2 800℃时仍非常稳定,导热率与不锈钢相当,而膨胀系数比金属和其他陶瓷低得多。抗热震性和热稳定性均较好,高温绝缘性好,在 200℃时仍是绝缘体。化学稳定性高,能抗多种熔融金属侵蚀。硬度比其他陶瓷低,可进行切削加工,并具有自润滑性。常用于制造热电偶套管、熔炼半导体金属的坩埚和冶金用高温容器和管道,高温轴承、玻璃制品成型模,高温、高频电绝缘材料、半导体的散热绝缘零件以及高温轴衬耐磨零件等。

陶瓷品种繁多,并具有许多优异性能,在工程结构中得到越来越广泛的应用。近年来,随着结构陶瓷的发展,种类繁多、用途各异的功能陶瓷不断涌现,导电陶瓷、压电陶瓷、磁性陶瓷、光学陶瓷(如光导纤维、激光材料)、敏感陶瓷、超导陶瓷等正在各个领域中发挥着巨大作用。

10.6 硬质合金

硬质合金是以难熔金属碳化物(WC,TiC 等)为基体,铁族金属(Co,Fe,Ni 等)为黏结剂,用粉末冶金方法制造的一种多相组合材料。由于它具有高弹性模量、高硬度和强度、良好的热稳定性和优异的耐磨性,在切削工具、矿山工具和模具、耐磨零部件等领域得到了广泛应用。在所有硬质合金中,WC-Co 占据着非常重要的地位。

硬质合金分普通硬质合金(又称硬质合金)和钢结硬质合金(又称钢结合金),两者的制造方法相似,但成分不同。硬质合金以高硬度、高耐磨、高熔点的 WC,TiC,TaC,NbC,VC 等合金碳化物为基本成分,含量高达 70%以上,以 Co,Ni 等纯金属为黏结相。而钢结合金的碳化物(WC,TiC 等)含量不足 50%,且以钢为黏结相,其组织特点是微细的硬质相晶粒均匀地弥散分布于钢基体中,碳化物赋予其良好的耐磨、耐热性,钢黏结相又提供了可热处理、可切削加工、可锻和可焊性。硬质合金脆性大,不能锻造,加工成成品后直接使用,但在生产实践中也发现,硬质合金与钢结合金一样可以进行热处理。

10.6.1 普通硬质合金

普通硬质合金是由 WC,TiC,TaC,NbC,VC 等难熔金属碳化物以及作为黏结剂的铁族金属用粉末冶金方法制备而成。与高速钢相比,它具有较高的硬度、耐磨性和红硬性;与超硬材料相比,它又具有较高的韧性。由于硬质合金具有良好的综合性能,因此在刀具行业得到了广泛应用。目前国外 90%以上的车刀、55%以上的铣刀均采用硬质合金材料制造。硬质合金牌号通常可分为以下 3 类:

(1)YG 类(WC-Co 类,钨钴类)　YG 为“硬”、“钴”两字的汉语拼音字首,后边的数字表示钴的质量分数。如 YG8 表示含钴 8%、含碳化钨 92%的硬质合金。这种硬质合金制造的刀具具有较好的韧性、耐磨性、导热性等,主要用于加工铸铁、有色金属和非金属。

(2)YT 类(WC-TiC-Co 类钨钛钴类)　YT 为“硬”、“钛”两字的汉语拼音字首,后边的数字表示碳化钛的质量分数。如 YT30 表示含碳化钛 30%、其余为碳化钨和钴的硬质合金。由于材料中加入了 TiC 使材料的硬度和耐磨性有所提高,但抗弯刚度有所降低。该类硬质合金具有高硬度和高耐热性,抗黏结、抗氧化能力较好,用于加工钢材切削时刀具磨损小耐用度较高。

(3)YW 类(WC-TiC-TaC-Co 类)　在 YT 材料中加入 TaC 是为了提高刀具的强度、韧性和红硬性。该类硬质合金材料具有很高的高温硬度、高温强度和较强的抗氧化能力,特别适于加工各种高合金钢、耐热合金和各种合金铸铁。

10.6.2 钢结硬质合金

钢结硬质合金是以硬质化合物为强化相,以钢作为黏结相(或基体),用粉末冶金的方法制备。常用的硬质相有 TiC,WC,其次有 WC-Ti,TiN,TiCN,TiB_2,$MoFeB_2$,Cr_3C_2,VC 等。作为黏结相的钢有各种成分的碳素钢、合金钢、工具钢、高速钢、高锰钢、热作模具钢、耐热钢、不锈钢以及各种铁基合金。黏结相在材料中的质量分数一般为 50%～75%。近年来,钢结合金的发展已突破上述范围，硬质相含量最高可达94%，而钢基体的含量最高可达90%，钢结合金与硬质合金及其与高速钢的界限正在逐渐消失，在成分配比上，从钢到硬质合金形成了连续变化谱。不同的硬质相、不同的黏结相以及两相之间的配比变化，再加上钢结合金可用不同的热处理来改变基体组织，使钢结合金的组织和性能在很大范围内变化。使用者对该材料的性能设计有很大的选择余地，给材料的选用带来很大的灵活性和方便性。与模具钢相比，钢结合金在物理机械性能上的突出特点是在淬火态下有很高的硬度和耐磨性；与硬质合金相比，钢结合金中钢基体对硬质相起到支撑和传递载荷的作用，使材料具有较高的韧性。钢结合金的可贵性能还在于它可通过各种热处理获得所需的基体性能，如可通过退火和淬火使材料硬度在较大范围内变化，退火使材料处于待加工状态，淬火配合不同回火可获得高硬度与适当强韧性配合的综合性能。

钢结合金作为一种新型工程材料，由于其介于工具钢和硬质合金之间的优良性能以及可加工性和良好的热处理特性，使它在制造业中的应用越来越受到关注。钢结合金的重要应用领域是用作模具材料，与传统模具材料相比，可使模具的寿命大幅度提高，而且能用于制作一般冶炼钢材无法胜任的大负荷模具。钢结合金可以广泛用于制作冷镦、冷冲、冷挤、引伸、拉拔、成形、热镦、热冲、压铸、滚花等模具，模具既可采用拼块结构，形状简单的也可采用整体结构；由于其可加工性，可制造带弧形的模具。钢结合金除了具有高硬度、高耐磨性，还具有高弹性模量，刚性好，较高的抗压强度和良好的阻尼特性，使它几乎可以用于模具行业的各个方面。

复习思考题

10-1 什么是热塑性材料，什么是热固性材料？试举例说明。

10-2 与金属相比，高分子材料的优、缺点是什么？

10-3 塑料由什么组成？各起什么作用？

10-4 橡胶为什么具有高弹性？

10-5 高真空条件下的密封圈采用什么橡胶材料为宜？机械设备中的油路密封圈采用何种橡胶材料寿命长？简要说明理由。

10-6 可以作为一个经济因素来考虑聚合物材料的回收和利用问题。哪一种聚合物容易回收和再利用？如何回收？

10-7 陶瓷材料的优点是什么？简述其原因。

10-8 何谓金属陶瓷？

10-9 硬质合金有哪几类？硬质合金的成分特点是什么？它们的性能及应用特点是什么？

10-10 钢结硬质合金的成分、性能及应用特点是什么？

10-11 何谓复合材料？复合材料有哪些类型？

10-12 为什么复合材料的疲劳性能好？

11 机械零件的选材与工艺分析

本章要点：在前面各章介绍的工程材料有关知识和各类常用机械工程材料的内容的基础上，通过阐述选材的一般原则和方法、选材时应注意的问题以及与选材密切相关的零件失效分析等内容，为选材能力的培养提供必要的基本知识。从事机械工程领域工作的工程技术人员必须具备正确选用工程材料的能力。

11.1 机械零件的失效分析

11.1.1 失效的概念

机械零件在工作中要承受各种载荷和介质的作用，会造成机械零件在使用过程中发生尺寸、形状和表面质量的变化。这种变化超过允许值使机器达不到设计效能时即称为零件失效(failure)。当机械零件在使用时出现以下情况下都认为已经失效：

1)零件完全破坏而不能继续工作。例如，齿轮在工作过程中因轮齿折断而无法传递动力；螺栓在使用中发生断裂而不能起到连接或紧固作用等。

2)零件严重损伤而不能继续安全使用。例如，压力容器在使用中，材料内部出现达到危险尺寸的裂纹；车床上的三爪卡盘长期使用后因磨损而变形，无法牢固地夹持工件等。

3)零件损伤后虽能安全工作，但已不能完成预期指定的功能。例如，机床主轴在工作中因变形而使精度降低，无法加工出合格产品；弹簧因工作过久，虽未变形或断裂，但已失去弹性；模具在使用中型腔因磨损而变得粗糙，以致生产出制件表面质量达不到要求等。

达到预定寿命的失效称为正常失效。远低于预定寿命的不正常失效称为早期失效。不论何种失效，都是在外力、能量或介质作用下对零件的损害。零件的失效，特别是那些没有明显征兆的、远低于使用寿命的早期失效，往往会带来经济损失，甚至会造成设备和人身安全事故。因此，对零件的失效进行正确的分析，找出失效的原因，提出防止或推迟零件失效的措施，特别是预防早期失效，具有十分重要的意义。另外，失效分析的结果，对于改进零件的设计、选材、加工与使用也非常重要。

11.1.2 失效的形式

零件失效形式主要与工作条件有关。零件的工作条件包括应力状况(应力的种类、大小、分布、残余应力及应力集中情况等)、载荷性质(静载荷、冲击载荷、循环载荷)、温度(低温、常温、高温或交变温度)、环境介质(有无腐蚀介质、润滑剂)以及摩擦条件等。机械零件常见的失效形式有3大类，见表11-1。

(1)变形失效　表现为过度的弹性或塑性变形(整体或局部的)、蠕变等。

(2)断裂失效　包括在静载荷、交变载荷、冲击载荷作用下引起的零件断裂、疲劳破坏以及应力腐蚀破裂等。

(3)磨损失效　为过量的磨损、表面龟裂、麻点剥落等。

表 11-1　零件的主要失效形式

失效形式		失效现象	典型失效零件举例
过量变形失效	过量弹性变形	因刚性不足，零件工作时弹性变形量超过允许范围	细长杆、杆件、薄壁杆件
	过量塑性变形	工作应力超过材料的 σ_s，使零件产生过量塑性变形而无法工作	紧固螺栓、传动轴、机床丝杠
	蠕变变形	在长期应力和高温作用下，零件的蠕变变形量超出规定范围	高温下工作的螺栓
断裂失效	韧性断裂	工作应力大于 σ_s，零件发生明显塑性变形并逐渐增大至断裂	起重机链环
	低应力脆性断裂	工作应力低于 σ_s，零件在无明显塑性变形的情况下突然断裂	桥梁、压力容器、冷作模具
	疲劳断裂	零件受交变应力长期作用，在低应力下发生突然脆断	曲轴、弹簧、螺旋桨
	蠕变断裂	在长期高温和应力作用下，零件的蠕变变形不断增加，最终发生断裂	高温炉管、换热器
表面损伤失效	表面磨损	由于摩擦使零件表面损伤，如使零件尺寸变化、重量减少、精度降低、表面粗糙度增加，甚至发生咬合等而不能正常工作	齿轮、油泵柱塞副、刃具、模具、量具
	表面腐蚀	零件受环境介质的化学或电化学作用而产生表面损坏	化工容器及管道等
	表面疲劳	在交变接触压应力作用下，零件表面因疲劳损伤而发生局部剥落	滚动轴承、齿轮

11.1.3　失效原因

零件失效的原因大体在于设计、材料、加工、安装与使用维护等方面。图 11-1 给出了失效的主要原因。

1)设计不合理。最常见的情况是，零件的尺寸不正确和几何结构不合理。如过渡圆角太小，存在尖角、尖锐切口等，造成较大的应力集中；零件厚度不均，截面变化急剧，结构不对称等。

2)选材错误。设计中所选用材料的性能不能满足或不能完全满足工作条件的要求；或者所选材料的冶金质量差，含夹杂物、杂质元素过多，存在夹层等。

3)加工工艺不当。零件在加工和成形过程中，由于采用工艺不正确造成种种缺陷；在热处理中，遗漏工序，淬火冷却速度太快或不够，淬火变形、开裂等，都是造成零件失效的重要原因。

4)安装不良。安装时配合过紧、过松，对中性不好，密封不严，固定不紧等，都有可能使零件不能正常工作，或工作不安全。

5)使用维护不当。不按工艺规程操作，超载使用，恶劣使用，没有达到规定条件使用；零件使用时和使用后不按规定进行维护或完全不维护，都有可能使零件造成失效，特别是造成早期失效。

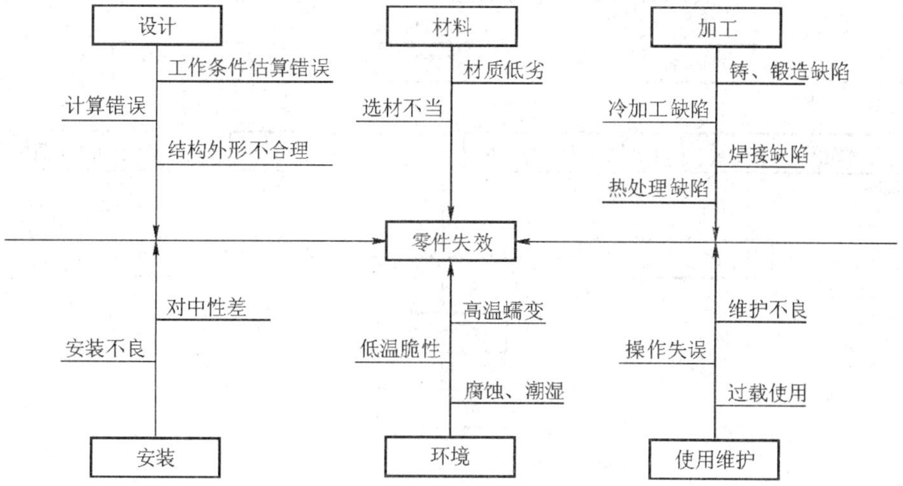

图 11-1 零件失效原因示意图

6)环境恶劣。零件在超过预期估计恶劣程度的环境下进行工作,如工作温度过高或过低,介质腐蚀性很强,湿度过大等。

以上只讨论了导致零件失效的 6 个方面的原因,但实际的情况是很复杂的,还存在其他方面的原因。另外,失效往往不只是单一原因造成的,而可能是多种原因共同作用的结果。在这种情况下,必须逐一考查、分析,找出真正的特别是起决定性作用的主要原因。

11.1.4 失效分析

根据零件工作条件,正确进行失效分析,结合必要的试验研究方法,综合分析零件失效的诸多影响因素,找到零件失效的真正原因,是解决零件失效问题的基础,对提高机器使用寿命和经济效益有重要意义。同时,失效分析的结果,可以为正确选择零件材料、合理制定零件的制造工艺、优化零件的结构设计,以及新材料的研制和新工艺的开发等提供有指导意义的数据,并可用于预测零件在一定使用条件下的寿命。

零件失效分析的过程大致如下:

1)零件使用现场调查。了解零件的服役条件和失效经过,观察相邻零件的损坏情况;收集失效零件的残体,观察并记录零件尺寸变化和断口宏观特征;收集表面剥落物和腐蚀产物,必要时拍片留存。

2)零件用材和制造工艺调查。查阅零件相关原始资料,了解材料的化学成分和原材料质量,审查有关零件的设计、材料、加工、安装、使用、维护等方面的资料。

3)失效零件本身的检测分析。对零件失效部位进行外观分析(了解零件的损伤种类,寻找损伤的起源,观察损伤部位的表面粗糙度和几何形状等),并取样进行化学分析、断口分析、金相显微分析、力学性能测试等,还要分析在失效零件上收集到的腐蚀产物的成分、磨屑的成分等,必要时还要进行无损探伤、断裂力学分析等。

综合上述各方面的调查和分析结果,判断影响零件失效的各种因素,排除不可能或非重要的因素,确定零件失效的真正原因,特别是起决定作用的主要原因,然后提出改进措施,写出分析报告。图 11-2 为零件失效分析过程的示意图。

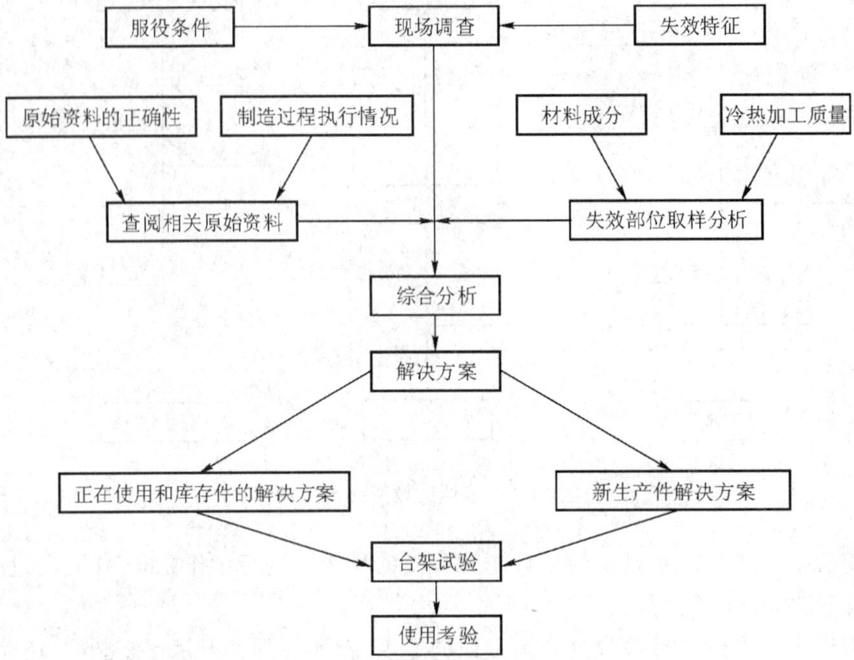

图 11-2 零件失效分析过程示意图

11.2 机械零件选材的一般原则

在工程设计时选择材料，一般应在满足零件使用性能要求的前提下，同时考虑材料的工艺性、经济性和环保性。因此，选材主要遵循以下原则与步骤。

11.2.1 选材的一般原则

11.2.1.1 选材的使用性原则

使用性能是指机械零件或构件在正常服役条件下材料应具备的性能。满足零件的使用要求是保证零件完成规定功能的必要条件，是选择材料的主要依据。在一般结构零件上，使用性能中的力学性能则是最主要的方面。

零件的使用要求体现在对其形状、尺寸、加工精度、表面粗糙度等外部质量和对其化学成分、组织结构、力学性能、物理性能、化学性能等内部质量的要求。

零件的工作条件和失效形式较复杂，在选材时必须根据具体情况找出最关键的力学性能指标，同时兼顾其他性能要求。零件的承载情况主要指载荷的性质和受力状态。工作状况指零件所处的环境，如介质、工作温度和摩擦条件等。载荷的性质有静载、冲击、交变等；受力状态有拉、压、弯、扭等；介质是指与零件接触的润滑剂、海水、酸、碱、盐等；工作温度分为低温、室温、高温、交变温度等。

在设计选材时，主要从 3 个方面考虑：

1)零件的承载和工况；

2)对零件尺寸和重量的限制；

3)零件的重要程度。

若零件主要满足强度要求，且尺寸和重量又有所限制时，则选用强度较高的材料；若零件尺寸主要满足刚度要求，则应选择 E 值大的材料；若零件的接触应力较高，如齿轮和滚动轴承，则应选用可进行表面强化的材料；高温下工作的零件，应选用耐热材料；在腐蚀介质中的零件，则选用耐腐蚀的材料；在强烈摩擦和冲击下工作的零件，应选用耐磨材料。需注意的是：材料的各项性能指标中，若只有屈服强度或疲劳强度等一个指标作为选择材料的依据，在某种情况下不很合理，当“减轻重量”也是机械设计的主要要求时，则需采用综合性能指标对零件重量进行评定。如从减轻重量出发，σ_s/ρ(比强度)值越大越好。对于有加速运动的零件，由于惯性力与材料的密度成反比，它的重量指标是密度的倒数。铝合金的重量指标约为钢的2倍，当有加速度时，铝合金、一些非金属材料和复合材料则是最合适的材料，活塞和高速带轮等常用铝合金等材料制造。

设计时，根据零件的工作条件，分析计算或测定出力学性能指标值后，即可借助手册选材。但还应注意以下问题，并在设计时必须考虑一定的安全系数：

1)注意手册中数据的测定条件。材料的性能不仅与化学成分有关，也与加工、热处理后的状态有关，还要考虑到零件的结构和工作条件与试验条件的差异。

2)材料的尺寸效应。手册中数据还与试样的尺寸有关，应注意零件尺寸与手册中试样尺寸的差别，注意淬透性与有效淬透层深度的要求，并作适当的修正。

3)材料成分的波动。某种材料成分是在一定范围内波动的，而不同炉次生产的材料成分不可能相同。所以，用同一牌号的材料制造同一种零件，热处理后的性能会有一定差异。

11.2.1.2 选材的工艺性原则

材料的工艺性能是指材料适应某种加工的能力。材料工艺性能的好坏，对零件加工的难易程度、质量、生产效率、生产成本等方面有着重要的影响，是选材时必须同时考虑的因素。有些材料如果仅从零件的使用性能要求来看是完全合适的，但无法加工制造或加工制造很困难，成本很高，就属于工艺性不好。

一般情况下，材料的工艺性能相对于使用性能处于从属地位。但某些产品中，在满足使用性能的前提下，特别是在大批量生产时，材料的工艺性能可能成为选材的主要依据。如大批量自动化生产时，选择易切材料；复杂形状的零件选择铸造材料等。

对于金属材料而言，与各种常用的加工方法相应的工艺性能主要有铸造性能、锻压性能、焊接性能、切削加工性能和热处理工艺性能等。

(1)铸造性能　材料的铸造性能通常用流动性、收缩性和偏析倾向等指标综合评定。流动性好，收缩性和偏析倾向小，则铸造性能好。在同一合金系中，以共晶成分或在共晶点附近成分的合金铸造性能最好。金属材料中，铸造性能较好的合金主要是各种铸铁、铸钢、铸造铝合金和铜合金。铸造铝合金和铜合金铸造性能优于铸铁和铸钢，铸铁又优于铸钢，而其中以灰口铸铁为最好。常见金属的铸造性能见表11-2。铸铁由于铸造性能优良，熔炼方便，价格较便宜而成为铸件的最常用材料。铸钢的铸造性能较差，主要用于强度、塑性和韧性要求较高或者有特殊性能要求的铸件，但球墨铸铁、蠕墨铸铁在许多场合可以替代铸钢。铸造铝合金适合于要求轻结构或有一定耐磨性的铸件。

表 11-2 几种常用金属材料的铸造性能

材料	铸造性能					
	流动性	收缩性		偏析倾向	吸气性	氧化倾向
		液态收缩	固态收缩			
灰铸铁	很好	小	小	小	较小	较小
球墨铸铁	稍差	大	小	小	较小	较小
铸钢	差	大	大	较大	较大	较小
铸造铝合金	较好	较小	小	较大	大	大

(2)锻压性能　锻压性能主要以金属的塑性和变形抗力来衡量。金属在压力加工时,塑性越好,变形抗力越小,则锻压性能越好。按热锻性能比较,在碳钢中,低碳钢最好,中碳钢次之,高碳钢较差。低合金钢的可锻性近于中碳钢,高合金钢的较差。铝合金虽可锻造成各种形状的锻件,但它的塑性较差,因锻造温度范围窄,可锻性并不很好。铜合金的可锻性一般较好。

(3)焊接性能　焊接性能通常用材料在焊接加工时焊接接头产生裂纹、气孔等缺陷的倾向以及焊接接头对使用要求的适应性来衡量。钢材是焊接结构件中最常用的金属材料。常用金属材料的焊接性能见表 11-3。

表 11-3 常用金属材料的焊接性能

材料	焊接性	焊接性能说明
低碳钢、低合金结构钢、奥氏体不锈钢	良好	在普通条件下都能焊接,没有工艺限制。但当焊件厚度太大,或施焊温度过低时,焊前要预热。奥氏体不锈钢焊接时要注意防止产生晶间腐蚀
中碳钢、高碳钢、合金结构钢	一般或较差	随碳含量和合金含量增加,形成焊接裂纹的倾向增大。焊前应预热,焊后应热处理
铸铁	很差	焊接裂纹倾向大,且焊接接头易产生白口。主要用于铸铁件的补焊
铝及铝合金	较差	氧化倾向大,易形成夹杂物和未熔合;焊接接头易产生热裂纹和氢气孔
铜及铜合金	较差	裂纹倾向较大,易产生气孔和未焊透等缺陷

(4)切削加工性能　金属的切削加工性能一般用刃具耐用度为 60 min 时的切削速度 v_{60} 来表示。v_{60} 越高,则金属的切削加工性能越好。铝、镁合金和易切削钢的切削加工性良好;碳钢和铸铁的切削加工性能一般;奥氏体不锈钢、钛合金等材料较难切削。采用适当的热处理可调整某些材料的硬度,可以改善其切削加工性能。

(5)热处理工艺性能　主要包括淬透性、淬硬性、变形开裂倾向、过热倾向、氧化脱碳倾向、回火脆性倾向和耐回火性等,它们将影响零件的质量和使用性能。例如,形状复杂且要求整体硬度高的零件,应该选用淬透性及淬硬性好、变形开裂倾向小的材料来制造。

工程非金属材料的成形工艺各有自身的特点,选用时应根据实际的生产条件考虑其成形加工的可行性。陶瓷材料经烧结成形后具有极高的硬度,只能用碳化硅或金刚石砂轮磨削加工,一般不能进行其他加工。高分子材料可切削加工,但因其导热性较差,影响切削热的散出,工件在切削时易急剧升温,严重时可使材料软化或变焦。

零件选材时应根据具体零件的加工特点和生产批量来考虑其工艺性能要求。例如,对力学性能要求不高但结构较复杂的箱体零件，一般用铸造的方法生产毛坯，因此应主要考虑其铸造性能和切削加工性能。又如，大批量生产的冷镦螺钉、螺帽，只要求其具有良好的锻压性能。再如，对于要求高强度高精度的模具，选材时要着重考虑的工艺性能是材料的切削加工性和热处理工艺性能。

11.2.1.3 选材的经济性原则

在满足零件性能要求的前提下，选材应使零件的生产和使用的总成本降至最低，经济效益最高。总成本包括材料价格、零件成品率、加工费用、零件加工过程中材料的利用率、回收率、零件寿命以及材料的货源、供应、储运等综合因素。一个产品或零件的总成本一般是由材料的成本、加工制造成本以及维修保养成本(或售后服务成本)等构成的，其中前两部分是主要的，因此对于选材的经济性也可以从这两方面加以考虑。

(1)合理降低材料的成本　在满足零件使用性能和使用寿命期限的前提下，应优先选择价格尽量低廉且供应充分的材料。常用的金属材料中，碳素结构钢价格最低；低合金结构钢、优质碳素结构钢、碳素工具钢价格也较便宜；铸铁件及铸钢件(含毛坯加工成本)、合金结构钢、低合金工具钢的价格较高些，为碳素结构钢价格的 2～4 倍；高合金钢和工程非铁合金价格最为昂贵，可为碳素结构钢的 5 倍乃至数十倍。非金属材料的价格因品种不同而有较大的差异，但高聚物材料的单位体积价格往往相对较低，在某些场合用其代替金属材料，不仅可以降低成本，而且有较好的使用效果，值得重视。应当指出，单从价格的高低来决定材料的弃取，往往过于简单和片面。在很多情况下，从价值工程的角度，即根据材料的性价比来考虑选材的经济性问题显得更为合理。在选材过程中，可将材料的性能与材料的成本或价格相比，从而得出其性价比，根据性价比的大小判断其经济性。生产实践表明，在许多时候，选用性能优良的材料，虽然价格贵些，但因提高了零件的质量和使用寿命，实际上比选用价低而性能差的材料更为经济。

(2)节约加工制造的成本　选择工艺性能好的材料，可方便加工过程的操作，通常能降低制造成本。这对于那些形状复杂、加工费用高的零件来说意义更大。许多过去用铸钢制造的零件现在为球墨铸铁件所代替就是这方面的一个例子。再如，对于要调质处理的零件，若选用合金调质钢(如 40Cr 钢)，因其淬透性好，热处理变形小，废品率低，因而工艺成本比选用碳素钢(如 45 钢)低。

选择与低成本加工工艺方法相适应的材料，往往也可使零件的总成本降低。例如，汽车发动机的曲轴、凸轮轴等可以铸造，也可以用模锻生产，但采用球墨铸铁进行铸造更能降低成本。又如，制造某些变速器箱体，虽然灰铸铁材料比钢板低廉，但在单件或小批量生产时，选用钢板焊接反而更经济，因为生产设备简单，省去了制作模样、造型和造芯等工序的费用，并且缩短了制造周期。

此外，选材时应注意立足于本国资源，多采用国产材料，这样有利于保持材料货源的稳定。还应尽量减少材料的品种及规格，以求简化采购和管理等工作。

11.2.1.4 选材的环保性原则

选材时要以无毒无害的材料代替有毒有害的材料，尽可能对材料采取循环利用和重复利用，对废弃物进行综合利用，使生产过程中资源得到最大限度的利用，减少废物对环境的污染。

11.2.2 选材的步骤

零件材料的合理选择通常是按照以下步骤进行的。

1)分析零件的服役条件和失效形式,根据分析结果提出零件最关键的性能要求,同时考虑其他性能要求。

2)对同类零件的用材情况和失效形式进行调查研究,这样可从其使用性能、原材料状况和加工工艺等方面分析其选材是否合理,以便作为选材时的参考。

3)通过分析计算,确定零件应具有的主要力学性能判据,在特定条件下还要考虑物理、化学性能判据。

4)在以上工作的基础上,进行材料的预选择。

5)对预选的材料,在经过工艺性和经济性分析之后,进行综合评价。综合评价应采用定量与定性相结合的方法。由此可确定零件所用材料的牌号,并同时决定零件的热处理方法或其他强化处理方法。

6)如有必要时,对于重要的零件可投产前先进行有关试验,初步检验所选材料和热处理方法是否满足所设计的性能要求,以及零件加工过程有无困难。试验结果基本满意后再进行正式投产。

11.3 典型零件选材及工艺性分析

11.3.1 工程材料的主要特性及使用概况

金属材料、高分子材料、陶瓷材料及复合材料是目前最主要的工程材料,它们有自己的特性,因而各有其最合适的用途。

高分子材料的强度、刚度(弹性模量)低,尺寸稳定性较差,易老化,因此目前还不能在工程上用来制造承受载荷较大的结构零件。但这种材料密度小、摩擦系数小,减振性、耐蚀性、绝缘性较好,机械工程中常用其制造一些轻载传动齿轮、轴承、紧固件及各种密封件等。

陶瓷材料在室温下几乎没有塑性,在外力作用下不产生塑性变形,而发生脆性断裂,因此,一般不用于制造重要的受力构件。但其化学稳定性好,具有高的硬度和红硬性,故用于制造在高温下工作的零件、切削刀具和某些耐磨零件。在航空、国防等尖端领域有重要用途,而在一般机械工程中应用还不普遍。

复合材料综合了多种不同材料的优良性能,如强度、弹性模量高,抗疲劳、减摩、耐磨、减振性能好,化学稳定性优异,是一种极具发展前途的工程材料。

金属材料是具有优良的综合力学性能和某些特殊的物理、化学性能的材料,因此被广泛地用于制造各种重要的机械零件和工程结构件,目前是机械工程中最主要的结构材料。机械零件的用材主要是钢铁材料。下面介绍几种典型钢铁零件的选材实例。

11.3.2 选材实例

11.3.2.1 轴类

轴类零件是各类机器中重要的基础零件之一,在机器中起支承旋转件运动或传递扭矩的作用,如机床主轴、花键轴、变速轴、内燃机曲轴、凸轮轴等。轴类零件的工作条件主要在以下几方面:①载荷的大小、转速的高低;②有无冲击载荷;③在滚动轴承或滑动轴承中运转;④滑动轴承的材料和性质;⑤精度等级要求等。

轴类零件的载荷性质主要有:①主要承受弯曲载荷的轴,如车轮轴;②承受扭矩的轴,如传动轴;③同时承受弯曲、扭矩的轴,如花键轴、变速轴;④同时承受交变弯曲、扭矩并有一定冲击载荷的轴,如曲轴;⑤同时承受弯、扭、拉、压的交变载荷的轴类,如船舶的推进器主轴。在设计中,轴类零件的载荷性质应根据受力的具体情况具体分析确定。

轴类零件的失效形式主要表现为弯曲或扭转过度变形、过度磨损和疲劳断裂。因此,轴类零件应具有高的强度和足够的塑性、韧性,高的疲劳强度,轴颈和花键处应有高的硬度和耐磨性。在选材时,根据工作条件载荷要求确定材料和热处理工艺来满足轴的工作性能要求。

一般机器上的轴类零件都要求有优良的综合力学性能,当轴承受一般载荷、转速不高、冲击与循环载荷较小时,可选用中碳钢(40,45)经调质或正火处理。要求较高的,可选合金调质钢(40Cr,40CrNi,35CrMo)进行调质处理。对于要求耐磨的部位,在调质后需进行表面淬火低温回火。当主轴承受重载荷、高转速、冲击与循环载荷很大时,应选用合金渗碳钢(20Cr,20CrMnTi)进行渗碳淬火低温回火。现举例分析如下:

(1)*机床主轴*

①工作条件及技术要求:机床主轴除了承受扭转、弯曲和一定冲击载荷外,轴的一些部位还承受着不同程度的摩擦,如轴颈部位,所以应具有较高的硬度和耐磨性。轴颈的磨损程度决定于与其相配合的轴承类别。与滚动轴承相配合时,轴颈与轴承不发生摩擦,故轴颈部位不需要求耐磨,硬度一般为 220～250 HBS 即可。但有时为保证装配工艺性和装配精度,对精度高的轴颈,其硬度可提高到 40～50 HRC。而在与滑动轴承配合中,轴颈和轴瓦直接摩擦,所以对其耐磨性要求较高;转速较高且轴瓦材质较硬时,耐磨性要求更高,轴颈表面硬度也高。如与锡青铜轴承配合的主轴轴颈硬度不得低于 300～400 HBS;对于高精度机床主轴(如镗床主轴),常采用与淬火钢质滑动轴承配合,故主轴轴颈必须具有更高的硬度与耐磨性,常用渗氮钢进行渗氮处理。

对带内锥孔或外锥体的主轴,工作时和配合件并无相对滑动摩擦,但与其配件装拆频繁,如铣床主轴上需经常调换刀具;磨床头和尾架主轴上需调换顶尖和卡盘等,装拆过程中防止这些部位的磨损,硬度应在 45HRC 以上;高精度机床应提高到 56 HRC 以上。

②承受的载荷特点:机床主轴在高速运转时要受到各种载荷的作用,如弯曲、扭转、冲击等,故要求主轴具有抵抗各种载荷的能力。当弯曲载荷较大、转速又很高时,主轴还承受着很高的交变应力,因此要求主轴具有较高的疲劳强度和综合力学性能。

③主轴选材的具体实例:主轴材料与热处理的选择主要应根据其工作条件及技术要求来决定。以图 11-3 所示车床主轴为例分析其选材和热处理方法。

车床主轴承受交变弯曲与扭转应力,但承受的载荷与转速不太高,冲击也不大,故材料具有一般的综合力学性能即可。但在主轴大端的内锥孔和外锥体处,因经常与卡盘、顶尖有相对摩擦;花键部位与齿轮有相对滑动,故这些部位要求较高的硬度与耐磨性。该主轴在滚动轴承中运转,轴颈硬度为 220～250 HBS。

根据上述工作条件分析,该主轴可选 45 钢。热处理技术条件为整体调质,硬度 220～250 HBS;内锥孔与外锥体淬火,硬度 45～50 HRC;花键部位高频淬火,硬度 48～53 HRC。

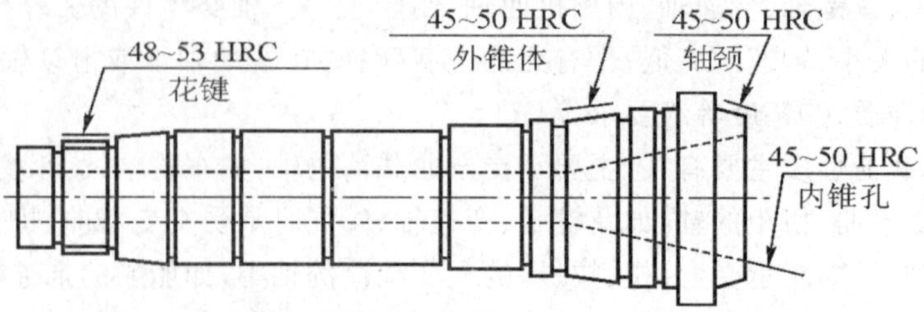

图 11-3 车床主轴

45 钢虽属于淬透性较差的钢种，但由于主轴工作时最大应力分布在表层，同时主轴设计时，往往因刚度与结构的需要已加大了轴径，强度安全系数较高。又因在粗车后轴的形状较简单，在调质淬火时一般不会有开裂的危险。因此，不必选用合金调质钢，采用价廉、可锻性和切削加工性皆好的 45 钢。车床主轴的加工工艺路线为：

下料→锻造→正火→机械粗加工→调质→机械半精加工→局部淬火、回火（锥孔及外锥体）→粗磨（外圆、外锥体及锥孔）→铣花键→花键高频淬火、回火→精磨。

（2）汽车半轴

①工作条件及技术要求：汽车半轴主要起传递扭矩使车轮转动的作用，工作时主要承受冲击、反复弯曲疲劳和扭转应力的作用。因此，要求材料具有足够的强度和韧性，高的疲劳强度。热处理技术要求盘部与杆心部调质 25～35 HRC，为回火索氏体组织，杆部表面淬火并低温回火 50～58 HRC，为回火马氏体组织。

②选材及工艺路线的制定：一般中轻型汽车的半轴选 45 或 40Cr，40MnB 钢，重型汽车的半轴用 40CrNiMo 钢。用 40Cr 钢制造半轴的加工工艺路线为：

下料→锻造→正火→机械（粗）加工→调质→机械加工→杆部中频淬火、低温回火→磨削。

11.3.2.2 齿轮类零件的选材

（1）齿轮的工作条件、主要失效形式及对材料性能的要求

①齿轮的工作条件：机器中齿轮尽管很多，但其工作过程基本相同，只是受力程度有所不同。齿轮工作时，通过齿面的接触传递动力，在啮合齿表面既有滚动又有滑动，有高的接触载荷与强烈的摩擦；传递动力时，其轮齿似一受力的悬臂梁，接触作用力在齿根处产生很大的力矩，使齿根部承受较高的弯曲应力；换挡、启动和啮合不均匀时，将承受较大冲击载荷。

②齿轮的主要失效形式：在通常情况下齿轮的主要失效形式为断齿、齿面损伤（麻点剥落和磨损等）。

a. 断齿。除因超载而产生脆性折断外，大多数情况下，断齿是由弯曲疲劳造成的。当零件（或材料）所承受的重复应力较高（接近甚至可能超过材料的屈服强度）而频率较低（低于 10 次/min）时，其断裂前经受的循环次数较低（往往低于 10^5 次），称为低周疲劳。在产生低周疲劳过程中，每次循环都产生较大的塑性变形，因此塑性变形占主导地位，故应选用塑性、韧性较好的材料。反之，当重复应力较低、频率较高时，断裂前经受的循环次数较高（可达 10^7 次），称为高周疲劳。在产生高周疲劳过程中，应变循环基本上局限在弹性范围内，因此弹性变形占主导地位，故应选取用强度较高的材料。

b. 齿面损伤。麻点剥落是齿轮最常见的损坏形式，大多发生在节线附近，偏向齿根的区域比较密集，其他部位则较少。在经表面热处理的硬齿面上，麻点剥落的形态表现为小点状，

深度为几微米；在正火、调质的软齿面上，则呈小贝壳状或椭圆形凹坑，深度为几十或上百微米。这是接触疲劳破坏的典型形态，又称为点蚀。齿面磨损主要的 2 种情况：一种是由于高速重载齿轮运转时，因齿面摩擦产生大量的热，造成润滑油膜破坏，促使齿面软化，导致齿面过度磨损，称为摩擦磨损。轻度的摩擦磨损称为擦伤，严重者称为胶合。另一种是由于外来硬质点进入相互啮合的齿面间，使齿面产生机械磨损，称为磨粒磨损。

根据齿轮工作条件、失效形式，要求齿轮材料必须具备以下主要性能：高的接触疲劳强度；高的弯曲疲劳强度，特别是齿根处要有足够的强度；足够的塑韧性。

(2)齿轮的选材

①机床齿轮选材：机床中齿轮的工作条件和矿山机械、动力机械中的齿轮相比，其运转较平稳、载荷较小。选材主要是由齿轮的具体工作条件（如工作时的圆周速度、载荷性质大小以及精度等）来确定的。常用的材料有中碳钢（45 钢）、中碳合金结构钢（40Cr 钢）和合金渗碳钢（20Cr，20CrMnTi）等。一般 45 钢用于中小载荷齿轮，如床头箱齿轮、溜板箱齿轮等，经高频淬火与低温回火后，硬度值可达 52～58 HRC；40Cr 钢用于中等载荷齿轮，如铣床工作台变速箱齿轮等，经高频淬火及低温回火后，硬度为 52～58 HRC。合金渗碳钢中如 20Cr，20CrMnTi，20Mn2B，12CrNi3 等材料，一般用于承受高速高载荷和有冲击作用的齿轮。

机床齿轮根据所选材料和力学性能要求的不同，其热处理方法及工序位置也不同。对中碳钢或中碳合金结构钢齿轮常采用的加工工艺路线为：

下料→锻造→正火→机械粗加工→调质→机械精加工→高频淬火＋低温回火（或渗氮）→精磨。

②汽车、拖拉机齿轮选材：汽车拖拉机齿轮主要有变速齿轮和差速齿轮，在变速箱中，通过齿轮来改变发动机、曲轴和主轴的转速；在差速器中，通过齿轮来增加扭转力矩，且调节左右两边车轮的转速，并将发动机动力传给驱动轮，推动汽车、拖拉机运行。所以其传递的功率、受到的冲击力及摩擦压力都很大，因此，耐磨性、疲劳强度、心部强度和冲击韧度等各方面都比机床齿轮要求更高。实践证明，选用合金渗碳钢（20CrMnTi）经渗碳（或碳氮共渗）、淬火及低温回火后使用最为合适。渗碳钢齿轮的加工工艺路线为：

下料→锻造→正火→机械加工→渗碳→淬火＋低温回火→喷丸→磨削加工。

对于工作条件十分繁重的大模数齿轮（特别是坦克传动齿轮），可选用 18Cr2Ni4WA 渗碳钢，通过渗碳淬火、低温回火，其强度、塑性、韧性可达到很好的配合。

11.3.2.3 机架和箱体类零件的选材

(1)机架类零件　各种机械的机身、底座、支架、横梁、工作台以及齿轮箱、轴承座、阀体、导轨等均为典型机架类零件。机架类零件的特点是形状不规则，结构比较复杂并带有内腔，工作条件相差很大。其中一般的基础零件，如机身、底座等，主要起支承和连接机床各部件的作用，以承受压应力和弯曲应力为主，为保证工作的稳定性，应有较好的刚度及减振性；工作台和导轨等，要求有较好的耐磨性，这类零件一般受力不大，但要求良好的刚度和密封性，在多数情况下选用灰铸铁或合金铸钢，个别特大型的还可采用铸钢和焊接联合结构。

(2)箱体类零件　床头箱、变速箱、进给箱、溜板箱、内燃机的缸体等都可视为箱体类零件。箱体类零件是机器中很重要基础零件。由于箱体结构复杂，常用铸造的方法制造毛坯，故箱体几乎都用铸造合金。

一些受力较大、要求高强度、高韧性，甚至在高温下工作的零件，如汽轮机机壳，可选用铸钢；一些受力不大，而且主要是承受静载，不受冲击的箱体可选用灰铸铁；若零件在工作时与其他部件发生相对运动，其间有摩擦、磨损发生，则应选用珠光体基体的灰铸铁；受力不大，要求自重轻或要求导热好的则可选用铸造铝合金制造；受力很小，要求自重轻的还可考虑选用工程塑料；受力较大，但形状简单的，可选用型钢焊接而成。

对铸钢件，为了消除粗晶组织、偏析及铸造应力，应对铸钢毛坯进行完全退火或正火；对铸铁件一般要进行去应力退火；对铝合金应根据成分不同，进行退火或淬火时效等处理。

11.3.2.4 典型农机零件的选材

许多农机零件在工作中要与土壤或作物摩擦，不同的零件，性能要求和材料略有不同。

(1)犁铧　在耕地过程中，犁铧的作用是铲起土块和切割土壤。在工作中不断受到土壤的摩擦而磨损，还会受到土壤中石块的冲击而折断。它的主要失效形式为铧尖和刃口部分的磨损及折断。因此，犁铧的性能要求有好的耐磨性和一定的抗冲击性能。常采用 65Mn，65SiMnRE 等钢和韧性白口铁制造。

钢制犁铧的加工工艺路线为：

下料→热压型→加工刃口→冲孔校型→淬火、回火。

用韧性白口铁制造犁铧的热处理方法是：将犁铧加热到 900℃保温后在 300℃的盐炉中等温淬火。用韧性白口铁制造的犁铧有很高的硬度和耐磨性，并有一定的韧性，成本比钢制犁铧低许多。

(2)耙片　耙片的工作条件与犁铧相似，但因直径较大，对韧性的要求比犁铧高，常采用 65Mn 制造。热处理为淬火后经 450℃左右的中温回火。旱地耙片硬度 42～49 HRC，水田耙片硬度 38～44 HRC。

(3)收割机刀片　刀片主要用于切割作物和牧草，主要失效形式为磨损和崩刃。对刀片的性能要求是高的强韧性，刃口耐磨，常采用 T9 或 65Mn 钢制造。热处理采用高频加热后在 240～300℃盐炉中等温淬火，获得强韧性、耐磨性均好的下贝氏体组织，硬度 52～55 HRC 。

复习思考题

11-1　零件常见的失效形式有哪几种？主要原因是什么？它们要求材料的主要性能指标分别是哪些？如何提高零件抵抗失效的能力？

11-2　简述失效分析的一般步骤。简述选材应遵循的原则和一般步骤。

11-3　对下列零件材选，说明选材的理由，制订其工艺路线，说明各热处理工序的作用：

1)汽车齿轮；2)机床主轴；3)受力较大的弹簧；4)发动机连杆螺栓。

11-4　指出下列工件各应采用所给材料中哪一种材料？并选定其热处理方法。

工件：车辆缓冲弹簧、发动机排气阀门弹簧、自来水管弯头、机床床身、发动机连杆螺栓、机用大钻头、车床尾架顶尖、螺丝刀、镗床镗杆、自行车车架、车床丝杆螺母、电风扇机壳、普通机床地脚螺栓、高速粗车铸铁的车刀。

材料：38CrMnAl，40Cr，45，Q235，T7，T10，50CrVA，Q345，W18Cr4V，KTH300-06，60Si2Mn，ZL102，ZCuSn10P1，YG15，HT200。

12 实验指导书

实验1　铁碳合金平衡组织分析

一、实验目的

1)观察和研究铁碳合金在平衡状态下的显微组织。

2)分析和研究碳的质量分数在相形成过程中的影响,研究组织组成物的本质和特征。

3)学会使用金相显微镜。

二、概述

碳素钢和铸铁材料的显微组织与其性能有密切的关系。

(1)碳素钢和白口铸铁的平衡组织　所谓平衡组织是指合金在极为缓慢的冷却条件下所得到的组织。在铁碳合金中,碳素钢和白口铸铁的平衡显微组织在室温时均由铁素体和渗碳体两相组成。

由于碳的质量分数不同,造成铁素体和渗碳体这2个基本相的相对数量、析出条件以及分布情况均不同,呈现各种不同的组织形态。

铁碳合金在室温下的显微组织见表12-1。

表12-1　铁碳合金在室温下的显微组织

材　料	分　类	w_C/%	显微组织
工业纯铁		<0.021 8	F(见图5-6b)
碳钢	亚共析钢	0.021 8～0.77	F+P(见图5-8b)
	共析钢	0.77	P(见图5-7b)
	过共析钢	0.77～2.11	P+Fe_3C_{II}(见图5-9b)
白口铸铁	亚共晶白口铸铁	2.11～4.3	P+Fe_3C_{II}+L_d'(见图5-11b)
	共晶白口铸铁	4.3	L_d'(见图5-10b)
	过共晶白口铸铁	4.3～6.69	Fe_3C_I+L_d'(见图5-12b)

(2)各种相组成物和组织组成物特征

①铁素体F:是碳固溶于α-Fe中的固溶体。铁素体是体心立方晶格,有磁性,塑性好,硬度低。工业纯铁经过金相试样制备后,在金相显微镜下观察,可见多边形等轴晶粒(见图4-1)。随

着钢中碳的质量分数增加，铁素体减少，增加了新的组织即珠光体 P，铁素体呈块状分布（见图 4-9）。当碳的质量分数接近共析成分时，铁素体呈断续的网状分布在珠光体周围。

②渗碳体 Fe_3C：是碳与铁形成的化合物，其碳的质量分数为 6.69%，质硬而脆，耐腐蚀。用 4% 的硝酸酒精溶液侵蚀后，渗碳体呈亮白色，见图 12-1。

渗碳体有多种形态：一次渗碳体 Fe_3C_{I} 是直接从液相中析出来的，呈宽直白条状；二次渗碳体 Fe_3C_{II} 是由奥氏体 A 中析出的，常呈网状分布在珠光体的边界上。此外还有球粒状、小条块等形态。渗碳体的硬度高，是硬而脆的相，强度和塑性差。

③珠光体 P：是铁素体和渗碳体的机械混合物，即铁素体片与渗碳体片相互交替排列形成片层状组织。以不同的放大倍数显微镜进行金相观察，结果如下：

在 400 倍时，为宽白条的铁素体和细黑条的渗碳体，类似人的指纹纹路。见图 12-2。

在高放大倍数时，为平行相间的宽条铁素体和窄条渗碳体，均为白色，边界为黑色，见图 12-1。

图 12-1　400 倍显微镜下的珠光体

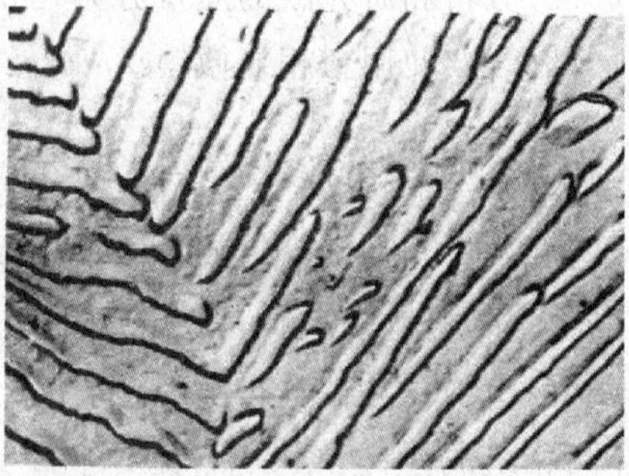

图 12-2　2000 倍显微镜下的珠光体

④莱氏体 L_d'：在室温时是珠光体和渗碳体的机械混合物。渗碳体中包括共晶渗碳体和二次渗碳体，两者相连，无界线，无法分辨开。金相显微镜观察，莱氏体的组织特征是在亮白色的渗碳体的基体上分布着许多黑色点状或条状的珠光体，见图 4-15b。

莱氏体硬度高，性脆，一般存在于碳的质量分数大于 2.11% 的白口铸铁中，高合金钢的铸造组织中也出现。

在亚共晶白口铸铁中，莱氏体基体上分布着黑色树枝状和豆粒状的珠光体。其周围常有一圈白亮的二次渗碳体，但与 L_d' 中的渗碳体混为一体，分辨不清，见图 4-15a。

在过共晶白口铸铁中，莱氏体基体上分布着宽直白条的一次渗碳体，见图 4-15c。

三、实验内容及报告

1）学会金相显微镜的使用。通过金相显微镜，观察平衡组织试样，研究组织特征。

2）在直径 36 mm 圆内绘制观察到的金相组织图，需用细实线标明组织构成物，注明侵蚀剂、试样材料、放大倍数，见表 12-2。

表 12-2 铁碳合金平衡组织试样

编号	材料	热处理	侵蚀剂
1	工业纯铁		
2	45	退火	4%硝酸酒精溶液
3	T8		
4	T12		
5	亚共晶白口铸铁	铸态	
6	共晶白口铸铁		
7	过共晶白口铸铁		

四、注意事项

1)金相显微镜是精密光学仪器,操作要认真。

2)绘图使用铅笔。不要将试样中杂质及划痕画出。

3)不要触摸试样表面,如试样模糊不清试样,请老师重新更换。

实验 2 碳素钢的热处理及组织观察

一、实验目的

1)了解碳素钢的基本热处理(退火、正火、淬火及回火)的工艺方法和主要设备。

2)研究碳的质量分数、加热温度、冷却速度、回火温度对钢性能的影响。

3)熟悉硬度计的使用。

4)了解粒状珠光体、低碳马氏体、高碳马氏体、马氏体+铁素体、马氏体+托氏体、回火索氏体组织形貌及处理工艺等。

二、热处理工艺

碳素钢热处理工艺主要有退火、正火、淬火及回火。加热温度、保温时间和冷却速度是达到热处理良好效果的最重要工艺参数。

(1)加热温度

①退火:亚共析钢加热至 A_{c_3} +30~50℃完全退火;共析钢、过共析钢加热至 A_{c_1} +10~20℃球化退火,得到粒状渗碳体,硬度降低,以利切削加工。

②正火:亚共析钢加热至 A_{c_3} +30~50℃,过共析钢加热至 $A_{c_{cm}}$ +30~50℃,即加热到奥氏体单相区。退火和正火的加热温度范围见图 12-3。

③淬火:亚共析钢加热至 A_{c_3} +30~50℃;共析钢和过共析钢加热至 A_{c_1} +30~50℃,淬火的加热温度范围见图 12-4。

钢的成分、原始组织及加热速度等皆影响临界点 A_{c_1},A_{c_3},$A_{c_{cm}}$ 的位置。热处理前需认真查阅有关的材料手册,按规范操作。否则,得不到预期的组织。若加热温度过高,晶粒容易长大,材料氧化、脱碳和变形而失去效能。几种碳素钢的临界点见表 12-3。

④回火:碳素钢淬火后需尽快回火,按加热温度的不同,可分为 3 种:

a. 低温回火。加热温度 150～250℃，目的是得到回火马氏体，降低淬火应力，减少脆性并保持淬火碳素钢的高硬度。用于切削工具、冷作模具、滚动轴承等。

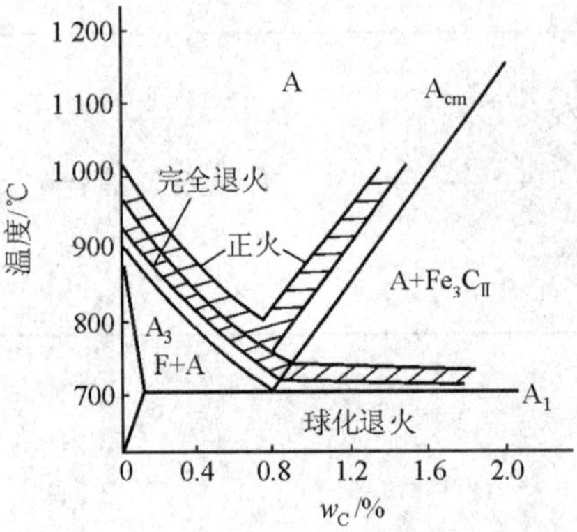

图 12-3 退火和正火的加热温度范围

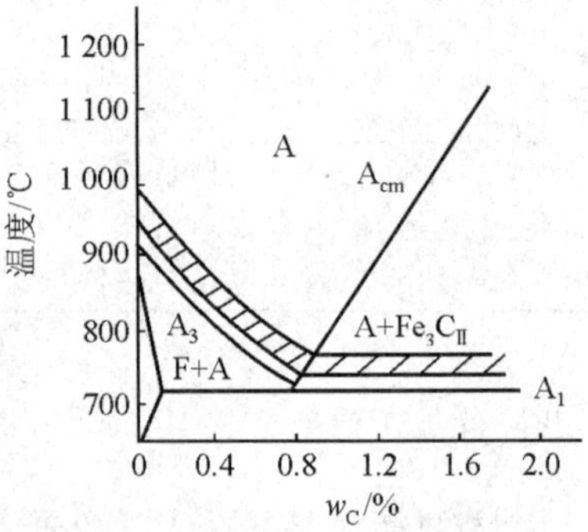

图 12-4 淬火的加热温度范围

表 12-3 几种碳素钢的临界点

w_C/%	临界点/℃			淬火温度/℃
	A_{c_1}	A_{c_3}	$A_{c_{cm}}$	
0.2		835+ΔT		860～880
0.4		800+ΔT		840～860
0.6	727+ΔT	750+ΔT		790～800
0.8		727+ΔT		780～800
1.0			850+ΔT	760～800
1.2			895+ΔT	760～800

注：ΔT 为过热度，取决于加热速度，一般为 5～15℃。

b. 中温回火。加热温度 350～500℃，目的是得到回火托氏体，较多地降低淬火应力，有高的韧性和弹性极限。用于弹簧钢、热作模具钢等的热处理。

c. 高温回火。加热温度 550～650℃，目的是得到回火索氏体，消除淬火应力，强度、硬度、冲击韧度较好。淬火加上高温回火又称调质，用于要求具有良好综合力学性能的重要零件，如主轴、齿轮等。

(2)保温时间　为了保证工件内外均达到指定的温度，使碳化物溶解和奥氏体成分均匀化，工件升温和保温所需的加热时间要给予保证。保温的加热时间需考虑诸多因素，可参考有关手册数据。空气介质炉中每毫米碳素钢需 1～1.5 min；合金钢则需 2 min 左右。利用盐浴炉加热时间可减半。

(3)冷却速度　热处理时要充分注意不同的冷却方法，具体来说，退火一般采用随炉冷却；正火(又称常化)采用出炉置于空气中冷却，大件则常常还要加吹风。

淬火工艺则较复杂。一方面要求工件冷却大于临界冷却速度，目的是得到全部马氏体组织或下贝氏体组织；另一方面又要求工件减缓冷却速度，避免淬火应力过大，造成开裂和变形。理想的冷却是过冷奥氏体在最不稳定的温度范围内(650～550℃)尽快冷却，迅速越过危险区域，而在马氏体转变温度(300～20℃)尽量降低冷却速度。

三、实验内容

1)在金相显微镜下观察粒状珠光体(图 6-22)、低碳马氏体(图 6-10a)、高碳马氏体(图 6-10b)、马氏体+铁素体、马氏体+托氏体、回火索氏体的组织形貌与特征,研究上述组织形成的热处理工艺。

2)学会使用硬度计,分组对 45 和 T12 钢进行淬火、回火实验,并用硬度计检测热处理前后的硬度。

四、实验要求及报告

每班分两大组,一组进行工艺实验,一组观察热处理后的显微组织,并填好表 12-4,画出所观察金相组织示意图。

表 12-4 碳素钢淬火+回火工艺表

材　料	45			T12		
淬前组织						
淬前硬度						
淬火温度						
加热时间						
淬火介质						
淬后硬度						
回火温度	200℃	400℃	600℃	200℃	400℃	600℃
保温时间						
回火后硬度						

实验 3　常用金属材料的显微组织观察

一、实验目的

1)利用金相显微镜观察几种合金钢、铸铁及有色合金的显微组织。

2)了解和分析这些合金的成分、显微组织对性能影响。

二、概述

为了提高钢的力学性能及工艺性能,在碳素钢中加入一定量的合金元素,则成为合金钢。铸铁的优点是熔点低,流动性好,易于铸造,且成本低。有色合金材料则各自具有特殊的物理化学性能。

工业生产中,广泛使用上述 3 种材料。

(1)合金钢　合金钢的基本相有合金铁素体、合金奥氏体、合金碳化物及金属间化合物等等,故其显微组织远比碳素钢复杂。

①高速钢:以 W18Cr4V 为例,属高合金钢,特点是具有高红(热)硬性。

在铸态下与亚共晶白口铸铁组织相似,其中有莱氏体、合金碳化物、马氏体或托氏体等组成。需说明，呈鱼骨状的碳化物不能靠热处理消除，必须进行锻造打碎、退火，才能改善碳化物的分布状况。

在退火状态下，高速钢的基体是索氏体，其上分布着许多亮白块，是一次或二次碳化物。如图 7-9 所示，高速钢所需淬火温度高（如 W18Cr4V 为 1 270～1 280℃），促使奥氏体充分合金化。采用油冷或分级淬火，其组织见图 7-10，3 次回火后，组织为回火马氏体、碳化物及少量残余奥氏体，见图 7-12。

高速钢由于具有优异的力学性能，成为常用的切削工具材料。

图 12-5　1Cr18Ni9 钢固溶处理后的显微组织

②不锈钢：以 1Cr18Ni9 为例，特点是耐大气、海水及腐蚀性液体的侵蚀，属高合金钢。其铬含量高，可产生材料表面钝化作用，提高阴极电位；加入镍可保证在室温下具有奥氏体组织。

不锈钢固溶处理，加热到 1 100℃左右，碳化物溶解，水冷，组织为单一奥氏体晶粒。固溶处理后的 1Cr18Ni9 钢的组织见图 12-5。

需说明，1Cr18Ni9 在室温下是过饱和的单相奥氏体，不稳定。加热到 400～800℃（或从高温冷却较慢时），则有$(Cr,Fe)_{23}C_6$从奥氏体晶界上析出，使晶间耐腐蚀能力下降。如加入与碳亲和力很强的元素 Ti，Nb，可以较好地解决这一问题。

(2)有色合金　在工业生产中，还常常使用相当数量的有色合金以满足多种需要。

①铝合金：按加工工艺分为铸造铝合金和变形铝合金两大类。铝硅合金是应用最广的铸造铝合金，俗称硅铝明。典型的牌号是含硅 10%～13%的 ZL102。从 A1-Si 合金相图可知，其成分在共晶点附近，因而铸造流动性好，不易产生铸造裂纹。但其金相组织为 α 固溶体和粗大的针状硅晶体所成的共晶体及少量呈多面体状的初生硅晶体。硅晶体极脆，故合金的塑性和韧性降低。通过变质处理可改善这一状态。浇注前在合金液体中加入 2%～3%的变质剂(2/3NaF＋1/3NaCl)即可。

钠盐的加入使其共晶点右移，原合金成为亚共晶成分，合金组织大大细化，变质后的组织由初生的 α 固溶体和细密的共晶体(α＋Si)组成，使合金的强度和塑性显著改善，见图 9-6。

②铜合金：以黄铜（Cu-Zn 合金）和青铜（Cu-Sn 合金）最为常用。此外，铜铝合金、铜铍合金、铜镍合金也有应用。

由铜锌合金相图可知，锌的质量分数少于 36%的黄铜组织为单相 α 固溶体，称 α 黄铜或单相黄铜。黄铜 H70 经过变形及退火加工后，其 α 晶粒为多边形，并有明显的孪晶。单相黄铜的显微组织见图 12-6。

图 12-6　单相黄铜的显微组织

锌的质量分数为 36%～45%的黄铜具有 $\alpha+\beta'$ 两相组织，称双相黄铜。如双相黄铜 H62 的金相组织，α 相为亮白色，β' 相为黑色。β' 相是以 CuZn 电子化合物为基体的有序固溶体，受温度影响大，在低温时较硬而脆；在高温时塑性良好，适于热加工。

③轴承合金：在滑动轴承中，常常应用的是巴氏合金材料。锡基巴氏合金含 83%Sn，11%

Sb 和 6%Cu。

轴承的轴瓦材料承载时，需兼有硬和软两种性质，即在软而有塑性的基体上分布着硬的质点。在金相显微镜下观察，巴氏合金显微组织中暗黑色基体为软的 α 相；硬质点呈白色方块、三角形、梯形等几何形状，为 β' 相；白色枝状析出物为 Cu6Sn5 化合物 γ 相，这种特殊的混合组织使轴承材料具有较好的强度、塑性和韧性及良好的抗震、减摩性能。

(3)铸铁　工业生产中，主要应用的铸铁有 3 种：灰铸铁(HT)、可锻铸铁(KT)和球墨铸铁(QT)。划分的主要依据是石墨的形态和分布。

①灰铸铁：它的显微组织特征见图 8-3，是在钢的基体上有片状石墨。按基体组织和石墨化的程度不同，又细分为铁素体基体、铁素体＋珠光体基体和珠光体基体的灰铸铁。其中，铁素体基体铸铁韧性最好，而珠光体基体的铸铁抗拉强度最高。

灰铸铁层片状石墨存在，对基体的割裂作用很大，使得材料抗拉强度、抗弯强度很低，但其抗压强度很好。此外，石墨的存在使得材料具有润滑性能，又有减振作用。

灰铸铁广泛用于铸造机床床身、普通输水管及配件等。

②可锻铸铁：又称韧性铸铁，是由白口铸铁经过石墨化退火处理而得到的。退火使渗碳体发生分解而形成絮状石墨，这种石墨形态比片状对基体割裂作用小，力学性能高。可锻铸铁有铁素体和珠光体两种基体显微组织，见图 8-4。

在应用方面，可锻铸铁常用于制作紧固件、联接件及某些薄壁小件，如弯头、三通、钢丝绳卡子等。

③球墨铸铁：球墨铸铁生产是在铸铁浇包的包底预先置放一定量的金属镁和稀土元素，浇注后石墨呈球状析出。球形石墨对基体割裂作用最小，故球墨铸铁的力学性能可与碳素钢相媲美，显微组织见图 8-5。

三、实验要求及报告

1)写出本次实验目的。

2)观察表 12-5 中各种材料的金相试样，绘制金相组织图，用实线指出组织组成物，注明放大倍数、侵蚀剂名称。

表 12-5　各类合金材料的金相试样

编号	材料名称	热处理工艺	侵蚀剂
1	W18Cr4V	铸态	4%硝酸酒精
2	W18Cr4V	淬火＋三次回火	
3	1Cr18Ni9Ti	固溶处理	王水
4	灰铸铁	铸态	4%硝酸酒精
5	可锻铸铁	退火	
6	球墨铸铁	铸态	
7	铝合金	铸态(未变质)	0.5%HF 水溶液
8	铝合金	铸态(已变质)	
9	α 黄铜	退火	3%$FeCl_3$＋10%HCl 溶液
10	$\alpha+\beta'$黄铜		

实验4 工程材料综合实验(选做)

一、试验目的

通过选材,测试原材料硬度,设计热处理工艺,进行热处理(淬火、回火),测试处理后材料硬度,制备金相组织,在显微镜下进行观察,研究组织构成,分析材料成分、性能、热处理工艺组织结构之间的关系,培养学生综合分析能力。

二、实验设备

砂轮机,火花图谱,直读光谱仪1台,热处理中温炉5台,高温炉1台,金相磨抛光机3台,金相显微镜3台,布氏硬度计1台,洛氏硬度计1台,盐水1桶,机油1桶。

三、实验步骤

(1)材料选择 学生随机挑选试样,试样尺寸 $\phi 30\times 50$(15,45,T8,40Gr,GCr15),30个。用砂轮机磨试样,对照火花图谱,鉴别材料成分。或用直读光谱仪测定材料成分。

(2)试样力学性能测定 用布氏硬度计或用洛氏硬度计测定原材料硬度。

(3)设计热处理工艺 根据材料成分查表制定热处理工艺。

(4)热处理实验 将热处理炉温升到1 000,840,760,600,400,200℃,放入工件,适当保温后,进行淬火和回火。

(5)热处理后材料硬度测试 用洛氏硬度计测量淬火、回火后试样硬度。

(6)制备金相试样 通过整平、粗磨、细磨、抛光、腐蚀与吹干等制样步骤,制备金相试样。

(7)金相组织鉴定 在金相显微镜下观察试样制备后的金相组织,鉴定材料选择和热处理工艺是否正确。

四、实验总结

分析材料成分、金相组织、热处理工艺与力学性能之间的关系。

课堂讨论

讨论1　铁碳相图

(1)讨论目的

①熟悉铁碳相图,明确相图中各重要点、线的意义,各相区存在的相,以及各相的本质。

②综合运用二元相图的基本知识,对典型铁碳合金的结晶过程进行分析,进一步掌握相图分析方法,弄清相和组织的概念,灵活运用杠杆定律求出组成相或组织组成物的相对含量。

③弄清各种典型铁碳合金的室温平衡组织的特征,掌握铁碳合金成分、组织、性能三者之间的关系。

④了解铁碳相图的应用。

(2)讨论题

①默画出铁碳相图,标明 C,S,B,E,F 点的碳的质量分数及 ECF,PSK 线的温度,标明各相区。

②画出纯铁的冷却曲线,并说明它的同素异构转变。

③说明铁碳合金中各相的本质,指出 α-Fe 与 α 相、γ-Fe 与 A 相的区别。

④写出相图中 C,S 两点进行相变的反应式,指出各是什么反应,说明其相变特点;说出 ECF,PSK,ES,GS 各线的意义。

⑤用冷却曲线表示碳质量分数为 0.6%和 3%的铁碳合金的结晶过程,画出室温平衡组织示意图(标明各组织组成物),计算各组成相和组织组成物的相对含量。

⑥什么是相?什么是组织?什么是组织组成物?相和组织有什么关系?下面所列哪些是相?哪些是组织?哪些是组织组成物:

F,P,L_d',A,F+P,Fe_3C_{II},$L_d'+Fe_3C_I$,Fe_3C。

⑦画出各种典型铁碳合金的室温平衡组织示意图,标明各组织组成物,并说出各组织特征。

⑧分析铁碳合金中 5 种渗碳体的不同形态和分布对合金性能的影响,总结铁碳合金的成分、组织、性能 3 者之间的关系。

(3)方法指导

①课前学生可只对(2)中①,③,④,⑤题写出详细发言提纲,其余各题只做一般准备。以上 4 题为重点讨论内容,其余各题是否讨论由教师根据讨论进展情况决定。

②教师应对学生的发言提纲进行检查。

③讨论开始时,可先由学生在黑板上默画出铁碳相图,其他同学修改补充,然后逐题进行

讨论,采取自由发言的形式。学生也可自己提出一些问题进行分析讨论。最后由教师或同学进行总结。

④(2)中第⑦,⑧两题可不进行讨论或只由教师作些简单说明,留待实验1“铁碳合金平衡组织分析”中进行。

⑤本次讨论后学生应交(2)中①,③,④,⑤ 4题修改补充后的发言提纲,教师进行批阅,其余各题学生可自己作适当总结。

讨论2 钢的热处理

热处理工艺在产品的生产过程中是很重要的环节,工件热处理质量的好坏在很大程度上取决于热处理工艺制定的正确性。因此,机械制造类专业技术人员,不仅要了解工程材料的性能,而且要了解零件的加工工艺路线,尤其是热处理工艺过程,这样才能在生产实践中合理地选用材料,正确地选定热处理的工艺方法,合理地安排工艺路线。

钢的热处理是本课程的重点内容之一,要求学生必须掌握。因此,学生应认真进行预习,上好本次课堂讨论课。

(1)讨论目的

①消化和巩固课堂讲解的有关热处理原理部分的内容,运用等温冷却转变曲线(C曲线)分析连续冷却时的组织转变,各种冷却条件下得到的组织及其特征,以及组织与性能的关系。掌握这些内容,有利于分析不同材料在各种热处理条件下所得到的组织和大致性能。

②搞清几种基本热处理工艺(退火、正火、淬火、回火、表面淬火和表面化学热处理)的意义、目的和应用,并初步学会选用热处理工艺的基本方法,为今后在实际工作中正确选用热处理工艺、合理安排工艺路线打下基础。

(2)讨论题

①直径为10 mm的45钢和T12钢试样在不同热处理条件下得到的硬度值如表1所示,请说明:

a. 不同热处理条件下的显微组织(填入表的显微组织栏中);

b. 冷却速度、淬火加热温度、碳含量对钢硬度的影响及其原因;

c. 回火温度对钢硬度的影响及其原因。

②什么是钢的淬透性和淬硬性?淬透性的好坏对钢热处理后的组织和性能有什么影响?试比较下列钢种的淬透性和淬硬性的高低:T8,40Cr,20CrMnTi,40。

(3)方法指导

讨论前,每个同学要先复习有关热处理原理和热处理工艺的内容,然后写出第①,② 2个讨论题的详细发言提纲。建议做完实验2后结合实验结果进行讨论。

讨论时,在每个同学充分准备的基础上自由发言,相互启发,相互补充。最后由同学或教师进行总结。

表 1

材料	热处理工艺			硬度			显微组织
	加热温度/℃	冷却方式	回火温度/℃	HRB	HRC	HB	
45 钢	860	炉冷		85		148	
		空冷			13	196	
		油冷			38	349	
		水冷			55	538	
		水冷	200		53	515	
		水冷	400		40	369	
		水冷	600		24	243	
	750	炉冷			45	422	
T12	750	空冷		93		176	
		油冷			26	257	
		水冷			46	437	
		水冷			66	693	
		水冷	200		63	652	
		水冷	400		51	495	
		水冷	600		30	283	
	860	水冷			61	637	

讨论 3　合金钢

(1) 讨论目的

①掌握钢的合金化的基本规律；

②了解合金钢的分类及编号方法；

③通过对典型钢种的分析，熟悉各类钢的成分特点、热处理工艺、使用状态组织、性能特点及应用范围，为选材打下基础；

④分析、掌握合金钢中各主要合金元素的作用。

(2)讨论题

①合金钢按用途分为哪 3 类？各类钢都包括什么钢种？

②分析下列各钢号的种类及各合金元素的质量分数：

20Cr2Ni4WA，9Mn2V，GCr15，Cr12，0Cr18Ni9Ti，W18Cr4V。

③分析下列钢的种类、碳质量分数、合金元素主要作用、热处理工艺特点、使用状态的组织、性能特点及应用举例：

a. 1Cr13，W18Cr4V，3Cr2W8V，16Mn，GCr15，60Si2Mn；

b. 20CrMnTi，40CrNiMo，15MnVN，20Cr，65Si2MnWA，38CrMoAlA；

c. 50CrMnV，GCr15，1Cr17，Cr12MoV，5CrMnMo，0Cr18Ni9Ti；

d. 9SiCr，20Cr2Ni4，40MnVB，20SiMnVB，1Cr18 Ni9，60Si2Mn。

(3)方法指导

①讨论前每个同学要充分复习该章内容并弄清讨论目的、方法和要求，然后写出详细的发

言提纲。(2)中第③题每个学生只需准备1个小题。

②讨论时，每个题目先请一个同学发言，其他同学补充，最后由教师总结。

课后就(2)中第③题写出总结报告(列成表格)交教师审阅。

讨论4　材料的选择和使用

(1)讨论目的

①熟悉选材的基本原则及一般过程；

②掌握常用零件的选材步骤，做到正确和合理地选定材料，安排加工工艺路线。

(2)讨论题

选材是一项比较复杂的技术工作，要做到合理地、正确地选材，除了应掌握必要的理论知识外，还要求具有比较丰富的工程实践经验，并且善于全面考虑问题，会进行综合的分析和判断。因此，这次课堂讨论是学生对选材的一次初步练习。

①为下列零件从括号内选择合适的制造材料，说明理由，并指出应采用的热处理方法：

汽车板簧(45,60Si2Mn,LY1)

机床床身(Q235,T10A,HT150)

受冲击载荷的齿轮(40MnB,20CrMnTi,KT250-4)

桥梁构件(16Mn,40钢,3Cr13)

滑动轴承(GCr15,ZChSnSb11-6,耐磨铸铁)

热作模具(陶瓷材料,Cr12MoV,5CrNiMo)

高速切削刀具(W6Mo5Cr4V2,T8,YG15)

凸轮轴(9SiCr,QT800-2,40Cr)

轻载小齿轮(20CrMnTi、纤维增强酚醛树脂复合材料、尼龙66)

发动机气门(40Cr,4Cr9Si2,Si3N4)

②汽车半轴是传递扭矩的典型轴件，工作应力较大，且受一定的冲击载荷，其结构和主要尺寸如图1所示。对它的性能要求是：屈服强度 $\sigma_s > 600$ MPa，疲劳强度 $\sigma_{-1} > 300$ MPa，硬度30～35 HRC，冲击韧性 $a_k = 600 \sim 800$ kJ · m^{-2}。试选择合适的材料和热处理工艺，并制定相应的加工工艺路线。

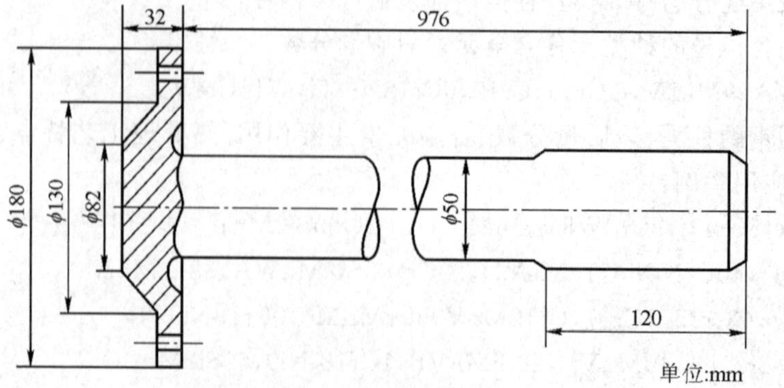

图1　汽车半轴简图

③一汽车后桥被动圆柱斜齿轮，其形状及尺寸见图 2，要求齿轮表面耐磨，硬度为 58～62 HRC，轮齿中心的硬度为 35～40 HRC，变形量要求尽可能小，齿中心的冲击韧性 a_k 不应小于 700 kJ·m^{-2}。齿轮节圆直径为 12 mm，模数 $m=5$。试选择合适的材料，制定加工工艺路线，说明每步热处理的目的、工艺规范及组织。

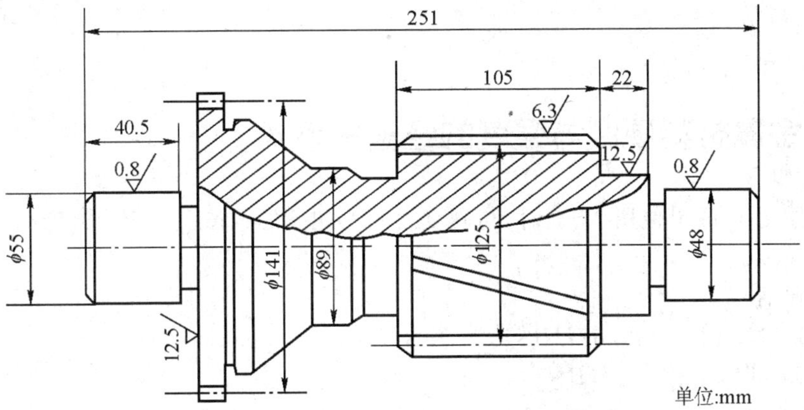

图 2 汽车后桥被动传动圆柱斜齿轮

④一厚板零件，使用 40CrNiMo 钢制造。此钢的 K_{IC} 与 σ_b 的关系见图 3。制造厂无损检测能检测的裂纹长度≥4 mm。讨论：

a. 如果厚板零件的设计工作应力 $\sigma_d=(1/2)\ \sigma_b$，当工作应力为 750 MPa 时，允许厚板零件中存在多长的裂纹？

b. 制造厂无损检测能否预测上述厚板零件不发生脆断？

c. 如果把 σ_b 提高到 1 900 MPa，允许厚板零件中存在 4 mm 长的裂纹，则允许工作应力是多少？

(3)方法指导

①本次讨论课可进行现场讨论。讨论前学生应认真观察展出的各类工程材料及零件实物，以利于理论与实际相结合。

②讨论题①，②，③由学生课前做好准备，写出发言提纲。课堂上由学生讨论，做出正确的选择和说明，最后由教师做总结。

③讨论题④在课堂上在老师提示下进行讨论。

④学生将①，②，③题讨论和分析的结果写成总结报告，作为作业交给教师。

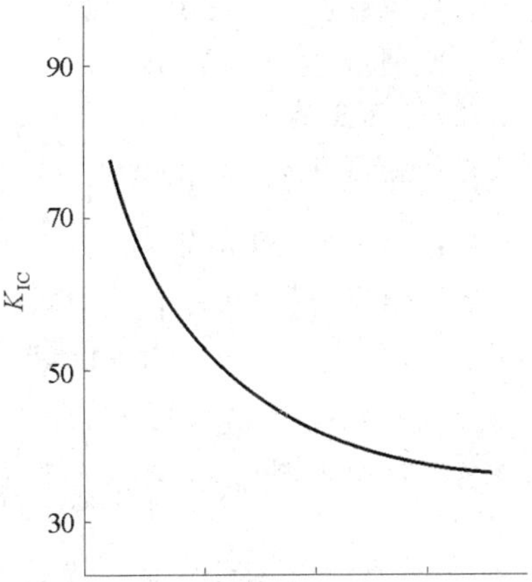

图 3 40CrNiMo 钢的 K_{IC} 与 σ_b 的关系

附　　录

附录 A　金属材料硬度与强度的经验关系式

当抗拉强度 σ_b 的单位用 MPa 时，与硬度之间有如下的数值关系(供参考)。

(1)黑色金属

①未淬硬钢：

当 $HBS<175$ 时，$\sigma_b \approx 3.62HBS$

$HBS>175$ 时，$\sigma_b \approx 3.45HBS$

$HBS<90$ 时，$\sigma_b \approx 2.64\times10^4/(130-HRB)$

$90<HRB<100$ 时，$\sigma_b \approx 2.51\times10^4/(130-HRB)$

②碳素钢：

$\sigma_b \approx 25HBS$

当 $HRC\leqslant27$ 时，$\sigma_b \approx 51.32\times10^5/(100-HRC)^2$

$27<HRC<40$ 时，$\sigma_b \approx 48.86\times10^5/(100-HRC)^2$

$HRC\geqslant40$ 时，$\sigma_b \approx 8.61\times10^4/(100-HRC)$

③灰铸铁：$\sigma_b \approx (HBS-40)/6$

④铸钢：$\sigma_b \approx (3\sim4)\ HBS$

(2)有色金属

锌合金铸件 $\sigma_b \approx 0.9HBS$

变形铝合金
- 退火态　$\sigma_b \approx (4.0\sim4.3)HBS$
- 淬火＋自然时效　$\sigma_b \approx 4.3HBS$
- 淬火＋自然时效　$\sigma_b \approx (3.6\sim4.0)HBS$

变形普通黄铜
- 退火态　$\sigma_b \approx (5.8\sim6.0)HBS$
- 压力加工态　$\sigma_b \approx (3.1\sim4.4)HBS$

铸造铝合金
- AlSi 合金　淬火＋不完全时效　$\sigma_b \approx (3.2\sim3.4)HBS$
- 　　退火　$\sigma_b \approx (2.7\sim2.9)HBS$
- AlCu 合金　淬火＋不完全时效　$\sigma_b \approx (3.0\sim4.1)HBS$
- 　　退火＋完全时效　$\sigma_b \approx (1.6\sim2.0)HBS$
- AlMg 合金　淬火＋自然时效　$\sigma_b \approx 4.6HBS$
- AlZn 合金　人工时效　$\sigma_b \approx 4HBS$

铸铜随合金元素不同而异　$\sigma_b=(2.8-3.9-4.7)HBS$　(SnPb－SiMn－Al)

附录 B 常用钢种回火温度与硬度对照表

牌号	淬火规范			回火温度/℃与回火后硬度/HRC											备注
	加热温度/℃	冷却剂	硬度/HRC	180±10	240±10	280±10	320±10	360±10	380±10	420±10	480±10	540±10	580±10	620±10	650±10	
35	860±10	水	>50	51±2	47±2	45±2	43±2	40±2	38±2	35±2	33±2	28±2	250±20 (HBS)	220±20 (HBS)		
45	830±10	水	>50	56±2	53±2	51±2	48±2	45±2	43±2	38±2	34±2	30±2	250±20 (HBS)	220±20 (HBS)		
T8,T8A	790±10	水、油	>62	62±2	58±2	56±2	54±2	51±2	49±2	45±2	39±2	34±2	29±2	25±2		
T10,T10A	780±10	水、油	>62	63±2	59±2	57±2	55±2	52±2	50±2	46±2	41±2		30±2	26±2		
40Cr	850±10	油	>55	54±2	53±2	52±2	50±2	49±2	47±2	44±2	41±2	36±2	31±2	260 HBS		具有第二类回火脆性的钢，如 40Cr，5CrMnMo，30CrMnSi 等，在中温或高温回火后，用清水或油冷却
50CrVA	850±10	油	>60	58±2	56±2	54±2	53±2	51±2	49±2	47±2	43±2	40±2	36±2		30±2	
60Si2Mn	870±10	油	>60	60±2	58±2	56±2	55±2	54±2	52±2	50±2	44±2	35±2	30±2			
65Mn	820±10	水、油	>60	58±2	56±2	54±2	52±2	50±2	47±2	44±2	40±2	34±2	32±2	28±2		
5CrMnMo	840±10	油	>52	55±2	53±2	52±2	48±2	45±2	44±2	44±2	43±2	38±2	36±2	34±2	32±2	
30CrMnSi	860±10	油	>48	48±2	48±2	47±2		43±2	42±2			36±2		30±2	26±2	
GCr15	850±10	油	>62	61±2	59±2	58±2	55±2	53±2	52±2	50±2		41±2		30±2		
9SiCr	850±10	油	>62	62±2	60±2	58±2	57±2	56±2	55±2	52±2	51±2	45±2				
CrWMn	830±10	油	>62	61±2	58±2	57±2	55±2	54±2	52±2	50±2	46±2	44±2				
9Mn2V	800±10	油	>62	60±2	58±2	56±2	54±2	51±2	49±2	41±2						
3Cr2W8V	1 100	分级,油	~48								46±2	48±2	48±2	43±2	41±2	3Cr2W8V 一般采用 560~580℃回火 2 次
Cr12	980±10	分级,油	>62	62	59±2		57±2			55±2		52±2			45±2	
Cr12MoV	1 030±10	分级,油	>62	62	62	60		57±2				53±2			45±2	W18Cr4V 一般采用 560℃回火 3 次，每次 1 h
W18Cr4V	1 270±10	分级,油	>64										62~65			

注：(1)水冷却剂为 10%NaCl 水溶液。

(2)淬火加热在盐浴炉内进行，回火在井式炉内进行。

(3)回火保温时间碳钢一般采用 60~90 min，合金钢采用 90~120 min。

参考文献

1. 相瑜才,孙维连. 工程材料及机械制造基础——工程材料. 北京:机械工业出版社,1998
2. 魏凤兰,张建军. 机械制造基础(上). 沈阳:辽宁科学技术出版社,2002
3. 张政兴. 机械制造基础(上). 北京:中国农业出版社,2001
4. 王运炎. 机械工程材料. 北京:机械工业出版社,1995
5. 邓安华. 金属材料简明词典. 北京:冶金工业出版社,1992
6. 张继世. 机械工程材料基础. 北京:高等教育出版社,2000
7. 范悦. 工程材料. 北京:北京航空航天大学出版社,2003
8. 许德珠. 机械工程材料. 北京:高等教育出版社,1995
9. 施江澜. 工程材料学. 南京:东南大学出版社,1991
10. 吴培英. 金属材料学. 北京:国防工业出版社,1987
11. 郑明新. 工程材料. 北京:清华大学出版社,1994
12. 史美堂. 金属材料及热处理. 上海:上海科学技术出版社,2001
13. Lindberg R A. Processes and Materials of Manufacture. Allyn and Bacon, 1990
14. 弗林 R A,特若简 P K. 工程材料及其应用. 北京:机械工业出版社,1992
15. 殷凤仕,姜学波,等编. 非金属材料学. 北京:机械工业出版社,2001
16. 赵品,谢辅洲,孙文山主编. 材料科学基础. 哈尔滨:哈尔滨工业大学出版社,1999
17. 齐宝森,王成国主编. 机械工程非金属材料. 上海:上海交通大学出版社,1996
18. 孙鼎伦,陈全明主编. 机械工程材料学. 上海:同济大学出版社,1992
19. 朱张校. 工程材料. 北京:清华大学出版社,2001
20. 冯端,师昌绪,刘治国. 材料科学导论. 北京:化学工业出版社,2002